Hans-Georg Oehring

**PowerPoint 4.0
Präsentieren wie ein Profi**

Aus dem Bereich Computerfachliteratur

CorelDraw – Profi Praxis
von Michael Kiermeier

Online Recherche – Neue Wege zum Wissen der Welt
von Peter Horvath

Professionelle Grafiklösungen mit dem Designer 4.0
von Dieter Staas und Jean Hee Song

Word 6.0 für Windows
Praxislösungen für Büro und Sekretariat
von Ernst Tiemeyer

Mathematik mit dem PC
von Hans Benker

PowerPoint 4.0
Präsentieren wie ein Profi
von Hans Georg Oehring

Bauplanung mit MS-Project 4.0
von Volker Hennings und Peter Gasta

DTP-Praxis mit PageMaker 5
von Wolfgang Müller

Excel 5.0 für Büro und kaufmännische Praxis
von Bernd Kretschmer und Uwe Grigoleit

Telekommunikation mit dem PC
von Albrecht Darimont

Vieweg

Hans-Georg Oehring

PowerPoint 4.0
Präsentieren wie ein Profi

2., erweiterte und aktualisierte Auflage

Dieses Buch ist keine Original-Dokumentation zur Software der Fa. Microsoft. Sollte Ihnen dieses Buch anstelle der Original-Dokumentation zusammen mit Disketten verkauft worden sein, welche die entsprechende Microsoft-Software enthalten, so handelt es sich wahrscheinlich um eine Raubkopie der Software. Benachrichtigen Sie in diesem Fall umgehend Microsoft GmbH, Edisonstr. 1, 85716 Unterschleißheim. Die Benutzung einer Raubkopie kann strafbar sein. Verlag Vieweg und Microsoft GmbH

Das in diesem Buch enthaltene Programm-Material ist mit keiner Verpflichtung oder Garantie irgendeiner Art verbunden. Der Autor und der Verlag übernehmen infolgedessen keine Verantwortung und werden keine daraus folgende oder sonstige Haftung übernehmen, die auf irgendeine Art aus der Benutzung dieses Programm-Materials oder Teilen davon entsteht.

1. Auflage 1993
2., erweiterte und aktualisierte Auflage 1994

Alle Rechte vorbehalten
© Friedr. Vieweg & Sohn Verlagsgesellschaft mbH, Braunschweig/Wiesbaden, 1994
Softcover reprint of the hardcover 2nd edition 1994
Additional material to this book can be downloaded from http://extras.springer.com.
Der Verlag Vieweg ist ein Unternehmen der Verlagsgruppe Bertelsmann International.

Das Werk einschließlich aller seiner Teile ist urheberrechtlich geschützt. Jede Verwertung außerhalb der engen Grenzen des Urheberrechtsgesetzes ist ohne Zustimmung des Verlags unzulässig und strafbar. Das gilt insbesondere für Vervielfältigungen, Übersetzungen, Mikroverfilmungen und die Einspeicherung und Verarbeitung in elektronischen Systemen.

Gedruckt auf säurefreiem Papier

ISBN 978-3-322-87273-9   ISBN 978-3-322-87272-2 (eBook)
DOI 10.1007/978-3-322-87272-2

Inhaltsverzeichnis

		Einleitung 1
1		**Sie planen eine Präsentation 3**
1.1		Wer hört Ihnen zu – der Chef oder der Raumpfleger? 3
1.2		Was haben Sie zu sagen? 4
1.3		Wie können Sie visualisieren? 5
1.4		Corporate Identity – was steckt dahinter? 6
1.5		Typografie – die Mutter der Drucksache 9
1.6		Sind Sie mehr "rot" oder mehr "grün"? 13
1.7		Sparsam aber effektvoll – ein kleines Regelwerk 17
1.8		Skibbles – was ist denn das? 19
2		**Installation und erste Erfahrungen 24**
2.1		Systemvoraussetzungen und Installation 24
2.2		Der erste Start von PowerPoint und die Kurübersicht 26
2.3		Tips und Tricks 29
2.4		Assistenten und Ansichten 29
2.5		Der freundliche Ratgeber 46
2.6		PowerPoint verlassen und starten 47
2.7		Zusammenfassung 47
3		**Der Aufbau von PowerPoint 48**
3.1		Ein Bildschirm zum Wohlfühlen 49
3.2		Werkzeuge zum Schreiben 49
3.3		Werkzeuge zum Zeichnen 51
3.4		ClipArts einfügen 52
3.5		Grafiken einfügen 53
3.6		Microsoft Word-Tabelle einfügen 54
3.7		Diagramme gestalten 55
3.8		Mit Objekten arbeiten 56
3.9		Farben 56
3.10		Bewegung 57
3.11		Zusammenfassung 58
4		**Ihre "eigene" Präsentation 59**
4.1		Die TREULAND Anstalt (Folie 1) 59
4.1.1		Speichern und Drucken 67
4.2		Unternehmensphilosophie (Folie 2) 70
4.2.1		Die Folienvorlage 72

4.3	Mautfähige Brücke Willisau (Folie 3)	79
4.3.1	Objektgrößen ändern	83
4.4	Plastemanufaktur Wurzen (Folie 4)	84
4.4.1	Anlegen, sortieren und löschen von Folien	85
4.5	Unternehmenstruktur (Folie 5)	91
4.5.1	Drag & Drop und die rechte Maustaste	98
4.6	Unternehmenszentrale und Außenstellen (Folie 6)	101
4.6.1	Hilfe!	103
4.7	Schloß Reichenstolz, Internationale Märkte, Ausklang (Folien 10/11/12)	106
4.7.1	Notizblätter, Einzüge, Tabulatoren	112
4.8	Zusammenfassung	128
5	**Business-Grafik mit Graph**	**131**
5.1	Umsatz- und Gewinnentwicklung (Folie 7)	139
5.1.1	Grundsätzliches zur Tabelle	149
5.2	Personalstruktur (Folie 8)	153
5.2.1	Grundsätzliches zum Diagramm	159
5.3	Gewinn- und Personalentwicklung (Folie 9)	163
5.4	Zusammenfassung	169
5.4.1	Was – wie – warum?	174
6	**Farben**	**175**
6.1	Der Blaue Punkt – eine Analyse	181
6.2	Der Blaue Punkt wird blau	189
7	**Der Blaue Punkt lernt laufen**	**196**
7.1	Übergänge	197
7.2	Animationen	198
7.3	Zusammenfassung	201
8	**Zeichnen und Schreiben mit Pfiff**	**203**
8.1	Zeichnen in PowerPoint	206
8.2	Schreiben mit Effekten und Überlegung	214
9	**Der Blaue Punkt wird vorgeführt**	**226**
10	**Experimente**	**229**
10.1	Ihre private Symbolleiste	229
10.2	Ihre persönlichen Standards	232
10.3	Malen und Zeichnen mit Paintbrush	234
10.4	Eingebettete Objekte	237
10.5	PowerPoint und Word	242

11	**Was Sie noch über PowerPoint wissen sollten**	**248**
11.1	Das PowerPoint-Gruppenfenster	248
11.2	Die PowerPoint-Menüs	251
11.2.1	Menü Datei	251
11.2.2	Menü Bearbeiten	261
11.2.3	Menü Ansicht	265
11.2.4	Menü Einfügen	267
11.2.5	Menü Format	274
11.2.6	Menü Extras	282
11.2.7	Menü Zeichnen	288
11.2.8	Menü Fenster	292
11.2.9	Menü ? (Hilfe)	292
12	**Was Sie mit Graph noch machen können**	**296**
12.1	Graph-Menü Bearbeiten	296
12.2	Graph-Menü Ansicht	299
12.3	Graph-Menü Einfügen	300
12.4	Graph-Menü Format	307
12.5	Graph-Menü Extras	321
12.6	Graph-Menü Daten	323
13	**Ein kritischer Vergleich**	**326**
	Anhang 1 / Vorlagen-Dateien in PowerPoint	**338**
	Anhang 2 / Professionelle Belichtung	**339**
	Index	**342**

Einleitung

Seit Menschengedenken "präsentieren" Menschen bestimmte Sachverhalte oder Zusammenhänge: Die Höhlenmalereien stellen Menschen, Tiere und Gebrauchsgegenstände dar. Die Ägypter überliefern uns Ansichten von Feldzügen und deren siegreicher Beendigung. Renaissance und Barock erlauben uns Einblick in die religiöse und kulturelle Situation der Zeit. Und das Kaiserreich "präsentierte" sich – Repräsentant des Volkes war der Kaiser – mit "Glanz und Gloria". Was aber ist eine Präsentation – und was soll sie bewirken?

Eine Präsentation ist das Vorstellen bestimmter Inhalte, sie verfolgt einen bestimmten Zweck. Einige Beispiele sollen dies verdeutlichen:

Ein Auto wird präsentiert, damit es viele kaufen.
Im Wahlkampf präsentieren sich die Parteien, damit viele sie wählen.
Ein Arbeitsergebnis wird präsentiert, damit eine positive Entscheidung fällt.

So beinhaltet jede Präsentation ein gutes Stück Werbung, Werbung um Käufer, um Wähler, um Wohlgesonnene. Und Werbung kann auf Visualisierung nicht verzichten: 80% aller unserer Wahrnehmungen erreichen uns über das Sehen. Werbeleute wissen und nutzen das.

Olaf Leu, einer der großen Grafik Designer unserer Zeit, hat einmal gesagt "Geschmack gibt es nicht per Diskette." Weder PowerPoint noch dieses Buch können Sie quasi über Nacht zum Kreativ-Direktor machen. Allerdings gibt Ihnen PowerPoint viele nützliche und wichtige Hinweise zur Gestaltung von Präsentationen. Auch dieses Buch will Ihnen einige Regeln und viele Anregungen und Tips geben, es kann und will Sie sensibilisieren, Ihren Gesichtskreis öffnen und erweitern. Deshalb ist der Arbeit mit PowerPoint ein Kapitel vorangestellt, in dem versucht wird, Sie bei der Planung Ihrer Präsentationen zu unterstützen. Und deshalb finden Sie während der Arbeit mit dem Buch immer wieder Anmerkungen zur Gestaltung.

PowerPoint 4.0 ist in der Tat ein mächtiges Werkzeug, um wirkungsvolle Ergebnisse zu erzielen. Doch lassen Sie sich nicht verführen. Der Volksmund sagt: "Weniger ist oft besser als mehr". Dieter Rams, der "Erfinder" des weltweit anerkannten und von vielen anderen Herstellern der Branche kopierten Braun-Design, hat analog dazu formuliert: "Gutes Design ist wenig Design". Dies sollten Sie bei Ihrer Arbeit mit PowerPoint nicht vergessen!

Bei der Arbeit mit diesem Buch werden Sie bemerken, daß es problemorientiert aufgebaut ist. Schritt für Schritt führt es Sie in die Handhabung von PowerPoint ein; nach und nach macht es Sie mit der Gestaltung von Folien vertraut. Sinn und Zweck ist nicht, das PowerPoint-Handbuch zu ersetzen, sondern eher, Ihnen Möglichkeiten und Grenzen der Gestaltung aufzuzeigen.

An zwei Beispielen lernen Sie die Optionen des Programms immer dann kennen, wenn Sie sie brauchen. Das erste Beispiel behandelt ein Unternehmen zur Veräußerung von Ländereien, Liegenschaften und Luxusimmobilien. Das zweite Beispiel stellt ein Unternehmen zur Verklappung des Mülls im Weltall vor. Ergebnis sind zwei komplette Präsentationen; eine in Form von schwarzweißen OHP-Folien, die zweite als Bildschirmpräsentation, die Sie auch als Dias ausgeben könnten.

Voraussetzung ist allerdings, daß Sie über gute Windows-Kenntnisse verfügen. Sie sollten die Handhabung der Maus beherrschen; Sie sollten wissen, wie die Bildlaufleiste funktioniert; Sie sollten die Fensterschalter kennen. Sie sollten außerdem wissen, was Fenster sind, was Dateien sind und was ein Verzeichnis ist. Nebenbei bemerkt: PowerPoint verfügt über eine ausgezeichnete Online-Hilfe, die Sie im Zweifelsfall nutzen sollten.

Voraussetzung ist außerdem, daß Ihr System und PowerPoint richtig und vollständig installiert sind. Sind Sie Nutzer anderer Microsoft-Anwendungen, so werden Sie auch dazu vieles hören. So werden Sie sowohl zu den eingebetteten Anwendungen, als auch zum Zusammenspiel von PowerPoint und Word oder Excel Erläuterungen zur Vorgehensweise erhalten.

Dem Verlag Dank für die freundliche Unterstützung, und Ihnen viel Spaß mit der "TREULAND-Anstalt" und mit "Der Blaue Punkt"!

1 Sie planen eine Präsentation

In diesem Kapitel werden einige Regeln aufgestellt, die Ihnen helfen, einen Vortrag zu planen. Am Ende des Kapitels steht eine Reihe von Handskizzen (Scribbles) für Folien, die einen gesamten Vortrag widerspiegeln. Als Beispiel soll ein treuhänderisches Unternehmen dienen, das an einen privatwirtschaftlichen Interessenten verkauft werden soll.

Gehen Sie in einzelnen Schritten vor, versuchen Sie nicht, alles auf einmal zu bewältigen. Überlegen Sie
- wer Ihnen zuhört,
- was Sie zu sagen haben,
- wie Sie visualisieren können,
- welche unternehmenseigenen Voraussetzungen Sie beachten müssen,
- und welche gestalterischen Merkmale einzubringen sind.

1.1 Wer hört Ihnen zu – der Chef oder der Raumpfleger?

Die Zielgruppe ist in unserem Fall ein bereits definierter Zuhörerkreis: Es handelt sich ausnahmslos um Top-Manager. In anderen Fällen, besonders dann, wenn Sie sich nicht sicher sind, ermitteln Sie die Zielgruppe am besten mit einem sogenannten Polaritätenprofil.

Stellen Sie Gegensätze auf, und kreisen Sie die Zielgruppe immer weiter ein. Beispiel:

Entscheidungsmatrix

Tragen Sie nun bei den entsprechenden Stellen Punkte ein, werten Sie die Matrix aus, und fassen Sie das Ergebnis in Worte. So wird Ihnen sehr schnell klar, wie Ihre Zuhörerschaft strukturiert ist. Beispiel:

Polaritätenprofil

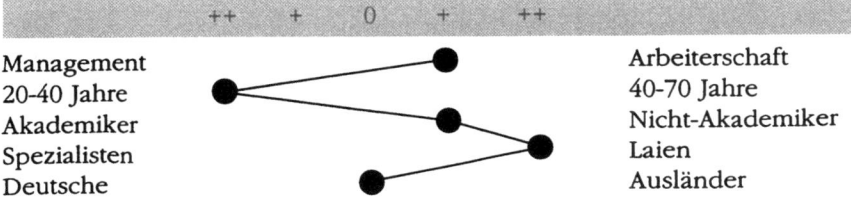

Auswertung:
1. Die Zuhörerschaft besteht vorwiegend aus Arbeitern.
2. Sie gehört ausnahmslos der Altersgruppe von 20 bis 40 Jahren an.
3. Es handelt sich im wesentlichen um Nicht-Akademiker.
4. Die Zuhörer sind keine Spezialisten.
5. Der Anteil von deutschen und ausländischen Zuhörern ist gleich groß.

Den bei diesem Vorgang gewonnenen Erkenntnissen können Sie nun Inhalt und Form Ihres Vortrags anpassen. Das Verfahren ist übrigens weit verbreitet und wird für wissenschaftliche und demoskopische Untersuchungen in der Werbung und in vielen anderen Gebieten genutzt.

1.2 Was haben Sie zu sagen?

In unserem Fall ist das Grobziel der Verkauf des Unternehmens, die Zielgruppe das Top-Management des potentiellen Käufers. Überlegen Sie, welche Feinziele sich daraus ergeben. Nehmen Sie Gewichtungen vor, und strukturieren Sie die Reihenfolge der einzelnen Punkte. Achten Sie darauf, daß in der Abfolge ein "roter Faden" erkennbar ist – das ermöglicht den Zuhörern das Erkennen von Zusammenhängen.

Eine probate Methode ist die, daß Sie Karteikarten oder Notizzettel anlegen, auf denen Sie die einzelnen Punkte notieren. Diese Karten können Sie dann (zum Beispiel auf dem Fußboden, damit Sie die Gesamtübersicht haben) in die richtige Reihenfolge bringen, verschieben, neu ordnen, bis Sie die endgültige Struktur (den "roten Faden") gefunden haben.

Denken Sie daran, daß Sie die Inhalte, die Sie mitteilen wollen, einfach und deutlich strukturieren (das Einfache ist meist auch das Deutlichste!). Die Struktur für unser erstes Beispiel könnte wie folgt aussehen.

Grobziel:
- Verkauf eines treuhänderischen Unternehmens

Feinziele:
- Darstellung der Unternehmensphilosophie
  (Was macht das Unternehmen, wie wird es geführt, welche Ziele hat es)

- Darstellung der Unternehmensinhalte
  (Welche Produkte/Dienstleistungen bietet das Unternehmen an)

- Darstellung der Unternehmensstruktur
  (Wie ist das Unternehmen aufgebaut)

- Darstellung der Unternehmensausweitung
  (Unternehmenszentrale und Außenstellen)

- Darstellung der Umsatz-/Gewinnentwicklung
  (Umsatzkurve, Gewinnkurve)
- Darstellung der Personalstruktur
  (Management, Stabsstellen, ausführende Mitarbeiter)
- Darstellung der Gewinn- und Personalentwicklung
  (Gewinnkurve, Personalkurve)
- Ausblick in die Zukunft
  (Neue Produkte / Internationale Märkte)

Bei unserem Beispiel sind die Inhalte in drei große Gruppen gegliedert: Die erste Gruppe stellt eine allgemeine Beschreibung des Unternehmens dar. Die zweite Gruppe macht Aussagen zu Wirtschaftlichkeit und Rentabilität. Die dritte Gruppe gibt Aufschluß über unternehmensstrategische Zusammenhänge.

Vergleichen Sie diese Ziele mit denen, die Sie beim Verkauf eines Privatwagens verfolgen:
Zuerst zeigen Sie dem potentiellen Käufer das frisch polierte Auto und sagen ihm, was es so kann. Dann sagen Sie ihm, was es kostet, und warum es seinen Preis wert ist. Und schließlich versuchen Sie ihn zu überzeugen, daß es für ihn genau das richtige Auto ist und daß es auch noch in fünf Jahren fahren wird.

1.3 Wie können Sie visualisieren?

Die technische Entwicklung der letzten 50 Jahre hat im Bereich der Visualisierung von Inhalten viele Möglichkeiten mit sich gebracht. Hier unterstützt Microsoft PowerPoint alles, was auf dem Gebiet des Personal Computers möglich ist, nämlich die Präsentation über
- den Drucker,
- Folien für den Overhead-Projektor,
- Dias für den Dia-Projektor,
- den Bildschirm selbst,
- einen Video-Beamer,
- einen LCD-Flatscreen und
- einen Belichtungsservice (der auf fotografischem Weg Dias, OHP-Folien oder Papierabzüge herstellt).

Die für Vorträge am meisten gebräuchliche Methode ist die der Verwendung von OHP-Folien bzw. Dias. Wir gehen bei unserem Beispiel zunächst von der einfachsten Möglichkeit aus: dem Einsatz von schwarzweißen OHP-Folien. In einem weiteren Beispiel, das ein Unternehmen ganz anderer Art behandelt, werden aus schwarzweißen OHP-Folien eine farbige Bildschirmpräsentation bzw. Diapositive.

Als Gedankenstütze für Ihre Präsentation werden Sie daneben einige Notizblätter anlegen. Auf ihnen sind die Folien klein abgebildet, dazu sind wichtige Passagen des Vortrags notiert. So können Sie sicher sein, daß Sie den roten Faden nicht verlieren.

Kurz gesagt: In unserem ersten Beispiel werden Sie Vorlagen für OHP-Folien sowie eine Zusammenfassung des Vortrags mit Abbildungen der Folien (sogenannte Notizblätter) erstellen.

1.4 Corporate Identity – was steckt dahinter?

Sprach man früher von dem "Erscheinungsbild" oder dem "Image" eines Unternehmens oder eines Produkts, so tritt an die Stelle dieser Begriffe heute der der "Corporate Identity". Gemeint ist immer derselbe Sachverhalt: Die innere und äußere Einheit eines Unternehmens, aller seiner Mitarbeiter, aller seiner Produkte oder Dienstleistungen, kurz aller seiner Erscheinungsformen.

Aus dem Amerikanischen übersetzt bedeutet der Begriff eine "in sich vereinte Wesenseinheit", beide Wörter gehen auf lateinischen Ursprung zurück: corpus = Körper, identitas = Wesenseinheit.

Zwei Beispiele mögen den Sachverhalt verdeutlichen: Stellen Sie sich vor, Sie würden oft mit einer großen deutschen Fluggesellschaft fliegen. Stellen Sie sich weiter vor, Sie würden wieder einmal fliegen, wüßten aber nicht, mit welcher Gesellschaft (man hat Ihnen beim Einsteigen die Augen zugebunden, erst im Flugzeug dürfen Sie wieder sehen).

Mit großer Sicherheit würden Sie erraten, daß Sie, wie immer, mit der Ihnen bekannten Gesellschaft fliegen:
- Sie würden die Farben der Ausstattung wiedererkennen,
- Sie würden die gleiche undefinierbare Musik wie beim letzten Flug hören,
- die stets freundlichen Stewardessen trügen die gleichen Kostüme,
- der Pilot würde Sie auf die gleiche freundliche Weise begrüßen,
- der Vortrag der Sicherheitsmaßnahmen würde Ihnen wie immer das Lächeln des Kenners entlocken.

Oder stellen Sie sich vor, Sie wären mit einem Mitarbeiter eines großen Chemie-Unternehmens befreundet und diskutierten mit ihm über Tierversuche. Obwohl Sie Tierversuche ablehnen, gelingt es Ihrem Gesprächspartner, Sie mit guten Argumenten davon zu überzeugen, daß diese nur zum Wohle der Menschheit und letztendlich für Ihre eigene höchstpersönliche Gesundheit durchgeführt würden.

1.4 Corporate Identity – was steckt dahinter?

Im ersten Fall zeigt sich ein gutes Image nach außen hin: Es wird eine Atmosphäre der freundlichen Aufmerksamkeit, der sicheren Gediegenheit und der wohltuenden Seriosität vermittelt, die in dem Benutzer eine uneingeschränkt positive Anmutung erzeugt.

Im zweiten Fall zeigt sich ein gutes Image von innen heraus: Der Mitarbeiter des Chemie-Unternehmens ist, trotz Kenntnis negativer Aspekte, so sehr von den positiven überzeugt, daß er Sie von der grundsätzlichen Richtigkeit seiner Auffassung überzeugen kann.

Beide Fälle charakterisieren den Begriff "Corporate Identity", dem im Bereich der Werbung sozusagen per se positive Inhalte unterlegt werden:
Ist ein Unternehmen seriös, müssen auch seine Produkte seriös sein, die Mitarbeiter im Außendienst müssen seriös aussehen und sich so geben. Mit anderen Worten: Es darf bei dem, was ein Unternehmen ausmacht, was es anbietet und wie es sich darstellt, keinen Bruch geben.

Ein heute weit verbreitetes Modell definiert den Begriff "Corporate Identity" folgendermaßen:

CI-Modell

Corporate Identity (Unternehmensidentität)

Summe aller Erscheinungsformen, durch die sich ein Unternehmen nach außen (Öffentlichkeit) und nach innen (Mitarbeiter und Management) präsentiert

besteht aus den Teilbereichen

Corporate Culture (Unternehmenskultur)	Corporate Communication (Unternehmenskommunikation)	Corporate Design (Unternehmensgesicht)
Philosophie	Öffentlichkeitsarbeit	Erscheinungsbild
Tradition	(Public Relations)	Signet/Logo
Wertesystem	Informationen für	Schriftzug
Motive	Presse	Drucksachen
Eigenschaften	Rundfunk	Werbung
Tätigkeiten	Fernsehen	Ausstellungen
Zustände		Messen
Führungsstil		

Die Teilbereiche führen durch Ausschließen von Gegensätzlichkeiten und Verstärkung von Einzelwirkungen mit dem Ziel der Verbesserung des Images zu

Corporate Image (Unternehmensbild)

Einschätzung des
Unternehmens bei
der Öffentlichkeit,
speziellen Zielgruppen,
den Mitarbeitern,
dem Management

Eine Untermenge von Corporate Identity ist demnach das Corporate Design. Während Corporate Identity auf das Gesamtgefüge abzielt, bezeichnet Corporate Design den Teilbereich, wie sich ein Unternehmen nach außen hin darstellt. Dennoch wirken auch hier innere Zusammenhänge mit.

Denken Sie an die Werbung eines großen deutschen Automobilherstellers, in der es hieß "er läuft ... und läuft ... und läuft". Hier hat man sich mit dem Volk (Zielgruppe), für das die Anzeigen und der Wagen gemacht waren, identifiziert (Inhalte), man hat es sozusagen in der Seele getroffen und seine Wünsche "verkörperlicht".

Zum Corporate Design gehören zum Beispiel die Eindeutigkeit und Einheitlichkeit einer Firmenausstattung (Briefbogen, Freistempler, Visitenkarten, Formulare, Prospekte, Kataloge etc.), die einheitliche Farbgebung, das einheitliche Anwenden von typografischen und grafischen Elementen, die einheitliche Selbstdarstellung auf Messen, sozusagen die Harmonie von Inhalt und Form. In der Werbung gibt es dafür viele gute Beispiele. Eines ist sicher der Stern, Firmenzeichen eines anderen großen Automobilherstellers, dem der Slogan "Ihr guter Stern auf allen Straßen" zugefügt wurde.

Machen Sie sich solche grundsätzlichen Überlegungen bewußt, wenn Sie Ihren Vortrag ausarbeiten. Vor allem: Machen Sie die Eigenheiten "Ihres" Unternehmens zu Ihren eigenen! Sie haben gesehen, daß Zielgruppe, Inhalte, Corporate Identity und Corporate Design in unmittelbarem Zusammenhang stehen und sich gegenseitig beeinflussen. Sie können nur dann wirklich überzeugen, wenn Sie selbst überzeugt sind.

Wenn Sie also daran gehen, die Folien für Ihren Vortrag zu gestalten (Sie werben ja in erster Linie um einen Käufer), sollten Sie die Vorgaben eines eventuell bestehenden Corporate Designs unbedingt mit einbeziehen.

Solche Design-Vorgaben sind in großen Unternehmen oft in Handbüchern zusammengefaßt und bindend für alle Abteilungen. Darunter fallen z.B.:
- das Firmenzeichen, seine Größe, seine Plazierung,
- die Hausfarben (oder Raster in der Schwarzweiß-Darstellung),
- die Hausschrift und die zu verwendenden Schriftschnitte und -grade,
- weitere typografische oder grafische Elemente,
- Vorschriften für die typografische Anordnung (Linksanschlag, Blocksatz, Mittelachse etc.),
- Vorgaben für das Verwenden von Abbildungen.

1.5 Typografie – Die Mutter der Drucksache

Das Wort "Typografie" kommt aus dem Griechischen, es bedeutet in der Übersetzung "das Urbild schreiben". Der DUDEN definiert es allgemein als "Buchdruckerkunst". Es erscheint aber nötig, den Begriff noch weiter einzugrenzen.

Der Fachmann versteht unter Typografie das Umgehen mit Schriften und Schmuckelementen, die vor Gutenberg aus der geschriebenen Schrift, seit Gutenberg aus dem Buchdruck entstanden sind. Demnach würde Typografie nicht das Umgehen mit Bildern bezeichnen. Typografische Elemente sind also immer solche, die "typisierte", standardisierte Formen haben. Im Gegensatz dazu haben grafische Elemente (Grafiken und Bilder) immer den Charakter des Einmaligen.

Was aber beinhaltet das Umgehen mit Schriften? Da ist zunächst einmal die Auswahl der Schriftart. Hier gibt es verschiedene Klassifizierungsmöglichkeiten; eine ist die, daß man alle denkbaren Schriften in fünf Hauptgruppen unterteilt:

1. Groteskschriften
Schriften neueren Ursprungs, meist aus dem Quadrat oder Rechteck konstruiert, Strichstärke optisch gleichbleibend (also kein Wechselzug), meist ohne Serifen ("Füßchen").
Die Anmutung ist sachlich, informativ, technisch orientiert. Die Lesbarkeit ist bei längeren Texten nicht optimal. Beispiele: Akzidenz-Grotesk, Folio, Futura, Helvetica, Univers.

Groteskschrift
Helvetica
36p normal

2. Antiquaschriften
Von den Römern übernommene Schriftart mit stark betontem Wechselzug (Aufstrich dünner als Abstrich), meist mit Serifen.

Die Anmutung ist klassisch, vornehm, seriös, verbindlich. Die Lesbarkeit ist optimal (Zeitungen, Bücher!) Beispiele: Augustea, Bodoni, Century Schoolbook, Garamond, Times, Palatino.

Antiquaschrift
Gatineau
36p normal

3. Handgeschriebene Schriften (als Satzschriften)

Schriften jüngeren Ursprungs, die als handgeschriebene Schriften durch die technischen Möglichkeiten (Fotografie, Lithografie) Aufnahme in die Satzschriften gefunden haben.

Die Anmutung ist frisch, jugendlich, verspielt. Die Lesbarkeit ist für längere Texte im allgemeinen ungeeignet. Beispiele: Diskus, Elvira, Lithographia, Poppl-Exquisit, Zapf Chancery.

Handgeschrie-
bene Schrift
Zapf Chancery
36p normal

4. Frakturschriften

Aus der Zeit vor Gutenberg in die Satzschriften übernommene Schriftart, später geprägt durch das Schreiben mit der Feder. Die Buchstaben werden durch einzelne Striche "zusammengesetzt", umgekehrt in einzelne Striche "zerbrochen".

Die Anmutung ist verstaubt, antiquiert, "vaterländisch". Lesen und Schreiben werden nicht mehr gelehrt und gelernt. Beispiele: Kanzlei, Klingspor, Schwabacher, Walbaum-Fraktur.

Frakturschrift
Frankenstein
36p normal

5. Schreibmaschinenschriften

Schriften jüngsten Ursprungs, von der Schreibmaschine auf den Computer übernommen. Alle Buchstaben haben den gleichen Kegel, so daß das Schriftbild unausgeglichen wirkt (nicht proportionale Schriften).

Die Anmutung ist technisch, büromäßig, undifferenziert. Die Lesbarkeit ist für längere Texte nicht geeignet. Beispiele: Courier, Line Printer, Pica.

Maschinen-
schrift
Courier
36p normal

1.5 Typografie – die Mutter der Drucksache

Des weiteren benutzt man verschiedene Schriftschnitte. Im allgemeinen stehen Ihnen auf dem PC nur drei Schriftschnitte zur Verfügung, es gibt aber bei den professionellen Satzschriften meistens erheblich mehr.

Normal
Gerade stehende Schrift mit normaler Strichstärke, gut geeignet für längere Texte (Fließtext).
Die Anmutung ist indifferent, sachlich, die Lesbarkeit gut.

*Gatineau
36p normal*

Fett
Gerade stehende Schrift mit dicker Strichstärke, gut geeignet für Überschriften und Auszeichnungen.
Die Anmutung ist gewichtig, bedeutsam, die Lesbarkeit für längere Texte weniger gut geeignet.

*Gatineau
36p fett*

Kursiv
Schräg (nach rechts, in Ausnahmefälle auch nach links) geneigte Schrift, Strichstärke etwas feiner als bei "Normal", wird oft für Auszeichnungen im Fließtext verwendet.
Die Anmutung ist dynamisch, bedeutsam, die Lesbarkeit für längere Texte ungeeignet. Kursiv ist von den drei genannten Schriftschnitten der am schlechtesten lesbare.

*Gatineau
36p kursiv*

Die Unterteilung in "große" und "kleine" Schriften definiert man in Schriftgraden. Vor etwa 25 Jahren begann das metrische Maß, das bislang gültige Didot'sche Punkt-System (1 Punkt bzw. 1p = 0,376 mm = 1/72 Zoll) abzulösen. Heute sind beide Maßeinheiten in Gebrauch. In Fachkreisen ist es allerdings immer noch üblich, Schriftgrade in Punktgrößen anzugeben.

12 Punkt (12p) ergeben einen Cicero, 1 Cicero = 4,51 mm.
4p ist der kleinste lesbare Schriftgrad, Bücher sind normalerweise in 9p- oder 10p-Schriftgröße gedruckt, Briefe werden im allgemeinen in 10p- oder 12p-Schriftgröße geschrieben.

Gatineau normal 36p/24p/12p/4p

Diese kleine Exkursion in die Welt der Schriften – noch nicht der Typografie – zeigt auf, wie komplex erst das "Gestalten" von Print-Medien ist. Denn es geht dabei nicht nur um die Auswahl von einzelnen Elementen, sondern um das sinnvolle Zusammenfügen auf einer Fläche, dem Papier oder der Folie, um das Erzeugen von Ruhe oder Dynamik, um das Verhältnis zwischen Sender, Empfänger und Botschaft (wie es in der Kommunikationswissenschaft heißt).

Neben Schrift sind standardisierte Sonderzeichen aller Art, Schmuck, Linien und Rahmen ebenfalls typografische Elemente.

Schmuck-elemente Wingdings 36p

Ein wesentliches Element der Typografie ist der weiße Raum auf dem Papier (der Folie), der Raum also, in den die typografischen Elemente eingebettet werden. Da Sie selbst ja auch nicht in einem zu kleinen Bett liegen wollen, lassen Sie genügend Platz (Rand) um die Schrift herum stehen, engen Sie sie nicht ein. Und da Sie in Ihrem Bett auch keine Querrillen haben wollen – übertragen Sie das Bild auf unsere Lesegewohnheiten – betonen Sie die Waagerechte, lassen Sie genügend Abstand (Durchschuß) zwischen den Zeilen. Als Faustregel gilt: Der Abstand zwischen den einzelnen Wörtern (Ausschluß) darf nicht größer sein als der Abstand zwischen den Zeilen (Durchschuß).

Grafische Elemente – wir haben das oben besprochen – sind solche, die im Gegensatz zu typografischen einen einmaligen Charakter haben, also nicht standardisiert sind. Früher wurden sie als Zeichnungen oder Fotos, oft für eine einmalige Verwendung, hergestellt. Auch hier hat die Computer-Technik schnellen Wandel gebracht. Man kann heute Bilder in immenser Vielfalt, zusammengefaßt in Dateien, zur Anwendung auf dem Computer kaufen. Da sie aber jedem Computer-Inhaber zur Verfügung stehen, verlieren sie schnell an Originalität und dadurch an Überzeugungskraft.

Setzen Sie Text und Bilder, besonders in Folien, bei denen es auf ein schnelles Kommunizieren von Sachverhalten ankommt, sparsam ein. "Text und Bilder sind Zeichen, die für einen Gegenstand stehen. Sie sind Bedeutungsträger." sagt Manfred Kröplien – ein Mann, der sich grundsätzliche Gedanken zur Werbegrafik gemacht hat. Prüfen Sie, ob Texte, die Sie setzen, und Bilder, die Sie verwenden, die Bedeutung eindeutig vermitteln.

"Wird durch das Bild die Darstellung des Textes im Hinblick auf die formulierte Idee nicht erweitert, dann ist es überflüssig ..." sagt Kröplien weiter.

Denken Sie auch daran, daß ein Bild immer mehr Interpretationen zuläßt als der Text (Ein berühmtes Beispiel dafür ist die Abbildung des Kopfes einer jungen Dame, in der man ebensogut den Kopf eines alten Mütterchens erkennen kann).

*Kippfigur aus:
Charlotte Bühler
Im Leben
unserer Zeit
München und
Zürich
1962*

1.6 Sind Sie mehr "rot" oder mehr "grün"?

Schon die Griechen haben sich mit Wesen und Wirken von Farben beschäftigt. Immer wieder ist dies Thema aufgegriffen worden; Goethe hat sich Gedanken darüber gemacht, die heute noch Gültigkeit haben. Aber selbst die moderne Farbpsychologie hat noch keine wissenschaftlich gesicherten Erkenntnisse erbringen können - man ist nach wie vor auf Vermutungen angewiesen.

Ausgangspunkt fast aller Theoretiker und Praktiker, die sich mit Farben beschäftigen, ist der "Farbenkreis". In ihm versuchen die meisten, Farben als eine Ganzheit zu begreifen. In einem einfachen Modell stellt sich der "Farbenkreis" als Ganzheit so dar wie die Abbildung auf der folgenden Seite.

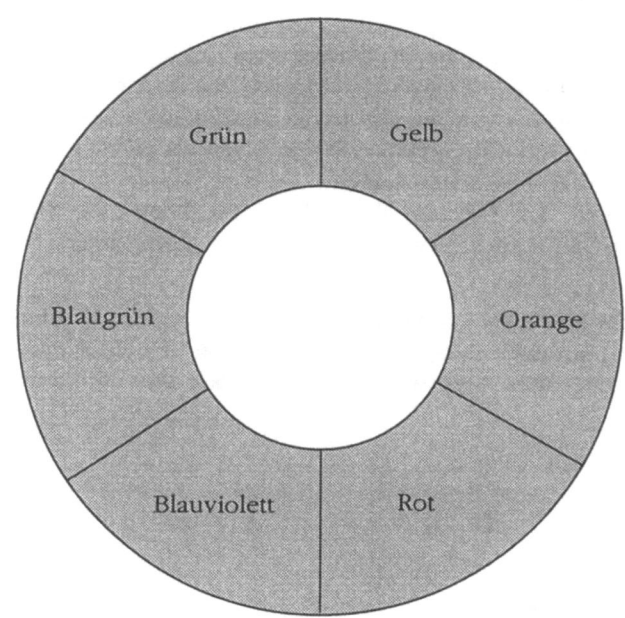

Einfacher Farbenkreis mit gegenüberliegenden Komplementärfarben

Natürlich läßt sich dieser Kreis fast unendlich erweitern, entsprechende Kreise lassen sich mit abgedunkelten Farben (durch Zusatz von Schwarz) und mit aufgehellten Farben (durch Zusatz von Weiß) erstellen, und es lassen sich "kältere" Kreise (durch Zusatz von Blau) und "wärmere" Kreise (durch Zusatz von Rot) konstruieren.

Die sich gegenüberliegenden Farben bezeichnet man als Komplementärfarben (Gegen- oder Ergänzungsfarben). Schon anhand des Farbenkreises lassen sich einige erste, recht einfache Regeln formulieren:

- Wenn Sie Aufmerksamkeit erzeugen wollen, verwenden Sie Komplementärfarben (z.B. Blaugrün und Orange).
- Wenn Sie einen Gleichklang erwirken wollen, verwenden Sie verwandte Farben (solche, die im Farbenkreis nebeneinander liegen, z.B. Blaugrün und Grün).
- Wenn Sie Ruhe und Ausgeglichenheit beabsichtigen, verwenden Sie Ton in-Ton-Farben (z.B. ein helleres und ein dunkleres Blaugrün).

Vor schwarzem Hintergrund erscheinen alle anderen Farben brillianter, intensiver als vor weißem oder grauem Hintergrund.

Wir wissen alle, daß den Farben bestimmte Eigenschaften, Signalcharakter und Symbolik zugewiesen werden. Man sagt: Jemand ist blau, jemand ist mir nicht grün, jemand ist gelb vor Neid, jemand ist rot (politisch), jemand hat eine schwarze Seele. Das bedeutet, daß Farben nicht nur physikalische Ereignisse oder

Zustände sind, sondern daß sie gewissermaßen in uns leben, mit uns sprechen, unsere Wahrnehmungs- und Gefühlswelt beeinflussen, Emotionen erzeugen. Die folgende Tabelle zeigt, welche Emotionen (Anmutung) Farben hervorrufen, welche Symbole sie verkörpern und welche Signale sie geben können:

Farben und ihre Bedeutung

Farbe	Anmutungs-charakter	Symbol-charakter	Signal-charakter
Gelb	leicht heiter strahlend warnend warm lebhaft wach rege kontaktfreudig kommunikativ	Neid Die Sonne	Verkehr: Vorsicht! Post
Rot	warm weiblich anregend aufregend beherrschend willensstark selbstbewußt	Liebe Leidenschaft Das Feuer	Verkehr: Halt! Feuerwehr Sozialisten Kommunisten
Blau	kalt männlich ruhig ordnend seriös traditions-verbunden distanziert sachlich vertrauen-erweckend sauber	Treue Sehnsucht Der Himmel Das Wasser	Verkehr: Hinweis! Marine

Farben und ihre Bedeutung

Farbe	Anmutungscharakter	Symbolcharakter	Signalcharakter
Grün	natürlich sinnhaftig ausgleichend offen	Hoffnung Das Leben Die Natur	Verkehr: Freie Fahrt! Polizei Die Grünen
Braun	erdverbunden mütterlich behütend verhalten gedämpft stabil sicher gemütlich	Die Erde	Militär Nationalsozialisten
Weiß	neutral absolut lichtvoll unschuldig klar sauber hygienisch kalt	Unschuld Das Gute Das Licht Der Anfang	Ärzte Krankenhäuser
Schwarz	neutral absolut tödlich auslöschend	Das Böse Das Nichts Die Finsternis Der Tod	Kirche Bestattungsunternehmen Konservative
Grau	neutral stellvertretend (für Farben) theoretisch langweilig nichtssagend	Das Alter	Graue Panther
Silber	neutral wertsteigernd spiegelnd kühlend technisch metallhart	Der Mond Das Wasser	Orden Auszeichnungen

Farben und ihre Bedeutung

Farbe	Anmutungscharakter	Symbolcharakter	Signalcharakter
Gold	wertvoll teuer echt ruhmreich verlockend wärmend	Freude Reichtum Die Sonne Das Feuer	Medaillen Orden Ehrungen

In diesem Zusammenhang muß aber erwähnt werden, daß es sich bei vielen der angegebenen Bedeutungen um Konventionen eines kleinen Kulturkreises handelt: In England sind Briefkästen rot und in Frankreich sind Polizeiautos blau.

Sie werden wissen, daß es kalte (bläuliche) und warme (rötliche) Farben gibt. Ebenso gibt es laute (Orange) und leise (helles Blaugrün) Farben – man spricht ja auch von Farb"tönen". Es gibt süße (sattes Rot) und saure (grünliches Gelb) Farben und solche, die kleiner (Schwarz) und größer (Gelb) machen. Und schließlich gibt es noch Farben, die die Illusion von Nähe (intensives Grün) und Ferne (zartes Blau) hervorrufen. Alle diese Anmutungen beziehen sich auf unsere sinnliche Wahrnehmung: das Tasten, das Sehen, das Hören, das Schmecken und Riechen. Die Werbung hat sich diese Erkenntnisse in reichem Umfang zunutze gemacht.

Nun werden Sie sagen: Das ist alles schön und gut, wie aber kann ich, ganz konkret in meinem Vortrag, Farben anwenden? Die vorläufige Antwort: Wir werden anhand von konkreten Beispielen den sinnvollen Einsatz von Farben abhandeln.

1.7 Sparsam, aber effektvoll – ein kleines Regelwerk

Bisher haben Sie nur Vorarbeit geleistet, die es jetzt zusammenzufassen gilt. Wir gehen davon aus, daß Sie Ihren Vortrag Schritt für Schritt ausarbeiten, um schließlich einige Folien zu erstellen, die zur visuellen Unterstützung und als Handouts für das gesprochene Wort dienen sollen.

1. Schritt
Ermitteln Sie die Zielgruppe für Ihren Vortrag.
Methode: Polaritätenprofil bzw. Entscheidungsmatrix.

2. Schritt
Legen Sie die Inhalte für Ihren Vortrag fest.
Methode: Arbeit mit Karteikarten/Zetteln, "roter Faden".

3. Schritt
Wenden Sie die Vorgaben einer eventuell vorhandenen Corporate Identity an, versuchen Sie nicht, sie zu umgehen.
Methode: Erscheinungsformen, Zustände und Aktivitäten des Unternehmens ermitteln.

4. Schritt
Legen Sie sich auf eine Typografie fest, die den Inhalten der ersten drei Schritte am nächsten kommt, beachten Sie dabei eventuelle Vorgaben der Corporate Identity.
Methode: Auswahl einer entsprechenden Schriftart (Vorsicht beim Mischen verschiedener Schriftarten!), sparsame Verwendung verschiedener Schriftschnitte und Schriftgrößen! Beachtung des "weißen Raumes", sinnvolle Anwendung von Absätzen und Einzügen! Verwenden Sie Abbildungen (Grafiken oder Bilder) nur dann, wenn sie eindeutig zur Klärung der Inhalte beitragen.

5. Schritt
Legen Sie die zum Einsatz kommenden Farben fest, beachten Sie dabei eventuelle Vorgaben der CI.
Methode: Auswahl einer entsprechenden Grundfarbe für den Folien-Hintergrund (sie muß nicht mit einer eventuell vorhandenen Hausfarbe identisch sein!), Auswahl der Farbe(n) für Auszeichnungen.

6. Schritt
Legen Sie für die Folien Handskizzen, sogenannte Srkibbles, an.
Methode: Skizzieren Sie die einzelnen Folien auf postkartengroßen Zetteln. Deuten Sie Schrift und Grafiken nur durch Striche und Flächen an. Dieses Vorgehen hat zweierlei Sinn:
- Zum einen können Sie sehr gut kontrollieren, ob die Folien nicht zu voll, zu überladen sind,
- zum anderen können Sie anhand der Skizzen nochmals den richtigen Ablauf des Vortrags (Inhalt) prüfen, indem Sie die Skizzen in ihrer Abfolge kontrollieren.

Harold Lasswell hat die Grundüberlegungen, die zum Ergebnis führen, sehr einprägsam so zusammengefaßt:

"Wer	Der Redner/das Unternehmen
sagt was	Inhalte
auf welchem Weg	Vortrag mit Folienunterstüzung
zu wem	Zielgruppe
mit welcher Wirkung?"	Verkauf des Unternehmens

1.8 Skribbles – was ist denn das?

Gehen wir also daran, die Skribbles für unsere Folien zu erstellen. Skribbles sind grobe Handskizzen, an denen Aufbau und Inhalt einer Seite (Folie) erkennbar sind. Auch im Zeitalter der Elektronik ist es nach wie vor in großen und kleinen Werbeagenturen üblich, die ersten Entwürfe von Hand zu machen. Das geht schneller, außerdem erlaubt es die freie Entfaltung der persönlichen Kreativität.

Sie erinnern sich: Das Beispiel behandelt den Verkauf eines treuhänderischen Unternehmens an einen Interessenten aus der Privatwirtschaft. Unser Unternehmen hat den Namen "Deutsche TREULAND Anstalt", kurz "TREULAND". Unternehmensinhalt ist der Verkauf von Ländereien, Liegenschaften und Luxusimmobilien, darüber hinaus die Unternehmensveräußerung.

Betrachten Sie die Skizzen auf den folgenden Seiten im Ablauf. Auch daraus lassen sich einige Regeln ableiten:

- Noch einmal: Arbeiten Sie mit sparsamen Mitteln!
- Stellen Sie alle Folien unter einen einheitlichen Kopf. Eine Ausnahme sollten nur die Titelfolie und die Schlußfolie machen.
- Lassen Sie Schrift und Grafik genügend Raum im Format, zwängen Sie sie nicht ein.
- Wenn Sie auf Mittelachse aufbauen, legen Sie alle Folien so an. Wechseln Sie nicht von Mittelachse auf Linksanschlag oder umgekehrt.
- Achten Sie darauf, daß der Ablauf nicht langweilig wird. Mehrere Folien mit der gleichen Art der Grafik (zum Beispiel nur Säulengrafiken) ermüden den Betrachter! Wechseln Sie also die Art der Grafik.
- Denken Sie daran, daß die Folien den Zweck haben, das gesprochene Wort zu unterstützen. Bringen Sie also wenige Textfolien, maximal drei hintereinander, halten Sie die Texte auf den einzelnen Folien möglichst knapp.
- Inhalt und Form sollten sich gegenseitig ergänzen.

Schauen Sie sich die verschiedenen Arten der Grafik in den Skribbles auf den folgenden Seiten an. Die Anlage der Folien wechselt von Text (Seriosität, Dynamik) über das Rechteck zu einer Baumstruktur. Einer Spinne (die die Ausdehnung zeigt) folgen eine Säulengrafik (mit steigender Tendenz) und eine Kreisgrafik (Geschlossenheit in sich). Zwei weitere Säulengrafiken mit Pfeilen, die die Tendenz angeben (optischer Eindruck: alles unter einem Dach), führen zu dem freigestellten Abbild eines Schlosses. Den krönenden Abschluß symbolisiert die Weltkugel (der abgewandelte Kreis). Den Kreis des Vortrags aber schließt die letzte Folie (Erinnerung an den Einstieg und Ausblick auf die Zukunft).

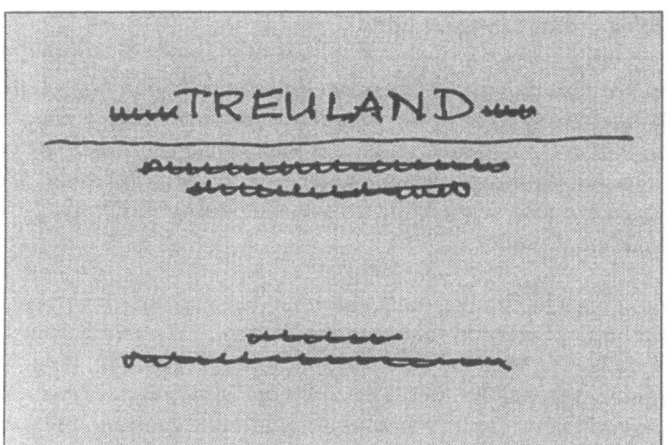

Folie 1

TREULAND
Titel und
Einstieg

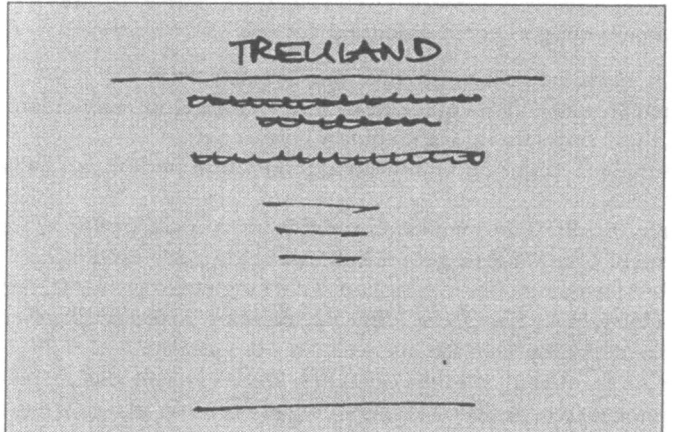

Folie 2

Unternehmens-
philosophie
(Einige wenige
Schlagworte)

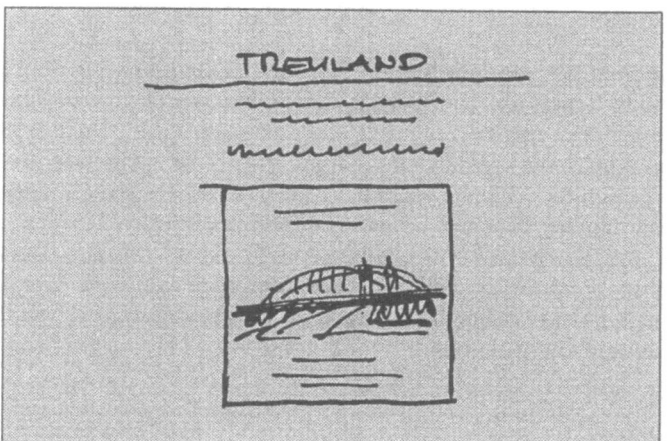

Folie 3

Unternehmens-
inhalte
(Beispielhafte
Produkte)

1.8 Skribbles – was ist denn das?

Folie 4

Unternehmensinhalte
(Beispielhafte Produkte)

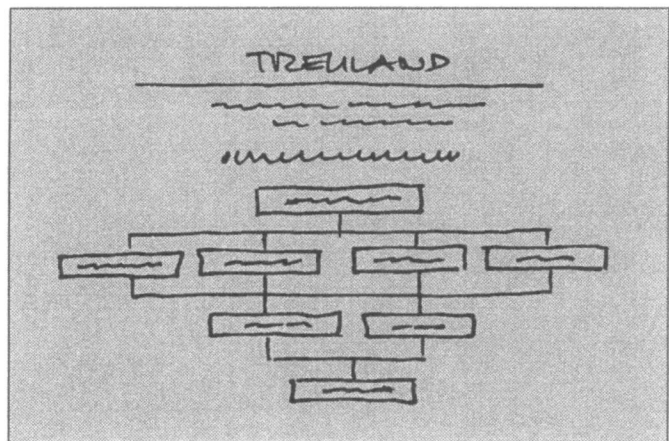

Folie 5

Unternehmensstruktur
(Unternehmensleitung, Produkte, Vertrieb etc.)

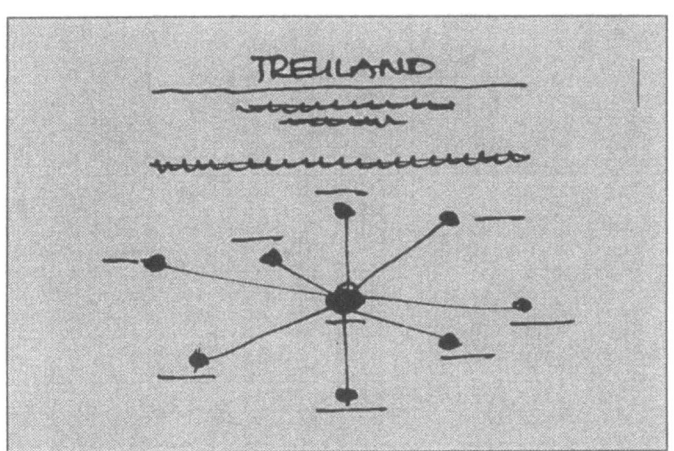

Folie 6

Unternehmensausweitung
(Unternehmenszentrale und Außenstellen)

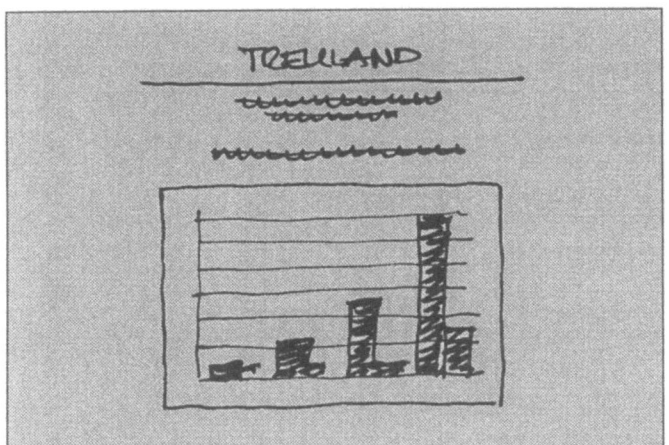

Folie 7

Umsatz- und Gewinnentwicklung (Säulengrafik)

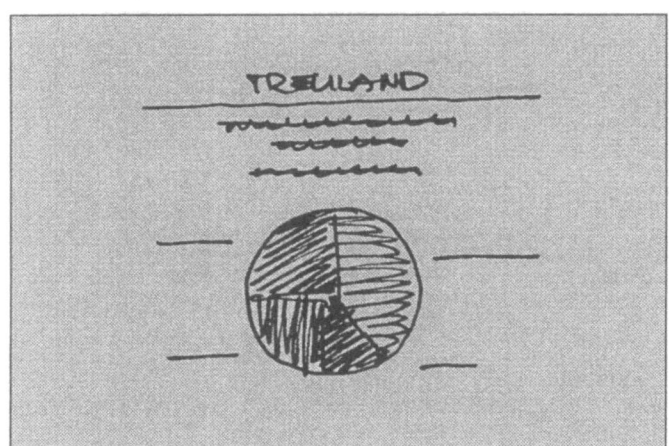

Folie 8

Personalstruktur (Tortengrafik)

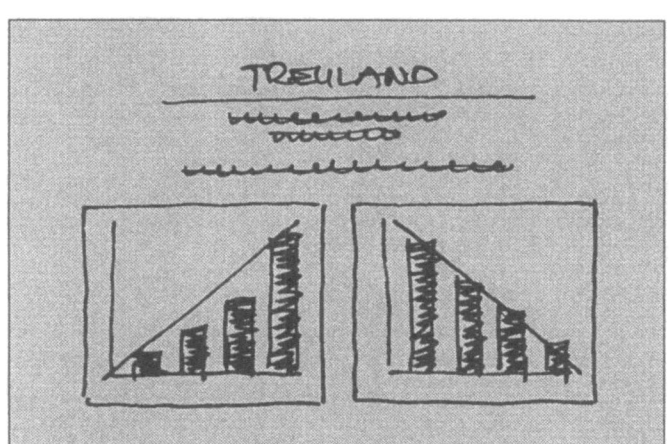

Folie 9

Gewinn- und Personalentwicklung (2 Säulengrafiken)

1.8 Skribbles – was ist denn das?

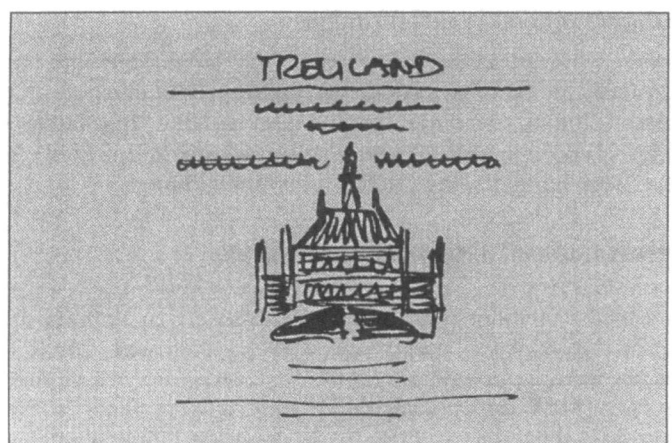

Folie 10

Neue Produkte (Luxusimmobilien)

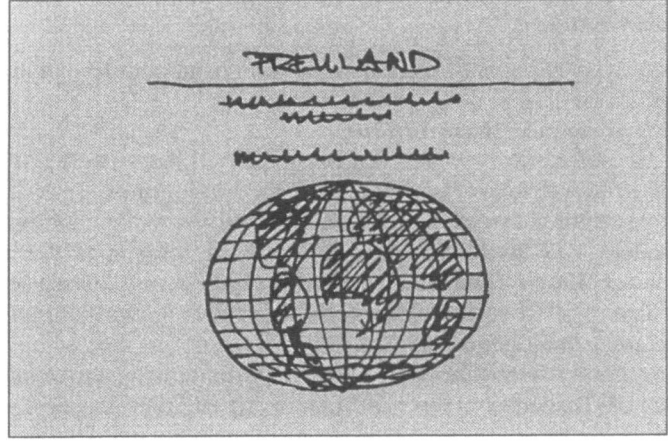

Folie 11

Ausdehnung in internationale Märkte (Weltkugel, Pfeile)

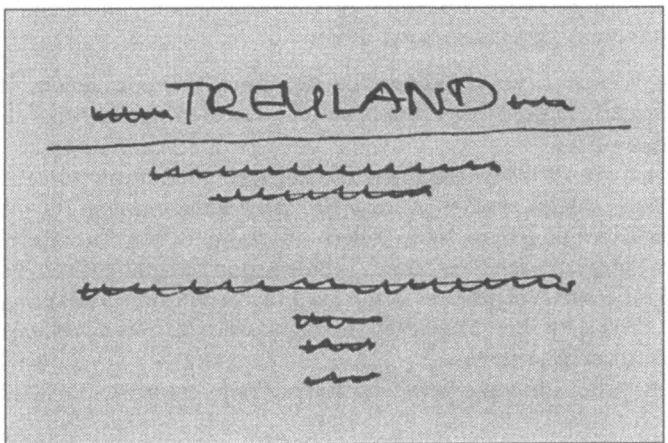

Folie 12

Ausklang (Slogan für TREULAND-Zukunft)

2 Installation und erste Erfahrungen

Die Installation von PowerPoint ist völlig problemlos, sie dauert etwa 45 Minuten (Einplatz-System). Schon während der Installation erhalten Sie wichtige Hinweise zum Programm und seinen Möglichkeiten, die sie bei Ihren ersten Schritten unmittelbar umsetzen können.

2.1 Systemvoraussetzungen und Installation

Um möglichst effektiv mit PowerPoint arbeiten zu können, benötigen Sie einen PC mit 80386er, besser mit 80486er Prozessor. Der Arbeitsspeicher sollte mindestens 4, besser 8 MB Größe haben, die vollständige Installation belegt ca. 37 MB Festplattenkapazität. Vorausgesetzt wird, daß Sie PowerPoint vollständig installieren, weil Ihnen nur dann alle Möglichkeiten und Hilfsmittel zur Verfügung stehen. Und Sie sollten mindestens über einen VGA-Monitor verfügen.

1. Öffnen Sie Windows, legen Sie die erste Programmdiskette in Laufwerk A: bzw B: ein.
2. Klicken Sie auf *Datei/Ausführen*.
3. In die Befehlszeile tragen Sie ein: A:\SETUP bzw. B:\SETUP.
4. Folgen Sie den Anweisungen auf dem Bildschirm.
5. Bei der Anfrage, welche Installation Sie wählen wollen, klicken Sie auf den Schalter *Vollständig/Benutzerdefiniert*, im folgenden Fenster auf den Schalter *Weiter*. (Die Installationsarten *Typisch* und *Laptop* benötigen zwar weniger Speicherplatz, dafür steht Ihnen aber PowerPoint nicht in vollem Umfang zur Verfügung.)
6. Dann gehen Sie weiter nach den Anweisungen vor. Sie brauchen nun nur noch die Disketten zu wechseln und die Installation zu vervollständigen.

Schon während der Installation erhalten Sie ebenso nützliche wie wichtige Hinweise zur Arbeit mit PowerPoint:

1. Sie sollten sich unbedingt die der Installation folgende Kurzübersicht ansehen, denn sie zeigt Ihnen wissenswertes über das Programm und seine Handhabung.
2. Wenn Sie Probleme mit der inhaltlichen Gliederung von Präsentationen haben, sollten Sie den AutoInhalt-Assistenten nutzen.
3. AutoLayouts geben Ihren Folien ein einheitliches Grundlayout.
4. Der Ratgeber, den Sie während Ihrer Arbeit nutzen können, hilft Ihnen bei allgemeinen Vorgehensweisen und in Fragen der Gestaltung.
5. Ein Probelauf Ihrer Präsentation zeigt Ihnen, ob Sie mit der veranschlagten Zeit zurecht kommen.
6. Die Option *Übernehmen* wandelt eine Präsentation in ein Word-Dokument um.

2.1 Systemvoraussetzungen und Installation

Während der Installation: Hinweis auf den AutoInhalt-Assistenten

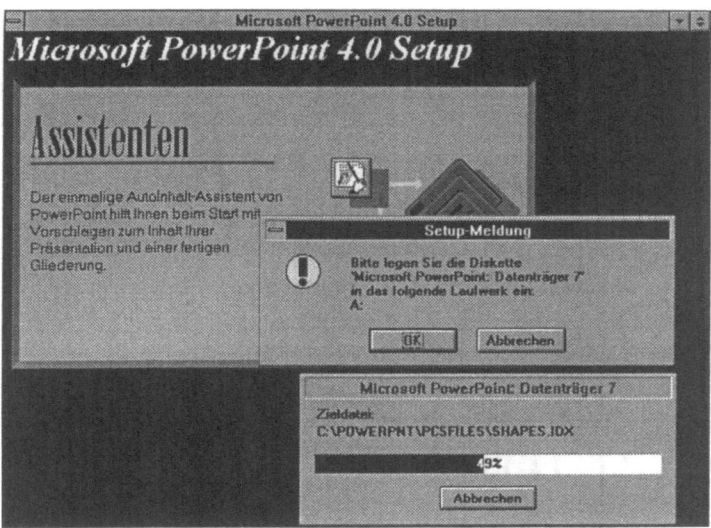

Während der Installation: Hinweis auf einen Probelauf

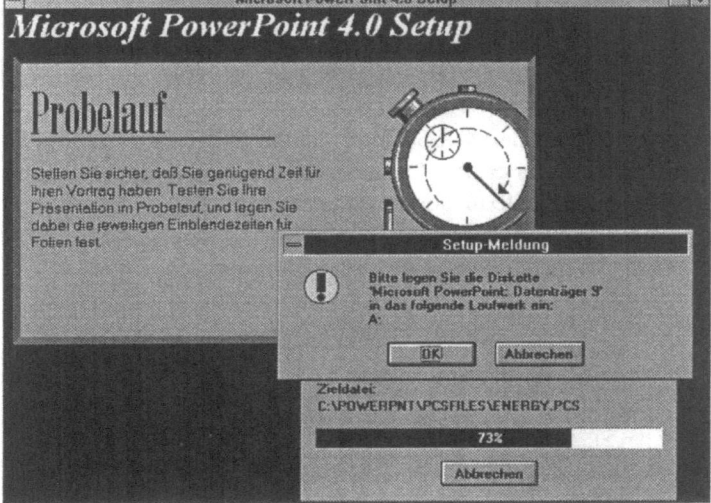

Mit der 11. Diskette, auf der sich der PowerPoint-Projektor befindet, ist die Installation abgeschlossen.

Hinweis

Der PowerPoint-Projektor ist ein Programm, mit dem Sie (etwa bei einem Kunden) eine Präsentaion ablaufen lassen können, ohne daß PowerPoint vollständig installiert ist. Sie können es auf einem fremden PC (Diskette 11, A:\VSETUP) separat installieren.

2.2 Der erste Start von PowerPoint und die Kurzübersicht

Nach dem ersten Start von PowerPoint (Doppelklick auf Programmsymbol) werden Sie begrüßt und auf die Kurzübersicht aufmerksam gemacht.

PowerPoint Programmfenster mit Hinweis auf die Kurzübersicht

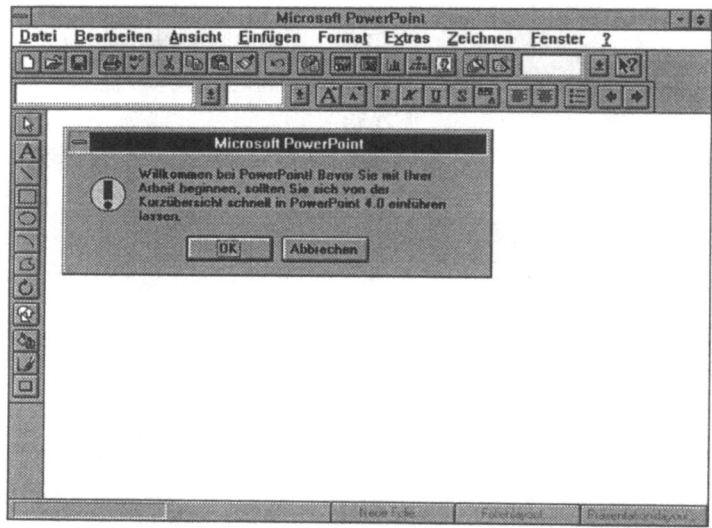

Klicken Sie auf den OK-Schalter, lassen Sie die Kurzübersicht ablaufen, es lohnt sich (Dauer ca. 20 Minuten). Sie erhalten weitere wichtige Hinweise zu Funktion und Aufbau des Programms.

Einstieg in die Kurzübersicht

2.2 Der erste Start von PowerPoint und die Kurzübersicht

Klick auf den Start-Schalter startet die Datei, Klick auf den Weiter-Schalter ruft die nächste Sequenz auf.

Unter anderem erfahren Sie wissenswertes über den AutoInhalt-Assistenten, über Notizblätter und über die Sortieransicht.

Der AutoInhalt-Assistent hilft Ihnen bei der inhaltlichen Gliederung Ihrer Präsentation

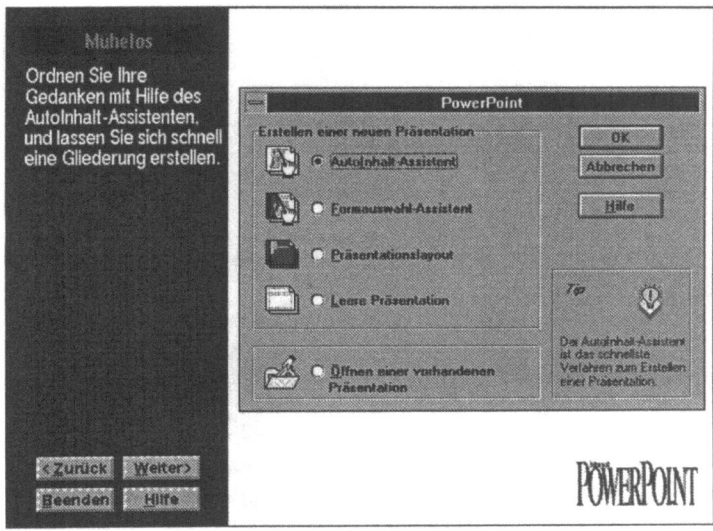

Notizblätter bieten eine Gedächtnisstütze für Ihren Vortrag

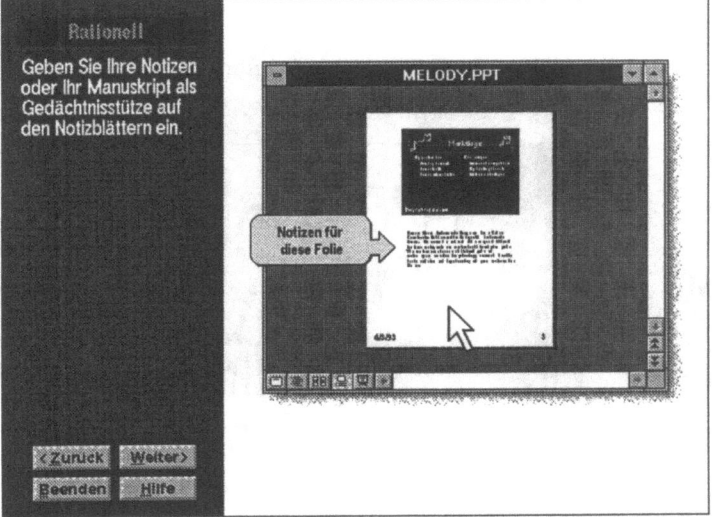

Hinweis

Zu jeder Folie wird automatisch ein Notizblatt generiert. Es enthält die verkleinerte Ansicht der Folie sowie Notizen, die Sie als Gedankenstütze für Ihren Vortrag eingeben.

In der Sortieransicht sortieren Sie Ihre Folien, bestimmen den zeitlichen Ablauf und bringen sie in Bewegung

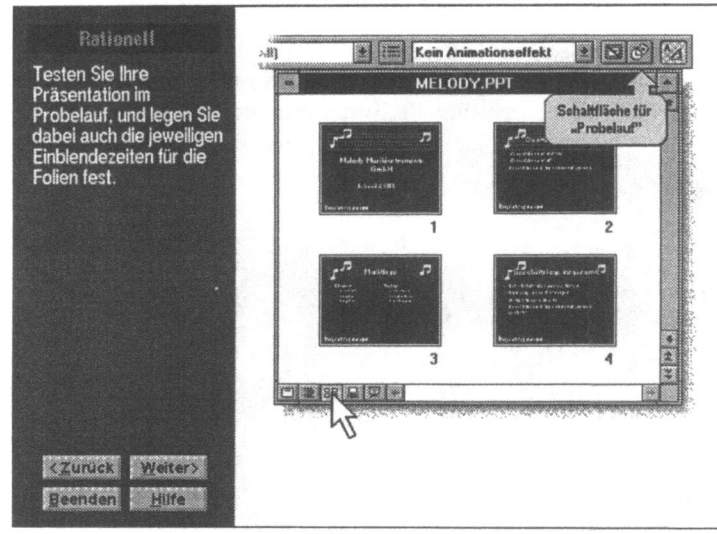

Die Kurzübersicht vermittelt Ihnen über einen ersten Eindruck hinaus Kenntnisse von bestimmten Verfahrensweisen, die Ihnen vielleicht von anderen Microsoft-Produkten her schon bekannt sind. Darüber hinaus macht sie Sie aber mit PowerPoint-spezifischen Optionen bekannt, die Sie später ausführlich kennenlernen und nutzen werden.

Hinweis
Die Kurzübersicht können Sie auch später immer wieder einsehen. Rufen Sie sie über das Menü ? (Hilfe) auf.

Hier beenden Sie die Kurzübersicht

2.3 Tips und Tricks

Nach Ablauf der Kurzübersicht erscheint das Programmfenster von PowerPoint, zugleich sehen Sie einen der zahlreichen Tips und Tricks, die PowerPoint bei jedem Start einblendet.

Hinweis
Später einmal können Sie die Tips und Tricks ausschalten. Klicken Sie dazu in das Kästchen vor *Tips bei jedem Start von PowerPoint anzeigen*. Wollen Sie "Tips und Tricks" reaktivieren, so erreichen Sie dies über das Menü *? (Hilfe)*, Option *Tips und Tricks*.

PowerPoint-Programm-fenster mit Tips und Tricks

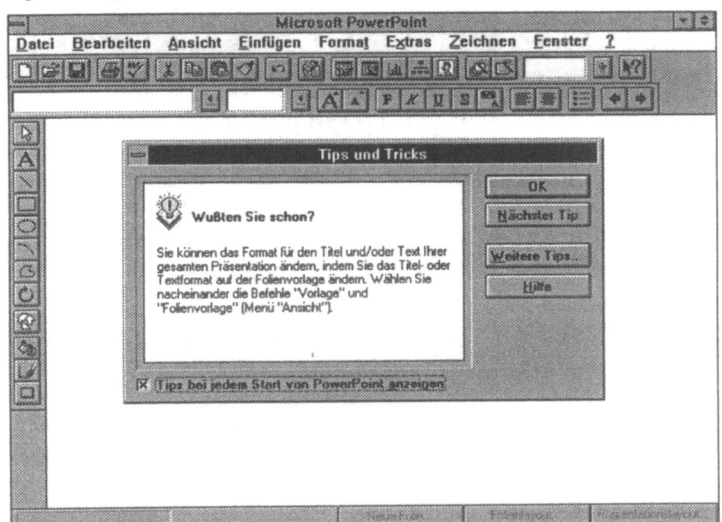

2.4 Assistenten und Ansichten

Nach Klick auf den OK-Schalter öffnet sich die Dialogbox *Erstellen einer neuen Präsentation*. Sie bietet Ihnen fünf verschiedene Möglichkeiten an, eine neue Präsentation einzurichten:

1. Der AutoInhalt-Assistent unterstützt Sie dann, wenn Sie sich über die Strukturierung der Inhalte Ihrer Präsentation nicht klar sind.
2. Der Formauswahl-Assistent verschafft allen Folien Ihrer Präsentation ein einheitliches Grundlayout.
3. Über Präsentationslayout können Sie das Grundlayout einrichten oder nachträglich ändern.
4. Sie können eine "leere" Präsentation öffnen.
5. Sie können eine bereits vorhandene Präsentation öffnen.

Dialogbox Erstellen einer neuen Präsentation

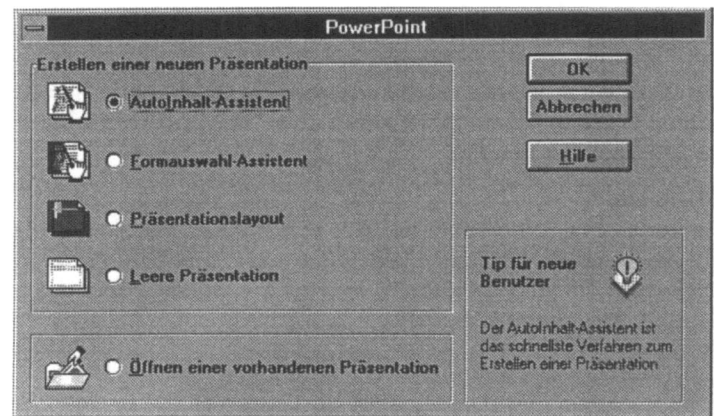

Nach dem ersten Start von PowerPoint ist der AutoInhalt-Assistent bereits vorbesetzt (schwarzer Punkt im Kreis). Ist dies bei Ihrer Arbeit nicht der Fall, klicken Sie in den Kreis vor *AutoInhalt-Assistent* und auf den OK-Schalter. Lassen Sie sich im folgenden von diesem hilfreichen Assistenten eine Präsentation erstellen, indem er Sie bei der Strukturierung der Inhalte unterstützt.

AutoInhalt-Assistent: Schritt 1 von 4

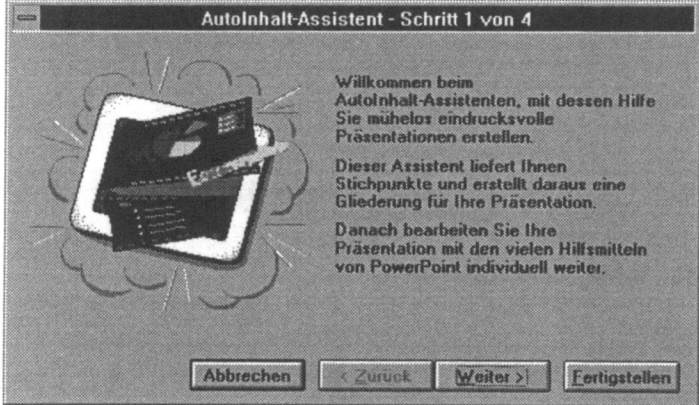

Der AutoInhalt-Assistent zeigt Gesicht, klicken Sie auf den Weiter-Schalter. In den drei folgenden Schritten teilen Sie dem Assistenten Ihre Absichten mit, so daß er in der Lage ist, eine Gliederung zu erstellen. Er hilft Ihnen bei der inhaltlichen Struktur von sechs häufig präsentierten Themenkreisen:

1. Empfehlung einer Strategie,
2. Vorstellung einer Neuheit,
3. Schulung,
4. Zwischenbericht,

2.4 Assistenten und Ansichten 31

5. Mitteilung negativer Nachrichten,
6. Allgemeines.

Zunächst aber braucht der Assistent Informationen für die Titelfolie. Tragen Sie also einen Titel ein, z.B. **Ein schneller Einstieg**. In den beiden folgenden Feldern finden Sie Name und Firma, wie sie bei der Insstallation angegeben wurden, Sie können sie allerdings überschreiben.

AutoInhalt-Assistent: Schritt 2 von 4

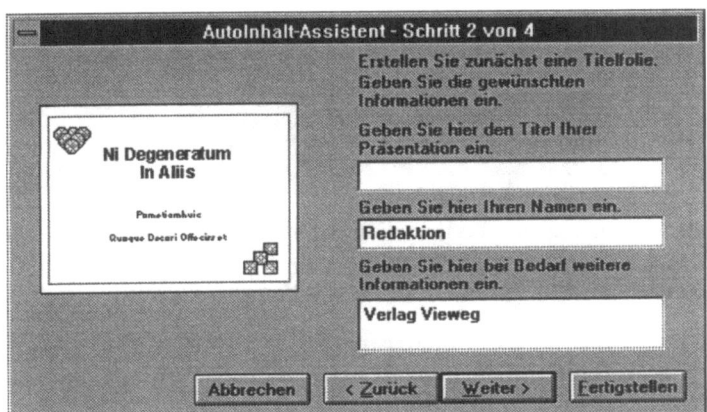

Wählen Sie durch Klick das Thema, im aktuellen Fall *Vorstellung einer Neuheit*.

AutoInhalt-Assistent: Schritt 3 von 4

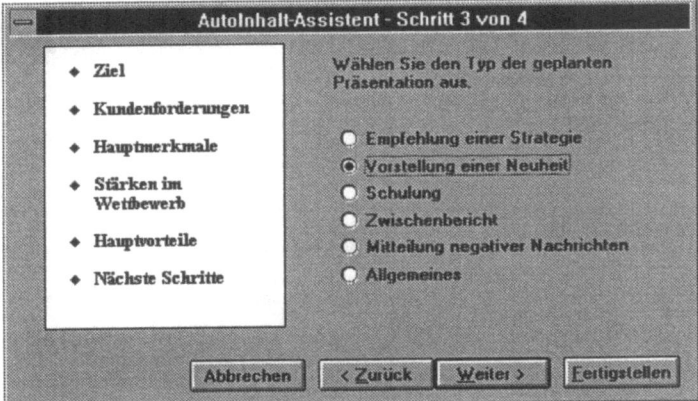

Klicken Sie auf den Weiter-Schalter. Der Assistent tut unmittelbar den nächsten Schritt, indem er Ihnen die Zielflagge zeigt.

*AutoInhalt-
Assistent:
Schritt 4 von 4*

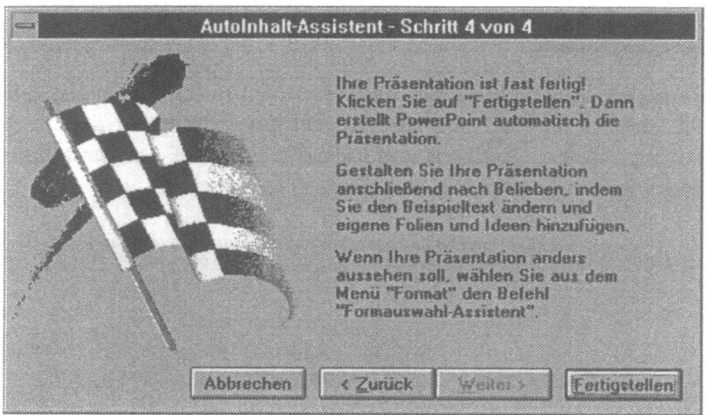

Klicken Sie auf den Fertigstellen-Schalter. Der Assistent arbeitet heftig. Dann öffnet sich ein Fenster *Präsentation* mit dem Ergebnis, das der Assistent bereitstellt. Zugleich öffnet sich das Fenster *Ratgeber*.

*Programm-
fenster, Fenster
Präsentation
und Ratgeber*

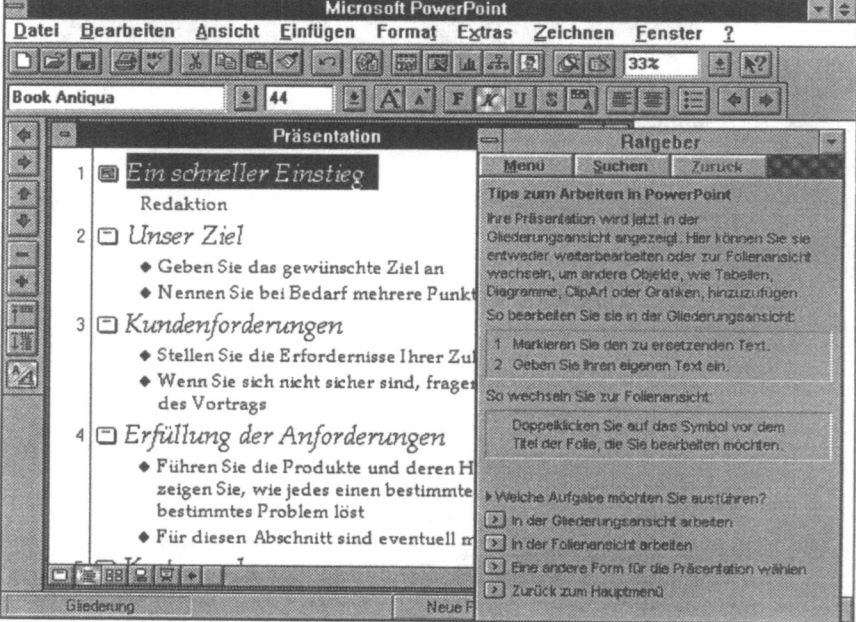

*Systemmenü-
feld*

Der Ratgeber wird später zu Rate gezogen, er gibt jedenfalls Unterstützung in wichtigen Fragen der Gestaltung von Präsentationen und zum Programmhandling. Schließen den Ratgeber durch Doppelklick auf das Systemmenüfeld.

2.4 Assistenten und Ansichten

Schalter Vollbildgröße

Bringen Sie das Fenster *Präsentation* ggf. in Vollbildgröße.

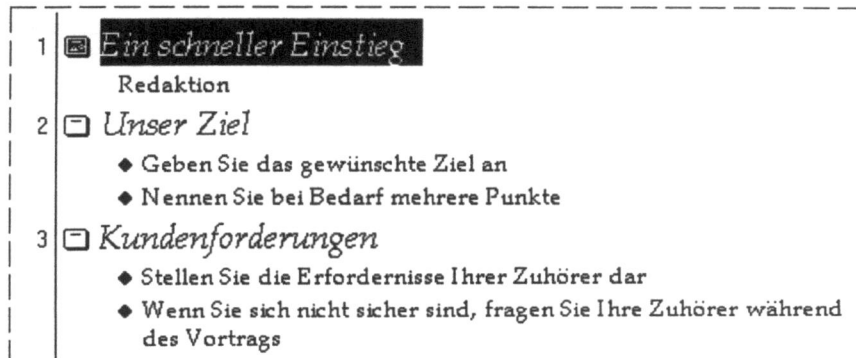

Vom AutoInhalt-Assistenten erstellte Gliederung

Benutzen Sie die Bildlaufleiste, prüfen Sie die Präsentation, die aus 8 Folien besteht. Durch Markieren des Textes und Überschreiben können Sie die Folien nun fertigstellen.

Markieren Sie den Text (wie oben abgebildet), überschreiben Sie ihn mit dem neuen Text **Professionelle Präsentationen**. Tragen Sie die übrigen Texte nach Ihren Vorstellungen ein.

Markierter Text ist überschrieben

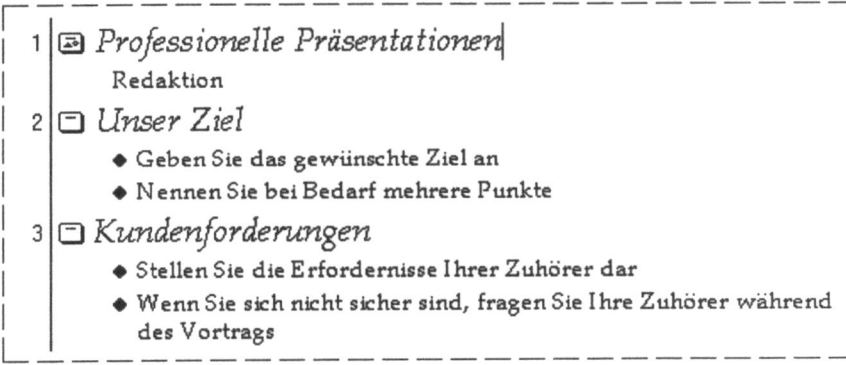

Dann lassen Sie den Mauszeiger langsam (ohne zu klicken!) über die Schalter in der linken unteren Bildschirmecke gleiten.

Bei langsamem Ziehen des Mauszeigers werden die QuickInfos sichtbar

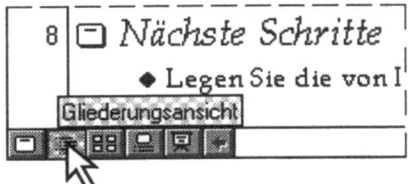

Die aktuelle Ansicht ist die Gliederungsansicht, der Schalter ist gedrückt.

An dieser Stelle sind zunächst einige grundsätzliche Erläuterungen nötig. Wie Sie bereits in der Kurzübersicht erfahren haben, richtet PowerPoint zugleich mit den Folien eine Gliederung (für den inhaltlichen Ablauf), Notizblätter (für Sie selbst) und Handzettel (für Ihre Zuhörer) ein. Jede Präsentation umfaßt also diese Elemente, die Sie über die Schalter in der linken unteren Bildschirmecke aktivieren können. Dabei entspricht jeder Schalter einer Option im Menü *Ansicht*.

Gliederungs-
ansicht

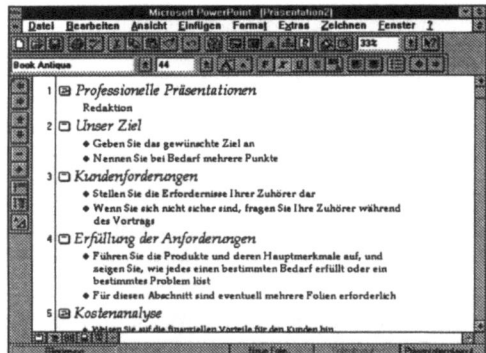

Schalter bzw. Menü
Ansicht/Gliederung

Folienansicht

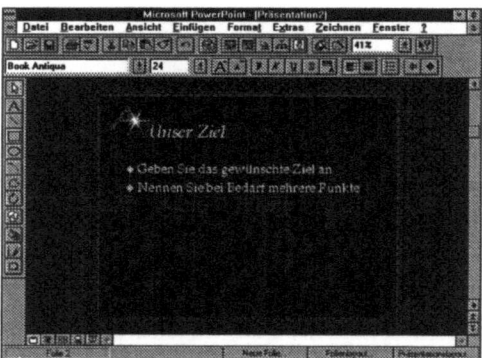

Schalter bzw. Menü
Ansicht/Folien

Foliensortier-
ansicht

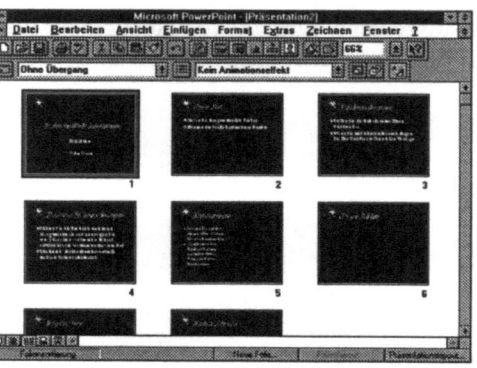

Schalter bzw. Menü
Ansicht/Foliensortierung

2.4 Assistenten und Ansichten

Notizblatt-ansicht

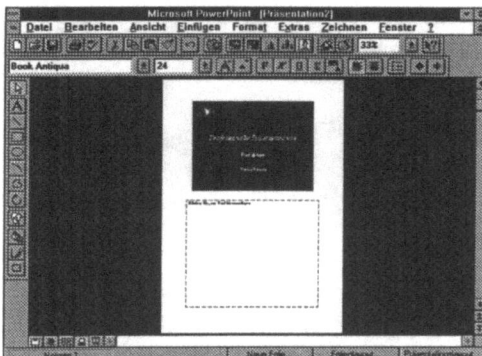

Schalter bzw. Menü *Ansicht/Notizen*

Bildschirm-präsentation

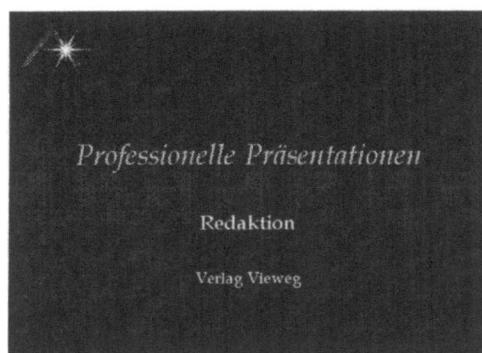

Schalter bzw. Menü *Ansicht/Bildschirm-präsentation*

Machen Sie sich durch Klick auf die Schalter mit den Ansichten vertraut. In welcher Ansicht Sie sich gerade befinden, sehen Sie auch immer daran, daß der entsprechende Schalter gedrückt ist. Die oben genannte QuickInfo gibt Ihnen weitere Auskünfte.

Die Handzettelvorlage zeigt übrigens, wie Folien alternativ (2, 3 oder 6 auf einem Blatt) ausgedruckt werden können – doch davon später.

Ansicht Handzettel-vorlage

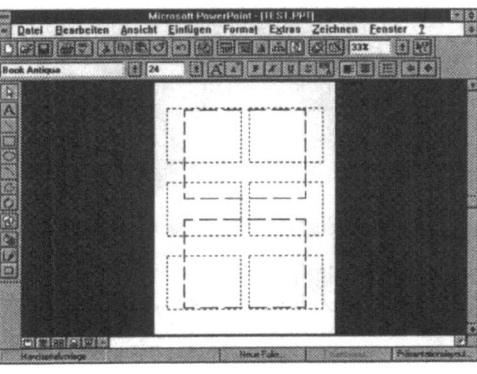

Nachdem Sie die verschiedenen Ansichten durchgegangen sind, rufen Sie die Folienansicht auf. Prüfen Sie im Menü *Ansicht*, welche Ansicht durch einen vorangestellten Punkt vorbesetzt ist.

Menü Ansicht, Folienansicht vorbesetzt durch voranstehenden Punkt

Nun sehen Sie sich die Folien nacheinander an, indem Sie den Schieber in der rechten Bildlaufleiste mit Dauerklick langsam nach unten ziehen. Die Nummern der Folien werden nach und nach angezeigt. Bei der Folie, die Sie sehen wollen, lassen Sie los.

Beim Ziehen des Schiebers in der rechten Bildlaufleiste werden die Nummern der Folien sichtbar

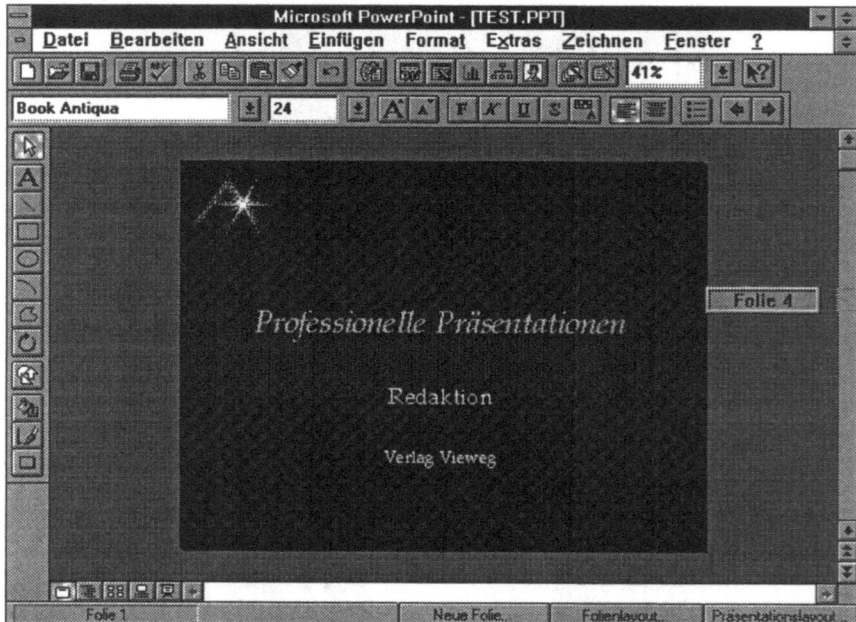

Schalter vorige und Schalter nächste Folie

Über die Bildlaufleiste können Sie jede vorhandene Folie aufrufen. Wollen Sie aber nur eine Folie weiter- oder zurückschalten, so benutzen Sie dafür die eigens vorgesehenen Schalter.

2.4 Assistenten und Ansichten

Rufen Sie Folie 1 auf, und lassen Sie eine Bildschirmpräsentation ablaufen.

Beim Ablauf einer Bildschirmpräsentation wird der gesamte Bildschirm zur Darstellung genutzt

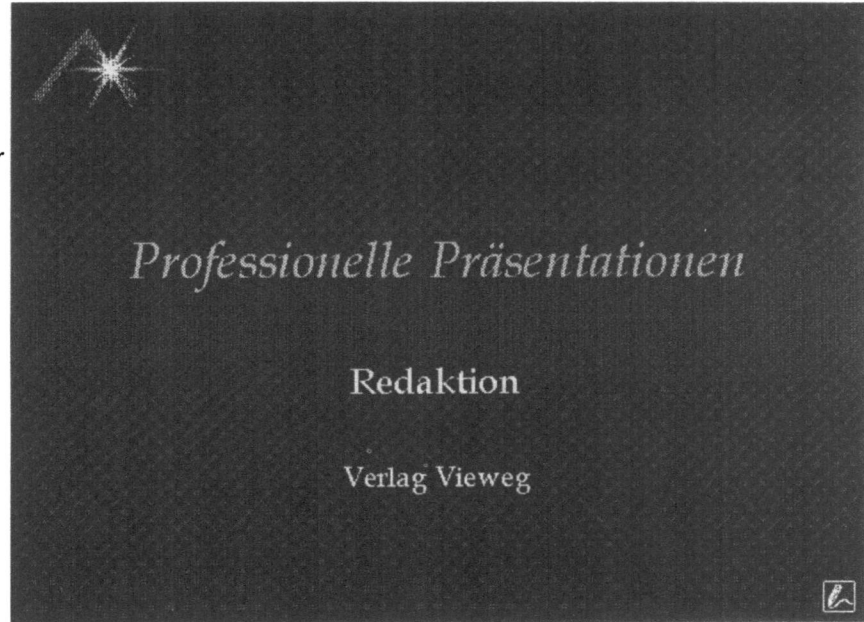

Jetzt wird der gesamte Bildschirm zur Anzeige genutzt. Durch Klick gelangen Sie zur nächsten Folie. Wollen Sie zu Prüfzwecken eine Folie zurück, klicken Sie zuerst mit der rechten, dann mit der linken Maustaste. Durch Eingabe von Esc können Sie die Präsentation abbrechen. Sie rufen dadurch die Ansicht der zuletzt gesehenen Folie auf.

Hinweis
In der rechten unteren Ecke des Bildschirms finden Sie ein Bleistiftsymbol. Wenn Sie es anklicken, verwandelt sich der Zeiger in einen Bleistift. Jetzt können Sie in der aktuellen Folie zeichnen, z.B. einen wichtigen Begriff einkreisen. Aber Vorsicht! Dazu gehören zeichnerisches Können und eine ruhige Hand – zumal im Ernstfall. Umschalttaste+Ziehen erzeugt eine waage-rechte oder senkrechte Linie. Das Symbol rechts unten ist derweil zum Zeiger geworden. Klicken Sie es an, dann ist die Zeichnen-Funktion aufgehoben, Sie können die nächste Folie aufrufen.
Übrigens: Solche Zeichnungen sind nur für die Bildschirmpräsentation wirksam, sie werden nicht in die Folie übernommen.

Ähnlich wie Sie in der Gliederung die Folien inhaltlich verändert haben, können Sie dies natürlich auch in der Folienansicht durchführen. Das ist am Anfang sogar ratsamer, weil Sie das Layout bzw. die Folie unmittelbar vor Augen haben und sehen, wie sich die Änderung auswirkt. In der Gliederungsansicht ist eine direkte Kontrolle sehr viel schwieriger.

Rufen Sie Folie 2 auf. Markieren Sie den Text des ersten Absatzes. Überschreiben Sie die Markierung mit folgendem Text: **Durch den Einsatz von PowerPoint unseren Präsentationen ein professionelles Outfit geben**

Markierter Text wird mit neuem Text überschrieben

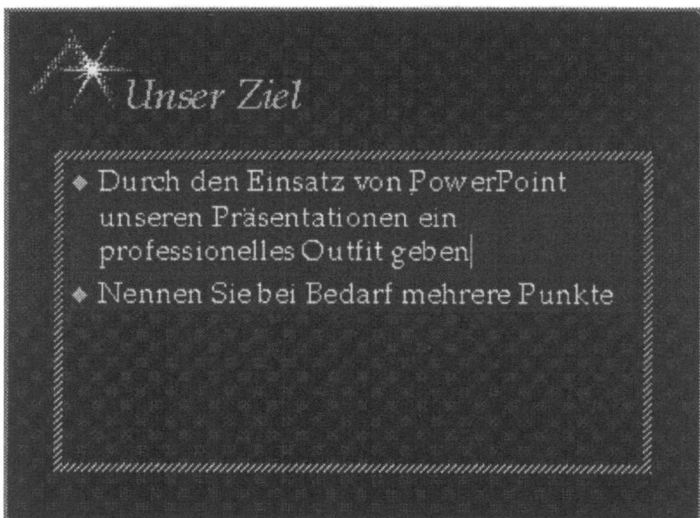

Markieren Sie nun den Text des zweiten Absatzes. Löschen Sie ihn mit der Rücktaste. Drücken Sie nochmals die Rücktaste, auch das Aufzählungszeichen wird gelöscht.

Markierter Text wird mit der Rücktaste gelöscht

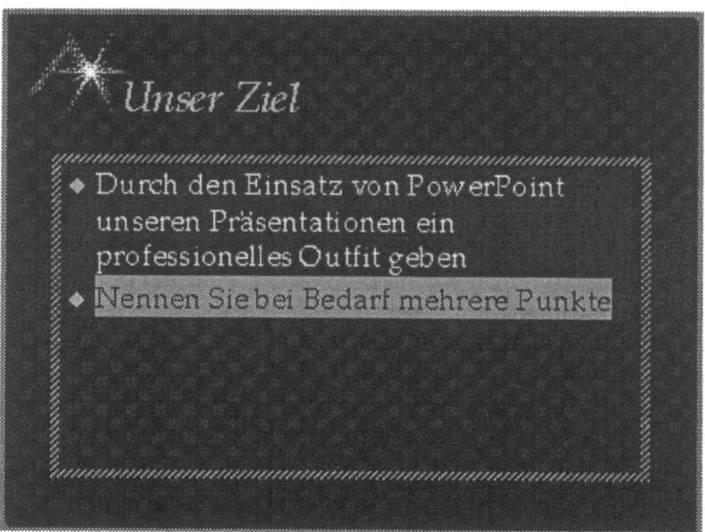

Das Layout der Präsentation gefällt Ihnen nicht? Nichts ist einfacher als ein automatischer Wechsel!

2.4 Assistenten und Ansichten

Schalter Präsentationslayout

Klicken Sie auf den Schalter *Präsentationslayout*.

Die entsprechende Dialogbox wird eingeblendet.

Dialogbox Präsentationslayout, über die ein neues Layout zugewiesen wird

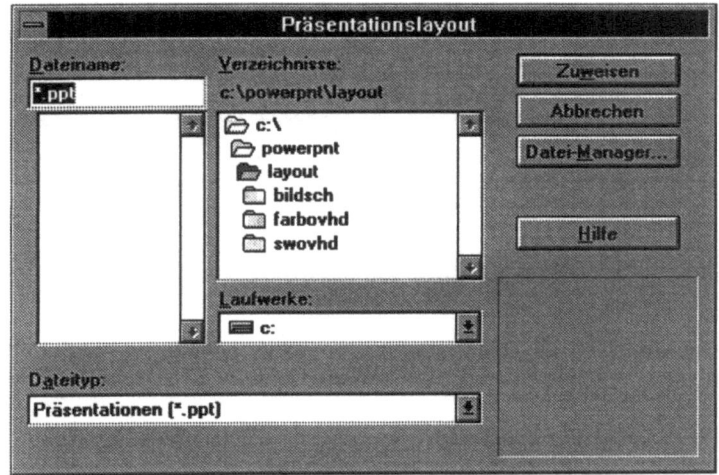

Doppelklicken Sie auf *Bildsch* (= Bildschirmpräsentation). PowerPoint stellt die vorhandenen Dateien links im Listenfeld bereit. Klicken Sie auf AZURB.PPT, prüfen Sie in der Vorschau (rechts unten) das Aussehen.

Dialogbox Präsentationslayout mit Vorschau des neuen Layouts

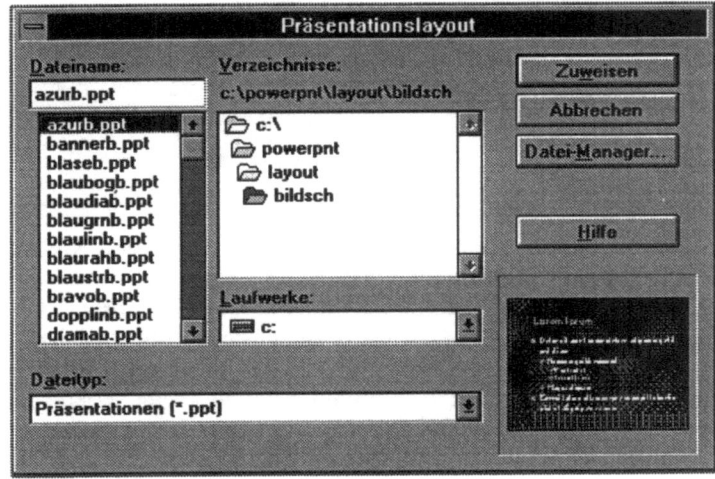

Klicken Sie auf den Schalter Zuweisen.

Schalter Zuweisen

Ihre Präsentation hat ein neues Layout erhalten. Damit kennen Sie den AutoInhalt-Assistenten und die Option *Präsentationslayout*. PowerPoint stellt allerdings einen weiteren hilfreichen Assistenten zur Verfügung. Ihn sollten Sie jetzt kennenlernen. Schließen Sie deshalb die aktuelle Datei, ohne sie zu speichern.

Klicken Sie auf *Datei*, dann auf *Schließen*. In der sich öffnenden Dialogbox beantworten Sie die Anfrage *Änderungen in Präsentation speichern?* durch Klick auf den Schalter *Nein*.

Dialogbox Datei Schließen

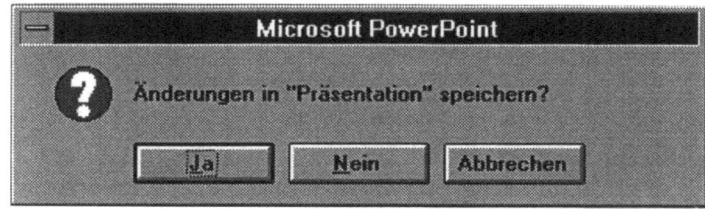

Schalter Neu

Nachdem Sie die Datei geschlossen haben, sehen Sie wieder das Programmfenster. Klicken Sie auf den Schalter *Neu*.

Dialogbox Neue Präsentation

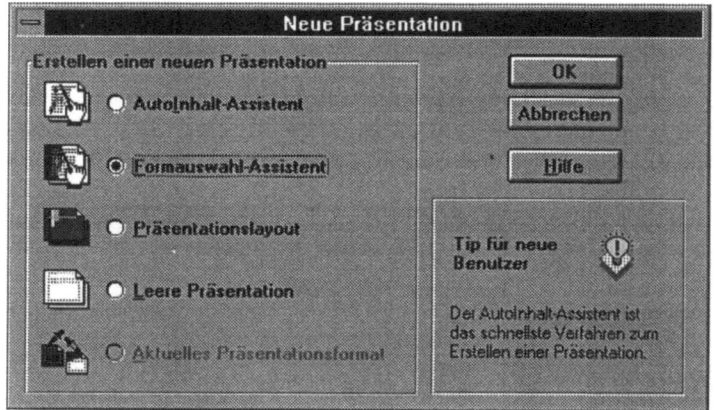

In der Dialogbox *Neue Präsentation* klicken Sie in den Kreis vor *Formauswahl-Assistent*, dann auf den OK-Schalter. Damit leiten Sie die Unterstützung eines weiteren Assistenten ein, der Ihnen nun in 9 Schritten eine Präsentation erstellt. Nach jedem Schritt klicken Sie auf den Weiter-Schalter. Das Ergebnis ist die erste Folie einer Präsentation, also nicht ein kompletter Foliensatz, wie ihn der AutoInhalt-Assistent aufbereitet. An diese erste Folie hängen Sie dann über einen Schalter weitere Folien an, so daß Sie schließlich ebenfalls zu einer vollständigen Präsentation gelangen. Im Unterschied (und wie die Namen sagen) zum AutoInhalt-Assistenten bereitet der Formauswahl-Assistent im wesentlichen das Grundlayout auf, die Inhalte müssen Sie selbst festlegen. Der AutoInhalt-Assistent ist in erster Linie für den Inhalt zuständig, der Formauswahl-Assistent für die äußere Form.

2.4 Assistenten und Ansichten

Formauswahl-Assistent, Schritt 1 von 9

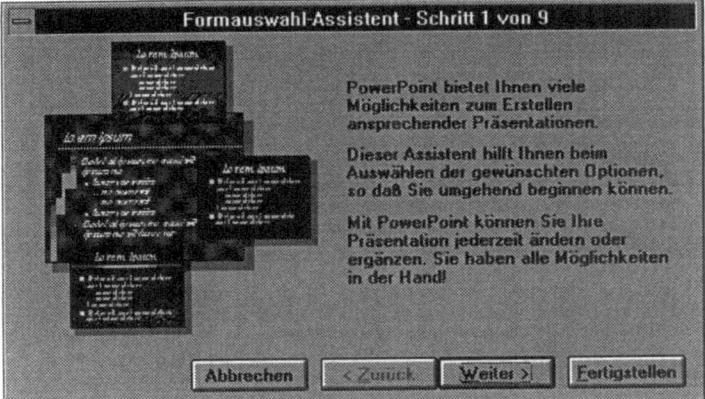

Formauswahl-Assistent, Schritt 2 von 9, die Art der Präsentation wird festgelegt, hier Bildschirm-präsentation

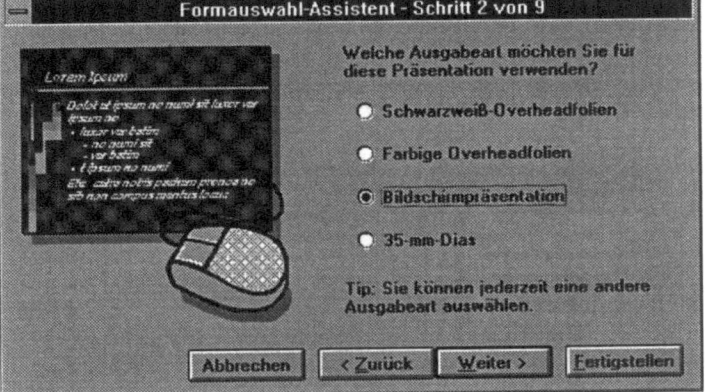

Formauswahl-Assistent, Schritt 3 von 9, das Grundlayout wird festgelegt. Klick auf Weitere ermöglicht die Auswahl anderer Layouts, die Sie im Vorschau-Feld prüfen können

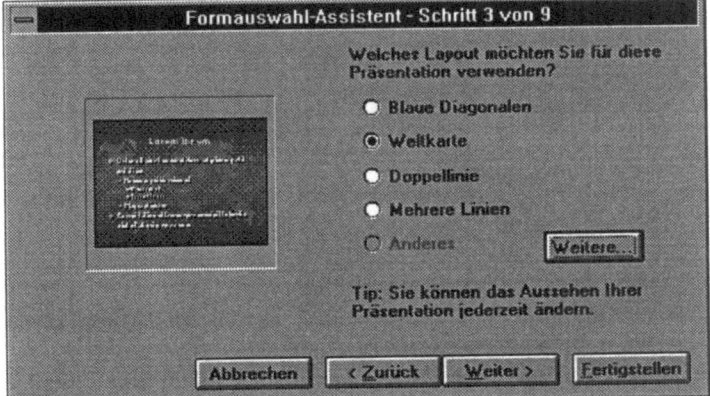

Formauswahl-Assistent, Schritt 4 von 9, hier bestimmen Sie, was später gedruckt werden soll

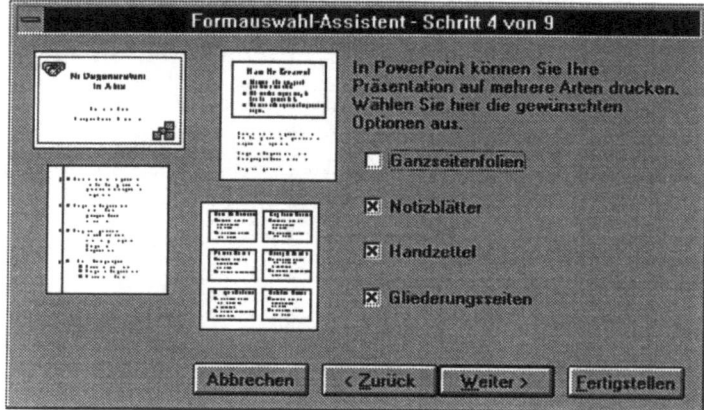

Die folgenden Schritte sind nicht numeriert. In ihnen werden Informationen abgefragt, die in den einzelnen Druckerzeugnissen enthalten sein sollen. Da man eine Bildschirmpräsentation im allgemeinen nicht ausdrucken wird, wird die Anfrage für Folien übersprungen. Deshalb auch der Wegfall der Numerierung.

Formauswahl-Assistent, Schritt 6 von 9, hier bestimmen Sie, welche Informationen die Notizblätter enthalten sollen

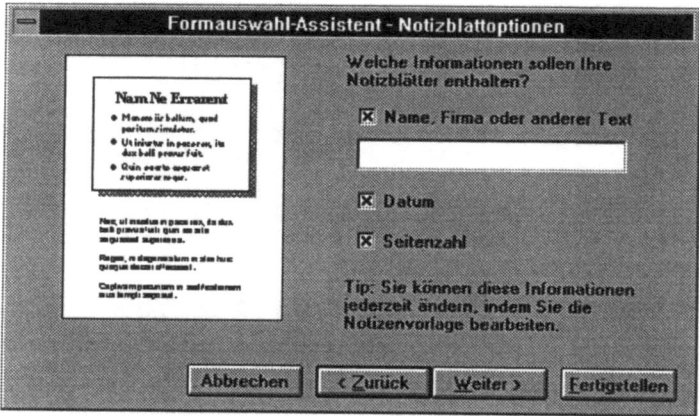

Zwei sehr ähnliche Masken werden in den beiden folgenden Schritten aufgerufen, nämlich für Handzettel und die Gliederung. Sie können also für jede Präsentation folgende Druckerzeugnisse herstellen:
1. OHP-Folien (oder Papierabzüge von den Bildschirmen),
2. Notizblätter für Ihren eigenen Gebrauch,
3. Handzettel für Ihre Zuhörer, auf denen die Folien bzw. Bildschirme verkleinert wiedergegeben werden,
4. eine Gliederung, die den inhaltlichen Ablauf der Folien (Bildschirme) darstellt.

2.4 Assistenten und Ansichten

Nachdem Sie dem Assistenten alle Informationen gegeben haben, begrüßt Sie die Zielflagge.

Formauswahl-Assistent, Schritt 9 von 9, Sie sind am Ziel angelangt

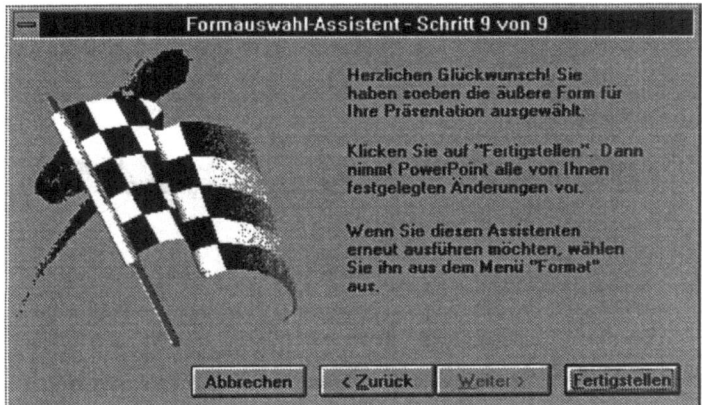

Klicken Sie auf den Fertigstellen-Schalter. Der Assistent arbeitet verantwortungsvoll, dann öffnet sich die erste Folie einer Präsentation. PowerPoint fordert Sie auf, Titel und Untertitel einzugeben.

Folie 1 einer vom Formauswahl-Assistenten erstellten Präsentation

Bringen Sie das Fenster in Vollbildgröße, und folgen Sie den Hinweisen für die Eingabe von Texten.

Von dieser ersten Folie aus können Sie schnell weitere Folien erstellen. Klicken Sie auf den Schalter *Neue Folie*.

Schalter Neue Folie

Die Dialogbox *Neue Folie* wird geöffnet, Sie können das Layout der nächsten Folie festlegen.

Dialogbox Neue Folie, über die der einzufügenden Folie ein Layout zugewiesen wird

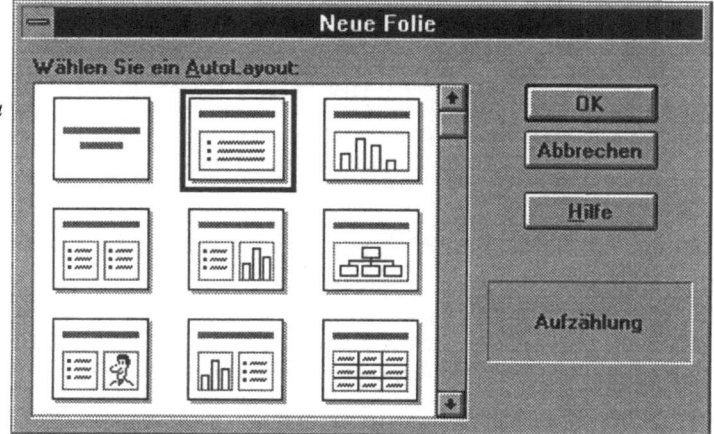

Ein zur Einstiegsfolie passendes Layout ist bereits vorbesetzt (Text mit Aufzählungszeichen). Klicken Sie probehalber einmal auf andere AutoLayouts, beobachten Sie das Anzeigefeld unten rechts. Dort erfahren Sie, welche Elemente das Layout enthält. Markieren Sie wieder die ursprüngliche Vorbesetzung, klicken Sie auf den OK-Schalter. Folie 2 wird erzeugt, in die Sie nun individuelle Texte eintragen können.

Über Schalter und Dialogbox Neue Folie werden einer Präsentation weitere Folien hinzugefügt

2.4 Assistenten und Ansichten

Hinweis zum Beschriften der Platzhalter
Die Platzhalter für Titel und Textteil (angedeutet durch einen gestrichelten Rahmen) werden angeklickt, anschließend werden die Texte eingetragen. Im Textteil bewirkt jedes Return die Einrichtung eines neuen Absatzes, der ggf. ein Aufzählungszeichen erhält. Wie üblich löschen Sie voranstehende Texte und Absätze mit der Rücktaste, nachfolgende mit der Entf-Taste.

Damit Sie die Art der von den Assistenten angelegten Dateien besser einordnen können, machen Sie ein Experiment: Klicken Sie auf *Datei/Seite einrichten*.

Dialogbox Seite einrichten

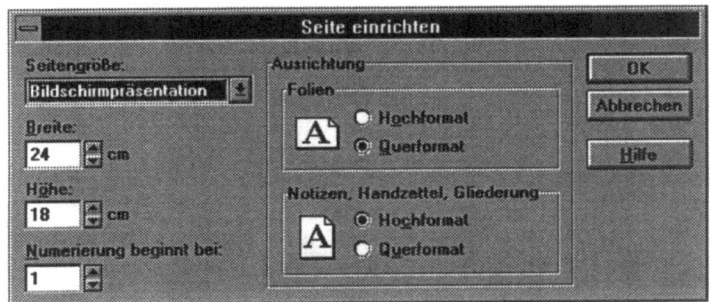

In dieser Dialogbox erfahren Sie, daß es sich im aktuellen Fall um eine Bildschirmpräsentation handelt und daß die Folien (hier Bildschirme) im Querformat stehen. Die Druckmedien (Notizblätter, Handzettel und Gliederung) würden im Hochformat gedruckt, der Drucker würde etwa einen Bereich von 18x24 cm bedrucken. Die Seitennumerierung würde bei Nummer 1 beginnen.

Hinweis zu Folienlayout und Präsentationslayout
Die Namen der Schalter nennen deren Bedeutung. Über den Schalter *Präsentationslayout* wird das Grundlayout der gesamten Präsentation verändert, das heißt, alle Folien erhalten ein neues, einheitliches Layout. Über den Schalter *Folienlayout* wird dagegen nur einer einzelnen Folie ein anderes Layout zugewiesen, das sich ausschließlich auf die in der Folie enthaltenen Elemente – z.B. Text, Grafik, Diagramme etc. – bezieht.

Die Assistenten, die Sie kennengelernt haben, ermöglichen zweifellos einen schnellen Einstieg in PowerPoint. Die ersten Schritte haben Sie erfolgreich getan. Bevor Sie tiefer in PowerPoint eindringen, sollten Sie unbedingt den Ratgeber konsultieren.

Schließen Sie die aktuelle Datei, ohne sie zu speichern.

2.5 Der freundliche Ratgeber

Nachdem Sie die Präsentation geschlossen haben, wird es nun Zeit, daß Sie sich noch ein paar Tips und Regeln zu Programmhandling und Gestaltung geben lassen. Sie werden sehen, daß der Ratgeber manche der Gestaltungsregeln, die Sie in Kapitel 1 gelesen haben, ebenfalls nennt. Darüber hinaus erhalten Sie weitere wichtige Hinweise zu bestimmten Verfahren. Klicken Sie auf das Menü *? (Hilfe)/Ratgeber*.

Der Ratgeber informiert über wichtige Verfahrensweisen und Gestaltungsregeln

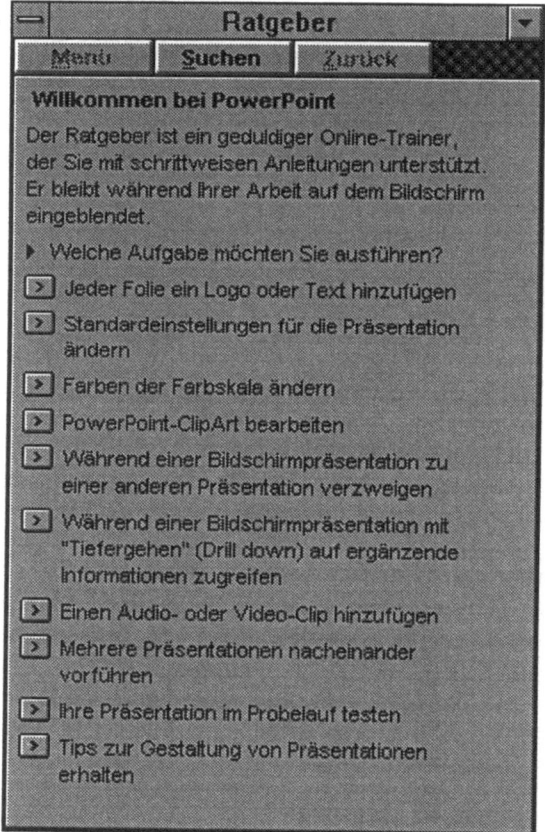

Nehmen Sie sich ein wenig Zeit, sehen Sie sich die Themen nacheinander an. Klicken Sie auf die den Themenkreisen voranstehenden Schalter. Von den folgenden Seiten aus gelangen Sie durch Klick auf den Menü-Schalter wieder zurück in die o.a. Übersicht.

Hinweis

Sie können den Ratgeber auch während der Arbeit nutzen. Ziehen Sie das Fenster (wenn nicht genutzt) an den Rand des Bildschirms.

2.6 PowerPoint verlassen und starten

Nachdem Sie den Ratgeber durch Doppelklick auf dem Systemmenüfeld geschlossen haben, zeigt der Bildschirm das leere Programmfenster. Nun können Sie PowerPoint verlassen. Klicken Sie dazu in der Menüleiste auf *Datei/Beenden*. Wie in jeder anderen Anwendung müssen geöffnete Dateien zuerst geschlossen (bzw. gespeichert) werden, damit Sie PowerPoint beenden können.

Für einen Neustart doppelklicken Sie im PowerPoint-Gruppenfenster auf das Programmsymbol.

PowerPoint-Gruppenfenster

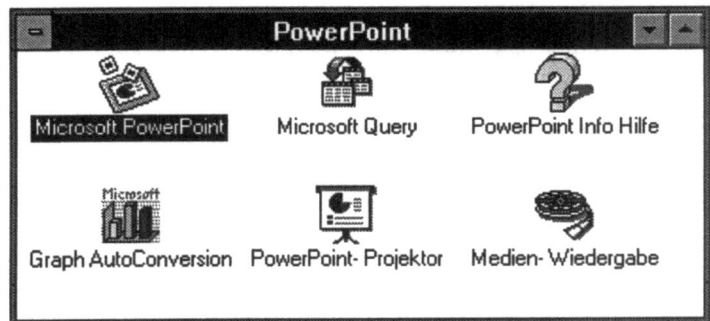

2.7 Zusammenfassung

Obwohl Sie erst einige wenige PowerPoint-Werkzeuge und -Hilfsmittel kennen, sind Sie doch jetzt schon in der Lage, Präsentationen mit Textfolien zu erstellen, ihr Grundlayout zu ändern, das Layout einzelner Folien zu ändern und die verschiedenen Ansichten zu aktivieren.

Im folgenden Kapitel werden Sie zunächst einen groben Überblick über weitere Möglichkeiten von PowerPoint sowie über dessen Werkzeuge erhalten. Mit diesen Möglichkeiten und Werkzeugen werden Sie sich anschließend ausgiebig beschäftigen können.

3 Der Aufbau von PowerPoint

Wie Sie schon bei der Installation, später in der Kurzübersicht, erfahren haben, stellt Ihnen PowerPoint eine Reihe von Hilfsmitteln, Verfahren und Werkzeugen zur Verfügung, die Sie für Entwurf und Gestaltung Ihrer Präsentation nutzen können. Verschaffen Sie sich im folgenden einen ersten Überblick. Starten Sie PowerPoint, klicken Sie im Fenster *Erstellen einer neuen Präsentation* in den Kreis vor *Leere Präsentation*.

Erstellen einer neuen Präsentation

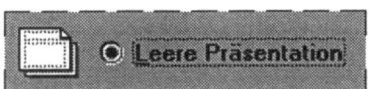

Klicken Sie auf den OK-Schalter, markieren Sie in der Dialogbox *Neue Folie* das AutoLayout *Titelfolie*.

Auswahl des AutoLayouts

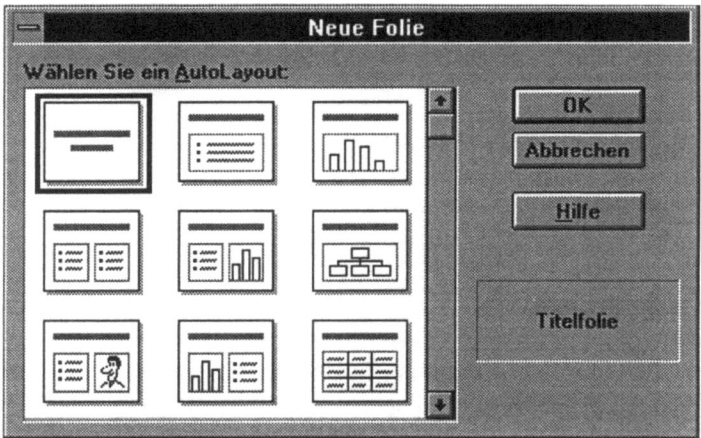

Klicken Sie auf den OK-Schalter. Eine neue Präsentation wird mit Folie 1 geöffnet.

Ein zentrales Werkzeug, das für die Bearbeitung aller Objekte in einer Folie und in den Menüs immer wieder verwendet wird, ist der Zeiger; mit ihm können Sie Optionen ausführen und Objekte markieren und letztere auf dem Bildschirm verschieben. Bringen Sie den Mauszeiger auf den Zeiger-Schalter. PowerPoint blendet die QuickInfo ein und teilt Ihnen die Funktion des Schalters mit (Sie haben das bereits beim Wechsel der Ansichten gesehen).

QuickInfo für Zeiger

3.1 Ein Bildschirm zum Wohlfühlen

Der PowerPoint-Bildschirm ist in verschiedene Bereiche aufgeteilt, die bestimmten Opertionen vorbehalten sind.

Titelleiste
Menüleiste
Standardleiste
Formatleiste

Zeichnenleiste

Ansichten
Layout

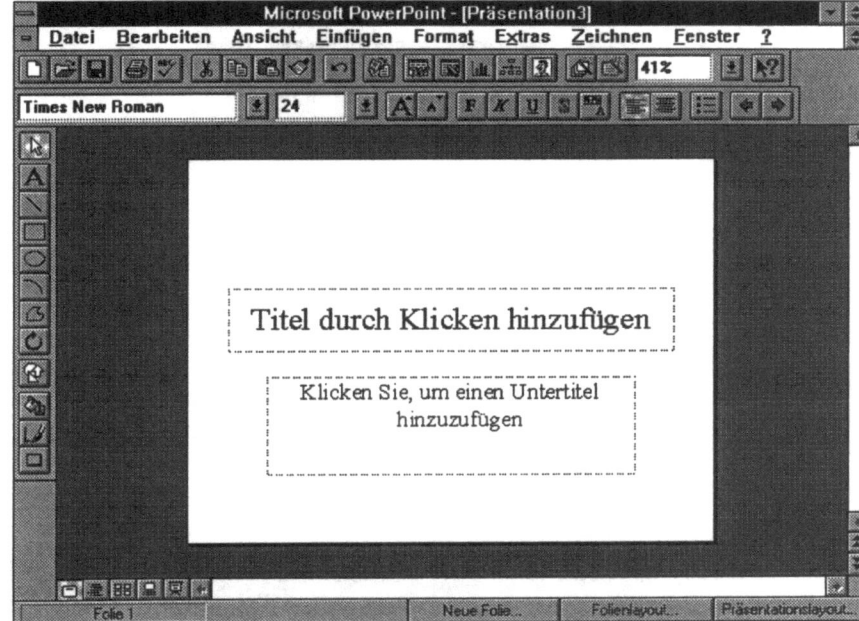

Lassen Sie den Zeiger langsam über die Schalter gleiten, beobachten Sie die QuickInfo. Sie stellen fest, daß die Standardleiste Schalter für Dateioperationen enthält. Die Formatleiste erlaubt das Formatieren der Texte. Die Zeichnenleiste beinhaltet im wesentlichen Schalter für Funktionen des Zeichnens. Die Leisten für Ansichten und Layout haben Sie bereits kennen gelernt. Im aktuellen Fall (nach Einrichten der Folie 1) ist der Zeiger aktiv. Der Schalter ist gedrückt.

3.2 Werkzeuge zum Schreiben

PowerPoint verfügt über Platzhalter, Schalter und ein Menü zum Erstellen und Bearbeiten von Titel, Hauptteil (im aktuellen Fall Untertitel) und Texten auf einer Folie. Nach Anklicken tragen Sie in den Platzhalter Texte ein.

Platzhalter für
Titeltext

Titel durch Klicken hinzufügen

Platzhalter für Untertiteltext

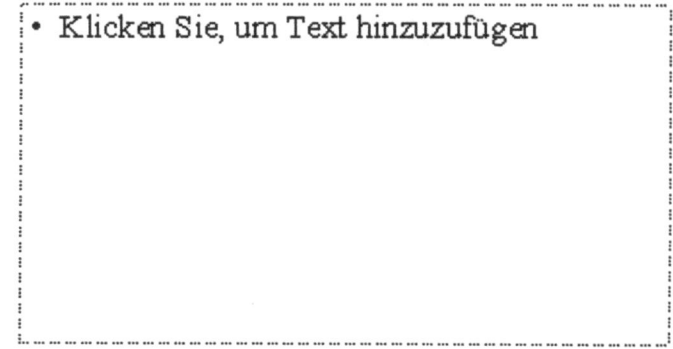

Platzhalter für Text

Schalter Text

Über Klick auf den Schalter *Text* werden Texte geschrieben, die außerhalb der Platzhalter stehen und somit eigenständige Objekte darstellen.

Über die Schalter der Formatleiste werden Titel, Untertitel, Texte und Beschriftungen formatiert.

Formatleiste

Auch über das Menü *Format* werden Texte formatiert. Darüber hinaus erlaubt es Operationen, die nicht über Schalter durchgeführt werden können.

Textrelevanter Ausschnitt aus dem Menü Format

3.3 Werkzeuge zum Zeichnen

Mit den Schaltern zum Zeichnen sind Sie in der Lage, Grafiken verschiedenster Art zu entwerfen und importierte Grafiken nachzubearbeiten.

Schalter Linie

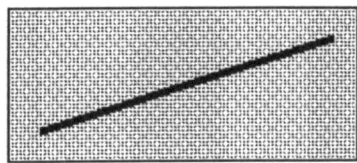

Schalter Bogen

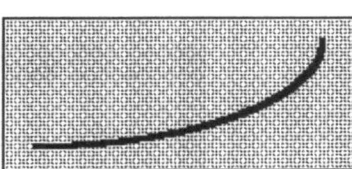

Schalter Rechteck

Schalter Freihandfigur

Schalter Ellipse

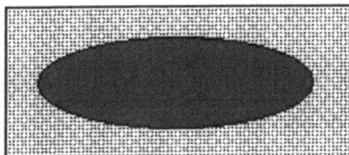

Schalter AutoFormen

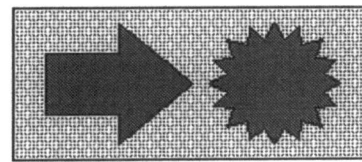

Schalter Füllbereich Linie Schatten

Weitere Schalter erlauben die Nachbearbeitung von Grafiken. Die lassen sich stufenlos drehen, man kann sie ausfüllen oder leer lassen, sie können eine Umrandung erhalten und einen Schatten. Die Schalter dienen (nach Markierung des Objekts) zum Ein- und Ausschalten der Optionen. Die Zeichnen-Funktionen von PowerPoint erlauben die Aufbereitung auch komlizierter Grafiken.

Weitere Optionen finden Sie im Menü Zeichnen.

Schalter Freies Drehen

Menü Zeichnen

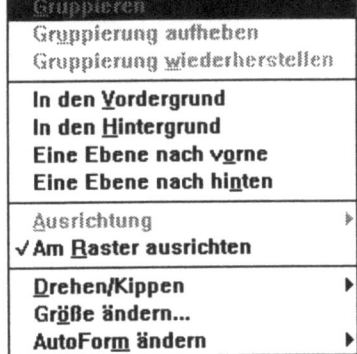

3.4 ClipArts einfügen

Bei vollständiger Installation können Sie über eine Vielzahl von ClipArts aus der Micrsoft ClipArt Gallery verfügen und sie in Ihre Folien einbauen. Die ClipArts sind allerdings zum Teil recht einfacher Art.

Schalter und Menü Einfügen/ ClipArt

Die Microsoft ClipArt Gallery

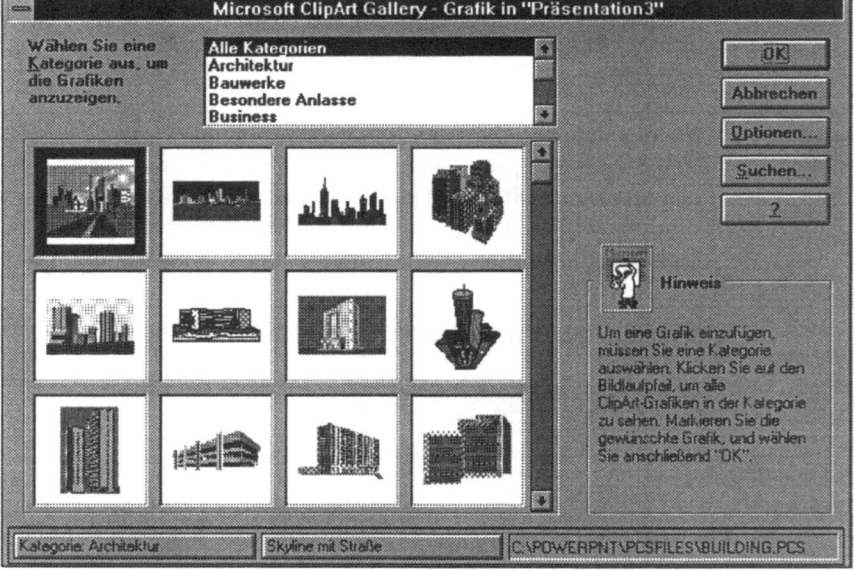

Wie in vielen PowerPoint-Fenstern finden Sie auch in der ClipArt Gallery einen Hinweis zum Einfügen des gewünschten Bildes.
Außer ClipArts können Sie über das Menü *Einfügen/Grafik* Bilder, die in Grafikprogrammen oder über einen Scanner erstellt wurden, in Ihre Präsentation einarbeiten.

3.5 Grafiken einfügen

Klicken Sie in der Menüleiste auf *Einfügen/Grafik*. Die entsprechende Dialogbox wird geöffnet.

Dialogbox Einfügen/ Grafik

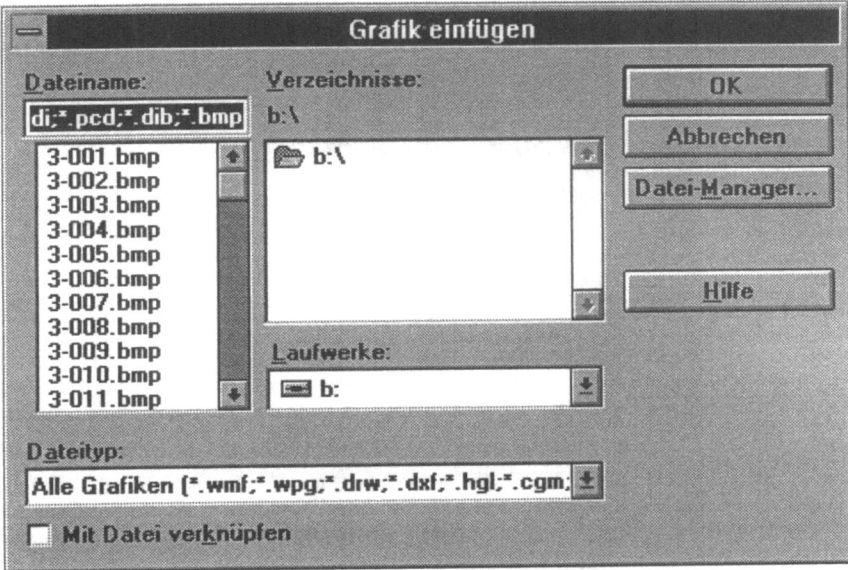

Beispiel für eingefügte Grafik. Grundsätzlich können Dateien aus anderen Programmen, die unter Windows laufen, auch über die Zwischenablage eingefügt werden

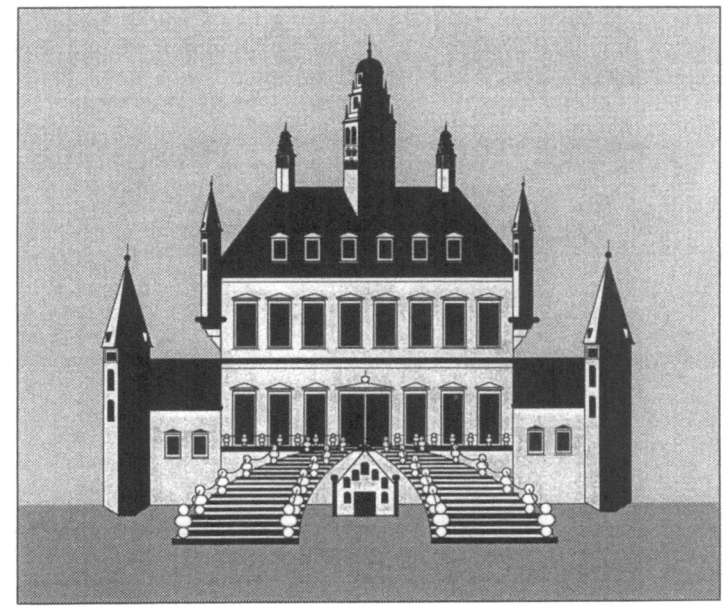

3.6 Microsoft Word-Tabelle einfügen

Schalter Word-Tabelle und Excel-Tabelle einfügen

Sind auf Ihrem Rechner Microsoft Word und Microsoft Excel installiert, so haben Sie die Möglichkeit, Tabellen aus diesen Anwendungen in Ihre Präsentation einzufügen. Klicken Sie auf den Schalter, und markieren Sie den Bereich.

Für das Einfügen einer Word- bzw. Excel-Tabelle markierter Bereich

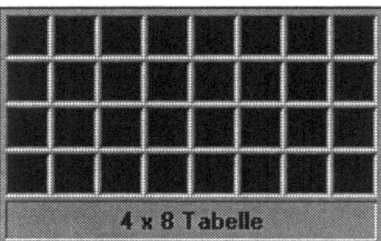

Anschließend öffnet sich die Anwendung (Sie erkennen das sofort an Menüleiste, Standardleiste und Formatleiste), und Sie können die Tabelle bearbeiten, die dann durch Klick neben die Tabelle in PowerPoint eingefügt wird. Hier bildet sie ein verknüpftes Objekt (OLE-Funktion). Durch Doppelklick kann sie von PowerPoint aus jederzeit wieder aufgerufen und aktualisiert werden. Sie werden das dann begrüßen, wenn Sie für eine Präsentation z.B. stets aktuelle Verkaufszahlen benötigen, die ein Kollege von Ihnen in Excel aufbereitet.

Sind die genannten Quellprogramme nicht auf Ihrem Rechner installiert, so stehen Ihnen die Optionen nicht zur Verfügung. In diesem Fall erhalten Sie eine Fehlermeldung.

Fehlermeldung bei nicht installiertem Quellprogramm

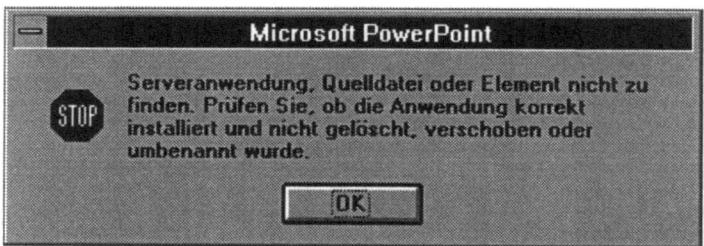

3.7 Diagramme gestalten

In PowerPoint ist ein Programm eingebettet, mit dem Sie Business-Grafiken in Ihre Präsentation aufnehmen und jederzeit nachbearbeiten können: Microsoft Graph.

Schalter Graph

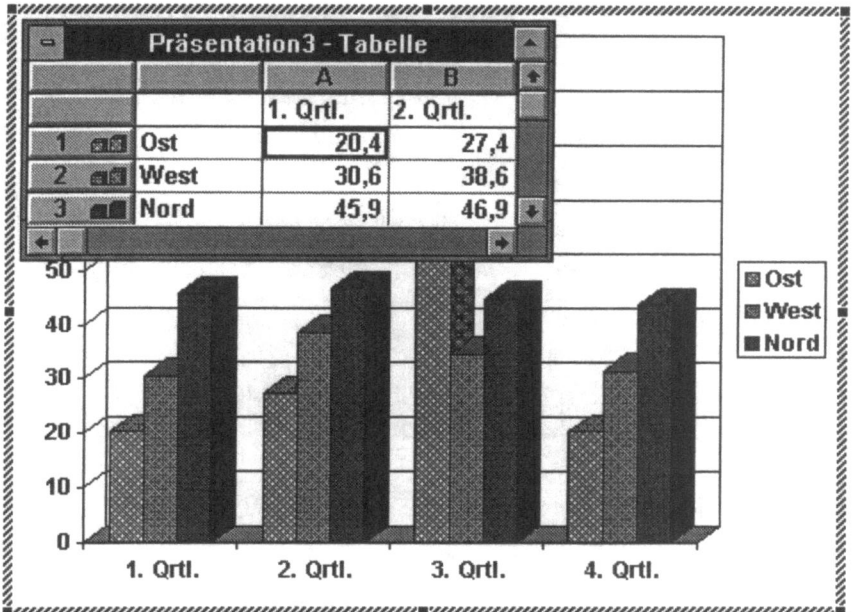

Business-Grafik in Graph

Über den Schalter *Diagrammtyp-Palette* bzw. im Menü *Format/AutoFormat* wählen Sie den Typ des Diagramms aus oder formatieren bereits fertige Diagramme so um, wie sie Ihre Vorstellungen am ehesten zum Ausdruck bringen.

Diagrammtyp Palette, rechts daneben Menü AutoFormat (in Graph)

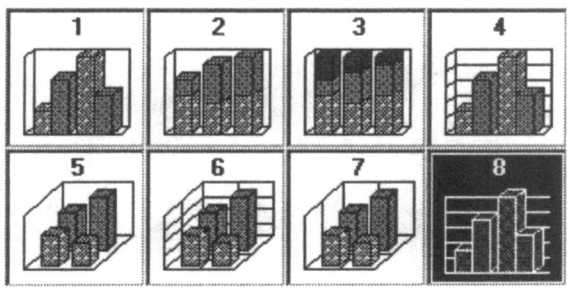

56   3 Der Aufbau von PowerPoint

3.8   Mit Objekten arbeiten

Im Menü *Einfügen/Objekt* finden Sie eine Zusammenfassung aller Fremdanwendungen, die Sie in PowerPoint als verknüpfte Objekte einfügen können. Bei Ihrer späteren Arbeit werden Sie darauf zurückkommen.

Menü Einfügen/ Objekt

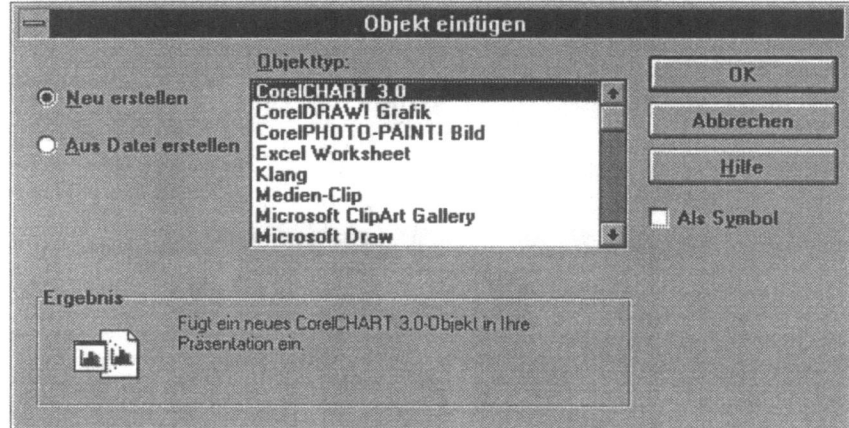

3.9   Farben

In Farbskalen finden Sie unendlich viele Farben – mehr als das menschliche Auge wahrnehmen kann – zum Kolorieren von Texten und Grafiken.

Über das Menü Format/Folienfarbskala kann die Farbe jedes Objekts geändert werden

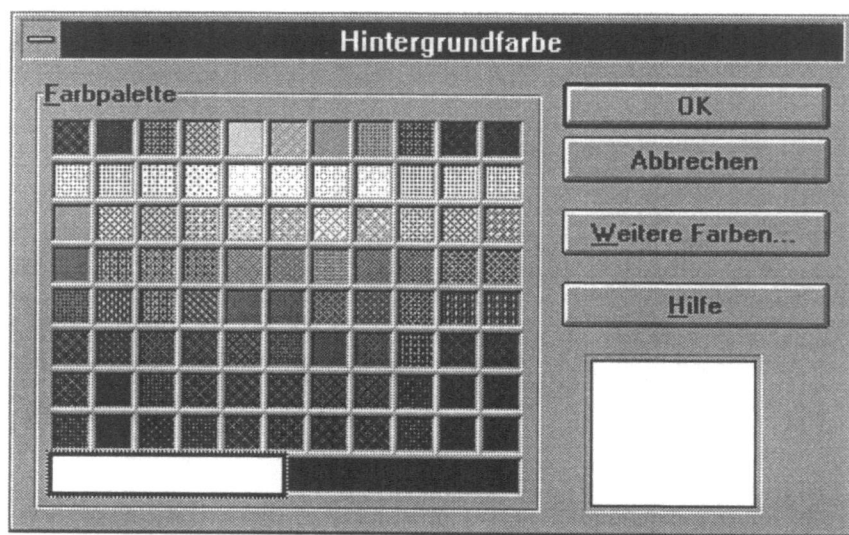

3.10 Bewegung

Die Dialogbox Weitere Farben ermöglicht das Anmischen jeder Farbe

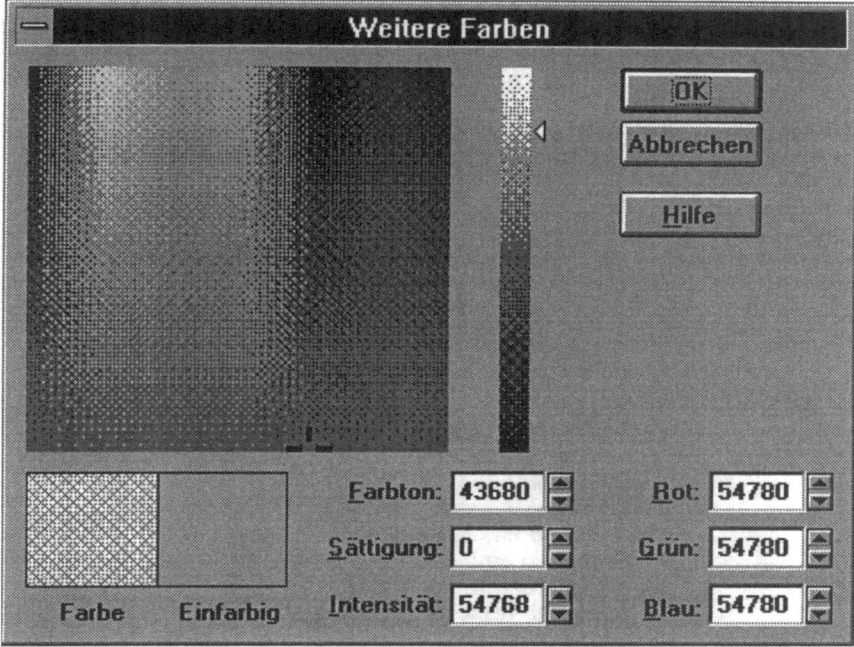

3.10 Bewegung

PowerPoint bringt Folien automatisch in Bewegung: Sie können z.B. von oben in verschiedenen Arten in den Bildschirm eingeblendet werden, und die Schrift kann in sie hineinlaufen.

Über das Menü Extras/Übergang werden Folien dynamisch eingeblendet

58 3 Der Aufbau von PowerPoint

Über das Menü *Extras/Animation* lassen Sie Texte aus allen möglichen Richtungen in die Folie einlaufen. Grafiken jedoch können grundsätzlich nicht "animiert" werden.

Über das Menü Extras/Animation bringen Sie Texte zum Laufen

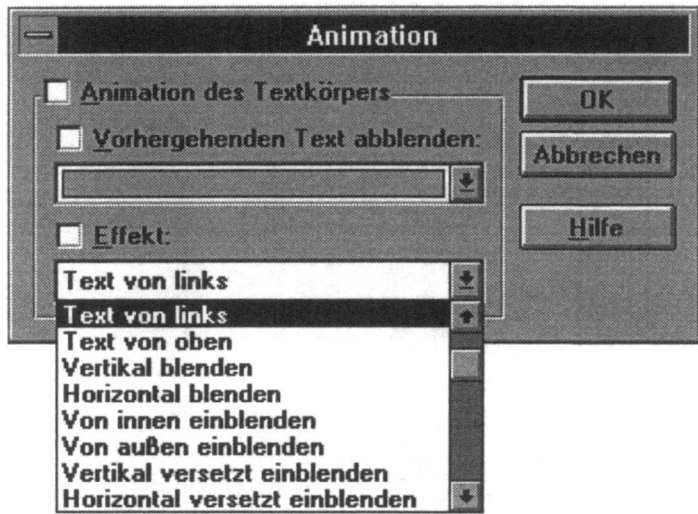

Mit allen diesen Möglichkeiten werden Sie im weiteren Verlauf arbeiten. Sie werden lernen, sie sinnvoll anzuwenden und mit ihrer Hilfe Ihre eigene Präsentation erarbeiten.

3.11 Zusammenfasung

Unterdessen kennen Sie Regeln für die Gestaltung einer Präsentation, Sie haben erste Erfahrungen sammeln können, und Sie wissen einiges über die Möglichkeiten von PowerPoint. Sie können also getrost beginnen, Ihre erste "eigene" Präsentation zu entwerfen. Beispiel soll die in Kapitel 1 vorgestellte TREULAND-Anstalt sein. Es soll eine Präsentation für schwarzweiße OHP-Folien entstehen. Gehen Sie ans Werk!

4 Ihre "eigene" Präsentation

Schauen Sie sich noch einmal den in Kapitel 1 vorgestellten Foliensatz der "TREULAND" an. Er soll jetzt umgesetzt werden. Es soll zunächst ein schwarz-weißer Foliensatz (12 Folien) entstehen, zu dem Sie Notizblätter und Handzettel drucken.

Schließen Sie ggf. alle geöffneten Dateien, ohne sie zu speichern, öffnen Sie eine neue Datei über die Option *Leere Präsentation* in der Dialogbox *Erstellen einer neuen Präsentation*. In der Dialogbox *Neue Folie* markieren Sie ggf. das AutoLayout *Titelfolie* (oben links). Bestätigen Sie.

4.1 Die TREULAND Anstalt (Folie 1)

Die erste Folie einer neuen Präsentation mit dem vorgegebenen Namen "Präsentation" (siehe Titelleiste) wird eingeblendet. Sie soll zur Titelfolie für die TREULAND-Präsentation werden.

Titelfolie einer neuen Präsentation mit Platzhaltern für Titel und Untertitel

```
┌─────────────────────────────────────────┐
│                                         │
│                                         │
│      Titel durch Klicken hinzufügen     │
│                                         │
│                                         │
│         Klicken Sie, um einen Untertitel│
│                 hinzuzufügen            │
│                                         │
└─────────────────────────────────────────┘
```

Da PowerPoint standardmäßig Bildschirmpräsentationen einrichtet, Sie aber einen Satz OHP-Folien erstellen wollen, sollten Sie zunächst einmal die entsprechende Option einstellen. Rufen Sie das Menü *Datei/Seite einrichten* auf.

In der Dialogbox *Seite einrichten* markieren Sie im Feld *Seitengröße* die Option *A4-Papier* (vorbesetzt ist *Bildschirmpräsentation*). Die übrigen Optionen bestätigen Sie unverändert.

Dialogbox
Seite einrichten

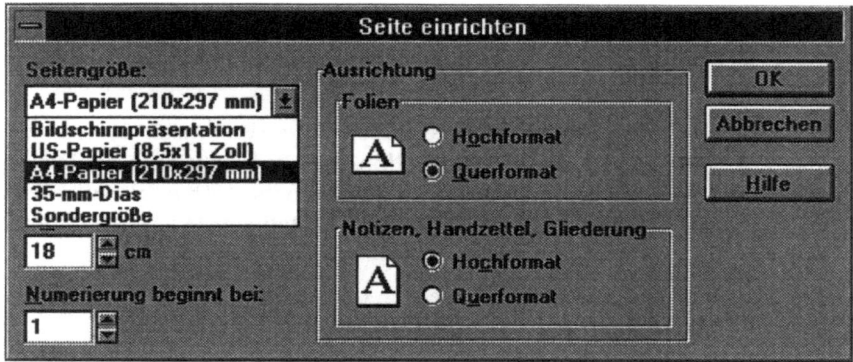

Nachdem Sie die Voraussetzungen geschaffen haben, beginnen Sie mit der Gestaltung der Folie. Im fertigen Zustand soll Sie der folgenden Abbildung entsprechen.

Aussehen der
fertigen Folie 1
(Titelfolie)

Damit Sie bei den folgenden Aufgaben einen besseren Überblick haben, machen Sie sich mit dem Zoom vertraut. Mit ihm wird die Darstellungsgröße auf dem Bildschirm geregelt. Neue Dateien richtet PowerPoint grundsätzlich in 41% Darstellungsgröße ein.

4.1 Die TREULAND Anstalt (Folie 1)

*Zoom-Feld,
Drop-Down-
Menü Zoom
und Dialogbox
Ansicht/Zoom*

*Durch Markie-
ren und Über-
schreiben
können im
Zoom-Feld
individuelle
Größen einge-
stellt werden*

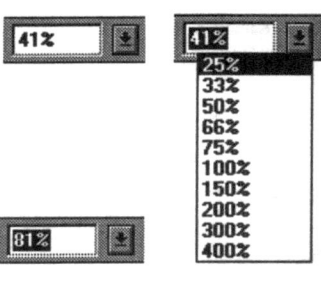
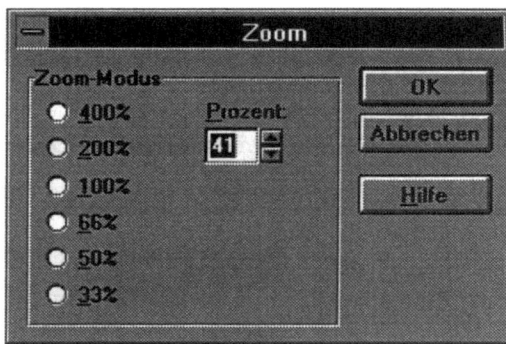

Testen Sie über Schalter und Menü *Ansicht/Zoom* die Größen. Bei 50% können Sie die gesamte Folie auf dem Bildschirm sehen.

Schreiben Sie nun den Titel. Nach Klick in den Platzhalter sehen Sie in dem gestrichelten Rahmen den Cursor als senkrechten blinkenden Strich.
Schreiben Sie: **Deutsche TREULAND Anstalt**

*Eingabe des
individuellen
Folientitels*

Klicken Sie in den Platzhalter für den Untertitel, schreiben Sie:
Ländereien - Liegenschaften - Luxusimmobilien
Drücken Sie die Return-Taste. Schreiben Sie:
Unternehmensveräußerungen

Nachdem die Texte eingegeben sind, müssen sie gemäß den Design-Vorgaben der "TREULAND" umformatiert werden.

Die Titelfolie hat folgende Formatmerkmale:
Deutsche ... Anstalt   24p Palatino kursiv
TREULAND   60p Palatino fett
Ländereien - Liegenschaften - Luxusimmobilien   24p Palatino kursiv
Unternehmensveräußerungen   24p Palatino kursiv

Markieren Sie den Untertitel im Textmodus.

Untertitel im Textmodus markiert

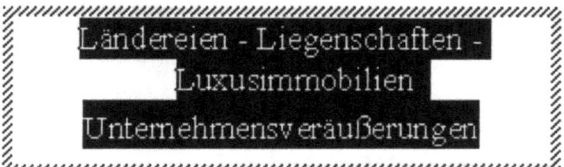

Klicken Sie auf Pfeil unten, rechts neben dem Feld *Schriftart*. Sie stellen fest, daß die Schriftart *Times New Roman* vorbesetzt ist. Machen Sie über die Bildlaufleiste die Schriftart *Palatino* sichtbar, klicken Sie sie an.

Drop-Down-Menü Schriftarten

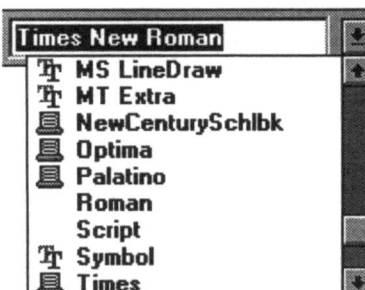

Hinweis zu den verfügbaren Schriftarten

Die Anzeige der Schriftarten im Drop-Down-Menü richtet sich nach den auf Ihrem PC installierten Schriftarten. Sie kann sich also vom nebenstehenden Beispiel unterscheiden.

Drop-Down-Menü Schriftgrößen

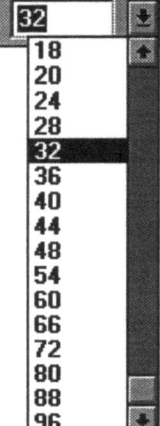

Auf dieselbe Art und Weise ändern Sie die Schriftgröße über das Drop-Down-Menü *Schriftgröße* um in 24p.

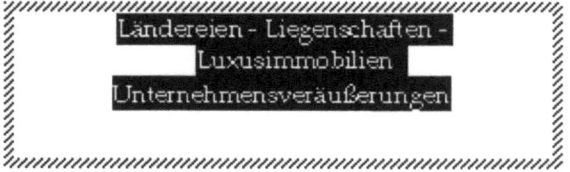

Schalter Kursiv

Klick auf den Schalter *Kursiv* stellt die Schrift schräg. Damit sind alle Formatmerkmale so eingestellt, daß sie den Unternehmensvorgaben entsprechen. In der Formatleiste können Sie die Merkmale ablesen.

4.1 Die TREULAND Anstalt (Folie 1)

Nach Markieren von Schrift zeigt die Formatleiste die Merkmale an

Schriftart   Schriftgröße   Schriftschnitt
                                            größer/kleiner

Schalter Rückgängig

Mauszeiger, Drag & Drop-Funktion aktiv

Der Untertitel ist formatiert. Formatieren Sie gleich über einen weiteren Schalter den Titel mit den oben genannten Merkmalen. Wenn Ihnen dabei etwa ein Mißgeschick widerfährt, z.B. daß ein Wort an eine andere Stelle geschoben wird, benutzen Sie den Rückgängig-Schalter. In einem solchen Fall zeigt der Mauszeiger ein unten angehängtes Kästchen, die Drag & Drop-Funktion ist aktiviert. Über den Rückgängig-Schalter können Sie die jeweils letzt Aktion rückgängig machen. Auf Drag & Drop kommen wir später zurück.

Hinweis zum Markieren

Wollen Sie eine Markierung aufheben, klicken Sie einfach an eine leere Stelle in der Folie. Dann ist nichts mehr markiert.

Schalter Format übertragen

Markieren Sie "Ländereien". Es hat die in der Formatleiste angegebenen Merkmale, die auf "Deutsche" und "Anstalt" übertragen werden sollen. Nachdem Sie das Wort markiert haben, klicken Sie auf den Schalter *Format übertragen*. Markieren Sie "Deutsche", das Format wird übertragen. Beim Übertragen wird vor dem Cursor eine kleine Malbürste eingeblendet, so daß Sie wissen, daß die Übertragen-Funktion eingeschaltet ist. Formatieren Sie ebenso "Anstalt".

Titelfolie, Titel und Untertitel formatiert

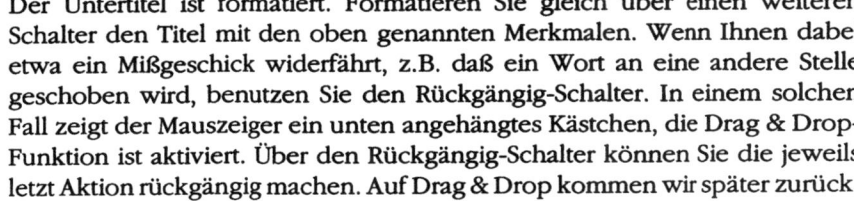

Titel und Untertitel sind formatiert. Richten Sie das Layout endgültig ein. Dazu benötigen Sie ein Meßwerkzeug und natürlich die exakten Maße. Klicken Sie in der Menüleiste auf *Ansicht/Führungslinien*. Dann ziehen Sie die waagerechte Führungslinie auf das Maß 6,00 nach oben.

Die Führungslinien ermöglichen das exakte Plazieren von Objekten in der Folie

Markieren Sie Titel und Untertitel. Klicken Sie in der Menüleiste auf *Bearbeiten/Alles Markieren*. Dadurch markieren Sie die beiden Objekte im Objektmodus.

In der Folie sind mehrere Objekte über die Option Bearbeiten/Alles markieren markiert

4.1 Die TREULAND Anstalt (Folie 1)

Ziehen Sie mit Dauerklick die Objekte nach oben, bis die Markierungsrahmen an die Führungslinie anstoßen.

Die markierten Objekte werden an der Führungslinie ausgerichtet

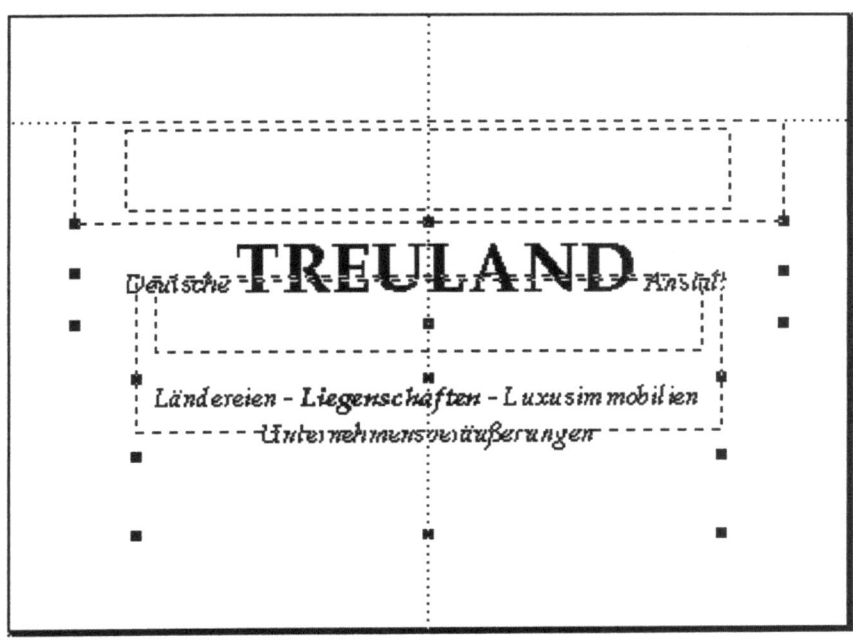

Schalter Linie

Ziehen Sie eine waagerechte Linie unter den Titel (Klick auf den Schalter, Linie mit Dauerklick ziehen). Dann klicken Sie in den Untertitel. Wenn der Markierungsrahmen sichtbar ist, klicken Sie auf den Rahmen. Der Untertitel ist nun im Objektmodus markiert. Ziehen Sie das Objekt nach oben an die Linie heran.

Untertitel im Objektmodus markiert

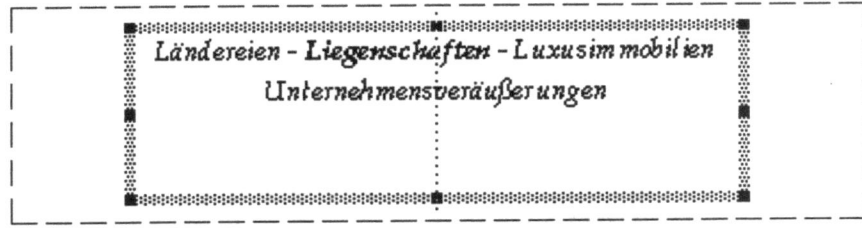

Schalter Text

Stellen Sie die Folie fertig. Klicken Sie auf den Schalter *Text*, dann links unten in die Folie. Ein Markierungsrahmen öffnet sich, in ihm blinkt der Cursor.

Textrahmen nach Klick in die Folie

Schreiben Sie den folgenden Text:
Unternehmenszentrale
Drücken Sie die Returntaste. Schreiben Sie:
35000 Kassel Wiesbadener Allee 40-100 Telefon 0561-100

Schalter Zentriert

Textobjekt im Objektmodus markiert, an der Führungslinie ausgerichtet

Formatieren Sie den Text um in 18p Palatino normal. Zentrieren Sie ihn über den Schalter *Zentriert*. Ziehen Sie ihn auf das Maß 6,00 nach unten an die Führungslinie heran.

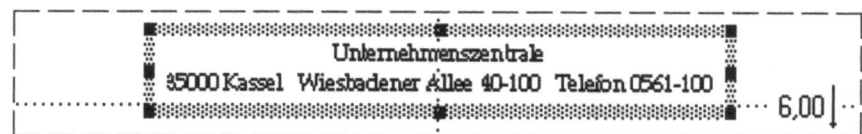

Damit ist Ihre erste eigene Folie bis auf eine formale Kleinigkeit fertig. Sie sollte in etwa der Abbildung auf Seite 60 entsprechen.

Titelfolie in fast fertigem Zustand

Der letzte Schliff: Die beiden Zeilen des Untertitels sollen weniger Durchschuß (Zeilenabstand) erhalten. Im aktuellen Zustand stehen sie zu weit auseinander. Markieren Sie den Untertitel, öffnen Sie das Menü *Format/ Zeilenabstand*.

In der Dialogbox *Zeilenabstand* finden Sie drei Möglichkeiten, den Zeilenabstand zu regeln:
- den Zeilenabstand beim Schreiben,
- den Zeilenabstand vor einem Absatz und
- den Zeilenabstand nach einem Absatz.

Durch Klick auf Pfeil unten, rechts neben dem Kontrollfeld *Zeilen*, können Sie den Zeilenabstand in Punkten sichtbar machen. Dies erlaubt dem Fachmann sehr exakte Eingaben. Der Zeilenabstand vor einem Absatz beträgt im aktuellen Fall 6 Punkte.

4.1.1 Speichern und Drucken

In der Dialogbox Zeilenabstand wird der Durchschuß für fortlaufenden Text und für Absätze geregelt

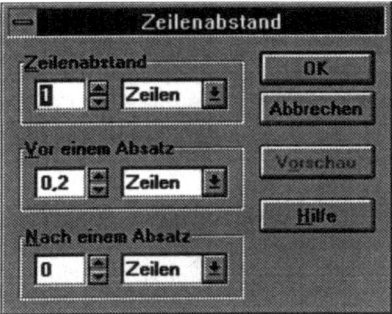

Im aktuellen Fall zeigen die Kontrollfelder (würden Sie die Vorgabe Punkte einstellen) folgende Angaben:
Zeilenabstand = 29p
Zeilenabstand vor Absatz = 6p
Zeilenabstand nach Absatz = 0p

Erklärung: Schreiben Sie hintereinander weg, so beträgt der Zeilenabstand im aktuellen Fall 29p. Geben Sie die Returntaste ein, so wird ein Absatz erzeugt. Zwischen dem zuerst geschriebenen Absatz und dem neuen Absatz werden 6p Durchschuß zusätzlich eingefügt.

Überschreiben Sie im Kontrollfeld *Vor einem Absatz* die Vorgabe 0,2 mit einer 0, so wird vor dem neuen Absatz kein zusätzlicher Durchschuß eingefügt. Die untere Zeile rückt um 6p an die obere heran. Damit ist die Folie 1 fertig. Prüfen Sie abschließend über die Ansichtenschalter die verschiedenen Ansichten.

4.1.1 Speichern und Drucken

Schalter Speichern

Nachdem Sie ein Zwischenergebnis erreicht haben, sollten Sie die aktuelle Datei in Abständen speichern. Beim ersten Speichern ruft PowerPoint den internen Datei-Manager auf. Er hilft Ihnen, wenn Sie sehr viele Dateien haben, sie später leichter wiederzufinden. Für Ihre Übungen müssen Sie ihn nicht unbedingt nutzen.

Beim ersten Speichern einer neuen Datei wird die Dialogbox Speichern unter aufgerufen. Hier wählen Sie Laufwerk und Verzeichnis. Im Feld Dateiname tragen Sie den Namen ein. Die Erweiterung ".ppt" hängt PowerPointz automatisch an

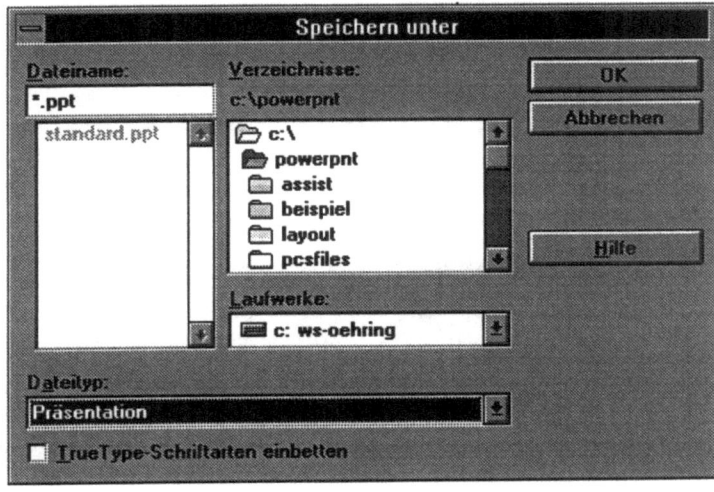

Wählen Sie in der Dialogbox *Speichern unter* Laufwerk und Verzeichnis aus. PowerPoint schlägt zwar das Verzeichnis "powerpnt" vor, Sie sollten Ihre Dateien aber unter einem anderen Verzeichnis speichern. Tragen Sie den Dateinamen ein, hier TREULAND, dann klicken Sie auf OK. Die Dialogbox *Datei-Info* öffnet sich. Tragen Sie in die Felder ggf. Texte ein, die Sie später als Suchkriterien nutzen können.

In der Dialogbox Datei-Info tragen Sie ggf. Schlüsselwörter ein, nach der die Datei später leichter wiederzufinden ist

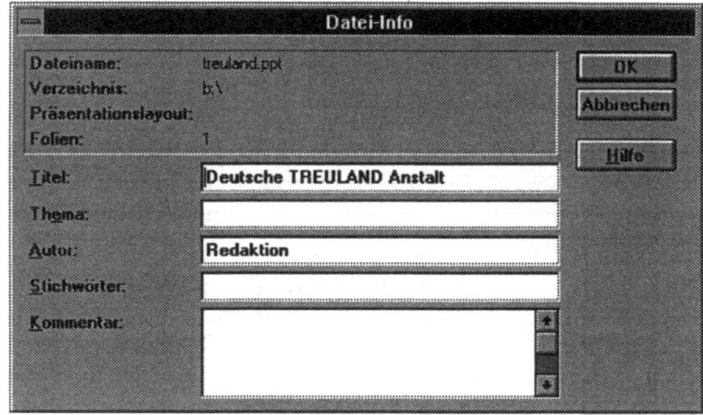

Schalter Drucken

Nach Klick auf OK wird die Datei gespeichert. Drucken Sie die Datei, klicken Sie auf den Schalter *Drucken*. Während des Druckvorgangs wird eine Box eingeblendet, die Sie darüber informiert, was gedruckt wird (hier Folie 1). Wollen Sie auch ein Notizblatt drucken? Öffnen Sie das Menü *Datei/Drucken*.

In der Dialogbox Drucken wählen Sie aus, was Sie drucken wollen

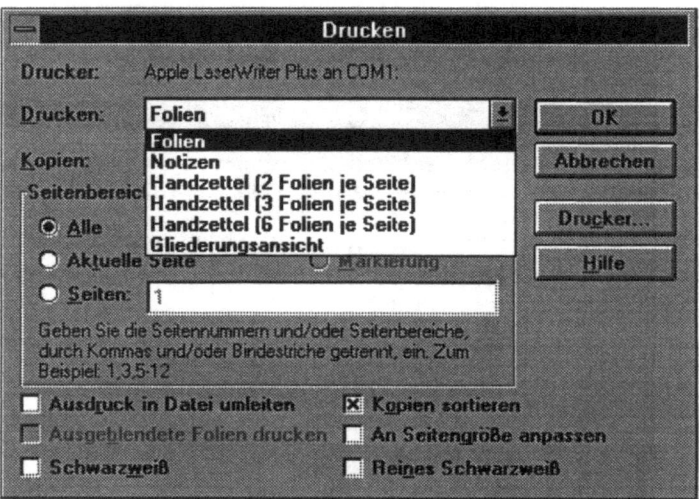

Über das Menü *Drucken* legen Sie fest, was gedruckt wird. Klick auf den Schalter *Drucken* bewirkt den Druck dessen, was im Menü eingestellt ist.

4.1.1 Speichern und Drucken

Hinweise zum Markieren

Jeder Text einer Folie kann im Textmodus oder im Objektmodus markiert werden. Im Textmodus hat er dann einen gestrichelten Rahmen, in dem der Cursor als senkrechter Strich blinkt.

Im Texmodus markierter Text

TREULAND

Sie können nun schreiben, korrigieren oder formatieren. Durch Ziehen des Cursors können Sie Textstellen markieren. Sie sind dann invers dargestellt. Manchmal ist es übrigens günstiger von hinten nach vorn zu markieren.

Markierte Textpassagen werden invers dargestellt

Ein Klick auf den Rahmen (der Zeiger nimmt die Pfeilform an) markiert den Text im Objektmodus. Sie können nicht mehr schreiben, aber das Objekt verschieben, vergrößern und verkleinern.

Text im Objektmodus markiert

TREULAND

Klick auf den Rahmen und Ziehen verschiebt das Objekt. Klick auf einen der Anfasser (schwarze Punkte) ändert das Objekt in der Größe.

Ein Objekt können Sie erst dann formatieren, wenn es markiert ist. Bei Texten spielt es dabei keine Rolle, ob sie im Text- oder Objektmodus markiert sind.
Regel: Erst markieren, dann formatieren

Ziehen Sie den Objektrahmen eines Textes schmaler, als dieser läuft, so wird er umbrochen. Über den Objektrahmen eines Textes können Sie also den Zeilenumbruch regeln

Der Markierungsrahmen eines Textes legt den Zeilenumbruch fest

4.2 Unternehmensphilosophie (Folie 2)

Folie 2 soll im endgültigen Zustand aussehen wie die folgende Abbildung.

Folie 2 im endgültigen Zustand

Standardobjekte

Titel

Hauptteil

An den Skribbles (Kapitel 1) können Sie erkennen, daß die Folien 2 bis 11 alle dasselbe Grundlayout aufweisen. Die Marginalien der Abbildung oben verraten Ihnen etwas über die Einordnung der Objekte. Grundsätzlich gelten für die Arbeit mit PowerPoint folgende Regeln:
1. Folientitel und Folientext werden in die Gliederung aufgenommen. Mit dem Textschalter geschriebener Text wird nicht in die Gliederung aufgenommen.
2. Objekte, die auf allen Folien unverändert erscheinen, also Standardobjekte, werden in der Vorlage eingegeben, nicht in den einzelnen Folien. Sie werden nicht in die Gliederung aufgenommen. Auch die Formate für Folientitel und Folientext werden in der Vorlage festgelegt.

Daraus folgt, daß Sie die Folie 2 in zwei Schritten erstellen müssen: Im ersten Schritt schreiben Sie Titel und Text in die Folie, im zweiten Schritt fügen Sie die Standardobjekte in die Folienvorlage ein, die dann auf den folgenden Folien nicht mehr bearbeitet werden. Wenden Sie sich dem ersten Schritt zu.

Klicken Sie auf den Schalter Neue Folie, markieren Sie das AutoLayout "Aufzählung" (es kommt dem Treuland-Layout noch am nächsten), klicken Sie auf den OK-Schalter. Die neue Folie wird eingeblendet.

Klicken Sie in den Titelplatzhalter, schreiben Sie:
Unternehmensphilosophie

4.2 Unternehmensphilosophie (Folie 2)

Klicken Sie in den Textplatzhalter, schreiben Sie den Text:
Zuverlässigkeit
Aufrichtigkeit
Seriosität
Drücken Sie 8x die Returntaste, schreiben Sie:
Wissen–Können–Kompetenz

Das Ergebnis wird Ihnen zunächst nicht gefallen, lassen Sie sich aber nicht verunsichern.

Folie 2 nach Eingabe des Textes

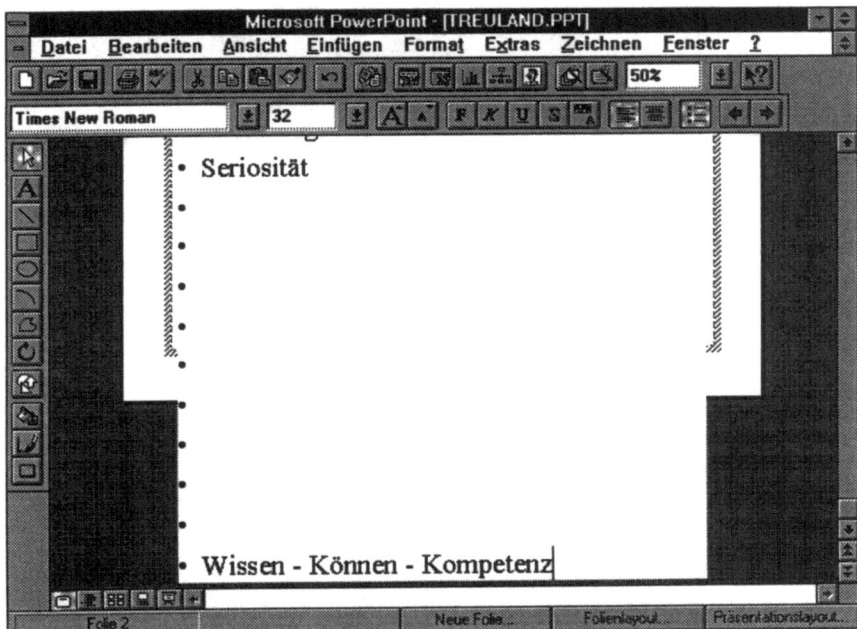

Prüfen Sie in der Formatleiste die Formatierungsmerkmale.

Die Formatleiste gibt Auskunft über die Formate eines markierten Objekts

Der Text ist gesetzt aus 32p Times New Roman, er ist linksbündig angeordnet, er verfügt über vorangestellte Aufzählungszeichen.

Beim Einrichten der Titelfolie haben Sie die Formatmerkmale direkt in der Folie selbst eingegeben. Lernen Sie jetzt, wie Sie die Formate in der Folienvorlage festlegen, so daß sie für einen ganzen Foliensatz Gültigkeit haben.

Drücken Sie die Umschalttaste, halten Sie sie fest, und klicken Sie auf den Schalter *Folienvorlage*.

4.2.1 Die Folienvorlage

In der Vorlage – hier der Folienvorlage – bestimmen Sie ausschließlich die Formate für den Foliensatz. Die Texte sind quasi nur Prüfobjekte, die zur optischen Kontrolle dienen. Sie werden also nicht überschrieben.

Hinweis zur Gestaltung des AutoLayouts "Aufzählung"
Sie sollten vermeiden, Folien zu gestalten, die sowohl Linksanschlag als auch Mittelachse aufweisen. Das ergibt zwangsläufig ungute Ergebnisse. Verwenden Sie in einem Foliensatz durchgehen Linksanschlag <u>oder</u> Mittelachse.

In der Folienvorlage legen Sie die Formate fest. Die Texte sind zur optischen Kontrolle gedacht, sie werden nicht überschrieben

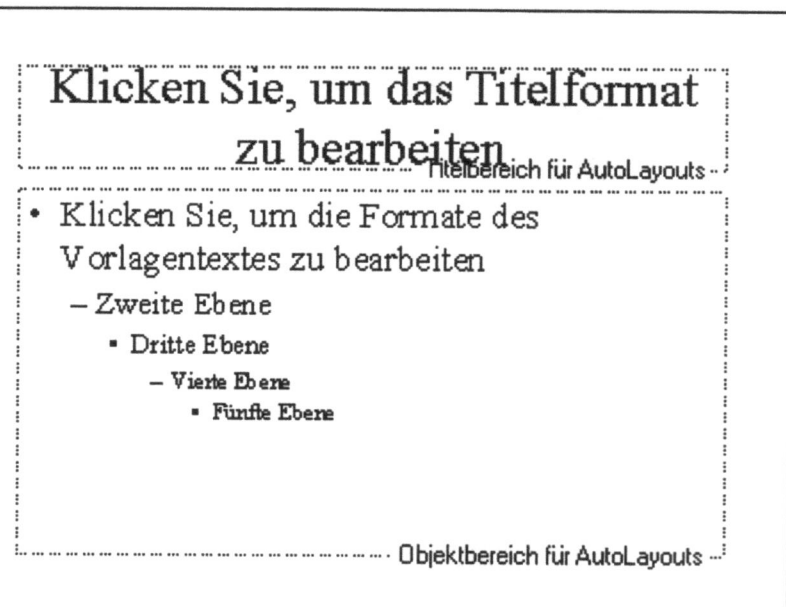

Hinweis zu den Einzugsebenen und Schriftgrößen
Im Textbereich der Folienvorlage sehen Sie die in PowerPoint nutzbaren fünf Einzugsebenen. Setzen Sie in Ihren Folien aber maximal zwei bis drei Ebenen ein. Bedenken Sie, daß jede Ebene eingerückt wird. Bei Einsatz aller fünf Ebenen ergibt sich ein sehr unruhiges Schriftbild.
Die fünf Ebenen bedingen auch, daß der Schriftgrad für die erste Ebene recht groß ausfallen muß. Erfahrungsgemäß reicht ein Schriftgrad von min. 18p für OHP-Folien durchaus hin. Präsentationen mit OHP-Folien werden normalerweise nicht vor einem sehr großen Publikum durchgeführt, sie sind eher für kleine Räume bestimmt.
Ein Tip: Testen Sie die Schriftgröße und ihre Wirkung, indem Sie eine Folie an die Wand werfen. So können Sie am besten beurteilen, welchen Schriftgrad Sie mindestens verwenden müssen.

4.2.1 Die Folienvorlage

Klicken Sie in den Platzhalter für den Titel, geben Sie ihm die Formate 28p Palatino fett.
Klicken Sie in die erste Ebene des Platzhalters für den Text, geben Sie ihr die Formate 18p Palatino normal, zentriert, keine Aufzählungszeichen. Die Ebenen 2 bis 5 können Sie außer Acht lassen, da sie in den Treuland-Folien nicht genutzt werden. Die Folienvorlage verändert sich dementsprechend.

Folienvorlage nach Eingabe individueller Formate

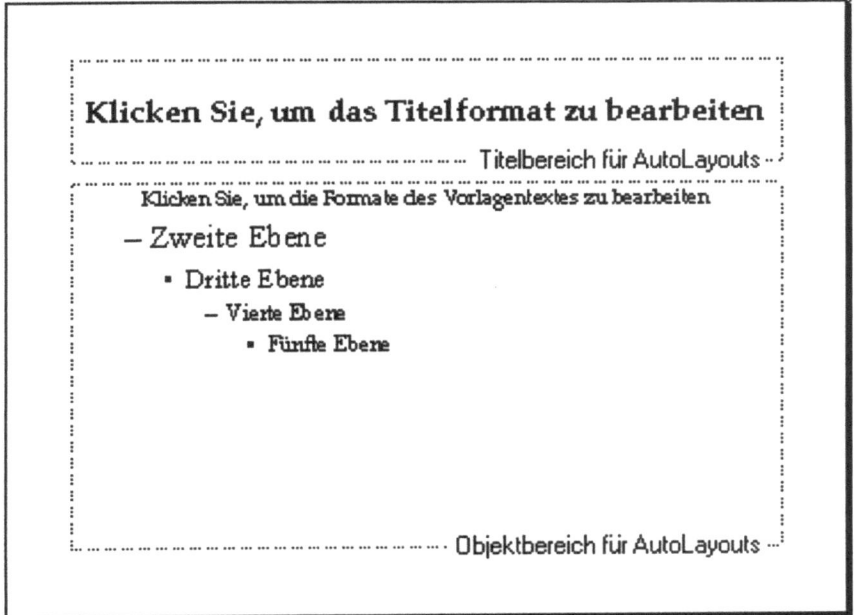

Bringen Sie die Platzhalter auf den gewünschten Stand. Klicken Sie unten auf den Rahmen des Titelplatzhalters, schieben Sie ihn am Anfasser nach oben, so daß er schmal wird.

Durch Klick auf den Rahmen werden die Platzhalter im Objektmodus markiert

Richten Sie den Platzhalter für den Text ein. Aktivieren Sie ggf. die Führungslinien *(Ansicht/Führungslinien ein- und ausschalten)*. Klicken Sie auf den Rahmen, ziehen Sie an den Anfassern. Die Maße:
Unterkante = 7,60 nach unten
Oberkante = 2,00 nach oben
Rechte und linke Kante = 6,00 nach beiden Seiten

Klicken Sie auf den Rahmen des Titelplatzhalters, ziehen Sie die Oberkante auf das Maß 3,60 nach oben.

Folienvorlage nach individueller Änderung der Platzhalter

Die Folienvorlage sollte jetzt der folgenden Abbildung etwa entsprechen.

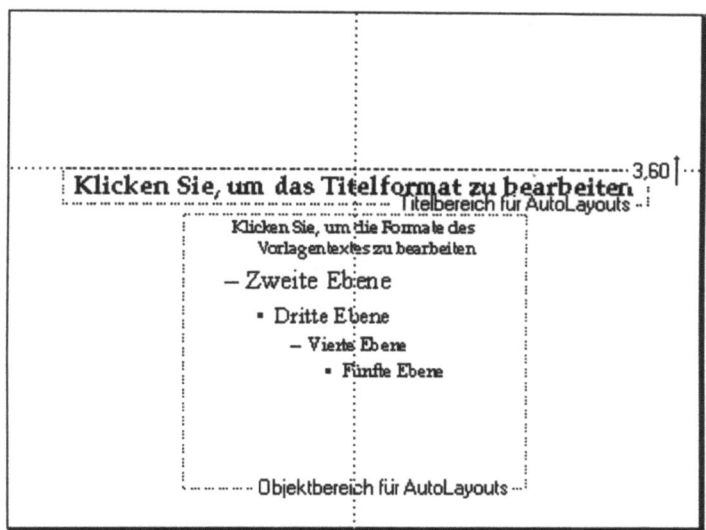

Die Folienvorlage beinhaltet – wie gesagt – die Formate für den Foliensatz und die Standardelemente. Standardelemente sind der Firmenschriftzug "TREULAND", der Unternehmenszweck "Ländereien..." und die Trennungslinie. Fügen Sie die Objekte über die bekannten Schalter ein. Formatieren Sie sie. "TREULAND" 40p Palatino fett, "Ländereien etc." 18p Palatino kursiv.

Folienvorlage nach individueller Änderung aller Merkmale

Die fertige Folienvorlage sollte der Abbildung etwa entsprechen. Klicken Sie auf den Schalter Folienansicht. Erstaunliches hat sich getan.

4.2.1 Die Folienvorlage

Solange Sie die Folienvorlage auf dem Bildschirm hatten, hat Ihnen die Statusleiste dies angezeigt.

Die Statusleiste informiert Sie über aktuelle Zustände

Nach Klick auf den Schalter Folienansicht steht im Anzeigefeld "Folie 2". Sie sind wieder in der Folienansicht.

Folie 2 nach Gestaltung der Folienvorlage

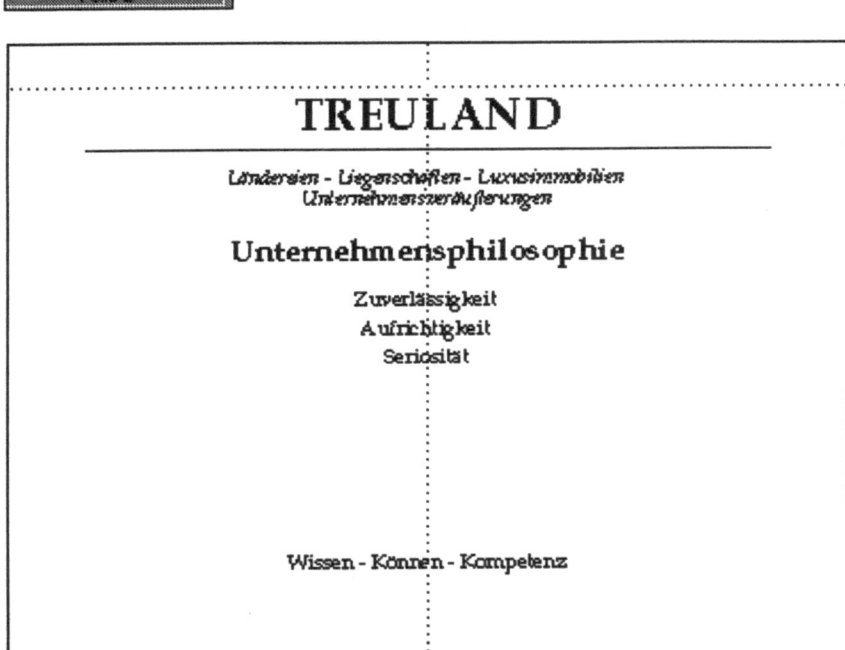

Zu Ihrem Verständnis: Die Standardobjekte, die Sie in der Folienvorlage einrichten, gelten für <u>alle</u> Folien einer Präsentation. Sie erscheinen demzufolge auf jeder Folie.

Die Folienvorlage stellt die Master-Seite der gesamten Präsentation dar. Dies gilt für die über die Schalter eingefügten Objekte – also Texte, Grafiken, Firmenzeichen, ClipArts etc. – nicht aber für die Formate für Titel und Untertitel der Titelfolie.

Das wiederum bedeutet, daß auf Ihrer Titelfolie zwar die Formate für Titel und Text nach wie vor richtig sein müssen, aber –
die Titelfolie muß, ebenso wie alle folgenden Folien, die in die Folienvorlage eingegebenen Standardobjekte aufweisen.

Sehen Sie nach.

Titelfolie mit den in der Folienvorlage festgelegten Standardobjekten

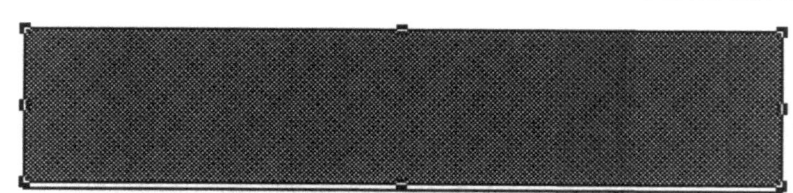

Schalter Rechteck

Die Lösung des Problems ist sehr einfach: Verstecken Sie die Standardobjekte quasi unter einem Stück weißen Papier. Klicken Sie auf den Schalter *Rechteck*, ziehen Sie einen Rahmen, der den Titel überlagert.

Titel verdeckt durch ein Rechteck mit Rahmen und Füllbereich

Schalter Füllbereich und Schalter Linie

Über dem gesamten Titel liegt ein Rechteck, das einen Rahmen und eine Füllung aufweist. Beachten Sie, daß die entsprechenden Schalter gedrückt sind. Diese Formate müssen dem Rechteck entzogen werden. Klicken Sie auf den Schalter *Linie*, der Rahmen verschwindet.

Mit dem Füllbereich geht es nicht so einfach. Würden Sie auf den Schalter klicken, so würde der Füllbereich aufgehoben, das Rechteck wäre transparent. Sie brauchen aber einen weißen Füllbereich, der die Standardobjekte verdeckt. Klicken Sie in der Menüleiste auf *Format/Farben und Linien*. Damit öffnen Sie die entsprechende Dialogbox.

4.2.1 Die Folienvorlage

Dialogbox Farben und Linien. Hier können Sie Füllbereichen und Linien individuelle Formate zuweisen

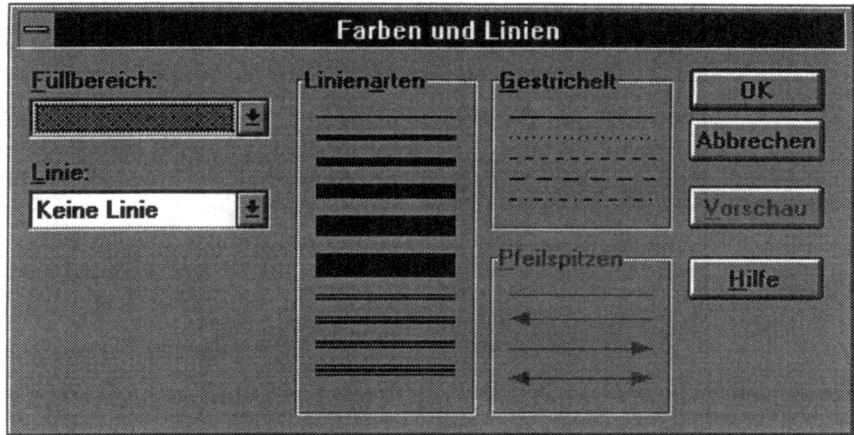

Im Kontrollfeld *Linie* ist *Keine Linie* eingestellt, im Kontrollfeld *Füllbereich* die Farbe, die PowerPoint für den Füllbereich vorgibt. Klicken Sie auf Pfeil unten, markieren Sie in dem Pull-Down-Menü das weiße Farbkästchen.

Im Pull-Down-Menü Füllbereich wird die gewünschte Farbe durch Anklicken ausgewählt

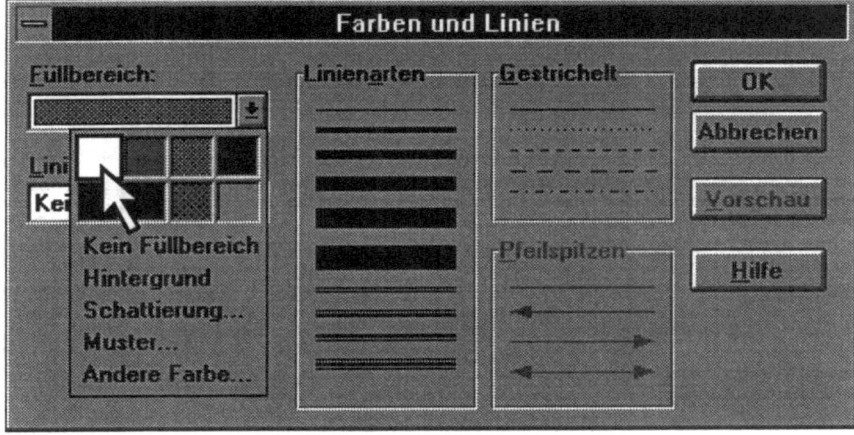

Der gesamte Titel ist überlagert. Markieren Sie das weiße Rechteck. Sie müssen es jetzt hinter den alten Titel legen, so daß dieser wieder sichtbar wird. Stellen Sie sich das so vor, daß Sie in drei Ebenen arbeiten. Im aktuellen Zustand stehen in der untersten Ebene die Standardobjekte, in der mittleren Ebene der Titel, und in der obersten Ebene liegt das weiße Rechteck.

Arbeit mit Ebenen: links aktueller Zustand, rechts nach Umsortierung

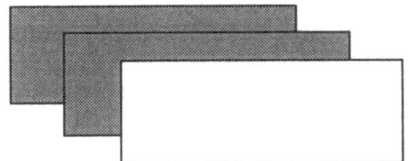 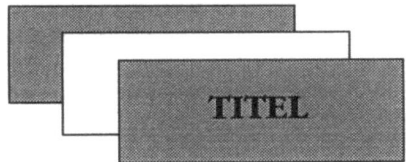

Die Ebenen müssen umsortiert werden, die weiße Fläche muß hinter den Titel gestellt werden. Markieren Sie die Fläche. Klicken Sie in der Menüleiste auf *Zeichen/In den Hintergrund*. Damit ist die Titelfolie wieder in Ordnung.

Führen Sie an der Folienvorlage noch zwei kleine Verbesserungen durch. Schieben Sie zuerst die Standardelemente etwas näher aneinander (nach unten), so daß der Markierungsrahmen des Schriftzugs TREULAND mit der Oberkante bei 7,20 liegt. Die zweite Änderung: Im Textplatzhalter ist der Kontrolltext im aktuellen Zustand oben angeschlagen. Bringen Sie ihn auf Mitte. Klicken Sie in der Menüleiste auf *Format/Textverankerung*.

In der Dialogbox Textverankerung wird der Stand des Textes im Markierungsrahmen festgelegt

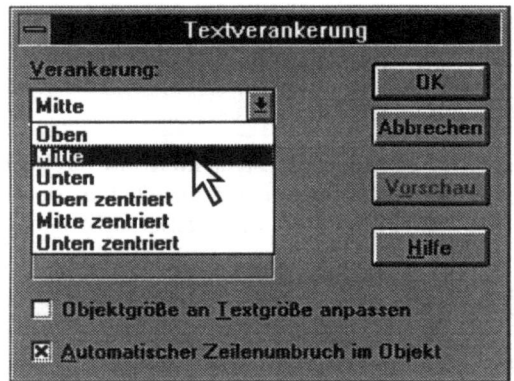

Klicken Sie auf Pfeil unten rechts neben dem Kontrollfeld *Verankerung* (*Oben* vorbesetzt). Klicken Sie auf *Mitte*, dann auf OK. Der Text steht auf Mitte im Rahmen. Folie 1 und Folie 2 sind endgültig fertig. Sehen Sie in die verschiedenen Ansichten.

Gliederungsansicht nach Gestaltung der zweiten Folie

4.3 Mautfähige Brücke Willisau (Folie 3)

Speichern Sie die Datei. Richten Sie Folie 3 ein. Klicken Sie auf den Schalter *Neue Folie*, bestätigen Sie durch Klick auf OK. Folie 3 öffnet sich mit den Standardobjekten und den Formaten für Titel und Text, die Sie in der Folienvorlage festgelegt haben.

Erklärung

In der Dialogbox *Neue Folie* ist zwar das AutoLayout "Aufzählung" vorbesetzt, aber eben dieses haben Sie in der Folienvorlage umformatiert. Die Umformatierung gilt aber nur für die aktuelle Datei!

Folie 3 soll im fertigen Zustand der folgenden Abbildung gleichen.

Folie 3 im endgültigen Zustand

Klicken Sie in den Titelplatzhalter. Schreiben Sie:
Beispielhafte Produkte

Klicken Sie in den Textplatzhalter. Der Cursor blinkt in der Mitte. Der Text:
Mautfähige Brücke (Return)
Willisau (6x Return)
2gleisige Bahnstrecke (Return)
2 KFZ-Fahrspuren/Fußgängerweg (Return)
4 Mautstationen

Bei jedem Return rückt der Text weiter nach oben.

Markieren Sie die beiden ersten Zeilen im Textmodus, formatieren Sie sie fett.

Folie 3 nach Eingabe von Titel und Text

An der Abbildung der Folie im fertigen Zustand sehen Sie, daß der Text in einem schattierten Rahmen steht. Markieren Sie den Text durch Klick auf den Rahmen im Objektmodus. Sie müssen dann die schwarzen Punkte der Anfasser sehen. Geben Sie dem Textobjekt die Formate *Linie* und *Schatten*. Der Effekt ist der, daß das gesamte Objekt einen Rahmen sowie einen Schatten erhält, auch die Schrift. Letzteres aber wollen Sie nicht, denn die Schrift würde dadurch fast unlesbar.

Textobjekt mit den Formaten Linie und Schatten

4.3 Mautfähige Brücke Willisau (Folie 3)

Schalter Füllbereich

Auch hier hilft der Füllbereich weiter. Klicken Sie auf den Schalter *Füllbereich*. Das Objekt erhält eine blaue Füllung. Klicken Sie in der Menüleiste auf *Format/Farben und Linien*. Geben Sie in der Dialogbox dem Füllbereich die Farbe Weiß. Das Objekt zeigt die gewünschte Form.

Textobjekt mit den Formaten Linie, Schatten und Füllbereich weiß

```
Beispielhafte Produkte

        Mautfähige Brücke
            Willisau




        2gleisige Bahnstrecke
    2 KFZ-Fahrspuren/Fußgängerweg
           4 Mautstationen
```

Damit Sie die Grafik der Brücke möglichst groß in den Text einfügen können, ändern Sie den Zeilenabstand *(Format/Zeilenabstand)* vor einem Absatz um in 0. Anschließend geben Sie zwischen die Überschrift und den Text am Fuß noch 2x Return ein. Der Zeilenabstand ist dadurch verringert, zwischen den Texten haben Sie mehr Raum.

Textobjekt nach Änderung des Zeilenabstands

```
Beispielhafte Produkte

        Mautfähige Brücke
            Willisau




        2gleisige Bahnstrecke
    2 KFZ-Fahrspuren/Fußgängerweg
           4 Mautstationen
```

Fügen Sie von der dem Buch beiliegenden Diskette die Grafik BRUECKE.WMF ein. Es handelt sich um eine Grafik, die in CorelDRAW entworfen wurde. Sie ist als Windows-Metafile exportiert und auf der Diskette gespeichert. Klicken Sie in der Menüleiste auf *Einfügen/Grafik*.

Über die Dialogbox Grafik einfügen fügen Sie Grafiken in Folien ein

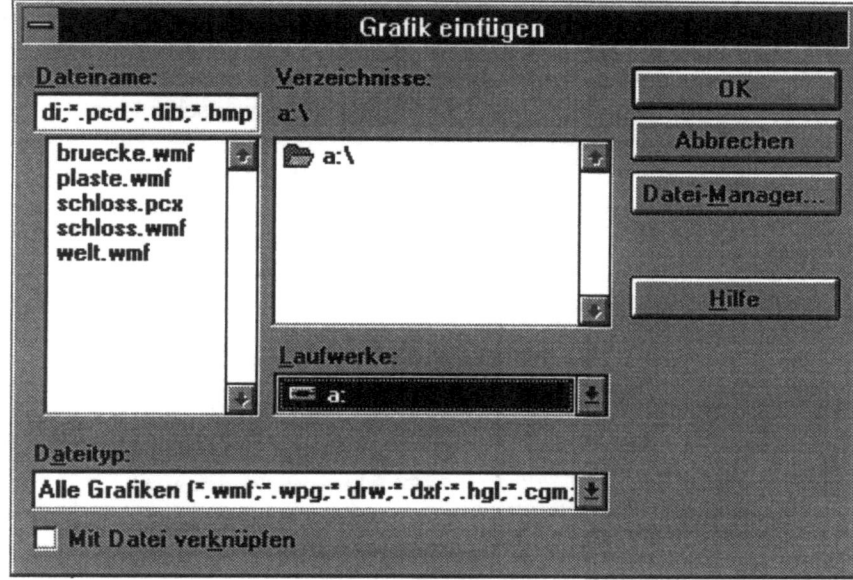

Doppelklicken Sie auf die Datei BRUECKE.WMF. Die Grafik wird in Folie 3 mittig eingefügt. Verkleinern Sie sie durch Ziehen an den Anfassern soweit, daß sie in den Rahmen paßt.

Folie 3 nach Einfügen einer Grafik

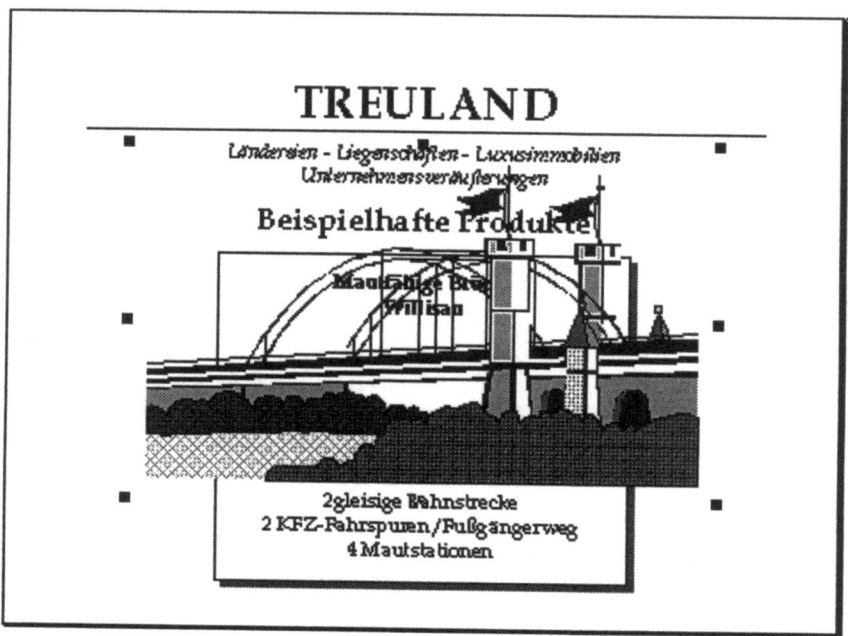

4.3.1 Objektgrößen ändern 83

Nach Verkleinern und Einpassen der Grafik ist Folie 3 fertig

Folie 3 ist fertig. speichern Sie die Datei.

4.3.1 Objektgrößen ändern

Objektgrößen – das gilt für PowerPoint-Objekte, aber auch für importierte Grafiken – werden grundsätzlich durch Ziehen an den Anfassern verändert. Es gelten dafür die folgenden Regeln:

1. Ziehen an einem der Anfasser verändert die Größe nicht proportional in eine beliebige Ausdehnung.
2. Umschalttaste+Ziehen verändert die Größe in horizontale, vertikale oder diagonale Ausdehnung. Beim Ziehen in diagonaler Richtung bleibt die Proportion (Höhe:Breite) erhalten.
3. Strg-Taste+Ziehen verändert die Ausdehnung vom Mittelpunkt des Objekts nach außen oder innen in horizontaler oder vertikaler Richtung. In diagonaler Richtung bleibt die Proportion erhalten.
4. Umschalttaste+Strg-Taste+Ziehen verändert die Ausdehnung vom Mittelpunkt des Objekts nach außen oder innen in horizontaler oder vertikaler Richtung. Die Proportion bleibt nicht erhalten.
5. Wollen Sie ein eingefügtes Bild in die ursprüngliche Größe zurücksetzen, drücken Sie die Umschalttaste, und doppelklicken Sie auf einen der Anfasser.

Müssen Sie ein Objekt sehr exakt plazieren, benutzen Sie den Zoom, und schalten Sie im Menü *Ansichten* die Option *Am Raster ausrichten* aus.

4.4 Plastemanufaktur Wurzen (Folie 4)

Schalter Kopieren

Schalter Einfügen

Folie 4 ist der vorangegangenen Folie sehr ähnlich. Fügen Sie eine neue Folie ein. Richten Sie zunächst Titel und Text her.
Kopieren Sie zuerst den Titel aus Folie 3: Markieren Sie "Beispielhafte Produkte", klicken Sie auf den Schalter *Kopieren*. Rufen Sie Folie 4 auf, Klicken Sie in den Titelplatzhalter, anschließend auf den Schalter *Einfügen*.
Dann schreiben Sie in den Textplatzhalter den folgenden Text:
Plastemanufaktur
Wurzen
(8 Leerzeilen)
27 Produktionshallen
16 Lagerhallen für Endprodukte
12.600 qm Grundstück
Stellen Sie den Zeilenabstand vor einem Absatz auf 0.

Nun fügen Sie eine ClipArt ein. Klicken Sie in der Menüleiste auf *Einfügen/ClipArt*. Die Dialogbox Microsoft ClipArt Gallery öffnet sich.

Aus der Microsoft ClipArt Gallery fügen Sie ClipArts in Folien ein

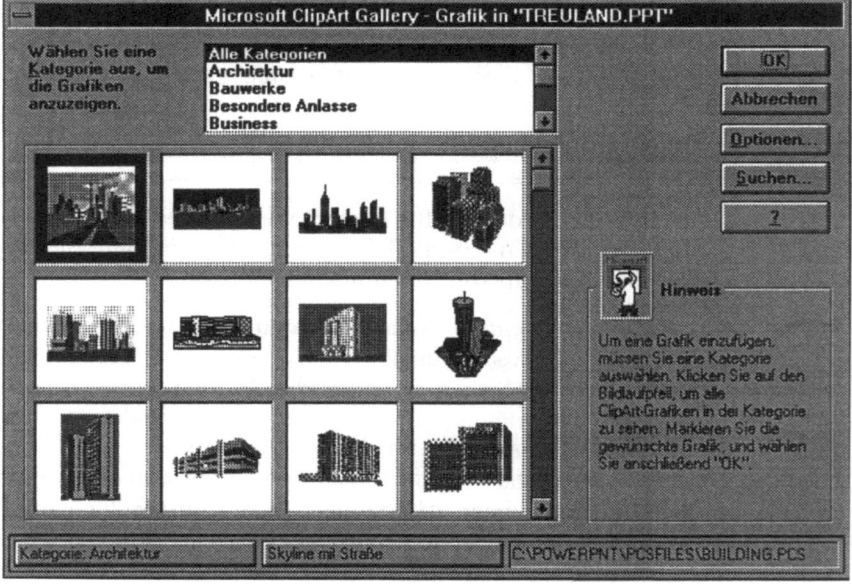

Markieren Sie die Kategorie *Architektur*. Benutzen Sie die Bildlaufleiste. Markieren Sie die gewünschte Fabrik. Klicken Sie auf OK.

ClipArt aus der Kategorie Architektur, zum Einfügen markiert

Richten Sie mit den Ihnen bekannten Möglichkeiten (siehe Kapitel 4.3.1) die ClipArt so her, daß sie in den Textrahmen paßt. Folie 4 müßte im fertigen Zustand der folgenden Abbildung etwa gleichen.

Folie 4 nach Einfügen einer ClipArt

Für den Fall, daß Ihr Textobjekt die Formate Linie, Schatten und Füllbereich noch nicht aufweist: Markieren Sie in Folie 3 den Textrahmen. Klicken Sie in der Menüleiste auf *Objektformat kopieren*. Rufen Sie Folie 4 auf. Markieren Sie den Textplatzhalter im Objektmodus. Klicken Sie in der Menüleiste auf *Objektformat zuweisen*. Dadurch erhält das Textobjekt die selben Formate wie das aus Folie 3. Sie müssen also nicht alles manuell formatieren.

4.4.1 Anlegen, sortieren und löschen von Folien

Ihre Präsentation beinhaltet 4 Folien. Prüfen Sie den aktuellen Zustand in den verschiedenen Ansichten. Benutzen Sie auch die Umschalttaste, damit Sie die Vorlagen sehen können.

Sie wissen, daß PowerPoint zu den Folien eine Folienvorlage vorhält. Daneben stellt es, wie erwähnt,
- Notizen,
- Handzettel und eine
- Gliederung zur Verfügung.

Folien, Notizen, Handzettel und Gliederungen können gedruckt werden. Die zugehörigen Vorlagen können nicht gedruckt werden; sie beinhalten jeweils nur die Formate für die eigentlichen Druckerzeugnisse.

Druckerzeugnisse	Nicht druckbare Vorlagen
Folien	Folienvorlage
Notizblätter	Notizenvorlage
Handzettel	Handzettelvorlage (Foliensortieransicht)
Gliederung	Gliederungsvorlage

Schalter Folienansicht/ Folienvorlage

Jeder Foliensatz umfaßt Folien und deren Folienvorlage, die die Formate beinhaltet. Der Schalter *Folienansicht* schaltet (ggf. mit Umschalttaste) zwischen der aktuellen Folie und der Folienvorlage hin und her.

Links Folien, rechts Folienvorlage

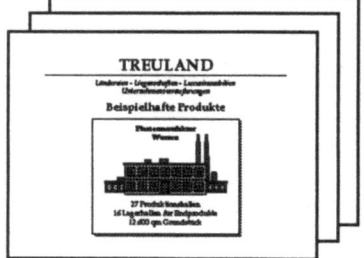

Schalter Notizblattansicht/Notizenvorlage

Zu jedem Foliensatz gehört ein Satz Notizblätter. Im oberen Bereich der Notizblätter ist standardmäßig die Folie verkleinert abgebildet. Der untere Bereich ist für individuelle Texte, evtl. auch Grafiken vorbehalten. Er soll die Folie erläutern bzw. Ihnen als Gedächtnisstütze dienen. So können Sie sich zu jeder Folie ein Manuskript schreiben, das den Ablauf Ihres Vortrags unterstützt. In der Notizenvorlage sind die Formate für Bilder und Texte gespeichert. Der Schalter *Notizblattansicht* (ggf. mit Umschalttaste) schaltet zwischen Notizblattansicht und Notizenvorlage hin- und her.

Links Notizblätter, rechts Notizenvorlage

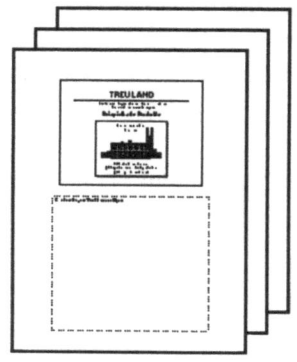
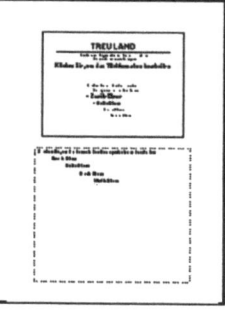

4.4.1 Anlegen, sortieren und löschen von Folien

Schalter Foliensortieransicht/Handzettelvorlage

Zu jedem Foliensatz gehört außerdem ein Satz Handzettel. Handzettel beinhalten die verkleinerten Abbildungen der Folien, aber keine größeren individuellen Texte. Handzettel können Sie z.B. Ihren Zuhörern zur besseren Erinnerung an Ihren Vortrag aushändigen. Über die Handzettelvorlage wählen Sie aus, wieviele Folien auf einen Handzettel gedruckt werden sollen. Die zugeordnete Foliensortieransicht ermöglicht das Umsortieren, Einfügen und Löschen von Folien. Der Schalter *Foliensortieransicht/Handzettelvorlage* schaltet (ggf. mit Umschalttaste) zwischen den Ansichten hin und her.

Links Handzettelvorlage, rechts Foliensortieransicht

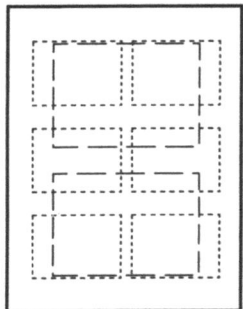
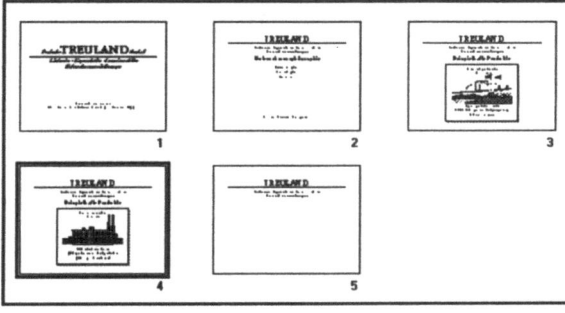

Schalter Gliederungsansicht/ Gliederungsvorlage

Schließlich gehört zu jedem Foliensatz eine Gliederung. Auch in ihr können Sie die Texte bearbeiten sowie Folien umsortieren, einfügen und löschen. Die entsprechende Gliederungsvorlage erlaubt das Einfügen von Texten und Grafiken, sie zeigt im leeren Zustand die Fläche, die bedruckt werden kann. Der Schalter *Gliederungsansicht* schaltet (ggf. mit Umschalttaste) zwischen Ansicht und Vorlage hin und her.

Links Ausschnitt aus der Gliederungsansicht, rechts Gliederungsvorlage

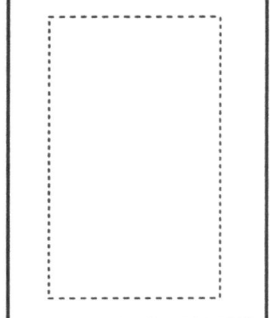

In der Folienansicht sind nur das Einfügen neuer und das Löschen vorhandener Folien möglich *(Bearbeiten/Folie löschen)*. In den Ansichten Foliensortierung und Gliederung können Sie Folien an jede beliebige Stelle des Satzes umsortieren, einfügen und löschen. Sie werden sich in der Folge damit beschäftigen. Zuvor aber noch ein Hinweis zu Ansicht und Schalter *Bildschirmpräsentation*.

Schalter Bildschirmpräsentation

In dem Gefüge der Ansichten bildet der Schalter *Bildschirmpräsentation* eine Ausnahme. Zu der Bildschirmpräsentation gibt es nämlich keine Bildschirmpräsentations-Vorlage – das ist die Folienvorlage. Umschalttaste+Schalter ruft daher die Dialogbox *Bildschirmpräsentation* auf, über die Sie den Ablauf der Bildschirmpräsentation steuern können.

Über die Dialogbox Bildschirmpräsentation regeln Sie den Ablauf einer Bildschirmpräsentation

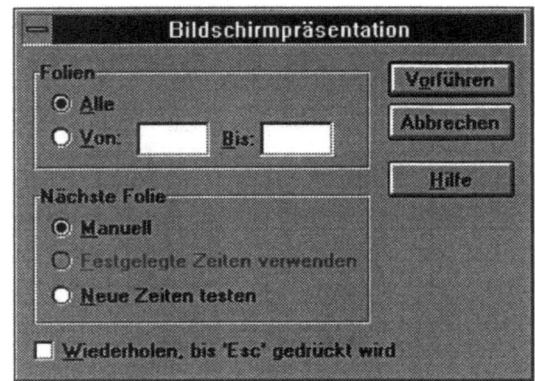

Wenden Sie sich nun der Foliensortierung zu, indem Sie auf den Schalter klicken. Markieren Sie durch Klick Folie 4, ziehen Sie sie zwischen Folie 1 und Folie 2. Beim Ziehen wird eine gepunktete Linie mit zwei Pfeilen sichtbar, die die Position angibt. Der Mauszeiger verwandelt sich in ein Foliensymbol mit einem Pfeil.

Beim Umsortieren in der Foliensortieransicht wird die neue Position durch eine gepunktete Linie angezeigt

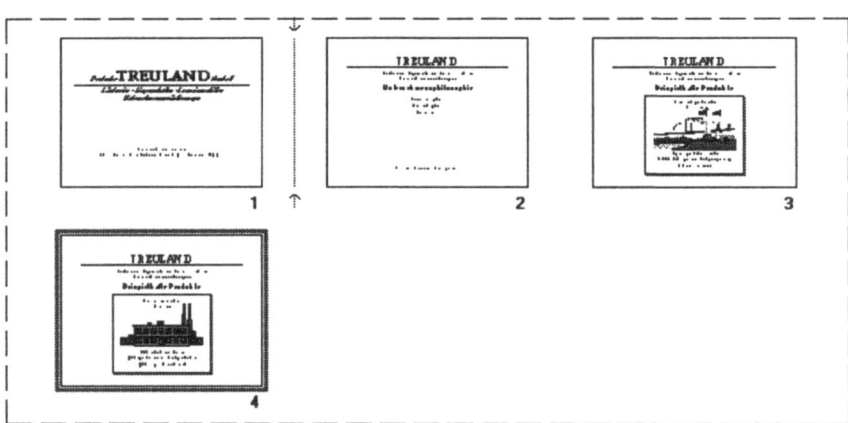

Ziehen Sie die Folie auf demselben Weg an ihren alten Platz zurück. Drücken Sie die Entf-Taste (oder Rücktaste). Damit wird die Folie gelöscht. Machen Sie die Löschung rückgängig (Schalter). Klicken Sie hinter die 4. Folie, fügen Sie eine neue Folie ein *(Einfügen/Neue Folie)*. Ein Blick in die Formatleiste zeigt Ihnen, daß Sie den Folien Formate zuweisen können. Schauen Sie sich die QuickInfos an. Die Formate werden Sie später anwenden.

4.4.1 Anlegen, sortieren und löschen von Folien

Gliederungsansicht: Symbol für Textfolie

Gliederungsansicht: Symbol für Folie mit Grafik

Doppelklick auf die markierte Folie bringt Sie in die Folienansicht. Schalten Sie um in die Gliederungsansicht. Hier werden sinnvollerweise nur die Titel und Texte der Folien angezeigt. Beachten Sie, daß auch die Leerzeilen (Returns) mit angezeigt werden.

Folien, die Grafik enthalten, sind mit einem anderen Symbol als reine Textfolien versehen. Standard- und Formatleiste sind identisch mit denen in der Folienansicht. Unterschiedlich dazu sind die Schalter der Leiste *Gliedern* am linken Bildschirmrand. Sie erlauben Änderungen, die Sie zum Teil auch mit der Maus durchführen können.

Ausschnitt aus der Gliederungsansicht. Folie 1 ist markiert

Klicken Sie auf das Foliensymbol. Der Mauszeiger bildet einen gekreuzten Doppelpfeil. Beim Ziehen nach unten zeigt eine Linie die neue Position an.

Ausschnitt aus der Gliederungsansicht. Folie 1 würde bei Loslassen der Maustaste an die neue Position gestellt

Wenn Sie an dieser Stelle die Maustaste losgelassen haben, sind Ihre Folien 1 und 2 hoffnungslos durcheinandergeraten. Benutzen Sie in diesem Fall den Schalter *Rückgängig*. Die Positionslinie muß genau zwischen zwei Folien stehen, damit die Folien in ihrer Gesamtheit umsortiert werden. Steht sie z.B. mitten im Text einer Folie, so geraten die Folien durcheinander.

Das Einfügen neuer Folien geschieht auf dem üblichen Weg. Haben Sie eine Folie durch Klick auf das Symbol markiert und drücken die Entf-Taste, wird ein Warnfenster eingeblendet, das Sie auf die Löschung aufmerksam macht.

Warnung beim Löschen einer Folie

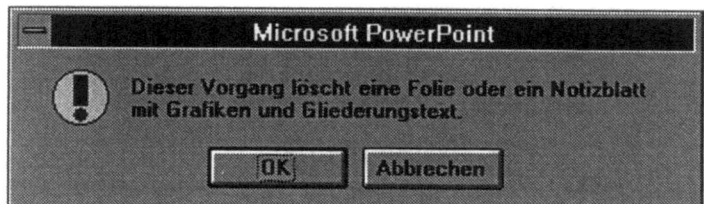

Soviel zum Anlegen, Löschen und Sortieren von Folien. Den erwähnten Schaltern in der Leiste *Gliedern* werden Sie sich später zuwenden.

Das Menü *Ansicht* erlaubt Ihnen (neben den Schaltern) die verschiedenen Ansichten zu aktivieren. Klicken Sie auf den entsprechenden Menüpunkt, so wird die Ansicht aufgerufen. Welche der Ansichten gerade aktiv ist, erkennen Sie an dem voranstehenden Punkt (hier Gliederungsansicht).

Über das Menü Ansicht werden die verschiedenen Ansichten aufgerufen

Zoom entspricht dem Pull-Down-Menü *Zoom*, über *Symbolleisten* schalten Sie die Symbolleisten (durch Klick in das voranstehende Kästchen) ein und aus. Die Führungslinien sind im aktuellen Fall (in der Folienansicht) eingeblendet. Das Lineal lernen Sie später kennen. Klick auf *Vorlage* öffnet ein Zusatzfenster, über das Sie die verschiedenen Vorlagen aufrufen.

Menü Ansicht/ Vorlage zum Umschalten in die Vorlagen

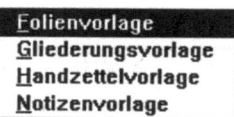

4.5 Unternehmensstruktur (Folie 5)

Schalter Organisationsdiagramm einfügen

Die Eingabe des Titels von Folie 5 wird Ihnen keine Schwierigkeiten bereiten. Anschließend entfernen Sie (Entf-Taste) den Textplatzhalter, denn die Folie beinhaltet keinen Text. Fertig sieht sie etwa aus wie unten abgebildet. Klicken Sie auf den Schalter *Organisationsdiagramm einfügen*.

Folie 5 in endgültigem Zustand

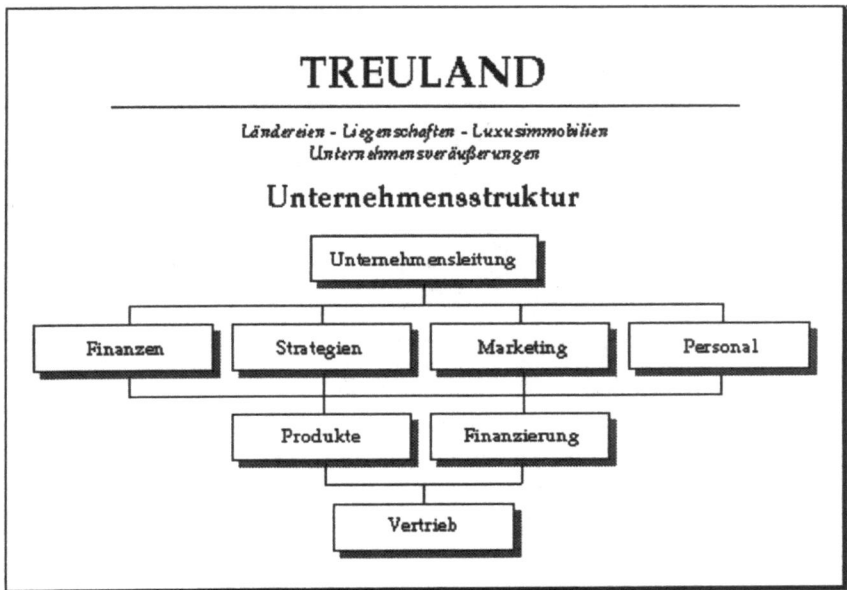

Klick auf den Schalter Organisationsdiagramm einfügen öffnet das Fenster Microsoft Organisationsdiagramm

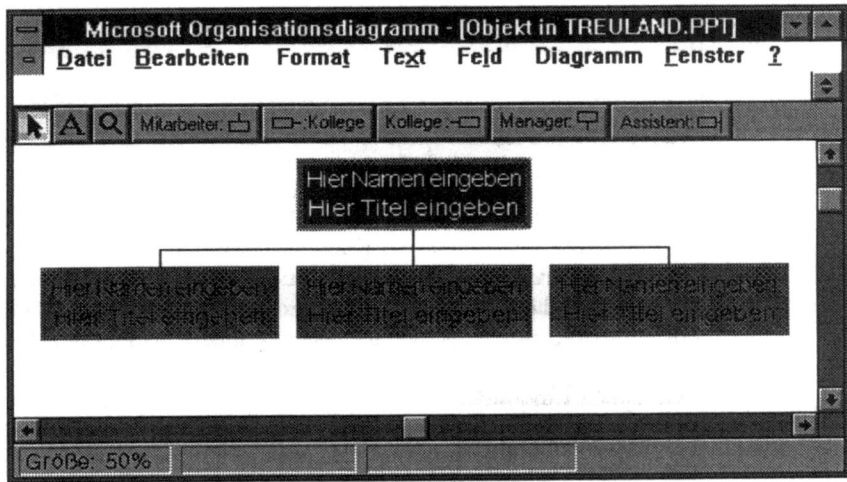

Mit Microsoft Organisationsdiagramm haben Sie ein eingebettetes Programm aufgerufen, so daß Sie jetzt mit zwei Anwendungen zugleich arbeiten. Klicken Sie im Menü *?* auf die Option *Info*. Das Info-Fenster wird eingeblendet. Es zeigt das Impressum für das Programm.

Impressum Microsoft Organisationsdiagramm

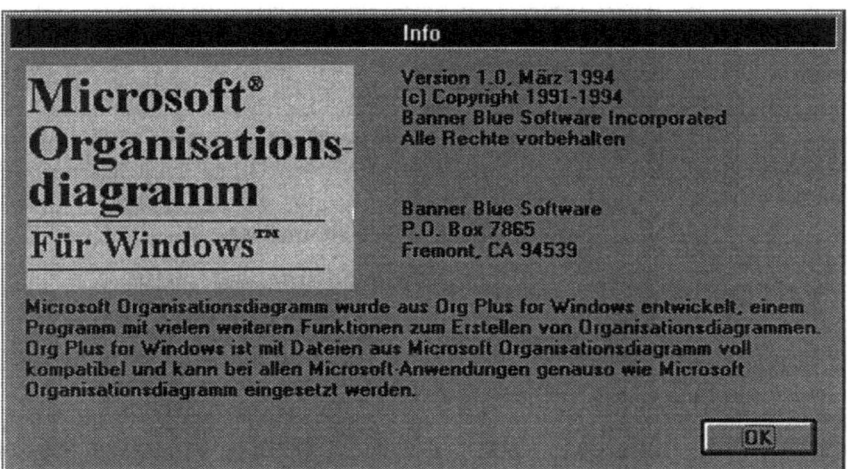

Mit der Tastenkombination Alt+Tab-Taste können Sie zwischen den geöffneten Fenstern (Anwendungen) hin- und herschalten. Neben dem Windows Programm-Manager werden PowerPoint und Organisationsdiagramm sichtbar. Bringen Sie das Fenster *Organisationsdiagramm* in Vollbildgröße.

Mit Alt+Tab-Taste können Sie zwischen den geöffneten Anwendungen wechseln. Bei Loslassen der Tasten wird das angezeigte Fenster geöffnet

Ein Blick in die Formatleiste und in das Menü *Format* zeigt Ihnen, daß Organisationsdiagramm in erster Linie dafür ausgelegt ist, Diagramme für Personalstrukturen zu entwerfen. Das Programm (Version 1.0) stellt nicht die umfangreichen Hilfefunktionen zur Verfügung wie z.B. PowerPoint. So gibt es keine QuickInfo, die Menüs sind eher bescheidenen Umfangs, manches bleibt der Intuition des Anwenders überlassen. Auch das Menü *? (Hilfe)* kann nicht immer helfen. Andererseits ist das Programm für Lösungen in einer Präsentation, die nicht kompliziert sein können, leicht handhabbar.

4.5 Unternehmensstruktur (Folie 5)

Formatleiste Organisations- diagramm

Menü Format im Organisati- onsdiagramm

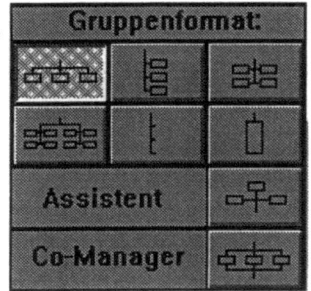

Organisationsdiagramm kann in zwei Arten aufgerufen werden:
1. Diagramm enthält ein Managerfeld und 3 Mitarbeiterfelder.
2. Diagramm enthält ein Managerfeld.
Der Aufruf wird in *Bearbeiten/Optionen* eingestellt bzw. verändert. Über die Formatleiste werden neue Gruppenmitglieder eingefügt. Im Menü *Format* werden bereits angelegte Gruppen umformatiert.

Tragen Sie in das oberste Feld ein: **Unternehmensleitung**
Löschen Sie die Textzeile "Hier Titel eingeben".

Diagramm beim Beschrif- ten des ersten Feldes

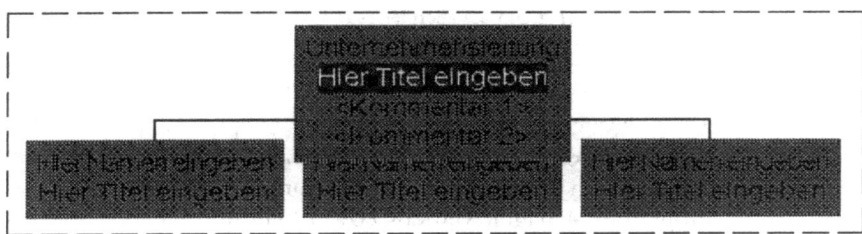

Klicken Sie neben das Feld. Es trägt jetzt nur noch die individuelle Beschriftung. Die Zeilen <Titel>, <Kommentar 1> und <Kommentar 2> sind wiederum nur Platzhalter. Löschen Sie die Überschrift "Diagrammtitel".

Diagramm nach Beschrif- tung des ersten Feldes

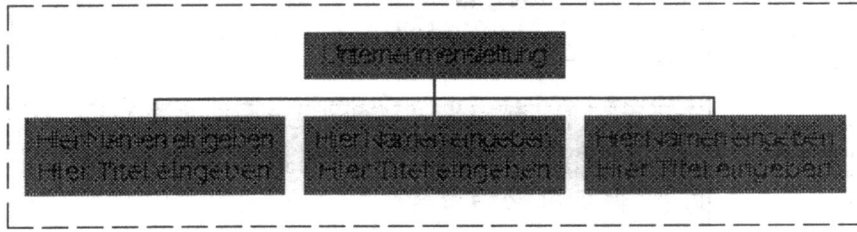

Fügen Sie in die zweite Ebene einen Kollegen ein. Klicken Sie dazu auf den Schalter, dann auf das linke Feld.

Schalter Kollege

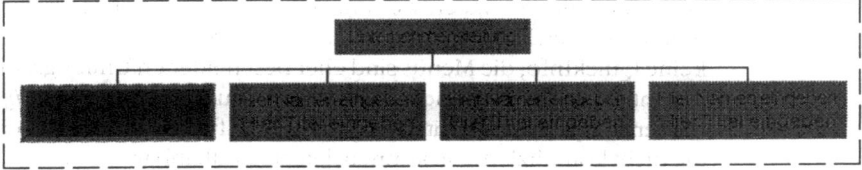

Schalter Mitarbeiter

Diagramm nach Einfügen von zwei Mitarbeitern

Beschriften Sie die zweite Ebene, die Felder tragen von links nach rechts folgende Texte: **Finanzen / Strategien / Marketing / Personal**

Nachdem Sie die Beschriftungen eingetragen haben, hängen Sie über den Schalter *Mitarbeiter* an die beiden mittleren Felder der zweiten Ebene je einen Mitarbeiter unten an. Klicken Sie jeweils zuerst auf den Schalter, dann auf das betreffende Feld.

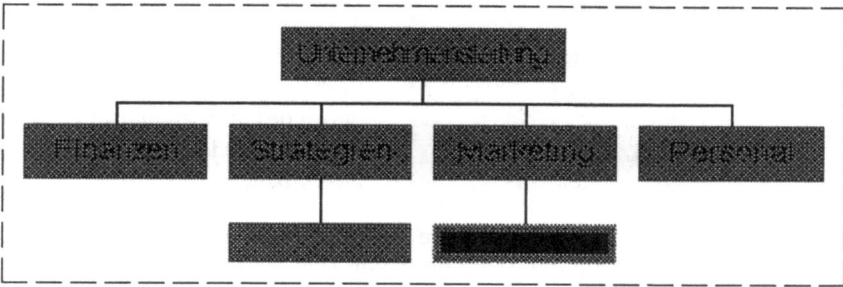

Hinweis

Über das Menü *Diagramm* steuern Sie die Darstellungsgröße auf dem Bildschirm. Versuchen Sie es.

Beschriften Sie die neuen Felder: **Produkte / Finanzierung**

Formatieren Sie die Schriftart um in 18p Palatino, passend zu Ihren Folien. Klicken Sie dazu in der Menüleiste auf *Text/Schriftart*. Die Dialogbox *Schriftart* wird eingeblendet. Ändern Sie die Schriftart.

Über die Dialogbox Schriftart wird Schrift formatiert

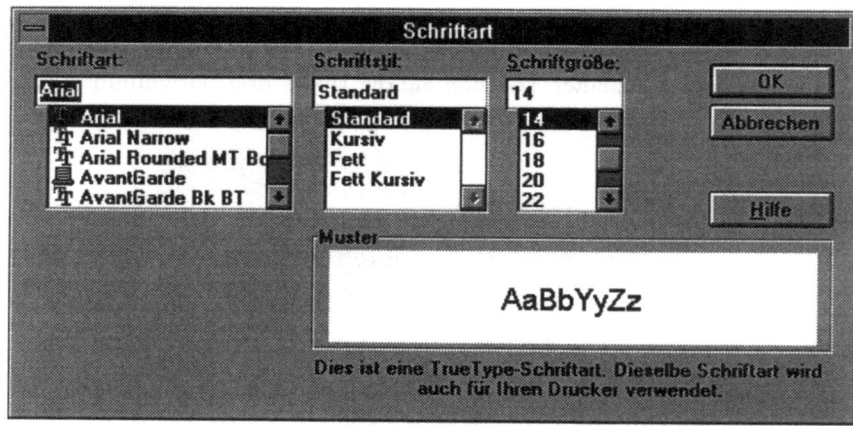

Markieren Sie alle Felder (*Bearbeiten/Markieren/Alles* oder mit Zeiger Markierungsrahmen um alle Felder ziehen), klicken Sie in der Menüleiste auf *Feld*. Sehen Sie sich die verfügbaren Optionen der Reihe nach an. So wird Ihnen klar, daß Sie Felder mit unterschiedlichen Attributen versehen können. Außerdem können Sie die Feldrahmen über die Optionen *Linie* verändern.

4.5 Unternehmensstruktur (Folie 5)

Das Menü Feld erlaubt das Formatieren von Feldern und Linien

Durch Klick auf den Schalter weisen Sie den markierten Feldern einen entsprechenden Schatten zu. Die beiden mittleren Schalter jeder Spalte bewirken dasselbe Ergebnis. Über die Optionen für *Linie* verändern Sie den die Felder einschließenden Rahmen.

Geben Sie den Feldern einen Schatten rechts und unten und die Feldfarbe Weiß. Dann kehren Sie zunächst nach PowerPoint zurück *(Datei/Beenden und zurückkehren ...)*. Ihre Folie müßte der folgenden Abbildung gleichen.

Nach dem Verlassen von Organisationsdiagramm wird das Diagramm als eingebettetes Objekt in die aktuelle Folie eingefügt

Zur Arbeit mit eingebetteten Objekten

Nach Klick auf *Datei/Beenden und zurückkehren zu...* wird die Anwendung Organisationsdiagramm geschlossen, das Diagramm wird in die aktuelle Folie eingefügt. Durch Doppelklick auf das Objekt können Sie jederzeit die Ursprungsanwendung wieder öffnen, das Objekt Ihren Wünschen anpassen und erneut in die Folie einfügen. Damit Ihnen dieser Vorgang offensichtlich wird, sind Sie eben zu PowerPoint zurückgekehrt. In der Folge verändern Sie das Diagramm soweit, daß es dem endgültigen Zustand gleicht.

Doppelklicken Sie auf das Objekt. Das Fenster *Organisationsdiagramm* wird geöffnet. Bringen Sie es zur besseren Übersicht in Vollbildgröße.

Um die Verbindungslinien auf den geforderten Stand zu bringen, müssen Sie nun die zweite und dritte Ebene umformatieren. Markieren Sie die zweite Ebene (*Bearbeiten/Ebene auswählen* oder Markierungsrahmen ziehen oder mit Umschalttaste+Klick Felder anklicken). Klicken Sie im Menü *Format* auf den Schalter *Co-Manager*.
Den Feldern der dritten Ebene geben Sie analog das Format *Assistent*. Ihr Diagramm sollte dann der folgenden Abbildung gleichen.

Diagramm mit umformatierten Verbindungslinien

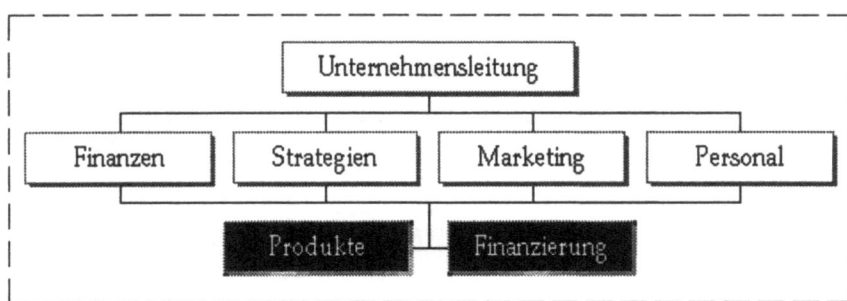

Das unterste Feld in der vierten Ebene müssen Sie manuell einfügen, da Organisationsdiagramm eine solche Struktur nicht unterstützt. Klicken Sie in der Menüleiste auf *Diagramm/Zeichenmittel einblenden*.

Schalter Zeichenmittel

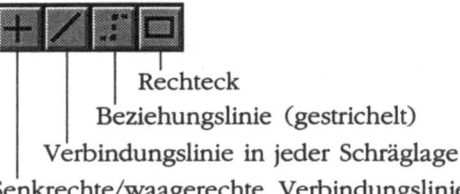

Rechteck
Beziehungslinie (gestrichelt)
Verbindungslinie in jeder Schräglage
Senkrechte/waagerechte Verbindungslinie

Stellen Sie über *Diagramm/Originalgröße* eine vergrößerte Ansicht ein. Zeichnen Sie über den Schalter *Rechteck* ein neues Rechteck in der Größe eines vorhandenen Feldes. Formatieren Sie es wie die Felder.

Ein neues, über den Schalter Rechteck eingefügtes Feld

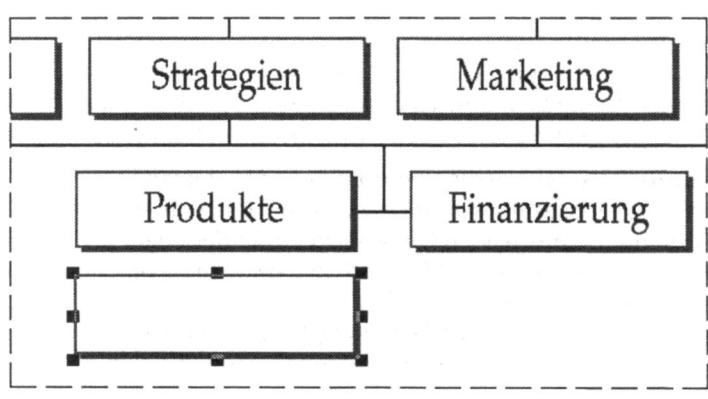

4.5 Unternehmensstruktur (Folie 5)

Beschriften Sie das Rechteck: **Vertrieb**
Formatieren Sie die Schrift, stellen Sie sie auf Mitte in das Rechteck. Markieren Sie Rechteck und Schrift (Markierungsrahmen ziehen), schieben Sie die Objekte im entsprechenden Abstand auf Mitte unter die dritte Ebene. Ziehen Sie abschließend über die Schalter die Verbindungslinien.

Diagramm im fertigen Zustand

Das Diagramm ist fertig. Klick auf *Datei/Beenden und zurückkehren zu...* öffnet eine Dialogbox, in der Sie zuvorkommend gefragt werden, ob Sie das eingebettete Objekt aktualisieren wollen. Bestätigen Sie.

Beim Beenden von Organisationsdiagramm werden Sie gefragt, ob das in die Folie eingebettete Objekt aktualisiert werden soll

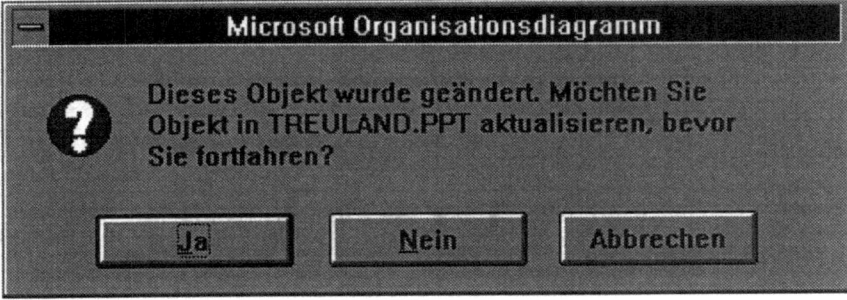

Hinweis zum Formatieren der Schrift
Bisher haben Sie Texte geschrieben, die Sie anschließend umformatiert haben. Alternativ können Sie zuerst (der Zeiger muß aktiv sein!) im Menü die Schriftart einstellen, danach den Text in der eingestellten Schriftart schreiben.

Hinweis zu Microsoft Organisationsdiagramm
Organisationsdiagramm ist für das Erstellen auch komplexer Organisationsstrukturen (Personalbereich) konzipiert. In der Regel wird man jedoch komplizierte Diagramme in Präsentationen nicht einsetzen, da sie vom Zuschauer nur schwer verstanden werden.
Die internen grafischen Gestaltungsmöglichkeiten sind begrenzt. So ist es z.B. nicht möglich, die vorgegebene Größe der Felder zu beeinflussen.

4.5.1 Drag & Drop und die rechte Maustaste

Die eben erstellte Organisationsstruktur können Sie in PowerPoint selbst auch zeichnen. Der Aufwand ist nicht größer. Lernen Sie in dem Zusammenhang weitere Hilfsmittel kennen.

Richten Sie eine neue Folie ein mit dem Titel "Unternehmensstruktur". Entfernen Sie den Textplatzhalter. Stellen Sie über das Menü *Format/ Schriftart* die gewünschte Schriftart ein.

Ist kein Objekt markiert, und stellen Sie in der Dialogbox Schriftart eine Schriftart ein, so ist diese bis zur nächsten Änderung gültig

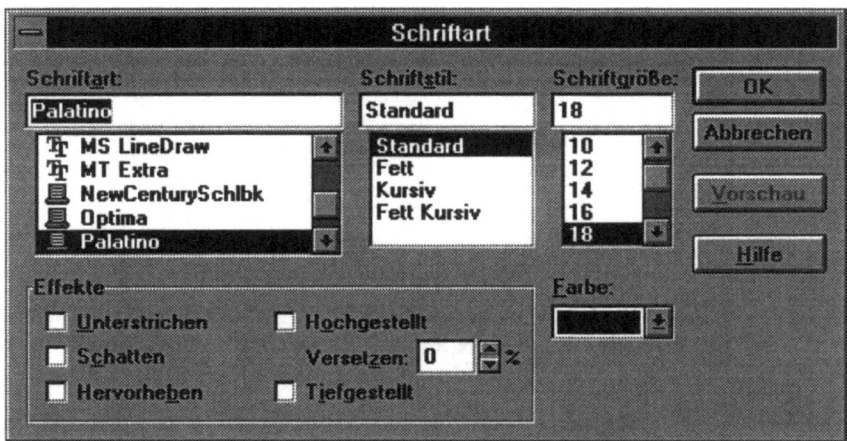

Zeichnen Sie zuerst das Kästchen "Unternehmensleitung" (Schalter *Rechteck*). Nachdem das Rechteck auf dem Bildschirm steht (es ist dann markiert), schreiben Sie den Titel hinein, ohne das Werkzeug zu wechseln!

Über den Schalter Rechteck gezeichnetes Objekt mit Beschriftung

Geben Sie dem Objekt die Attribute Schatten (Schalter) und Füllbereich (Menü *Format/Farben und Linien*) weiß.

4.5.1 Drag & Drop und rechte Maustaste

Markieren Sie das Kästchen im Objektmodus. Duplizieren Sie es: Drücken Sie die Strg-Taste, halten Sie sie fest, und ziehen Sie das Kästchen (mit Dauerklick auf den Rahmen) eine Ebene tiefer und nach links. Während des Ziehens sehen Sie neben dem Mauszeiger ein kleines +-Zeichen. Es teilt Ihnen mit, daß die Drag & Drop-Funktion aktiv ist. Zum Deaktivieren klicken Sie in eine freie Stelle der Folie.

Markieren Sie den Text im Textmodus, überschreiben Sie ihn mit **Finanzen**. Verkleinern Sie das Kästchen in der Breite. Stellen Sie auf diesem Weg die restlichen Ebenen her.

Drag & Drop erlaubt das schnelle Duplizieren von Objekten

Nachdem Sie die Texte geändert und die Verbindungslinien gezogen haben (Schalter Linie), ist die Folie fertig.

Hinweis zu den Textobjekten
Durch Markieren und Ziehen an den Anfassern können Sie die Rahmengröße beliebig anpassen. So sind Sie im Vergleich zu der Anwendung Organisationsdiagramm in Bezug auf die Gestaltung wesentlich flexibler. Ist im Menü *Format/Textverankerung* die Verankerung *Mitte* eingestellt, so steht der Text immer seitlich und in der Höhe auf Mitte.
Im aktuellen Fall haben Sie zuerst den Rahmen gezeichnet, dem Sie dann eine Beschriftung gegeben haben. Sie können auch umgekehrt vorgehen: Schreiben Sie über den Schalter Text die Beschriftung, und geben Sie ihr über die entsprechenden Schalter die Formate *Linie*, *Schatten* und *Füllbereich*. So erhalten Sie das gleiche Ergebnis.

Hinweis zu Drag & Drop
Beim Ziehen & Absetzen von Texten, die im Textmodus markiert sind, wird in der einfachen Funktion (Verschieben) am Mauszeiger ein angehängtes Kästchen sichtbar. Beim Ziehen & Absetzen über Strg+Klick (Duplizieren) wird am Mauszeiger zusätzlich ein kleines +-Zeichen sichtbar.

Löschen Sie Folie 5 oder 6 *(Bearbeiten/Folie löschen)*, damit Ihre Präsentation wieder in geordnetem Zustand ist. Nachdem Ihre Folien inzwischen die unterschiedlichsten Objekte enthalten, wenden Sie Ihre Aufmerksamkeit einem weiteren Hilfsmittel zu. Rufen Sie Folie 1 auf. Markieren Sie den Titel. Klicken Sie die rechte Maustaste.

Bei Klick mit der rechten Maustaste blendet PowerPoint Kontextmenüs ein

Sie öffnen dadurch ein kontextbezogenes Menü. Abhängig von der Objektart können Sie durch Anklicken verschiedene Optionen nutzen. Zum Ausschalten klicken Sie in eine freie Stelle der Folie (oder Esc-Taste).

Machen Sie einen weiteren Versuch: Markieren Sie die Fabrik in Folie 4. Klicken Sie die rechte Maustaste.

Je nach Art des markierten Objekts stehen im Kontextmenü verschiedene Optionen bereit

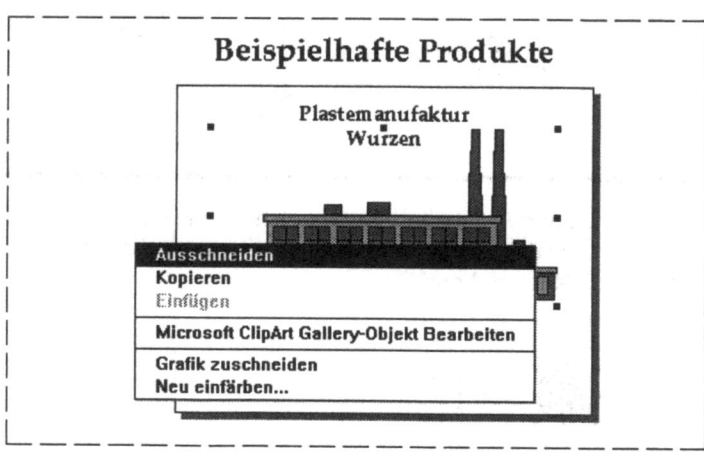

4.6 Unternehmenszentrale und Außenstellen (Folie 6)

Nichts wäre für Sie einfacher als die Gestaltung der Folie 6. Richten Sie hinter der Folie 5 eine neue Folie ein. Tragen Sie den Titel ein: **Unternehmenszentrale und Außenstellen**. Entfernen Sie den Textplatzhalter.

Hinweis zum Textplatzhalter
Haben Sie den Textplatzhalter einer Folie irrtümlich entfernt, wollen ihn aber doch nutzen, so klicken Sie auf den Schalter *Folienlayout*, und weisen Sie der Folie das ursprüngliche Layout wieder zu. Das gleiche gilt für den Titelplatzhalter. Die Formate gehen dadurch nicht verloren, da sie ja in der Folienvorlage gespeichert sind.

Nach Fertigstellung sollte die Folie 6 der Abbildung gleichen.

Folie 6 in endgültigem Zustand

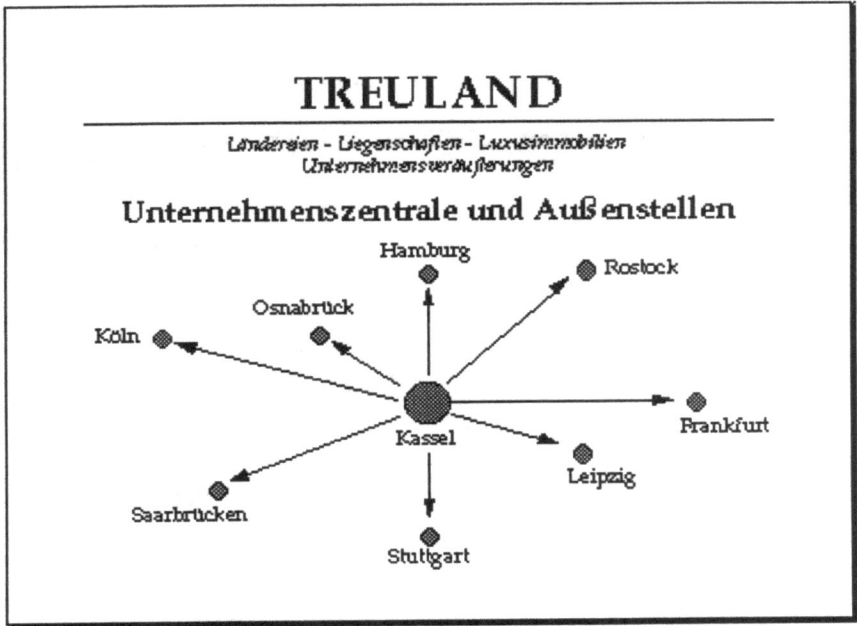

Klicken Sie auf den Schalter *Ellipse*, zeichnen Sie einen Kreis von etwa 12 mm Durchmesser (Führungslinien!), bringen Sie ihn auf das Maß 2,60 nach unten, seitlich auf Mitte stehend.

Die Führungslinien unterstützen das Einhalten genauer Maße

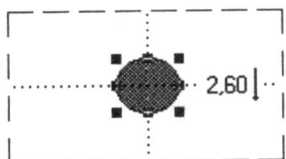

Hinweis für das Zeichnen von Kreisen

Nach Klick auf den Schalter *Ellipse* drücken Sie die Umschalttaste, halten Sie fest und ziehen einen Kreis. Ohne Einsatz der Umschalttaste ist das Ergebnis in der Tat eine Ellipse.

Die Kreise für die Außenstellen sollten einen Durchmesser von etwa 6 mm haben. Zeichnen Sie einen davon, plazieren Sie ihn, fügen Sie per Drag & Drop die übrigen Kreise ein. Ziehen Sie sie an die entsprechenden Stellen. Geben Sie allen Kreisen die Formate Linie und Füllbereich (hellgrau). Bringen Sie die Beschriftungen an (die Formate 18p Palatino haben Sie bereits eingestellt): Zentrale = **Kassel**
Außenstellen im Uhrzeigersinn = **Hamburg / Rostock / Frankfurt / Leipzig / Stuttgart / Saarbrücken / Köln / Osnabrück**

Fügen Sie die Pfeile ein. Klicken Sie dazu auf den Schalter *Linie*, ziehen Sie eine Linie von Kassel nach Hamburg. Dann ziehen Sie jeweils von der Zentrale aus Linien zu den Außenstellen. Im nächsten Schritt sollen die Linien Pfeilspitzen erhalten. Markieren Sie alle Linien (Umschalttaste+Klick), klicken Sie in der Menüleiste auf *Format/Farben und Linien*.

Über die Dialogbox Farben und Linien formatieren Sie PowerPoint-Grafikobjekte

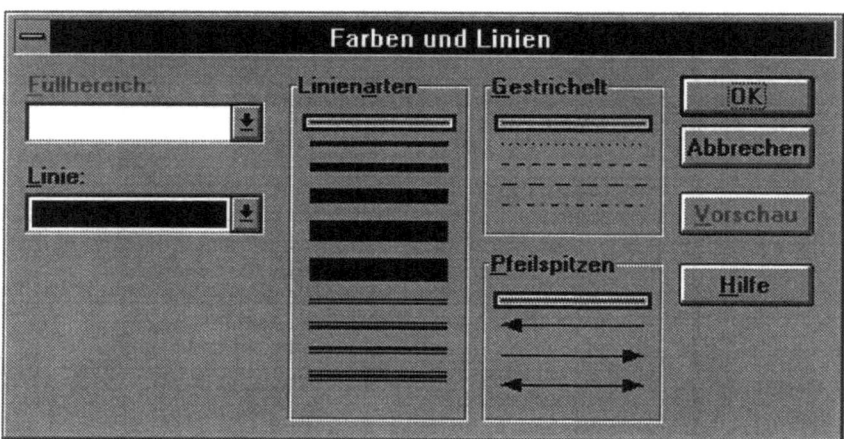

Im aktuellen Fall ist die feinste Linie vorbesetzt *(Linienarten)*, sie ist durchgehend *(Gestrichelt)*, sie ist schwarz *(Linie)*, und sie hat keine Pfeilspitzen *(Pfeilspitzen)*. Klicken Sie im Feld *Pfeilspitzen* auf den nach rechts weisenden Pfeil. Die Pfeilspitze wird dann am Ende der Linie in Ziehrichtung eingefügt.

Die Folie ist fertig.

Regeln für das Zeichnen von Linien

Für das Zeichnen von Linien gelten dieselben Regeln wie für das Ändern von Objektgrößen.
1. Dauerklick+Ziehen zeichnet eine Linie in jede beliebige Richtung.
2. Umschalttaste+Ziehen zeichnet eine Linie in horizontaler, vertikaler oder

diagonaler Richtung (45-Grad-Winkel).
3. Strg-Taste+Ziehen zeichnet eine Linie vom Mittelpunkt aus in beide Richtungen (in jeder Schräglage).
4. Umschalttaste+Strg-Taste+Ziehen zeichnet eine Linie vom Mittelpunkt ausgehend in beide Richtungen, und zwar horizontal, vertikal oder diagonal (45-Gard-Winkel).

Hinweis zu den Pfeilspitzen (Menü Format/Farben und Linien)
Der Pfeil rechts fügt die Spitze am Ende der Linie in Ziehrichtung ein. Der Pfeil links fügt die Pfeilspitze am Beginn der Linie entgegen der Ziehrichtung ein.

4.6.1 Hilfe!

Schalter Hilfe

Die Power-Point-Hilfe ist leicht zu handhaben, und informert Sie umfassend zu Ihren Anfragen

PowerPoint stellt eine umfangreiche, sehr gut handhabbare Hilfe zur Verfügung. Verschiedene Verfahren führen Sie zu der gewünschten Auskunft. Beispiel: Sie haben vergessen, über welche Taste+Ziehen ein Kreis gezeichnet wird. Klicken Sie auf den Schalter *Hilfe*. Neben dem Mauszeiger erscheint ein Fragezeichen. Klicken Sie nun auf den Schalter *Ellipse*. Nach kurzer Zeit öffnet sich das Hilfefenster mit dem Thema.

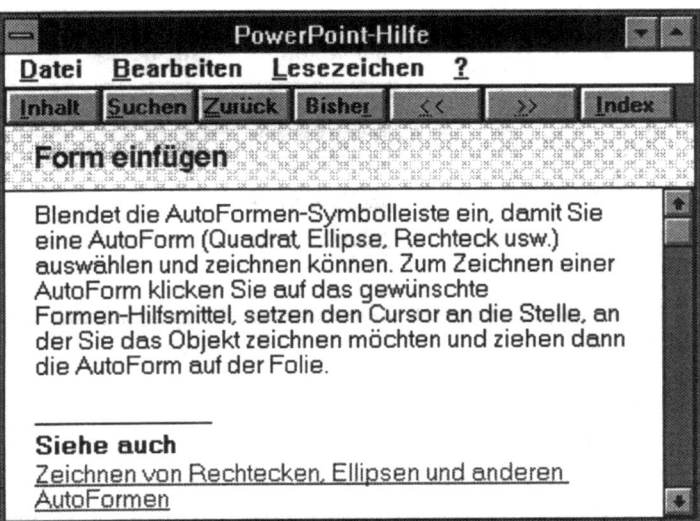

Bringen Sie den Mauszeiger auf die grünen Zeilen. Er verwandelt sich in eine zeigende Hand. Klicken Sie die grünen Zeilen an, die Hilfe führt Sie zu der gewünschten Auskunft.

Hinweis zur Hilfe
Von den grün gesetzten Themenkreisen aus gelangen Sie zum nächsten Fenster. Über den Schalter *Zurück* gelangen Sie zum zuletzt eingesehenen Fenster.

PowerPoint-Hilfe: Das Thema ist gefunden

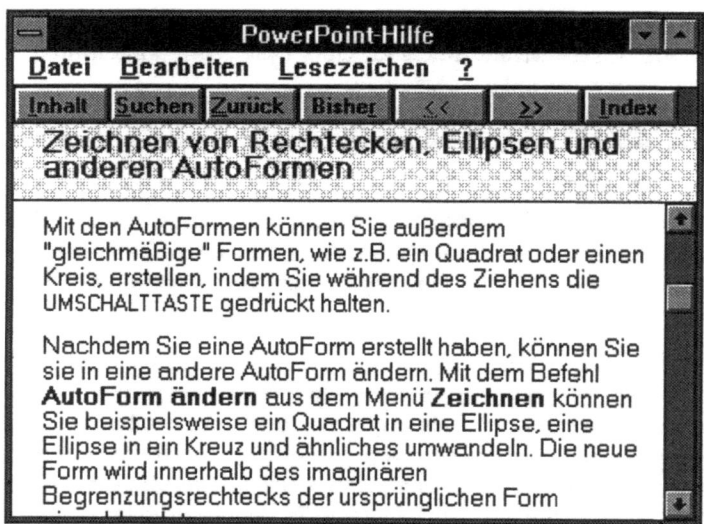

Ein weiterer schneller Weg zum Ziel: Klicken Sie auf den Schalter *Suchen* (oder Menü *?/Suchen*). Tragen Sie in der Dialogbox *Suchen* den Suchbegriff ein. Klicken Sie auf den Schalter *Themen auflisten*. Markieren Sie das Sie interessierende Thema. Klicken Sie auf den Schalter *Gehe zu*. Sie erhalten die gewünschte Auskunft.

Über die Dialogbox Suchen finden Sie eine Auskunft durch Eintrag eines Suchbegriffs

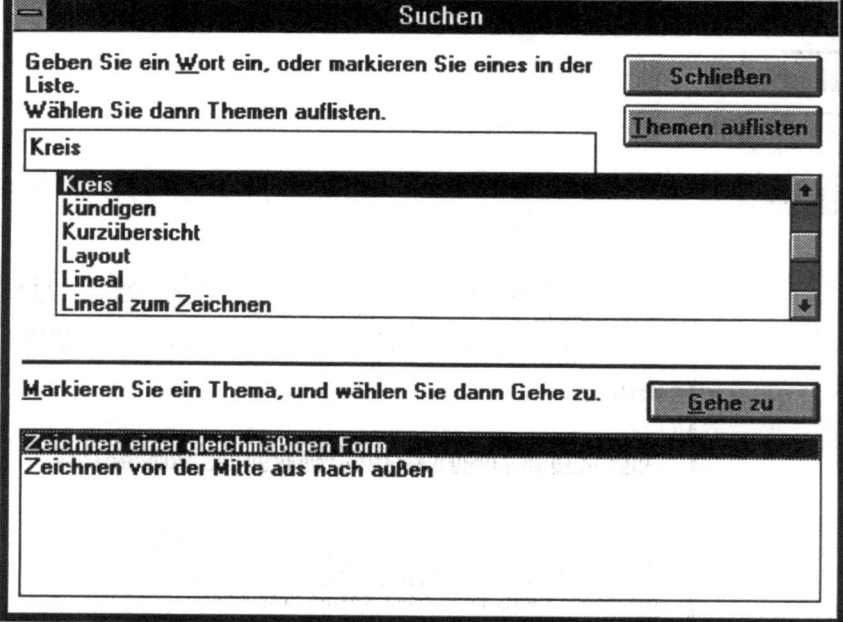

4.6.1 Hilfe!

In diesem Fall erhalten Sie sogar nach Klick auf den Schalter *Tip* einen nützlichen Hinweis zum Thema.

Im Fenster Hilfe blendet Klick auf den Schalter Tip einen nützlichen Hinweis ein

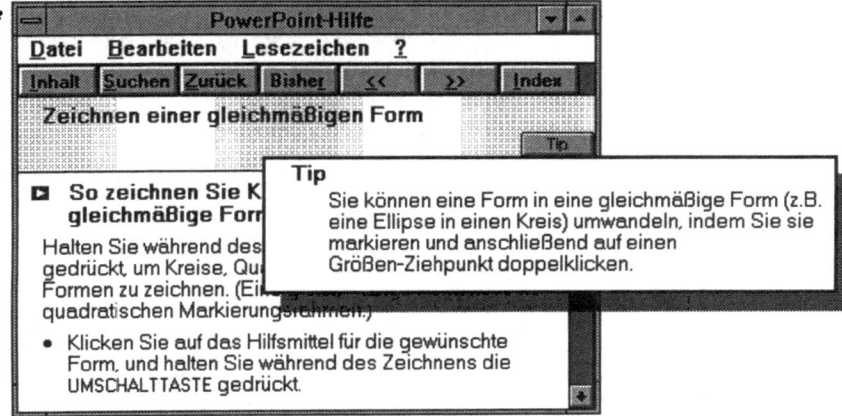

Die Schalter im Hilfefenster ermöglichen individuelles Vorgehen

Schalter *Inhalt* öffnet das Inhaltsverzeichnis der PowerPoint-Hilfe.

Schalter *Suchen* öffnet die weiter oben abgebildete Dialogbox *Suchen*.

Schalter *Zurück* öffnet das zuvor eingesehene Fenster.

Schalter *Bisher* öffnet eine Liste der bisher eingesehenen Themen.

Schalter << blättert eine Seite nach hinten (wenn mehrere Seiten vorhanden).

Schalter >> blättert eine Seite weiter (wenn mehrere Seiten vorhanden).

Schalter *Index* öffnet ein Fenster, in dem Sie den Anfangsbuchstaben des gewünschten Themas anklicken.

Im Index rufen Sie das gewünschte Thema durch Klick auf den Anfangsbuchstaben auf

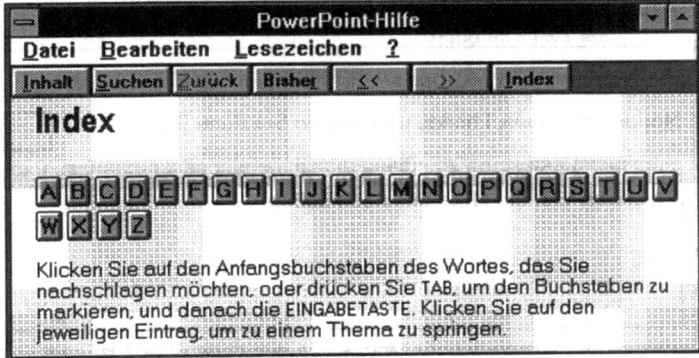

4.7 Schloß Reichenstolz – Internationale Märkte – Ausklang (Folien 10/11/12)

Hinweis zum weiteren Vorgehen

Die ersten 6 Folien Ihrer eigenen Präsentation sind erfolgreich gestaltet. Da die folgenden 3 Folien mit Hilfe von Graph eingerichtet werden müssen, sollten Sie sich zunächst den Folien 10 bis 12 zuwenden. Graph wird anschließend in einem eigenen Kapitel behandelt.

Füllen Sie Ihren Foliensatz mit neuen Folien auf, bis Sie 12 Folien haben. Dann bearbeiten Sie Folie 10. Sie benötigen dazu die Texte und eine Grafik, die Sie von der dem Buch beiliegenden Diskette einfügen. Folie 10 soll der folgenden Abbildung entsprechen.

Aussehen der fertigen Folie 10

> **TREULAND**
> *Ländereien - Liegenschaften - Luxusimmobilien*
> *Unternehmensveräußerungen*
>
> Schloß Reichenstolz ♦ Füssen im Allgäu
>
> 4.346 qm Nutzfläche
> 77 Räume, 12 Küchen, 36 Bäder
> 123 ha Wald- und Wiesengrundstück, 34 ha großer See
> Herrlicher Ausblick auf die Alpen

Titeltext: Schloß Reichenstolz   Füssen im Allgäu

Text: 4.346 qm Nutzfläche (Return)
77 Räume, 12 Küchen, 36 Bäder (Return)
123 ha Wald- und Wiesengrundstück, 34 ha großer See (Return)
Herrlicher Ausblick auf die Alpen

Beim Gestalten der Folie werden Sie vielleicht auf folgende Probleme stoßen:

Den Abstand zwischen "Schloß Reichensolz" und "Füssen im Allgäu", in den die Turmspitze hineinragt, können Sie durch 5 Leerschritte erzielen.

4.7 Schloß Reichenstolz – Internationale Märkte – Ausklang (Folien 10/11/12)

Den Textplatzhalter müssen Sie nach beiden Seiten vergrößern (Strg-Taste+Ziehen per Dauerklick). Bei der Beschriftung des Textplatzhalters müssen Sie zuerst mehrere Leerzeilen (= Absätze) eingeben, damit der Text am Fuß des Platzhalters steht. Alternativ könnten Sie im Menü *Format/Textverankerung* die Verankerung auf *Unten* einstellen.

Die Grafik des Schlosses fügen Sie von der dem Buch beiliegenden Diskette ein. Sie heißt SCHLOSS.WMF. Das Bild muß unten beschnitten werden (Fläche). Klicken Sie dazu in der Menüleiste auf *Extras/Grafik zuschneiden*. Der Mauszeiger nimmt die Form eines Doppelwinkels an.

Über die Option Extras/Grafik zuschneiden können Sie Teile von Grafiken abschneiden. Der Zeiger nimmt die Form eines Doppelwinkels an

Klicken Sie mit dem Doppelwikel auf den unteren mittleren Anfasser, ziehen Sie den Anfasser nach oben, bis die Fläche nicht mehr sichtbar ist. Lassen Sie die Maustaste los. Auf dem umgekehrten Weg können Sie den abgeschnittenen Teil einer Grafik wieder zurückholen. Um das Werkzeug zu deaktivieren, klicken Sie in eine leere Stelle der Folie.

Hinweis zum exakten Plazieren der Objekte
Um den exakten Stand von Grafik und Titel einzurichten, müssen Sie die Führungslinien ausschalten. Auch die Option *Zeichnen/Am Raster ausrichten* muß ausgeschaltet sein. Die Option *Am Raster ausrichten* bewirkt nämlich, daß Objekte sozusagen ruckweise auf dem Bildschirm verschoben werden. Quasi ist der ganze Bildschirm mit feinen magnetischen Linien überzogen. Diese ziehen das Objekt, das in ihre Nähe geschoben wird, ruckartig an. So ist gewährleistet, daß mehrere Objekte in einer Flucht ausgerichtet werden können. Wollen Sie aber geringfügige Verschiebungen vornehmen, so müssen Sie die Option ausschalten.

Folie 11 nach Fertigstellung

Die Grafik für Folie 11 finden Sie ebenfalls auf der Diskette (WELT.WMF).

TREULAND
Ländereien - Liegenschaften - Luxusimmobilien
Unternehmensveräußerungen

Internationale Märkte

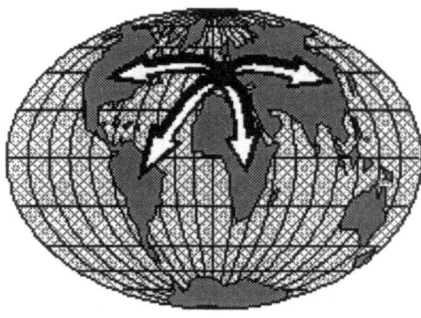

Folie 12 im endgültigen Aussehen

Deutsche TREULAND Anstalt
Ländereien - Liegenschaften - Luxusimmobilien
Unternehmensveräußerungen

Ausgewählte Immobilien für Superreiche in aller Welt
- Afrika
- Amerika
- Asien

4.7 Schloß Reichenstolz – Internationale Märkte – Ausklang (Folien 10/11/12)

Für die Gestaltung der Folie 12 einige Tips: Wenn Sie die Folie mit dem Folienlayout "Aufzählung" neu eingerichtet haben, so entfernen Sie die Platzhalter für Titel und Text. Anschließend rufen Sie Folie 1 auf, kopieren Sie alles (*Bearbeiten/Alles markieren*, Klick auf Schalter *Kopieren*). Rufen Sie Folie 12 wieder auf, klicken Sie auf den Schalter *Einfügen*. Markieren Sie den Text am Fuß der Folie, überschreiben Sie ihn mit folgendem Text (24p Palatino fett):

Ausgewählte Immobilien für Superreiche in aller Welt (Return)
Afrika (Return)
Amerika (Return)
Asien

Markieren Sie die Zeilen "Afrika/Amerika/Asien" im Textmodus, formatieren Sie sie über die Schalter *Linksbündig* und *Aufzählungszeichen* mit den entsprechenden Attributen.

Individuell formatiertes Textobjekt

Ausgewählte Immobilien für Superreiche in aller Welt
• Afrika
• Amerika
• Asien

In der jetzt eingestellten Schriftart (= Standardtext) erscheinen die Aufzählungszeichen doch recht klein. Formatieren Sie sie also um, so daß sie fetter werden. Rufen Sie das Menü *Format/Aufzählungszeichen* auf. Dort stellen Sie die Schriftart *Zapf Dingbats* ein, klicken Sie auf den fetten Punkt, stellen Sie die Farbe Grau ein. Dann bestätigen Sie.

Über die Dialogbox Aufzählungszeichen verändern Sie Art, Form und Farbe der Aufzählungszeichen

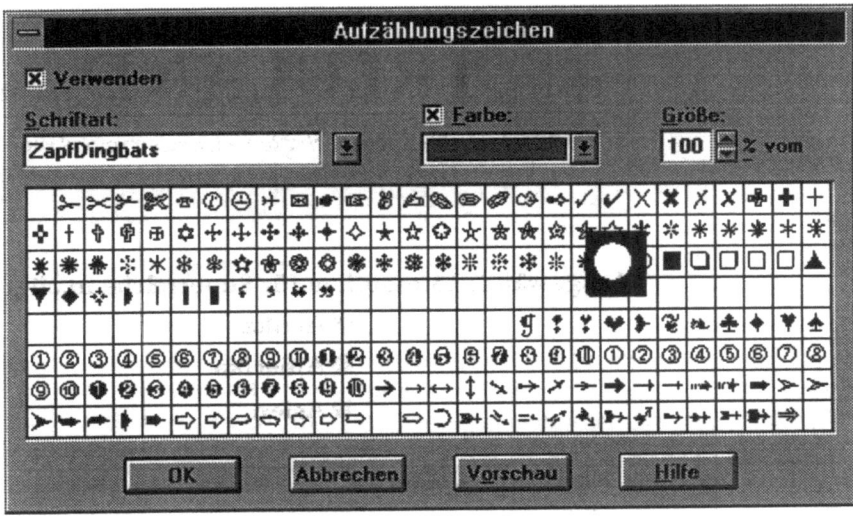

*Aufzählungs-
zeichen mit
individuellem
Format*

Ausgewählte Immobilien für Superreiche in aller Welt
● Afrika
● Amerika
● Asien

Die Aufzählungszeichen sind jetzt fett, aber sie stehen Ihnen zu dicht an der Schrift. Klicken Sie vor den Text jeder der drei Zeilen, und fügen Sie einen Leerschritt ein. Das verbessert die Optik.

Eine letzte Hürde: die drei Zeilen müssen noch eingezogen werden. Stellen Sie zur besseren Übersicht Zoom = 66% ein. Markieren Sie die Zeilen im Textmodus. Blenden Sie das Lineal ein (*Ansicht/Lineal*).

*Folie 12 nach
Einschalten
der Lineale,
über die
Tabstops
gesetzt und
Absatzformate
vergeben
werden*

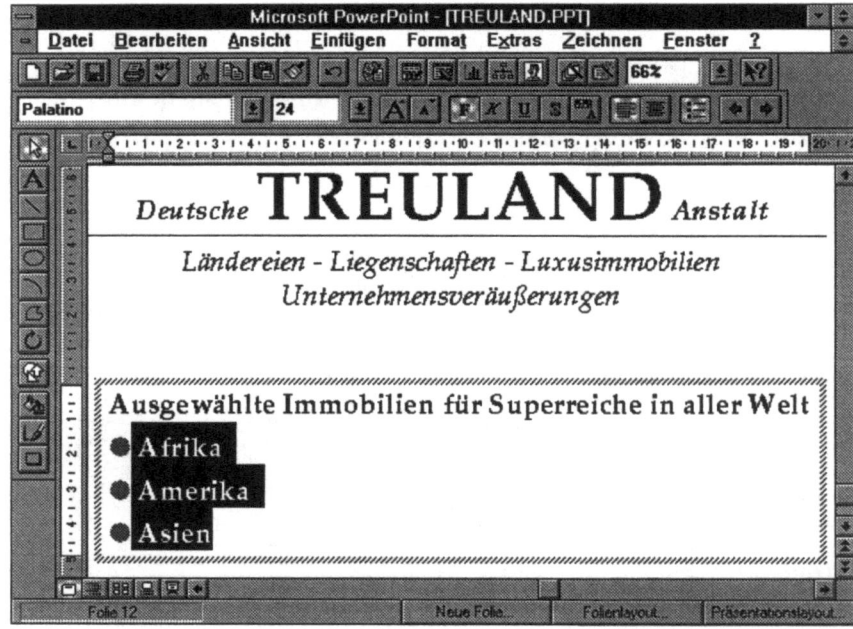

*Im Kreuzungs-
punkt der
Lineale der
Schalter für
Tabstops,
rechts
daneben die
Schieber für
Einzüge*

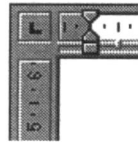

Zunächst einmal erkennen Sie am Lineal die Breite und die Höhe des markierten Objekts in cm. Ein Klick in die Zeile "TREULAND" zeigt Ihnen den Unterschied.

Im horizontalen Lineal werden Tabstops und Einzüge eingerichtet. Für die Tabstops dient das kleine Kästchen am Kreuzungspunkt der Lineale. In der Standardeinstellung ist ein linker Tabstop eingestellt, er sieht aus wie ein kleines L. Rechts daneben sehen Sie zwei entgegengesetzte kleine Winkelflächen, darunter ein kleines Rechteck. Über diese Elemente werden Absatzformate vergeben.

Versuchen Sie nun, die drei markierten Zeilen einzuziehen, damit sie etwa auf Mitte in der Folie stehen.

4.7 Schloß Reichenstolz – Internationale Märkte – Ausklang (Folien 10/11/12)

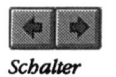

Schalter Höherstufen und Schalter Tieferstufen

Im ersten Schritt gilt es, die drei Zeilen mehr einzuziehen, so daß sie von der ersten Zeile getrennt werden. Klicken Sie dazu auf den Schalter *Tieferstufen (Mehr einziehen)*. Die markierten Zeilen werden um 1 cm nach rechts eingerückt. Sehen Sie sich das Zeilenlineal an.

Zeilenlineal nach Einrichten der zweiten Einzugsebene

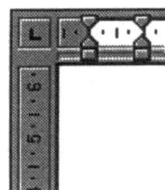

Im Zeilenlineal sehen Sie jetzt zwei Schieberreihen: Links für die erste Ebene (erste Zeile), rechts daneben für die zweite Ebene (die drei folgenden Zeilen).

Klicken Sie mit der Spitze des Mauszeigers (genau!) in das untere kleine Rechteck des rechten Schiebers, ziehen Sie es mit Dauerklick nach rechts auf die Position 8 cm. Die drei Zeilen werden in die Mitte der Folie geschoben.

Drei Absätze der zweiten Einzugsebene werden nach rechts eingezogen

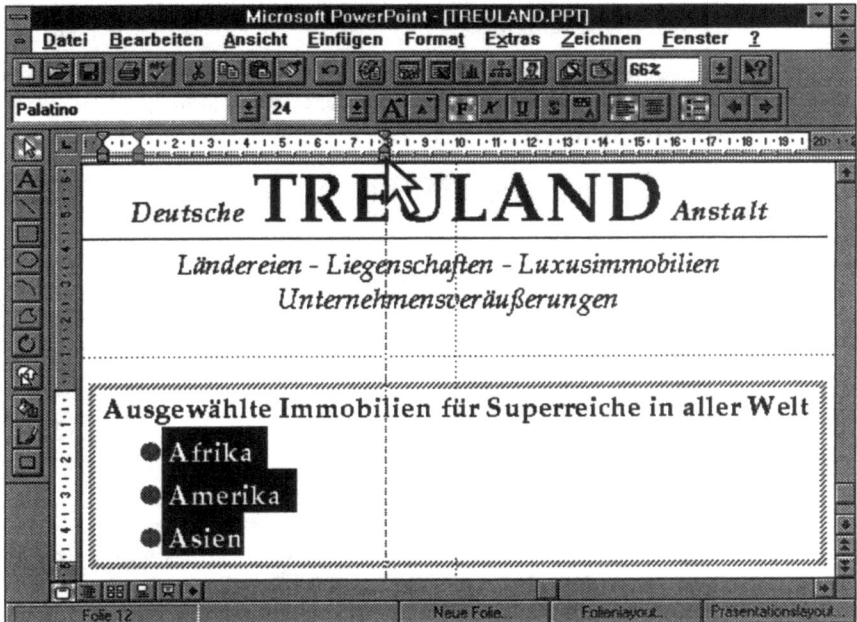

Sie werden sich vielleicht fragen, warum an dieser Stelle die Schieber für die Einzüge nicht näher erläutert werden. Bedenken Sie aber, daß die markierten drei Zeilen nicht etwa einen Absatz bilden, sondern deren drei, die jeweils nur aus einer Zeile bestehen. Über die Schieber werden positive bzw. negative Erstzeileneinzüge für Absätze vergeben, die aus mehreren Zeilen bestehen. Sie werden in der Folge damit arbeiten.

Folie 12 jedenfalls ist damit fertig, Ihr Foliensatz umfaßt jetzt 12 Folien. Speichern Sie die Datei.

4.7.1 Notizblätter, Einzüge, Tabulatoren

Um Ihre Kenntnisse über das Speichern und Öffnen vorhandener Dateien zu vertiefen, beenden Sie PowerPoint, und starten Sie es erneut:

Klicken Sie auf *Datei/Beenden*. PowerPoint blendet eine Anfrage ein, ob die Änderungen gespeichert werden sollen. Dies geschieht zu Ihrer eigenen Sicherheit. Haben Sie nämlich, ohne es zu wollen, Ihre Datei durcheinandergebracht, so können Sie sie schließen (oder PowerPoint beenden), ohne sie zu speichern. Beim nächsten Öffnen wäre sie dann noch in der vorher gespeicherten Form.

Starten Sie PowerPoint durch Doppelklick auf das Programmsymbol. Nach jedem Start werden zunächst Tips und Tricks eingeblendet. Nach Bestätigung erscheint das Fenster *Erstellen einer neuen Präsentation*. Da Sie im konkreten Fall eine bereits vorhandene Präsentation öffnen wollen, klicken Sie auf den Schalter *Abbrechen*.

Schalter Öffnen

Klicken Sie auf den Schalter *Öffnen*. Die Dialogbox *Öffnen* wird eingeblendet. In ihr bestimmen Sie Laufwerk, Verzeichnis, Name und Typ der zu öffnenden Datei.

In der Dialogbox Öffnen bestimmen Sie Laufwerk, Verzeichnis, Name und Typ der zu öffnenden Datei

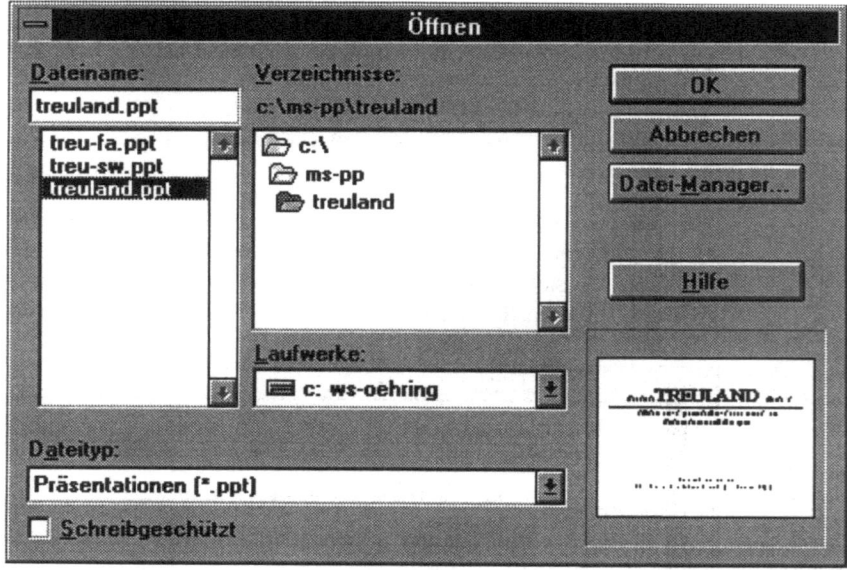

Nach Klick auf den Dateinamen sehen Sie rechts unten im Feld Vorschau die erste Folie der zu öffnenden Datei. Nach Bestätigung wird die Datei geöffnet, und zwar in der Ansicht, aus der Sie sie zuletzt gespeichert haben.

Öffnen Sie eine Datei, die mit einer früheren Version von PowerPoint erstellt wurde, so erhalten Sie einen entsprechenden Hinweis.

4.7.1 Notizblätter, Einzüge, Tabulatoren

Dateien, die mit früheren Programmversionen erstellt wurden, werden grundsätzlich als schreibgeschützte Dateien geöffnet – also als Kopien, so daß die alte Version auf jeden Fall erhalten bleibt.

Dateien, die mit früheren Programmversionen erstellt wurden, werden als Kopie geöffnet

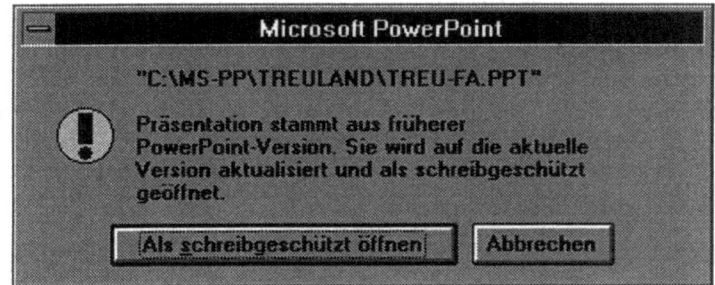

Nachdem Sie Ihre Datei geöffnet haben, schalten Sie um in die Ansicht des ersten Notizblatts.

Eine Präsentation ohne jegliches Manuskript erfordert einen fast genialen Moderator. Wer aber ist schon fast genial? Die meisten Vortragenden formulieren zumindest den Einstieg in ihren Vortrag aus und lernen ihn auswendig oder lesen ihn teilweise ab, auch wenn sie später frei sprechen. Gerade der Einstieg verschafft unmittelbare Wohlgesonnenheit oder Abneigung beim Zuhörer. Zudem müssen Titel und Namen von Zuhörern exakt genannt werden, hier darf kein Fehler unterlaufen.

Auch der Einstieg in einen neuen Themenbereich wird oft schriftlich festgehalten, so daß in kritischen Phasen eine Gedankenstütze vorhanden ist. Für diese Aufgabe stellt PowerPoint die Notizblätter zur Verfügung.

Sie wissen, daß es zu den Notizblättern – wie zu den Folien – eine Notizenvorlage gibt, in der die Formate für den Textteil festgelegt werden. Schauen Sie sich nun die Notizenvorlage an, gehen Sie dazu in die 75%-Ansicht, schalten Sie die Lineale ein, aktivieren Sie die Führungslinien.

Folienvorlage, Zeilenlineale, keine Markierung. Die Lineale zeigen den Mittelpunkt der Folie. Dies hilft Ihnen beim exakten Plazieren von Objekten

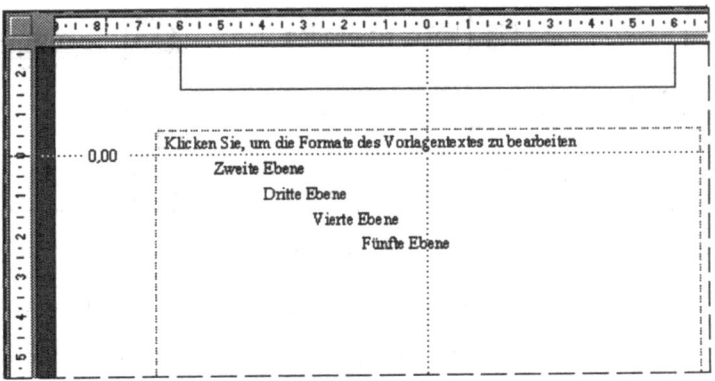

Ist in der Folienvorlage kein Objekt markiert, so zeigen die Zeilenlineale den Mittelpunkt der Folie an. Sie können dies mit Hilfe der Führungslinien prüfen. Markieren Sie nun den Textplatzhalter, im horizontalen Lineal erscheinen die Einzugsmarken für die fünf Einzugsebenen, die PowerPoint bereitstellt.

Einzugsebenen in der Notizenvorlage

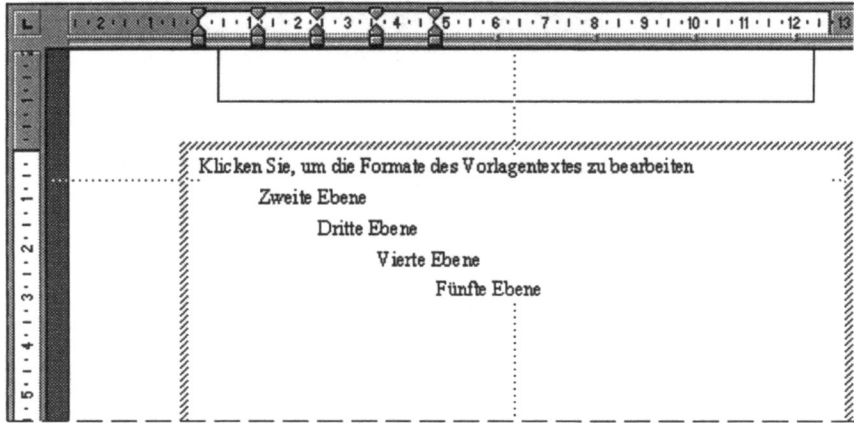

Hinweis zu den Einzugsebenen

Jede der fünf Einzugsebenen ist im Zeilenlineal durch Einzugsmarken erkennbar. Wie in jeder Textverarbeitung wird durch Eingabe von Return ein neuer Absatz gebildet. Jeder Absatz kann in eine eigene Einzugsebene gestellt werden. Die Einzugsebenen werden bei der Texteingabe durch Klick auf die Schalter *Tiefer-/Höherstufen* angesprungen.

Markieren Sie den Text aller fünf Ebenen im Textmodus, formatieren Sie die Schriftart um in Palatino.

Zeigen Sie mit dem Mauszeiger vor die letzte Ebene. Er nimmt die Form eines Vierfachpfeils an. Ziehen Sie mit Dauerklick die fünfte Ebene nach links unter die zweite Ebene (es ist dabei eine senkrechte Linie zu sehen, die den Stand angibt). Dort lassen Sie die Maustaste los.

Einzüge in der Notizenvorlage nach individueller Änderung

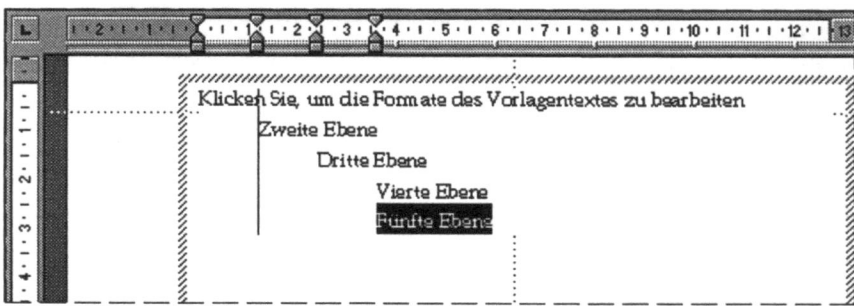

Im Zeilenlineal sehen Sie jetzt nur noch vier Einzugsmarken.

4.7.1 Notizblätter, Einzüge, Tabulatoren

Klicken Sie vor die zweite Ebene, so werden die nachfolgenden Ebenen ebenfalls markiert und zusammen verschoben. Schieben Sie die Ebenen zu weit nach rechts, erfolgt ein Piepton. Mehr als fünf Ebenen können nicht eingerichtet werden.

Es gibt also drei Möglichkeiten, Einzugsebenen zu definieren:
1. Durch Ziehen mit der Maus (Zeiger = Vierfachpfeil).
2. Über die Schalter *Tiefer-/Höherstufen*.
3. Durch Ziehen an den Einzugsmarken im Zeilenlineal.

Wie sich Einzüge und Einzugsebenen auf das Notizblatt auswirken, werden Sie jetzt in der Notizblattansicht erfahren. Schalten Sie um.

Geben Sie den folgenden Text ein:

Sehr verehrte Damen und Herren, sehr verehrter Herr Staatssekretär Fuchs, sehr verehrter Herr Senator Watzmann, (Return, Klick auf *Tieferstufen*)
lassen Sie sich zunächst herzlich begrüßen und in den Räumen der TREULAND-Unternehmenszentrale willkommen heißen. Im Namen des Unternehmens danke ich Ihnen für die Mühen, die Sie mit der Reise auf sich genommen haben, und wünsche Ihnen zugleich zwei gute Tage. Wir bedauern sehr, daß seine Excellenz Graf von Eggel nicht unter uns sein kann. Wir wünschen Seiner Excellenz – Sie wissen ja alle, daß er vom Pferd gestürzt ist - gute Genesung. (Return, Klick auf *Höherstufen*)
(Folie Nr. 1) (Return, Klick auf *Tieferstufen*)
TREULAND – Sie werden mir sicher zustimmen – nicht nur ein Name, nein, eine Legende. Die Legende von einer Anstalt für jedermann, der genug Geld hat, die Legende von einer Anstalt für selbstbewußte Eigentümer. Wir TREULÄNDER sind zutiefst betrübt über den anstehenden Verkauf. Andererseits sehen wir durchaus die Chance für die Zukunft. Ein einziger TREULÄNDER, verzeihen Sie mir die bissige Bemerkung, sieht seine Zukunft besser gesichert im Vorderen Orient. Sie werden verstehen, daß ich keinen Namen nenne. Aber wir alle kennen den Namen ...

Erläuterung zur Texteingabe
Nach Eingabe des ersten Return haben Sie einen neuen Absatz erzeugt. Durch Klick auf den Schalter *Tieferstufen* haben Sie den folgenden Absatz in die zweite Ebene gerückt.
Nach Eingabe des zweiten Absatzes – der Begrüßung – haben Sie wiederum einen neuen Absatz erzeugt, den Sie durch Klick auf den Schalter *Höherstufen* in die erste Ebene gestellt haben. Den Beginn des Vortrags haben Sie anschließend in einem vierten Absatz in der zweiten Ebene geschrieben. Sie haben also insgesamt vier Absätze geschrieben und zwei Einzugsebenen genutzt.

Demzufolge müßten im horizontalen Zeilenlineal zwei Einzugsmarken sichtbar sein, nämlich das der ersten und das der zweiten Einzugsebene. Die Abbildung auf der folgenden Seite zeigt den aktuellen Stand.

Notizenansicht nach Eingabe eines Textes, geschrieben in zwei Ebenen

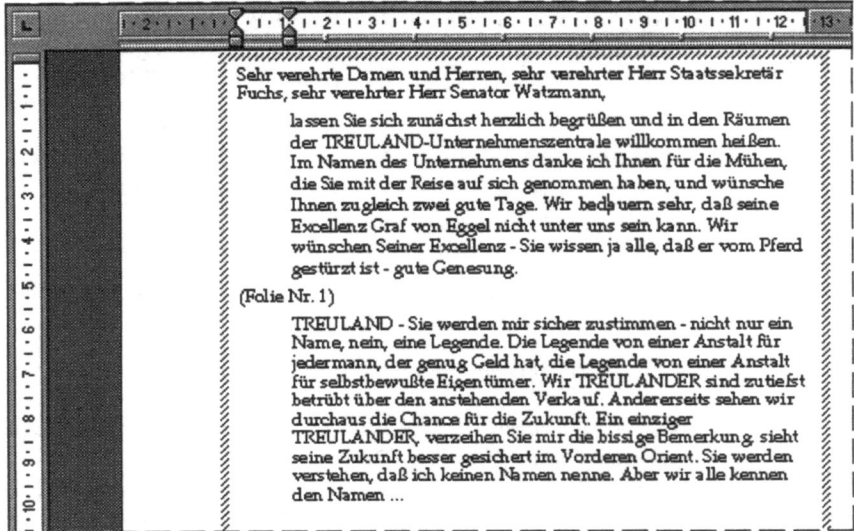

Wenn Sie den Mauszeiger (ohne zu klicken!) dicht vor Zeilenanfang von oben nach unten ziehen, werden Sie feststellen, daß er bei jedem neuen Absatz die Form des Vierfachpfeils annimmt. Wenn Sie vor die erste Einzugsebene klicken, so wird die nachfolgende Ebene(n) mitmarkiert.

Einen markierten Absatz verschieben Sie mit der Maus nach rechts (dabei wird eine senkrechte Linie sichtbar) in die nächsttiefere Ebene. Oder klicken Sie auf den Schalter *Tieferstufen*.

Einen markierten Absatz schieben Sie mit der Maus nach unten oder oben (dabei wird eine waagerechte Linie sichtbar) und bringen ihn dadurch an eine neue Position.

Ziehen Sie aber an dem unteren Kästchen der Einzugsmarken im Zeilenlineal, so werden alle Absätze, die in der betreffenden Ebene stehen, verschoben.

Die Winkel an den Einzugsmarken dienen dazu, den in einer Ebene stehenden Absätzen einen positiven oder negativen Erstzeileneinzug zu geben. Versuchen Sie das. Klicken Sie mit der Zeigerspitze (genau!) in den oberen Winkel der zweiten Einzugsmarke, ziehen Sie ihn nach rechts. Sie sehen dabei eine gestrichelte Linie, die die Position angibt.

Mit Hilfe der Einzugsmarken werden u.a. Erstzeileneinzüge definiert

4.7.1 Notizblätter, Einzüge, Tabulatoren

Ein Absatz mit positivem Erstzeileneinzug

> Sehr verehrte Damen und Herren, sehr verehrter Herr St
> Fuchs, sehr verehrter Herr Senator Watzmann,
>
>   lassen Sie sich zunächst herzlich begrüß
> Räumen der TREULAND-Unternehmenszentral
> heißen. Im Namen des Unternehmens danke ich
> Mühen, die Sie mit der Reise auf sich genommen
> wünsche Ihnen zugleich zwei gute Tage. Wir be
> daß seine Excellenz Graf von Eggel nicht unter u
> Wir wünschen Seiner Excellenz - Sie wissen ja al
> Pferd gestürzt ist - gute Genesung.

Durch Ziehen des Schiebers nach links definieren Sie in gleicher Weise einen negativen Erstzeileneinzug. Beachten Sie dabei, daß so definierte Einzüge für alle Absätze gelten, die in der entsprechenden Ebene stehen!

Über die Einzugsmarken werden Erstzeileneinzüge für alle Absätze, die in einer Ebene stehen, definiert

> Sehr verehrte Damen und Herren, sehr verehrter Herr Staatssekretär
> Fuchs, sehr verehrter Herr Senator Watzmann,
>
>   lassen Sie sich zunächst herzlich begrüßen und in den Räumen der
> TREULAND-Unternehmenszentrale willkommen heißen. Im
> Namen des Unternehmens danke ich Ihnen für die Mühen, die
> Sie mit der Reise auf sich genommen haben, und wünsche
> Ihnen zugleich zwei gute Tage. Wir bedauern sehr, daß seine
> Excellenz Graf von Eggel nicht unter uns sein kann. Wir
> wünschen Seiner Excellenz - Sie wissen ja alle, daß er vom
> Pferd gestürzt ist - gute Genesung.
>
> (Folie Nr. 1)
>
>   TREULAND - Sie werden mir sicher zustimmen - nicht nur ein
> Name, nein, eine Legende. Die Legende von einer Anstalt für
> jedermann, der genug Geld hat, die Legende von einer Anstalt
> für selbstbewußte Eigentümer. Wir TREULANDER sind
> zutiefst betrübt über den anstehenden Verkauf. Andererseits

Machen Sie sich mit den Ebenen und Einzügen vertraut, indem Sie Maus und Schalter und Einzugsmarken benutzen. Erfahrungsgemäß lernt man durch Versuch und Irrtum am besten. Wenn der Text durcheinander gekommen ist, nutzen Sie den Schalter *Rückgängig*. Denken Sie bei Ihren Versuchen daran, daß Sie nicht mehr als fünf Einzugsebenen einrichten können. Und daß Sie, um für die erste Ebene einen negativen Einzug einzurichten, alle Ebenen nach rechts verschieben müßten.

Wenn Sie Ihre Versuche beendet haben, bringen Sie die Ansicht wieder in die ursprüngliche Form.

Nun sollen an der Folie einige optische Verbesserungen vorgenommen werden. Außerdem sollen am Fuß des Notizblatts Seitenzahl und Datum, getrennt durch einen Schrägstrich, gedruckt werden.

Markieren Sie den Absatz "(Folie Nr.1)". An dieser Stelle Ihres Vortrags wollen Sie Folie 1 auflegen. Deshalb soll der Absatz noch mehr ins Auge springen. Klicken Sie auf die Schalter *Aufzählungszeichen* und *Fett*. Der Absatz hat die gewünschten Attribute. Geben Sie zwischen Aufzählungszeichen und Text einen Leerschritt ein.

Wechseln Sie in die Notizenvorlage. Ziehen Sie die Unterkante des Formatplatzhalters etwas nach oben, so daß Sie am Fuß des Blattes Platz haben, um Seitennummer und Datum einzufügen. Ziehen Sie zuerst eine waagerechte Linie unter den Rahmen, in der Breite des Rahmens. Klicken Sie in der Menüleiste auf *Einfügen/Seitenzahl*.

Zwei Rauten bilden den Platzhalter für die Seitennummer

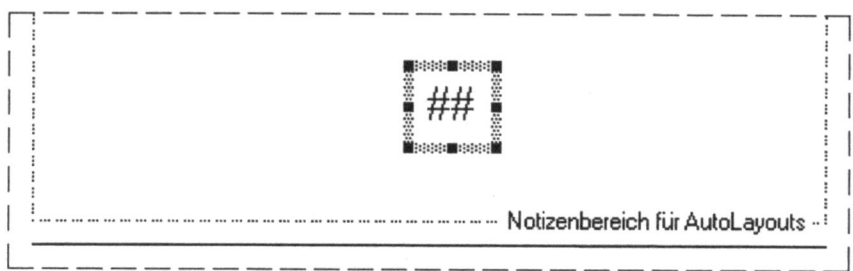

Der Platzhalter für die Seitenzahl wird eingeblendet. Klicken Sie hinter die beiden Rauten, schreiben Sie:
(Leerschritt) / (Leerschritt)

Dann klicken Sie in der Menüleiste auf *Einfügen/Datum*. Daraufhin werden die veränderten Platzhalter eingeblendet.

Zwei Schrägstriche bilden den Platzhalter für das Datum. An der letzten Schreibstelle blinkt der Cursor

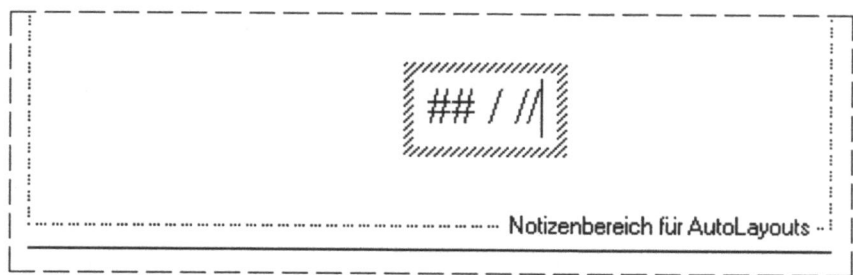

Formatieren Sie den Platzhalter in 12p Palatino und ziehen Sie ihn auf Mitte unter die Linie. Wechseln Sie in die Notizblattansicht, prüfen Sie das Ergebnis. Auch dort sehen Sie nur den Platzhalter.

Speichern Sie die Datei. Drucken Sie das Notizblatt zur Folie 1. Erst dann sehen Sie, daß der Platzhalter richtig umgesetzt wird. Klicken Sie auf *Datei/Drucken*. Die Dialogbox *Drucken* erscheint auf dem Bildschirm. Damit Sie nicht die Notizblätter zu allen Folien drucken, müssen Sie hier die entsprechenden Einstellungen vornehmen.

4.7.1 Notizblätter, Einzüge, Tabulatoren

In der Dialogbox Drucken legen Sie fest, was und welche Seiten gedruckt werden

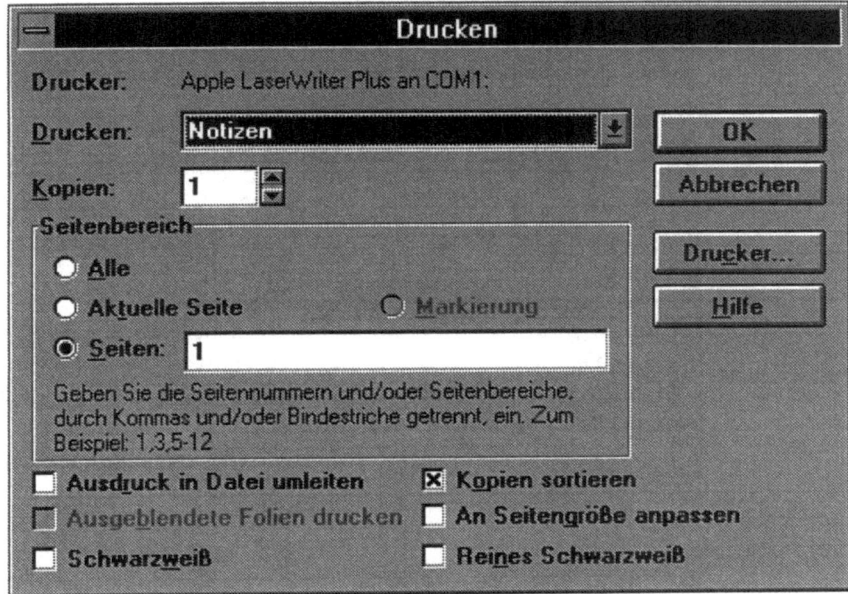

Über das Lineal werden neben Einzügen und Einzugsebenen, wie schon gesagt, auch Tabstops eingerichtet. Rufen Sie die Ansicht des Notizblatts 3 auf. Es soll eine Tabelle enthalten, die über die Nutzung der Brücke in Willisau Auskunft gibt, Zahlen also, die Sie für Ihren Vortrag benötigen. Da Sie nur auf diesem Notizblatt mit Tabulatoren arbeiten, werden sie direkt im Notizblatt eingegeben, nicht in der Vorlage. Die Tabelle hat den nachfolgenden Inhalt.

	Durchlauf pro Stunde Stoßzeiten	Durchlauf pro Stunde Sonstige Zeiten	Durchlauf pro Stunde Gesamt	Durchlauf pro Tag Gesamt
Personenzüge	4	1	5	120
Eilzüge	2	0	2	48
Schnellzüge	8	2	10	240
Güterzüge	24	38	62	1.488
Lastkraftwagen	371	897	1.268	30.432
Personenkraftwagen	728	98	826	19.824
Krafträder	15	2	17	408
Radler	2	0	2	48
Fußgänger	12.583	273	12.856	308.544

Nach Klick in den Textplatzhalter sehen Sie im horizontalen Lineal die Einzugsmarken für die erste Ebene sowie die vorgegebenen Standardtabstops. Sie sind als kleine Pünktchen unter der Skala sichtbar, alle 2 cm.

Einstellen der Art des Tabstops im Lineal

Bei Eingabe der Tab-Taste springt der Cursor dementsprechend jeweils um 2 cm nach rechts. Im Kreuzungspunkt des horizontalen und vertikalen Lineals wird durch Klick auf das Kästchen die Art des Tabstops eingestellt. PowerPoint verfügt über vier Arten von Tabstops:

Linker Tabstop	00000
	000
	0
Zentrierter Tabstop	00000
	000
	0
Rechter Tabstop	00000
	000
	0
Dezimaltabstop	0,0
	000,00
	0,000

In der Standardeinstellung ist der linke Tabstop vorbesetzt. Klicken Sie im Zeilenlineal auf 3 cm. Wenn Sie die Maustaste ein wenig festhalten, sehen Sie eine senkrechte gestrichelte Linie, die den Stand des Tabstops zeigt.

Durch Klick in das Lineal werden Tabstops gesetzt. Eine gestrichelte senkrechte Linie zeigt ihren Stand

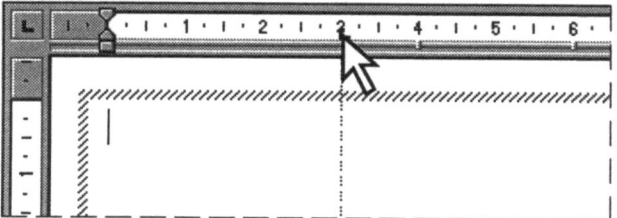

Der Tabstop in Form eines "L" wird gesetzt. Danach können Sie ihn mit Dauerklick im Lineal verschieben. Wollen Sie ihn löschen, ziehen Sie ihn einfach nach unten aus dem Lineal heraus. Löschen Sie den Tabstop, denn für die Tabelle benötigen Sie rechte Tabstops.

4.7.1 Notizblätter, Einzüge, Tabulatoren

Setzen Sie zuerst die Tabstops. Stellen Sie den rechten Tabstop ein, dann klicken Sie bei den Maßen 5 / 7,5 / 10 / 12,5 in das Zeilenlineal. Es muß dann aussehen wie die folgende Abbildung.

Lineal nach Einrichten individueller Tabstops

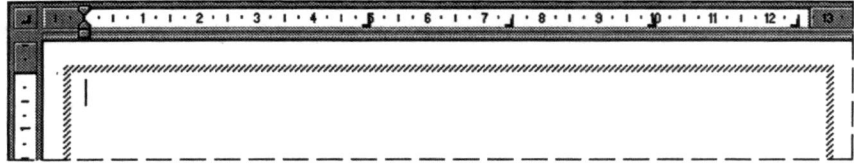

Nun können Sie den Text für die Tabelle eingeben. Drücken Sie die Tab-Taste. Der Cursor springt auf den ersten Tabstop. Schreiben Sie: **Durchlauf**. Drücken Sie wieder die Tab-Taste, schreiben Sie: **Durchlauf**. Stellen Sie die erste Zeile fertig. Am Ende der Zeile drücken Sie die Umschalttaste+Return. Dadurch erzeugen Sie eine Zeilenschaltung. Würden Sie nur Return eingeben, so würden Sie einen neuen Absatz einrichten, so daß der Zeilenabstand vergrößert würde. Nur für die Leerzeilen geben Sie Return ein. Schreiben Sie die Tabelle fertig.

Mit PowerPoint-Werkzeugen geschriebene Tabelle

	Durchlauf pro Stunde Stoßzeiten	Durchlauf pro Stunde Sonstige Zeiten	Durchlauf pro Stunde Gesamt	Durchlauf pro Tag Gesamt
Personenzüge	4	1	5	120
Eilzüge	2	0	2	48
Schnellzüge	8	2	10	240
Güterzüge	24	38	62	1.488
Lastkraftwagen	371	897	1.268	30.432
Personenkraftwagen	728	98	826	19.824
Krafträder	15	2	17	408
Radler	2	0	2	48
Fußgänger	12.583	273	12.856	308.544

Regel zur Zeilenschaltung

Umschalttaste+Return erzeugen einen Zeilenumbruch im Absatz. Returntaste richtet einen neuen Absatz ein. Dies wirkt sich zwar nicht auf die Tabstops aus, aber es verändert den Zeilenabstand.

Hinweis zum Schreiben von Tabellen

Schreiben Sie zuerst die längste Zeile der Tabelle. Zwischen den einzelnen Positionen drücken Sie die Tab-Taste. Positionieren Sie dann die Tabstops. Durch das Einblenden der senkrechten Positionslinien sehen Sie genau, wo der Tabstop im Verhältnis zum Text plaziert sein muß. Ziehen Sie die Tabstops an die entsprechende Stelle.

Vervollständigen Sie den Text zu dem Notizblatt. Unter der Tabelle sollen folgende Zeilen stehen:

Die Brücke wurde im 19. Jahrhundert von dem schweizerischen Architekten Guilleaume Stützli erbaut. (Return)
Im Jahre 1872 wurde sie um etwa 1,88 Meter auf eine Gesamtbreite von 18,97 Metern erweitert. (Return)
Seit 1922 ist sie im Privatbesitz der Fürsten von Tharn und Tuxis und unterliegt seitdem der Mautpflicht.

Bringen Sie das Notizblatt in eine Form, die der folgenden Abbildung gleicht.
Tip: Vergrößern Sie in der Notizenvorlage die Abbildung der Folie soweit, daß sie die Breite des Textes einnimmt.

Notizblatt 3 nach Fertigstellung

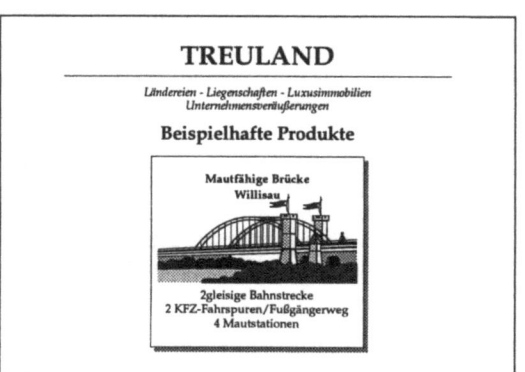

	Durchlauf pro Stunde Stoßzeiten	Durchlauf pro Stunde Sonstige Zeiten	Durchlauf pro Stunde Gesamt	Durchlauf pro Tag Gesamt
Personenzüge	4	1	5	120
Eilzüge	2	0	2	48
Schnellzüge	8	2	10	240
Güterzüge	24	38	62	1.488
Lastkraftwagen	371	897	1.268	30.432
Personenkraftwagen	728	98	826	19.824
Krafträder	15	2	17	408
Radler	2	0	2	48
Fußgänger	12.583	273	12.856	308.544

Die Brücke wurde im 19. Jahrhundert von dem schweizerischen Architekten Guilleaume Stützli erbaut.
Im Jahre 1872 wurde sie um etwa 1,88 Meter auf eine Gesamtbreite von 18,97 Metern erweitert.
Seit 1922 ist sie im Privatbesitz der Fürsten von Tharn und Tuxis und unterliegt seitdem der Mautpflicht.

3 / 20.07.1994

4.7.1 Notizblätter, Einzüge, Tabulatoren

Speichern Sie die Datei. Wenden Sie die Kenntnisse, die Sie mit den Notizen gesammelt haben, auf die Gliederung an. Wechseln Sie in die Gliederungsansicht. Auch hier finden Sie Schalter für das Tiefer- und Höherstufen, auch hier können Sie mit der Maus Absätze und ganze Folien verschieben. Machen Sie sich zunächst mit der Bedeutung der Schalter der Leiste *Gliedern* vertraut, indem Sie sie mit dem Mauszeiger abtasten und die QuickInfos lesen.

Höherstufen (Eine Ebene höher) entspricht dem Schalter in der Formatleiste

Tieferstufen (Eine Ebene tiefer) entspricht dem Schalter in der Formatleiste

Absatz nach oben (Achtung: Jedes Return bildet einen Absatz!)

Absatz nach unten (Achtung: Jedes Return bildet einen Absatz!)

Markierung reduzieren (Markierte Folie wird nur mit Titel angezeigt)

Markierung erweitern (Markierte Folie wird mit Texten angezeigt)

Titel einblenden (Alle Folien werden nur mit Titel angezeigt)

Alles einblenden (Alle Folien werden mit Texten angezeigt)

Formatierung einblenden (In der Standardeinstellung aktiv)

Schalter der Gliederungsleiste

Beachten Sie, daß in der Gliederungsansicht grundsätzlich eine Folie oder ein Absatz aus einer Folie (in dem der Cursor blinkt) markiert ist. Passen Sie deshalb gut auf, wo der Cursor steht! Andernfalls bringen Sie möglicherweise eine oder mehrere Folien durch Klick auf einen der Schalter in Unordnung. In der Standardeinstellung gleicht die Gliederung der folgenden Abbildung.

Gliederung in der Standardansicht

Klick auf den Schalter *Formatierung einblenden* blendet die Formatierung aus. In diesem Darstellungsmodus ist ein schnelleres Arbeiten möglich, da die Schriftformate nicht am Bildschirm angezeigt werden müssen.

*Gliederungs-
ansicht,
Formatierung
ausgeblendet*

```
1  Deutsche TREULAND Anstalt
      Ländereien - Liegenschaften - Luxusimmobilien
      Unternehmensveräußerungen
2  Unternehmensphilosophie
      Zuverlässigkeit
      Aufrichtigkeit
      Seriosität
```

Die Schalter *Titel einblenden* bzw. *Alles einblenden* bewirken, daß nur Titel bzw. alle Texte aller Folien eingeblendet werden. Sind nur die Titel eingeblendet, so deuten Unterstreichungen an, daß Text vorhanden ist.

*Gliederungs-
ansicht,
Formatierung
ausgeblendet,
Titel einge-
blendet*

```
1   Deutsche TREULAND Anstalt
2   Unternehmensphilosophie
3   Beispielhafte Produkte
4   Beispielhafte Produkte
5   Unternehmensstruktur
6   Unternehmenszentrale und Außenstellen
7
8
9
10  Schloß Reichenstolz    Füssen im Allgäu
11  Internationale Märkte
12  Deutsche TREULAND Anstalt
```

Wollen Sie aus dieser Ansicht heraus die Texte zu einer Folie sehen, so klicken Sie sie an, dann klicken Sie auf den Schalter *Markierung erweitern*. Der Text wird eingeblendet.

*Gliederungs-
ansicht,
Formatierung
ausgeblendet,
Markierung
einer Folie
erweitert*

```
1  Deutsche TREULAND Anstalt
      Ländereien - Liegenschaften - Luxusimmobilien
      Unternehmensveräußerungen
2  Unternehmensphilosophie
3  Beispielhafte Produkte
4  Beispielhafte Produkte
5  Unternehmensstruktur
6  Unternehmenszentrale und Außenstellen
```

4.7.1 Notizblätter, Einzüge, Tabulatoren

Durch Anklicken der fünf unteren Schalter kann in Ihren Folien kein Unheil entstehen. Anders verhält es sich mit den vier oberen Schaltern. Speichern Sie sicherheitshalber die Datei. Dann testen Sie die vier oberen Schalter von oben nach unten. Sind Ihre Folien anschließend durcheinander geraten, schließen Sie die Datei, ohne zu speichern, und öffnen Sie sie wieder im alten Zustand. So kann nichts passieren, was Sie nicht wollen.

Markieren Sie durch Klick den zweiten Absatz der ersten Folie. Dann klicken Sie auf den Schalter *Absatz nach unten.* Der Absatz wird unter den ursprünglich dritten Absatz gestellt.

Absatz über Schalter nach unten verschoben

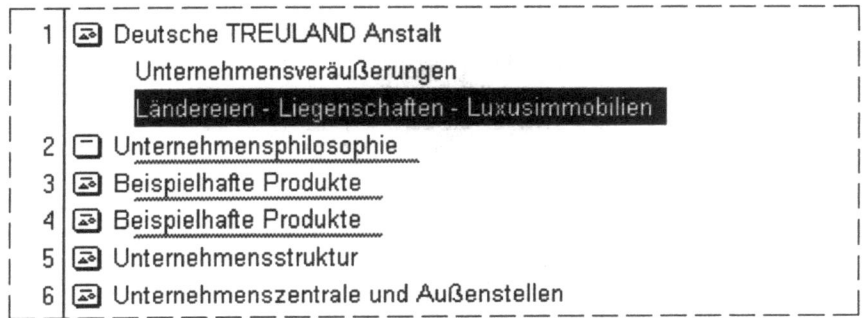

Markieren Sie durch Klick auf das Foliensymbol die gesamte Folie 1. Klicken Sie auf den Schalter *Absatz nach unten.*

Folie über Schalter umsortiert

Folie 1 und Folie 2 haben die Plätze gewechselt, die Reihenfolge ist vertauscht. Machen Sie die Aktion rückgängig. Sie sehen daran, daß je nach Markierung entweder einzelne Absätze oder Ganze Folien umsortiert werden können. Solange Sie also nicht absolut sicher sind bei dem, was Sie tun, sollten Sie mit den vier oberen Schaltern vorsichtig umgehen. Ähnlich verhält es sich nämlich mit den Schaltern *Tieferstufen* und *Höherstufen.* Auch hier kann es durch versehentlich falsche Markierung und Klick auf die Schalter zu unangenehmen Überraschungen kommen. Der Schalter *Rückgängig* hilft Ihnen in jedem Fall, vorausgesetzt, Sie benutzen ihn direkt nach der zuletzt durchgeführten Aktion.

Klicken Sie auf das Symbol der Folie 2, dann auf den Schalter *Markierung erweitern*. Nun müßten Sie von den Folien 1 und 2 die Texte sehen, die übrigen Folien werden nur mit dem Titel angezeigt. Folie 2 ist insgesamt markiert. Versuchen Sie, die Schalter *Tiefer-* und *Höherstufen* zu nutzen. Klicken Sie zuerst auf *Tieferstufen*. Der Inhalt der gesamten Folie wird der Folie 1 hinzugefügt.

Schalter Tieferstufen ordnet den Inhalt einer markierten Folie der nächst höheren zu

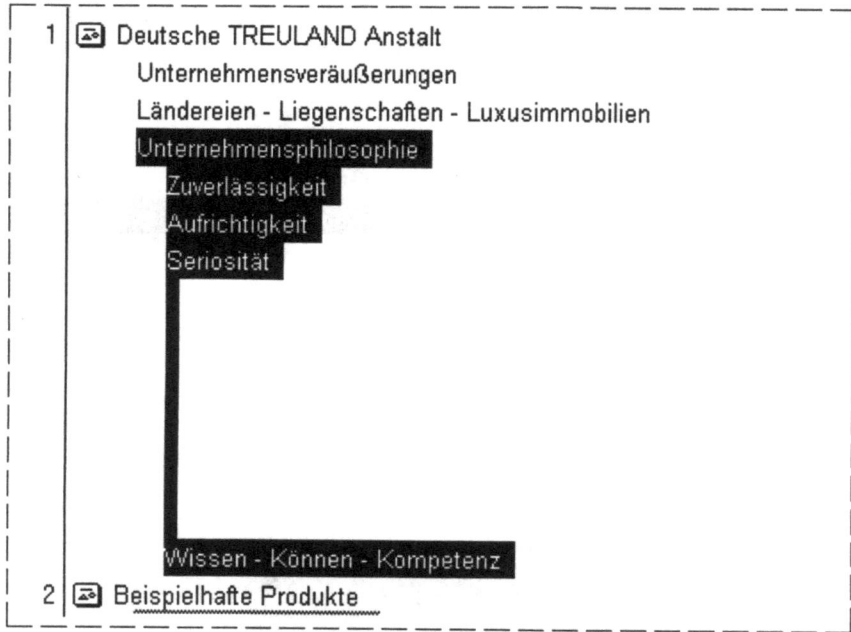

Machen Sie die letzte Aktion rückgängig, markieren Sie die Zeile "Zuverlässigkeit", klicken Sie auf *Tieferstufen*. Der Absatz wird eine Ebene tiefergestuft, außerdem erhält er ein Aufzählungszeichen.

Schalter Tieferstufen stellt einen markierten Absatz in die nächsttiefere Ebene

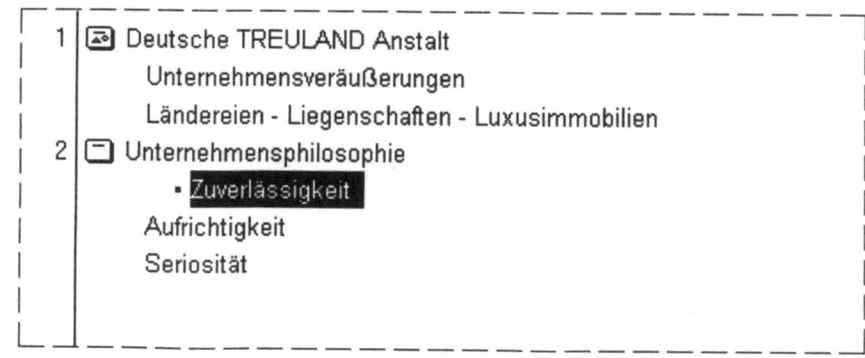

Fragen Sie sich, warum der Absatz ein Aufzählungszeichen erhalten hat?

4.7.1 Notizblätter, Einzüge, Tabulatoren

Erinnern Sie sich, wo die Folienformate definiert sind? In der Folienvorlage. Dort haben Sie die Schriftformate nur für die erste Ebene festgelegt. Für die zweite und die folgenden Ebenen gelten also die Standardformate. Daher erhält der Absatz nach Tieferstufen ein Aufzählungszeichen. Überzeugen Sie sich in der Ansicht der Folienvorlage. Klicken Sie auf *Höherstufen*, der Absatz wird in die erste Ebene zurückversetzt.

Markieren Sie Folie 3, klicken Sie auf *Tieferstufen*. PowerPoint teilt Ihnen mit, daß Folie oder Notizblatt (eigentlich: und!) gelöscht würden.

Warnung beim Tieferstufen einer Folie

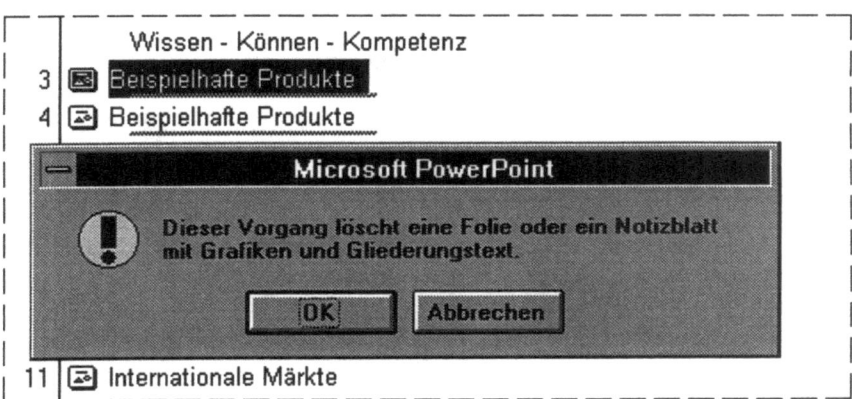

Die Schalter *Tiefer-* und *Höherstufen* sollten Sie nur dann nutzen, wenn ein oder mehrere Absätze einer Folie markiert sind, nicht, wenn ganze Folien markiert sind.

Grundsätzliche Regel
Mit den Schaltern *Tiefer-/Höherstufen* sowie *Absatz nach unten/oben* sollten Sie grundsätzlich nur einen oder mehrere Absätze umdisponieren, nicht aber ganze Folien.
Besonders am Anfang Ihrer Arbeit mit PowerPoint sollten Sie Ihre Folien in der Folienansicht bearbeiten. Nur hier sehen Sie die Ergebnisse Ihrer Arbeit unmittelbar am Bildschirm.

Wie weiter oben schon erwähnt, können Sie die beschriebenen Aktionen auch mit der Maus durchführen. Immer dann, wenn Sie einen Absatz ansteuern, nimmt der Zeiger die Form eines Vierfachpfeils an. Jedes Return bildet einen Absatz. Am Beispiel der Folie 3 können Sie das beobachten.

In der Gliederungsansicht markierter Absatz ohne Texteintrag

4.8 Zusammenfassung

In Kapitel 4 haben Sie die wesentlichen Funktionen von PowerPoint kennengelernt. Sie sind in der Lage, eine eigene Präsentation zu erstellen, ohne auf die Assistenten zurückgreifen zu müssen – so hilfreich dies im Anfang auch ist. Sie wissen die meisten Schalter zu nutzen, Sie kennen wichtige Menüs und deren Optionen. Die Handhabung der Dialogboxen macht Ihnen keine Probleme mehr. Sehen Sie sich noch einmal die Schalter an, mit denen Sie gearbeitet haben, und rekapitulieren Sie, wozu Sie sie brauchten.

Schalter in der Standardleiste

	Öffnen	Öffnet eine vorhandene Datei
	Speichern	Speichert die aktuelle Datei
	Drucken	Druckt gemäß Einstellung in der Dialogbox *Drucken*
	Kopieren	Kopiert markierte Objekte in die Zwischenablage
	Einfügen	Fügt den Inhalt der Zwischenablage ein
	Format übertragen	1. Klick speichert das Format des markierten Objekts 2. Klick überträgt das gespeicherte Format auf ein neues Objekt
	Rückgängig	Macht die letzte Aktion rückgängig
	Organisationsdiagramm einfügen	Öffnet die Anwendung Organisationsdiagramm
	ClipArt einfügen	Fügt ein Bild ein
	Hilfe	Öffnet die PowerPoint-Hilfe

Schalter in der Formatleiste

	Fett	Formatiert markierten Text fett
	Kursiv	Formatiert markierten Text kursiv

4.8 Zusammenfassung

Schalter in der Formatleiste

	Linksbündig	Formatiert markierten Text auf Linksanschlag
	Zentriert	Formatiert markierten Text seitlich auf Mitte
	Aufzählungszeichen	Verleiht oder entzieht markiertem Text Aufzählungszeichen
	Höher-/Tieferstufen	Stellt den markierten Absatz eine Ebene höher oder tiefer

Schalter in der Leiste Zeichnen

	Text	Erlaubt das Schreiben von Textobjekten, die nicht in die Gliederung aufgenommen werden
	Linie	Ermöglicht das Ziehen von Linien
	Rechteck	Zeichnet ein Recheck (mit Umschalttaste Quadrat)
	Ellipse	Zeichnet eine Ellipse (mit Umschalttaste Kreis)
	Füllbereich	Verleiht oder entzieht dem markierten Objekt einen Füllbereich
	Linie ein/aus	Verleiht oder entzieht dem markierten Objekt eine Umrandung
	Schatten	Verleiht oder entzieht dem markierten Objekt einen Schatten

Schalter Ansichten

	Umschaltung	Folienansicht/Folienvorlage
	Umschaltung	Gliederungsansicht/Gliederungsvorlage
	Umschaltung	Foliensortieransicht/Handzettelvorlage
	Umschaltung	Notizblattansicht/Notizenvorlage
	Umschaltung	Bildschirmpräsentation/Dialogfeld *Bildschirmpräsentation*

Schalter in der Leiste Gliedern

	Höherstufen	Stuft den markierten Absatz eine Ebene höher (entspricht dem Schalter in der Formatleiste) Vorsicht bei markierten Folien!
	Tieferstufen	Stuft den markierten Absatz eine Ebene tiefer (entspricht dem Schalter in der Formatleiste) Vorsicht bei markierten Folien!
	Absatz nach oben	Versetzt einen oder mehrere markierte Absätze einen Absatz nach oben Vorsicht bei markierten Folien!
	Absatz nach unten	Versetzt einen oder mehrere markierte Absätze einen Absatz nach unten Vorsicht bei markierten Folien!
	Markierung reduzieren	Markierte Folie wird nur mit Titel angezeigt
	Markierung erweitern	Markierte Folie wird mit Texten angezeigt
	Titel einblenden	Alle Folien werden nur mit Titel angezeigt. Enthalten sie Text, wird dies durch eine Unterstreichung angedeutet
	Alles einblenden	Alle Folien werden mit Texten angezeigt
	Formatierung einblenden	Alle Schriftformate werden angezeigt

Einige wenige Schalter, die Sie bisher noch nicht kennengelernt haben, werden Sie an späterer Stelle nutzen. Darüber hinaus ist es möglich, die vorgegebenen Symbolleisten zu verändern und eine eigene Leiste anzulegen. Sie kann zusätzliche Schalter oder solche, die Sie sehr häufig benutzen, beinhalten. Doch auch dazu später.

Machen Sie sich nun erst einmal mit Graph vertraut, denn es gibt kaum geschäftliche Präsentationen, die ohne sogenannte Business-Grafiken auskommem.

5 Business-Grafik mit Graph

In fast allen geschäftlichen Präsentationen werden Business-Grafiken gebraucht, und zwar immer dann, wenn Umsätze, Gewinne, Verluste, Zahlenverhältnisse, Vergleiche usw. dargestellt werden sollen. Der Trend zweier Zahlenreihen läßt sich zwar grob einordnen, wird aber durch eine Grafik sehr viel augenfälliger. Grafiken dieser Art nennt man auch Diagramme.

Graph unterstützt das Erstellen der nachfolgenden Diagrammtypen (zwei- oder dreidimensional). Die verschiedenen Typen eignen sich jeweils für spezielle Vorhaben. So ist nicht jeder Diagrammtyp für jeden Zweck geeignet. Die Graph-Hilfe unterstützt Sie auch in dieser Frage. Rufen Sie ggf. die Hilfe auf, suchen Sie nach dem Begriff "Diagrammtyp, auswählen". Die Hilfe teilt Ihnen mit, für welches Vorhaben sich welcher Typ besonders eignet.

Flächendiagramme
zeigen die Veränderung von Zahlenreihen über einen bestimmten Zeitraum im Verhältnis zum Gesamtwert (Beispiel: Gesamtumsatz, Gewinn, Verlust – Verhältnis der Komponenten).

Formate für zweidimensionale Flächendiagramme

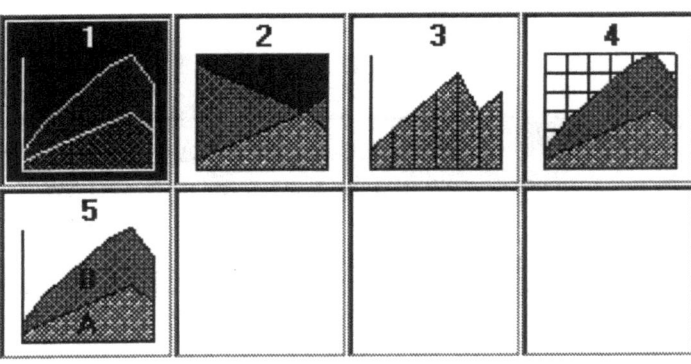

Formate für dreidimensionale Flächendiagramme

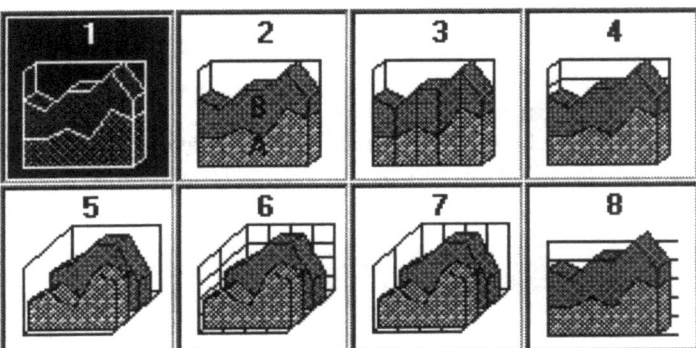

Balkendiagramme

zeigen einzelne Werte zu einem bestimmten Zeitpunkt und ermöglichen den Vergleich dieser Werte (Beispiel: Verkauf von Ländereien, Verkauf von Liegenschaften, Verkauf von Unternehmen – Verhältnis der Komponenten).

Formate für zweidimensionale Balkendiagramme

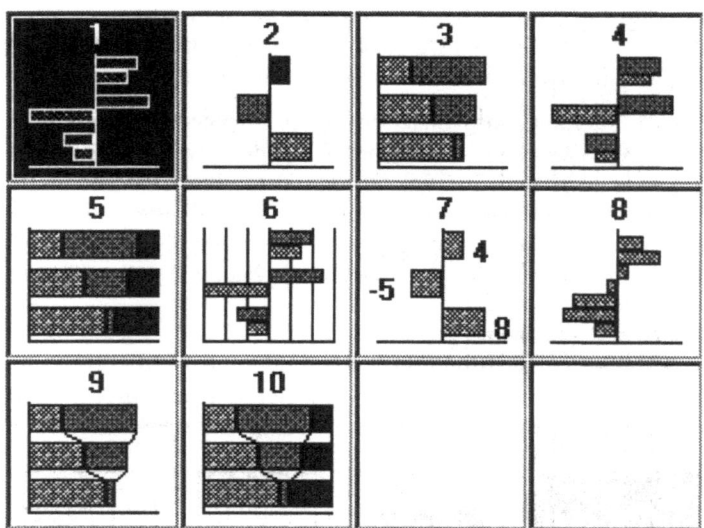

Formate für dreidimensionale Balkendiagramme

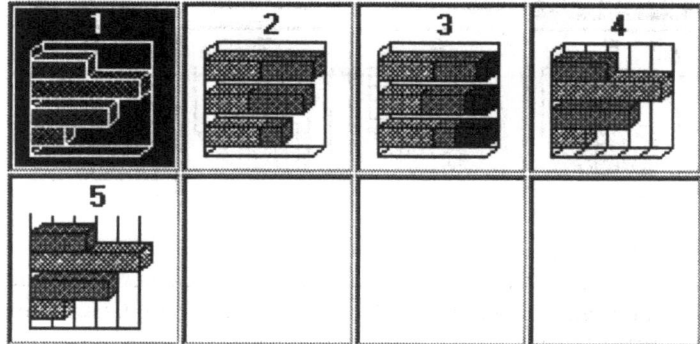

Säulendiagramme

zeigen einzelne Werte zu einem bestimmten Zeitpunkt und ermöglichen den Vergleich dieser Werte (Beispiel: Umsatz Januar, Umsatz Februar, Umsatz März – Verhältnis der Komponenten).

Unterschied zu Balkendiagrammen: Säulendiagramme sind für einen zeitlichen Ablauf besser geeignet.

Formate für zweidimensionale Säulendiagramme

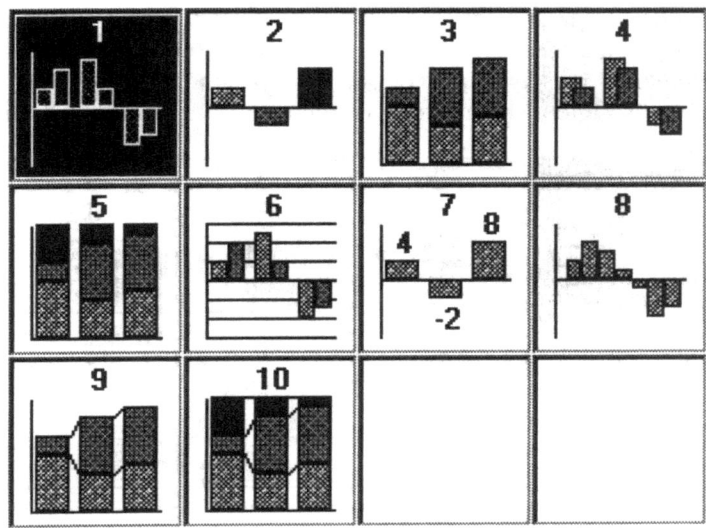

Formate für dreidimensionale Säulendiagramme

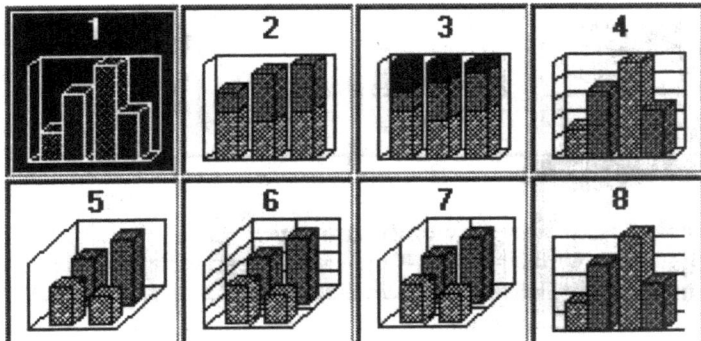

Liniendiagramme
zeigen Trends oder Veränderungen von Zahlenreihen über einen bestimmten Zeitraum im Verhältnis zum Gesamtwert (Beispiel: Gesamtumsatz, Gewinn, Verlust – Verhältnis der Komponenten).

Sie werden häufig im Banken- und Börsenbereich eingesetzt (Beispiel: Darstellung von Eröffnungs-, Höchst-, Tiefst- und Schlußkurs).

Unterschied zu Flächendiagrammen: Die Darstellung betont eher den zeitlichen Ablauf und den Grad der Veränderung, weniger das Verhältnis.

Zweidimensionale Liniendiagramme sind für die Gestaltung von Folien nur dann geeignet, wenn die Linien in dicker Strichstärke erscheinen. Andernfalls sind sie nur schwer zu erkennen, insbesondere bei Farbfolien.

Formate für zweidimensionale Liniendiagramme

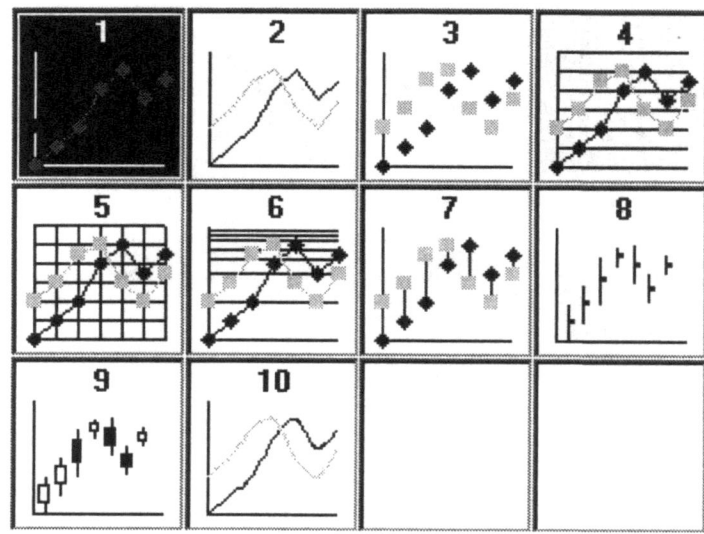

Formate für dreidimensionale Liniendiagramme

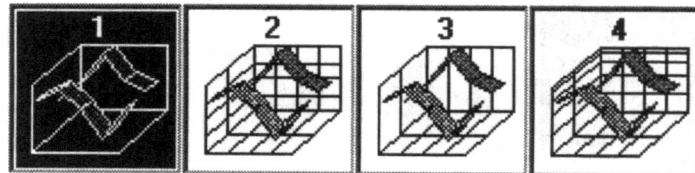

Kreisdiagramme (Tortendiagramme)
zeigen das Verhältnis von Teilen zum Gesamtwert (Beispiel: Gesamtumsatz, Umsatz aus Unternehmensveräußerungen, Umsatz aus Luxusimmobilien, Umsatz aus Liegenschaften).

Formate für zweidimensionale Kreisdiagramme

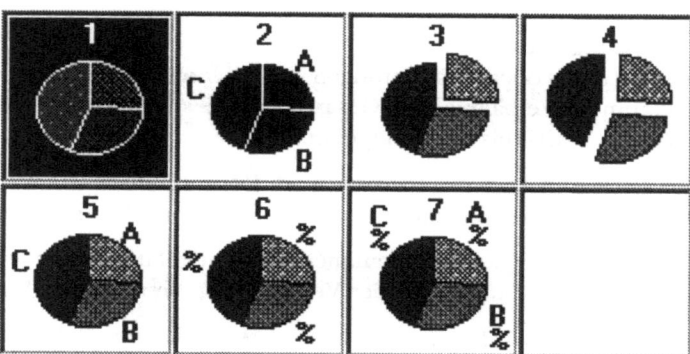

5 Business-Grafik mit Graph

Formate für dreidimensionale Kreisdiagramme

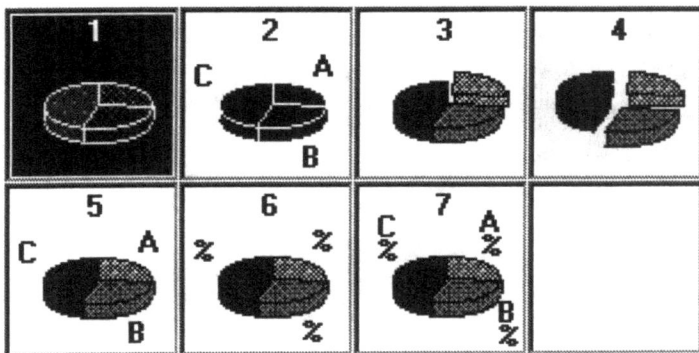

Ringdiagramme

zeigen das Verhältnis von Teilen zum Gesamtwert. Dem Kreisdiagramm sehr ähnlich. Unterschied: während im Kreisdiagramm nur eine Datenreihe dargestellt werden kann, können im Ringdiagramm mehrere Datenreihen angezeigt werden.

Formate für Ringdiagramme, nur zweidimensional

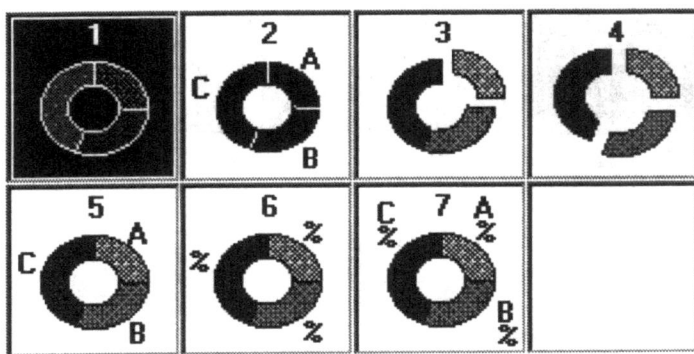

Netzdiagramme

zeigen Änderungen bzw. Häufigkeiten von Datenreihen relativ zum Mittelpunkt und relativ zueinander. Die Graph-Hilfe nennt als Beispiel "Nährwertanalyse von Getreiden".

Beispiel aus der Graph-Hilfe: Netzdiagramm

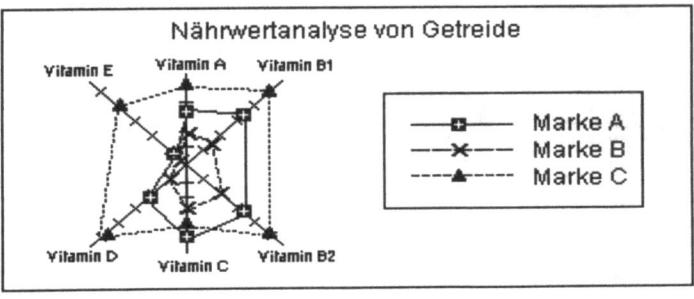

Formate für Netzdiagramme, nur zweidimensional

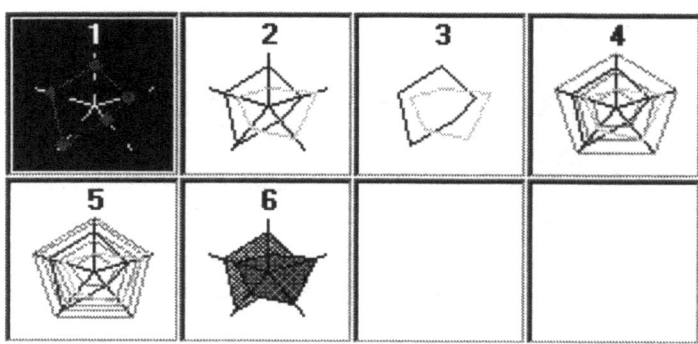

Punkt (XY)-Diagramme
zeigen das Verhältnis von Mengen in verschiedenen Arten von Daten (Beispiel: Anzahl der veräußerten Ländereien, Liegenschaften und Luxusimmobilien über einem bestimmten Zeitraum).

Formate für Punktdiagramme, zweidimensional

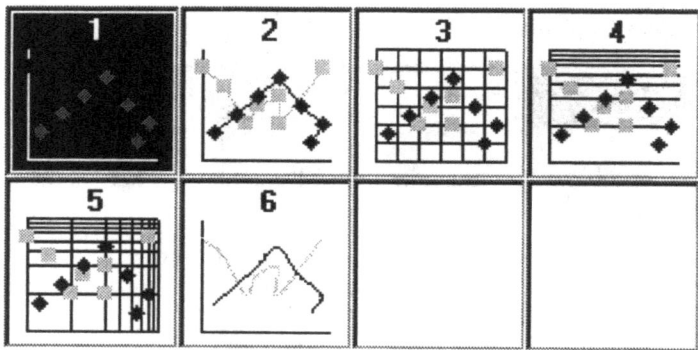

Verbunddiagramme
eignen sich für die Darstellung verschiedener zu vergleichender Datenarten (Beispiel: Umsatz- vs. Kostenentwicklung über einen bestimmten Zeitraum). Dabei werden die Daten der einen Art in Form von Säulen, die Daten der anderen Art in Form von Linien, Flächen oder Spannweiten angegeben.

Formate für Verbunddiagramme, nur zweidimensional

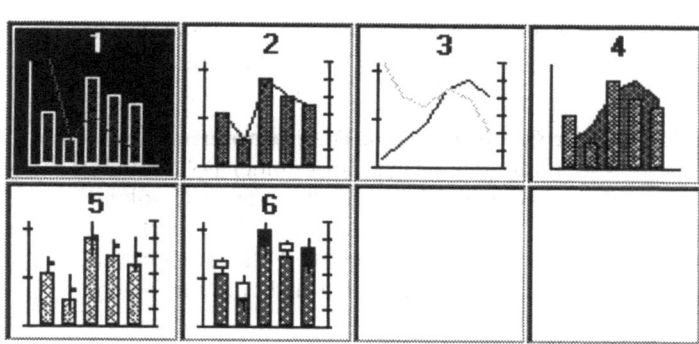

Aus der Graph-Hilfe

3D-Oberflächendiagramm

Erscheint wie ein Tuch, das über ein 3D-Säulendiagramm gelegt wurde. Ein 3D-Oberflächendiagramm erleichtert es, die optimale Kombination zwischen zwei Gruppen von Daten herauszufinden. Dieses Diagramm kann Beziehungen zwischen umfangreichen Datenmengen aufzeigen, die sonst kaum erkennbar wären. Wie in einer topographischen Karte werden Flächen gleicher Höhe in derselben Farbe oder mit demselben Muster dargestellt. Die Datenreihen werden dagegen nicht farblich unterschieden.

Bei der Variante 3D-Rahmendiagramm handelt es sich um ein transparentes 3D-Oberflächendiagramm. Die Höhenlinien-Diagrammvarianten zeigen die Draufsicht der Oberflächendiagramme; ähnlich wie zweidimensionale topographische Landkarten.

Formate für Oberflächendiagramme, dreidimensional

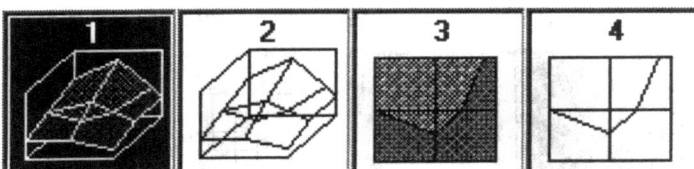

Bevor Sie an die Gestaltung eines Diagramms gehen, sollten Sie sich überlegen, welcher Typ am besten Ihre Vorstellungen wiedergeben kann.

Regeln zum Anwenden der Diagrammtypen

Handelt es sich um eine einzige Datenreihe mit nur wenigen Werten, so ist das Kreisdiagramm geeignet.

Handelt es sich um mehrere Datenreihen mit vielen einzelnen Werten, so ist das Punktdiagramm geeignet.

Handelt es sich um einige Datenreihen mit einigen Werten und soll der Grad der Veränderung gezeigt werden, so ist das Liniendiagramm geeignet.

Handelt es sich um einige Datenreihen mit einigen Werten und soll das Verhältnis zum Gesamtwert verdeutlicht werden, so ist das Flächendiagramm geeignet.

Handelt es sich um einige Datenreihen mit einigen Werten und sollen diese Werte miteinander verglichen werden, so sind das Balken- oder Säulendiagramm geeignet. Dabei ermöglicht das Säulendiagramm eher die Darstellung eines zeitlichen Ablaufs.

Hinweis zur Gestaltung von Diagrammen

Seien Sie bemüht, das Diagramm in einer Folie so einfach wie möglich zu halten! Komplizierte Grafiken, auch Business-Grafiken, kann der Zuschauer nicht "begreifen". Seine Aufmerksamkeit richtet sich vom Moderator weg und zur Folie hin. Er wird versuchen, die Folie zu interpretieren; so wird er dem eigentlichen Vortrag nur noch mit halbem Ohr folgen.

3D-Diagramme, so reizvoll sie im einzelnen sein mögen, tragen meist nicht zum unmittelbaren Verständnis des Sachverhalts bei. Lassen Sie sich nicht durch die Vielfalt der Möglichkeiten zur Unsachlichkeit verführen! Auch hier ist oft weniger besser als mehr. Testen Sie an sich selbst, welches der beiden untenstehenden Diagramme Sie schneller verstehen. Beiden Diagrammen liegen dieselben Werte zugrunde.

Beispiel für ein zweidimensionales Säulendiagramm

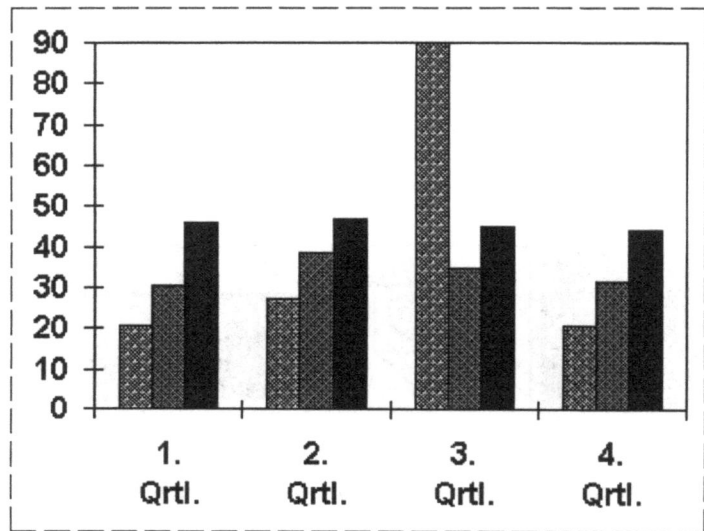

Beispiel für ein dreidimensionales Säulendiagramm

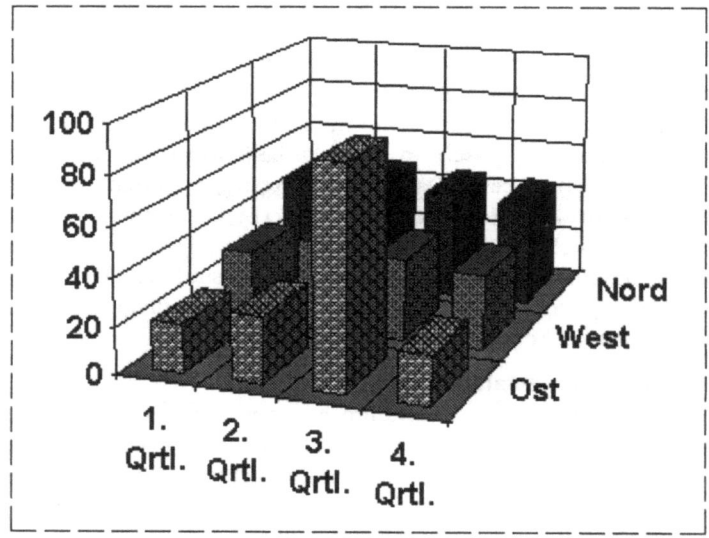

5.1 Umsatz- und Gewinnentwicklung (Folie 7)

Graph ist – wie Organisationsdiagramm – ein in PowerPoint eingebettetes Programm. Dies bedeutet, daß es zunächst von PowerPoint aus gestartet wird. Nachdem Sie ein Diagramm gestaltet haben, kehren Sie zu PowerPoint zurück, und fügen das Diagramm in die Folie ein. Wollen Sie das Diagramm später verändern oder aktualisieren, so kehren Sie wieder zu Graph zurück.

Rufen Sie die Ansicht der Folie 7 auf, schaffen Sie die Voraussetzungen für den Einsatz von Graph. Entfernen Sie den Textplatzhalter, achten Sie darauf, daß beim Aufruf von Garph <u>kein</u> Platzhalter markiert ist. Ist nämlich Titel- oder Textplatzhalter markiert, so würde das Diagramm später dort eingefügt. Bei der weiteren Arbeit würden Sie möglicherweise auf folgende Schwierigkeit stoßen: PowerPoint öffnet ein Warnfenster, das Sie auffordert, die Anwendung zu wechseln.

Warnfenster bei Einfügen eines Graph-Diagramms in einen Platzhalter

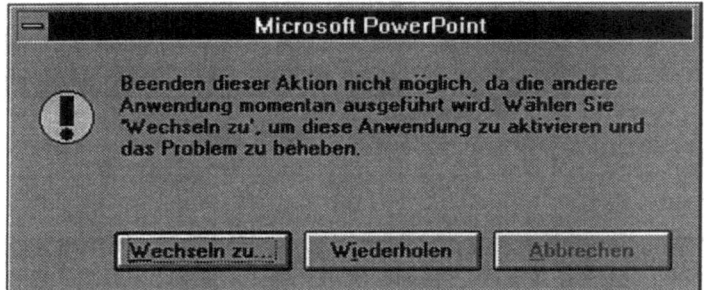

Folgen Sie der Anweisung, so wird die Task-Liste geöffnet. Anschließend verläuft der Vorgang im Kreis, und Sie können Graph bzw. PowerPoint nicht ordnungsgemäß verlassen. Es hilft dann nur ein Warm- oder Kaltstart.

Die Task-Liste zeigt Ihnen die aktiven Anwendungen und ermöglicht einen Wechsel zwischen ihnen

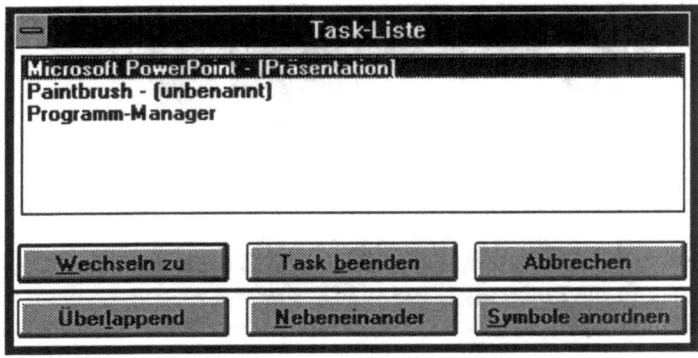

Schalter Diagramm einfügen

Nachdem Sie sich überzeugt haben, daß kein Objekt markiert ist, stellen Sie die 66%-Ansicht ein und klicken auf den Schalter *Diagramm einfügen*.

Nach intensiver Arbeit des Rechners wird Graph geöffnet. Das ist nicht an der Titelleiste erkennbar, aber daran, daß Sie eine andere Standardleiste sehen. Und natürlich an den jetzt eingeblendeten Objekten: Einer Tabelle, die über einem Diagramm liegt.

Das PowerPoint-Fenster nach Aufruf von Graph in der Standardeinstellung

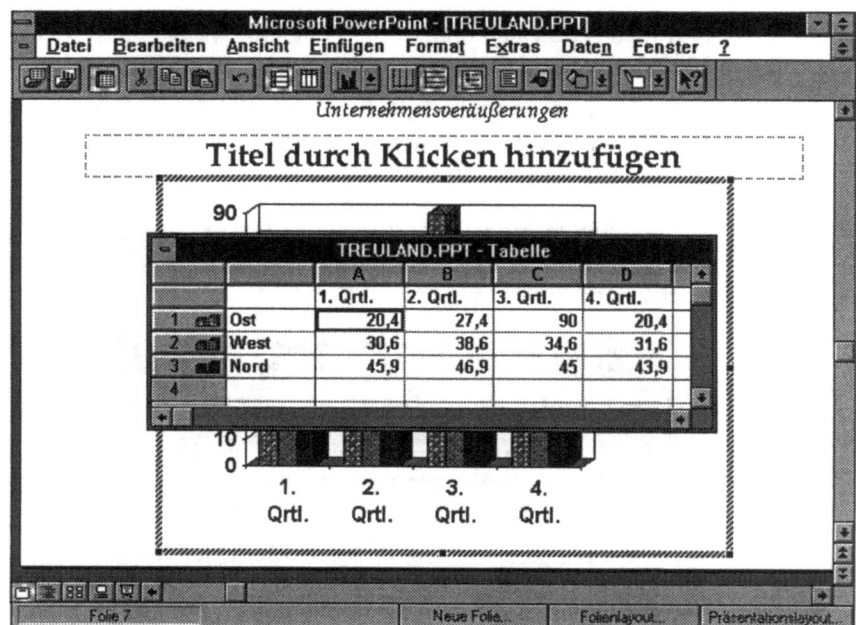

Ein Blick in das Menü *?/Info* gibt Ihnen Gewißheit.

Menü ?/Info zeigt die Programmversion

In der Standardeinstellung wird Graph mit einem Diagramm eingeblendet, das seine Daten aus der darüber liegenden Tabelle bezieht. Auch hierbei handelt es sich um Platzhalter, die auf Ihre Eingaben warten. Darunter liegt Ihre Folie. Ein Klick in die Folie, also nicht auf die Graph-Objekte, schließt Graph, und Sie befinden sich wieder in PowerPoint (siehe Symbolleisten). Zugleich ist das Diagramm unverändert in die Folie eingefügt und markiert. Doppelklick in das markierte Diagramm öffnet Graph erneut.

Schalter Tabelle

Da die Tabelle nun nicht sichtbar ist, klicken Sie auf den Schalter *Tabelle*.

5.1 Umsatz- und Gewinnentwicklung (Folie 7)

Die Tabelle ist wieder eingeblendet, und Sie können die Daten für Ihr Diagramm eingeben. Es stellt die Umsatz- und Gewinnentwicklung der "TREULAND" von 1990 bis 1993 in Millionen dar:

	1990	1991	1992	1993
Umsatz	698	1769	3897	7576
Gewinn	30	163	584	2272

Vergrößern Sie das Tabellenfenster durch Ziehen an den Rändern, so daß Sie alle Zellen mit Einträgen gut einsehen können. Klicken Sie in die Zelle "1. Qrtl". Sie ist dann markiert. Tragen Sie ein: 1990

Graph Tabelle nach erstem Eintrag

Vervollständigen Sie die Zeitachse: Klicken Sie die Zellen an, tragen Sie die Jahreszahlen ein. Bei jedem Klick auf eine neue Zelle wird die zuletzt beschriftete aktualisiert, außerdem die horizontale Achse im Diagramm. Zelleinträge können Sie auch durch Eingabe von Return bestätigen.

Graph Tabelle nach Einträgen für die Zeitachse

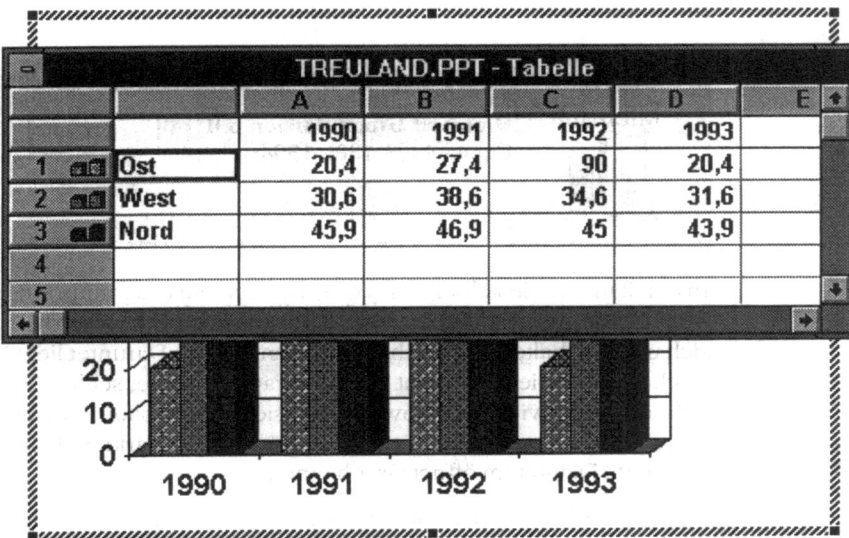

Legen Sie nun die Datenreihen fest, nämlich Umsatz und Gewinn. Klicken Sie in die Zelle "Ost". Tragen Sie ein: **Umsatz**. Dann stellen Sie die Tabelle fertig, ohne sich zunächst um die Zeile "Nord" zu kümmern.

Hiweis
Die Zellen können Sie auch mit der Tabtaste und den Cursortasten anspringen.

Graph Tabelle nach individuellen Einträgen

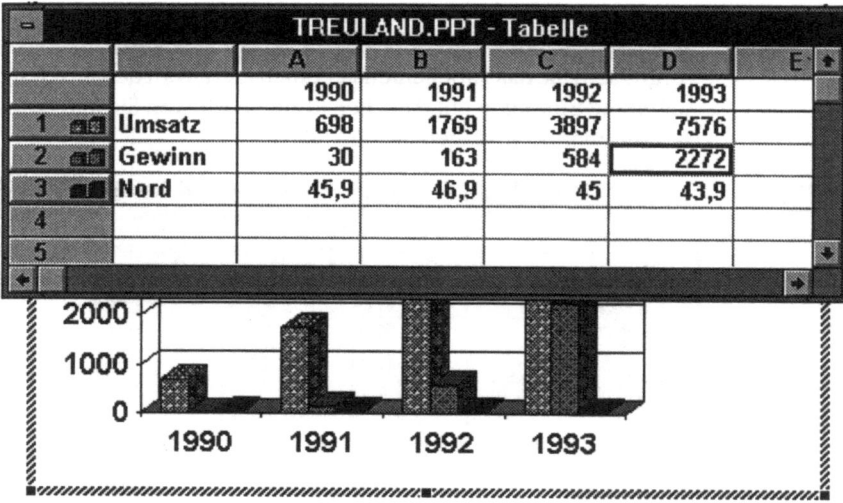

In den Zeilenschaltern sehen Sie übrigens kleine Farbkästchen, die die Farbe der Datenreihe anzeigen. Klicken Sie auf einen Zeilenschalter, so wird die gesamte Zeile markiert (entsprechend die Spalte). Doppelklicken Sie auf den Zeilenschalter für Zeile 3. Die Zeile wird damit ausgeblendet, d.h. nicht zur Darstellung hinzugezogen. Sie sehen, daß das Diagramm entsprechend verändert wird.

Zeile 3 der Tabelle durch Doppelklick auf den Zeilenschalter von der Darstellung ausgeschlossen

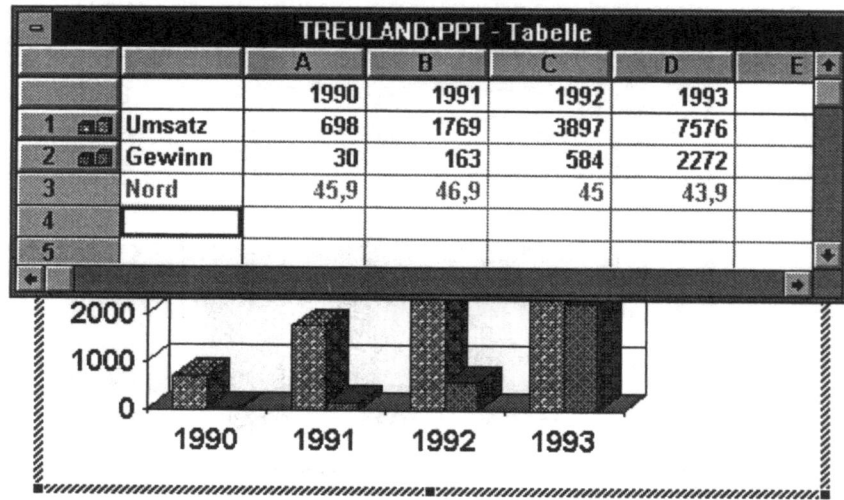

5.1 Umsatz- und Gewinnentwicklung (Folie 7)

Im konkreten Fall werden Sie allerdings die Inhalte der Zeile 3 eher löschen, da sie keine Daten enthält, die Sie zwar nicht darstellen wollen, aber dennoch in der Tabelle erhalten wollen. Klicken Sie also auf den Zeilenschalter, dann drücken Sie die Entf-Taste. Klicken Sie in das Diagramm.

Nachdem alle Daten in die Tabelle eingetragen sind, wird das Diagramm aktualisiert

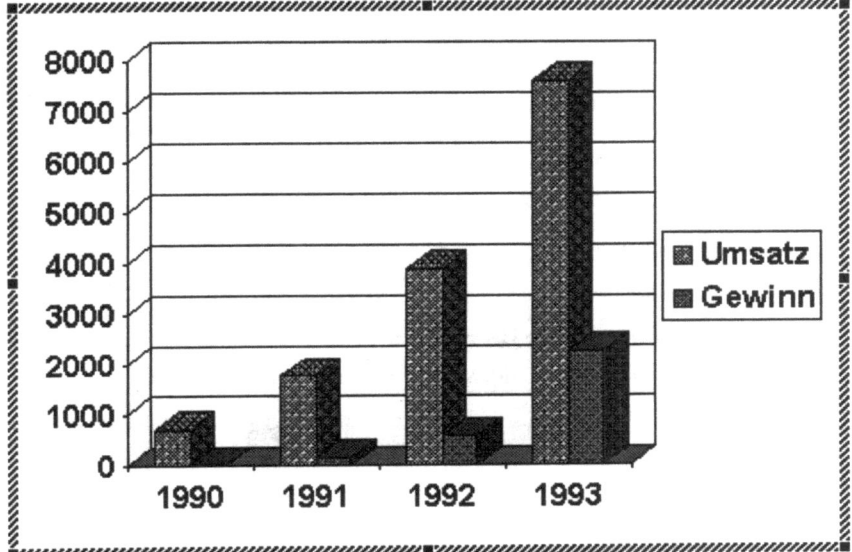

Graph hat automatisch die Beschriftung der Werte-Achse (0 bis 8000 Millionen) an die neuen Werte angepaßt. Auch die Legende zeigt die neuen Daten. Nur ihr Stand neben dem Diagramm mißfällt Ihnen, sie soll im Diagramm selbst stehen. Klicken Sie in die Legende, ziehen Sie sie mit Dauerklick auf den Markierungsrahmen in das Diagramm.

Die Legende kann durch Klick auf den Markierungsrahmen+Ziehen an jede beliebige Stelle verschoben werden

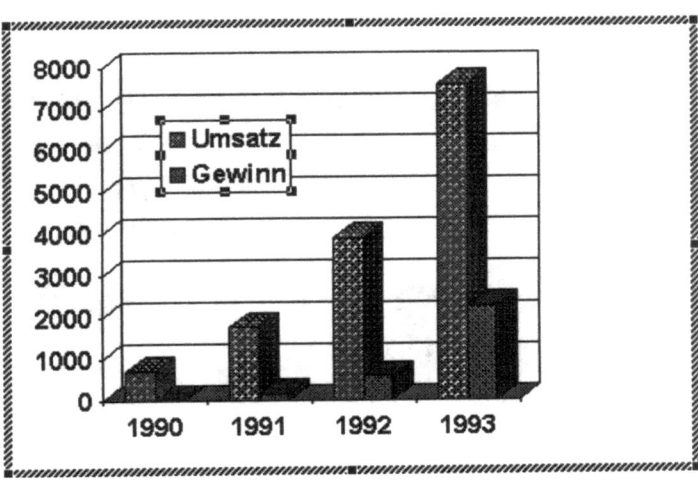

Einige letzte Änderungen: Das Diagramm soll zweidimensional werden, die Schriftart – jetzt Arial – soll Palatino normal werden. Die Schriftgröße müssen Sie ein wenig größer einstellen (22p), da das Diagramm in der Folie verkleinert werden muß.

Blenden Sie zunächst die Formatleiste ein *(Ansicht/Symbolleisten/Format)*. Sie kennen sie von PowerPoint her. Markieren Sie das gesamte Diagramm durch Klick in eine der Ecken. Innerhalb des Markierungsrahmens sehen Sie nun eine weitere Markierung. Sie zeigt Ihnen an, daß das gesamte Diagramm markiert ist. Zugleich sehen Sie in der Formatleiste die eingestellten Schriftformate. Stellen Sie 22p Palatino ein, nicht fett.

Durch Klick in eine der Ecken wird das gesamte Diagramm markiert. Im Markierungsrahmen werden weitere Markierungspunkte sichtbar

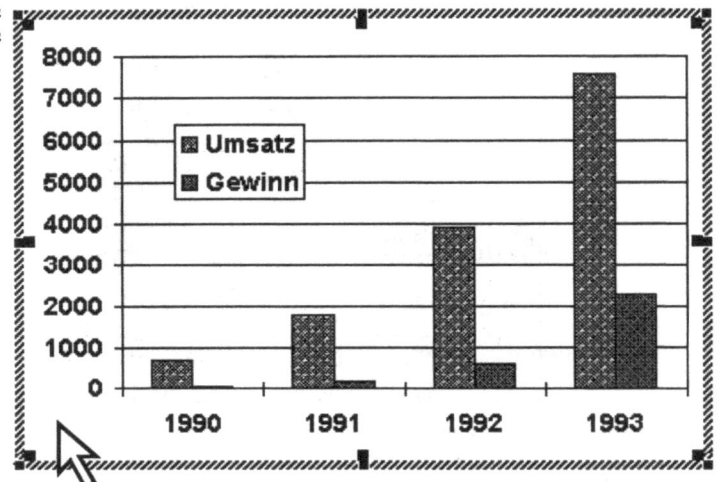

Klicken Sie in der Menüleiste auf *Format/AutoFormat*. In der Dialogbox ist das standardmäßig vorgegebene 3D-Säulendiagramm vorbesetzt. Klicken Sie auf *Säulen*.

Über die Dialogbox Autoformat werden die einzelnen Diagrammtypen ausgewählt

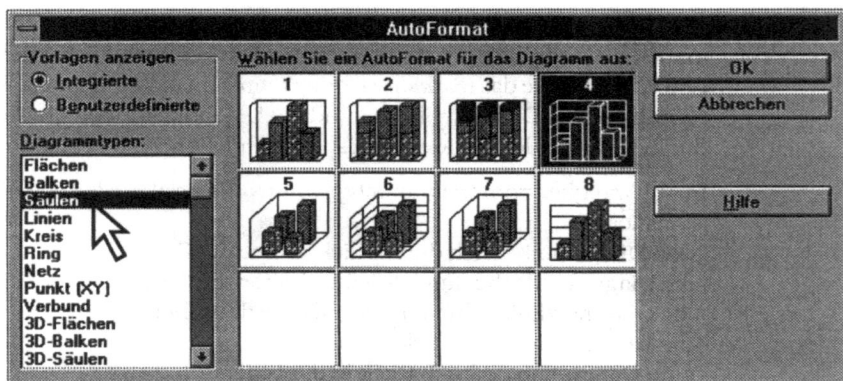

5.1 Umsatz- und Gewinnentwicklung (Folie 7)

Bestätigen Sie in der Dialogbox *AutoFormat* das Säulendiagramm mit der Nr. 6. Klicken Sie in die Folie, so daß Graph geschlossen wird. Geben Sie der Folie den Titel: Umsatz- und Gewinnentwicklung.

Markieren Sie das Diagramm, geben Sie ihm die Formate Linie, Schatten und Füllbereich weiß. Die fertige Folie sollte der folgenden Abbildung gleichen.

Folie 7 im endgültigen Zustand

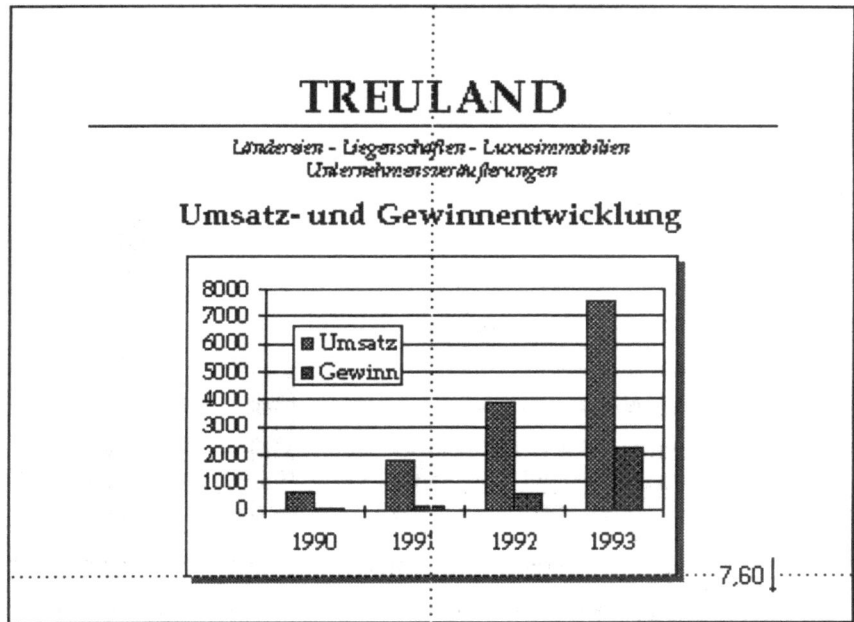

Hinweise zum Markieren einzelner Diagrammelemente

Die Schriftart im gesamten Diagramm mit Legende haben Sie umformatiert, nachdem Sie das Diagramm insgesamt (= Diagrammbereich) markiert haben. Wollen Sie einzelne Elemente umformatieren, so müssen Sie sie einzeln markieren. Ein Klick mit der rechten Maustaste öffnet das Kontextmenü. Hier sehen Sie, wie Sie das markierte Element umformatieren können. Zwei Elemente, nämlich die Diagrammfläche und die Legende, können Sie darüber hinaus durch Klick auf den Markierungsrahmen und Ziehen verschieben.

In Abhängigkeit vom Diagrammtyp können Sie im aktuellen Fall markieren und formatieren:
- den Diagrammbereich durch Klick in eine der Ecken,
- die Diagrammfläche durch Klick zwischen die Gitternetzlinien,
- die Gitternetzlinien durch Klick auf eine derselben,
- die Legende durch 1. Klick gesamt,
- eine Datenreihe durch 2. Klick in die Legende,
- die Achsen durch Klick auf dieselben.

Versuchen Sie, die verschiedenen Elemente zu markieren. Die Formatierungsmöglichkeiten, die Graph bietet, sind gewaltigen Umfangs, Sie werden sie noch kennenlernen. Markieren Sie zuerst den Diagrammbereich, und rufen Sie das Kontextmenü auf. Markierungen heben Sie durch Eingabe der Esc-Taste auf.

Diagrammbereich markiert, Kontextmenü aktiv

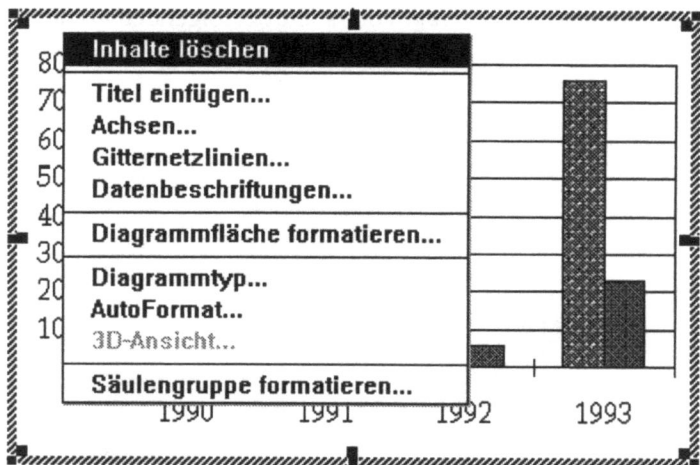

Markieren Sie durch Klick zwischen die Gitternetzlinien die Diagrammfläche. Durch Klick auf den Markierungsrahmen und Ziehen können Sie sie im Diagrammbereich verschieben.

Diagrammfläche markiert, Kontextmenü aktiv

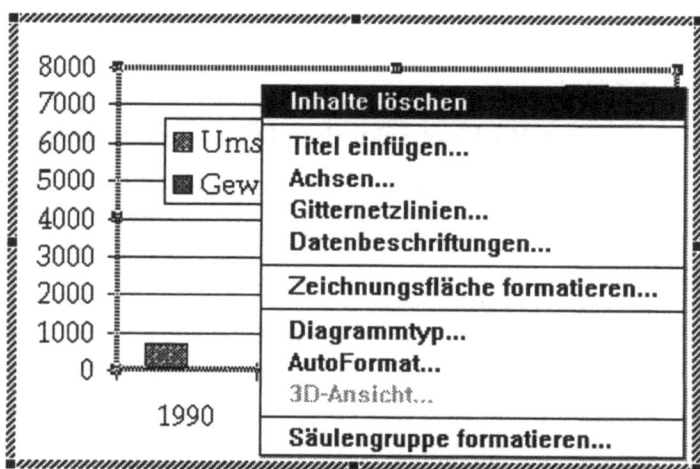

Schalter Vertikale und Horizontale Gitternetzlinien

Klicken Sie auf eine Gitternetzlinie. Durch Eingabe der Esc-Taste würden Sie die horizontalen Gitternetzlinien entfernen können. Klicken Sie auf die Schalter Vertikale und Horizontale Gitternetzlinien. Die Gitternetzlinien werden dadurch ein- bzw. ausgeschaltet.

5.1 Umsatz- und Gewinnentwicklung (Folie 7)

Gitternetzlinie markiert, Kontextmenü aktiv

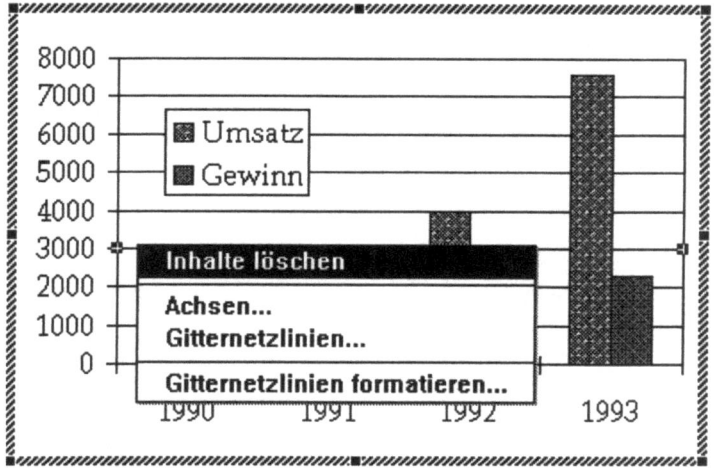

Klicken Sie in die Legende, die Sie durch Klick auf den Rahmen und Ziehen verschieben können.

Legende markiert, Kontextmenü aktiv

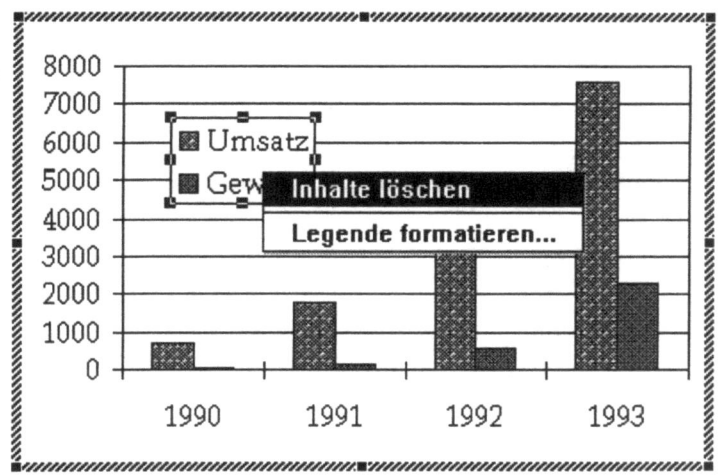

Ein weiterer Klick in die Legende markiert eine der Datenreihen, die gelöscht oder umformatiert werden kann.

Datenreihe der Legende markiert, Kontextmenü aktiv

Wichtig im konkreten Fall ist, daß Sie einzelne Datenpunkte markieren und manipulieren können. Wichtig deshalb, weil im Diagramm der Gewinn von 30 Millionen kaum erkennbar ist. Auch der Gewinn von 163 Millionen ist nur schwach zu sehen. Diese beiden Werte können Sie in der Darstellung einzeln verändern, ohne die Tabelle nutzen zu müssen, die als Grundlage für die Darstellung dient. Markieren Sie durch Klick auf eine der Säulen eine Datenreihe.

Datenreihe Umsatz markiert

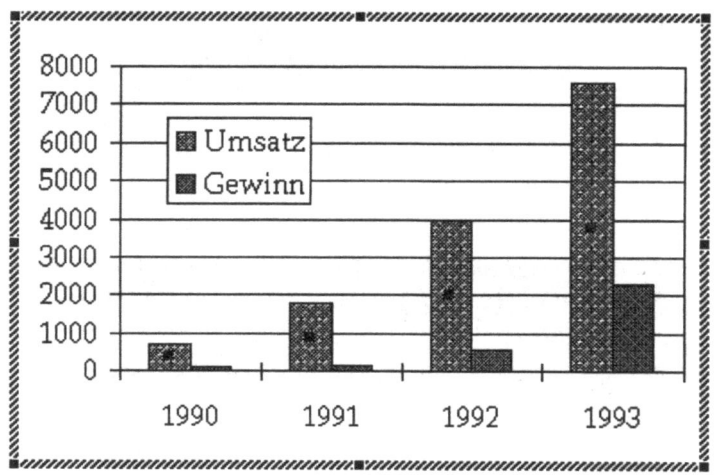

Die einzelnen Datenpunkte erhalten einen Markierungspunkt. Markieren Sie die Datenreihe Gewinn, klicken Sie auf den Markierungspunkt des Gewinns 1990.

Datenpunkt markiert. Durch Ziehen nach oben wird die Säule vergrößert

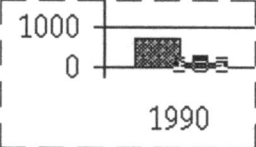 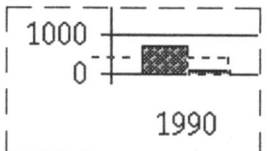

Beim Ziehen an dem Markierungspunkt wird ein Doppelpfeil sichtbar, zugleich zeigt eine gestrichelte Linie die Position an. Nach Loslassen der Maustaste ist der Datenpunkt verändert. Aber Vorsicht! Der Wert hat sich in Ihrer Tabelle ebenfalls verändert! Sehen Sie dort nach.

Die Veränderung eines Datenpunkts im Diagramm ruft eine Aktualisierung in der Tabelle hervor

		A	B	C	D	E
		1990	1991	1992	1993	
1	Umsatz	698	1769	3980	7576	
2	Gewinn	400	163	584	2272	
3						
4						

TREULAND.PPT - Tabelle

5.1.1 Grundsätzliches zur Tabelle

In die Tabelle werden Beschriftungen (Text) und Werte (Zahlen) eingegeben. Aus diesen Daten errechnet Graph die grafische Darstellung des Diagramms. Allerdings können, im Gegensatz zu Tabellenkalkulations-Programmen, keine Berechnungen durchgeführt werden.

Die Tabelle ist in Zeilen (waagerechte Anordnung) und Spalten (senkrechte Anordnung) gegliedert. Der Schnittpunkt einer Zeile und einer Spalte ist eine Zelle. Maximal können 4.000 Zeilen und 4.000 Spalten belegt werden. Das sind insgesamt 16.000.000 Zellen. Es wäre freilich absurd, mit solchen ungeheuren Datenmengen in einer Präsentation arbeiten zu wollen.

Einzelelemente der Tabelle

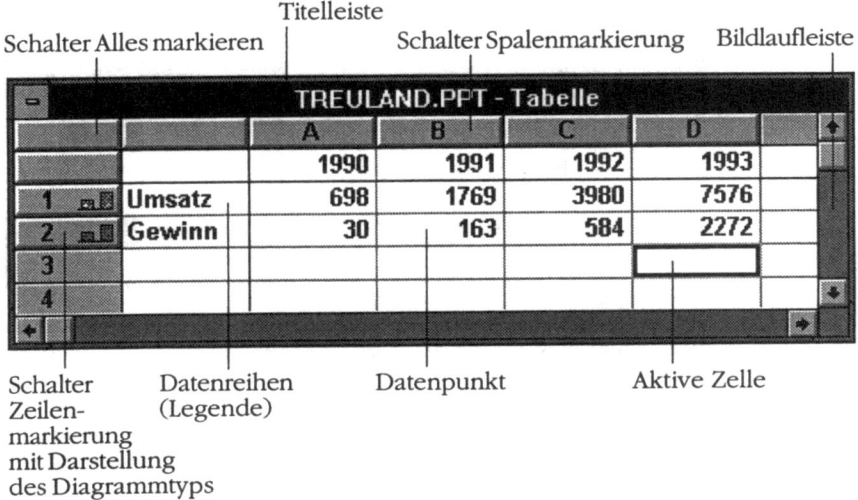

Schriftformate vergeben Sie über die Ihnen von PowerPoint her bekannten Schalter und Felder. Diese Formate gelten für die gesamte Tabelle, also nicht etwa für einzeln markierte Elemente. Abgesehen von den Markierungen über die Schalter können Sie einen Bereich der Tabelle durch Dauerklick markieren.

Durch Dauerklick markierter Bereich

Solche Markierungen benötigen Sie immer dann, wenn Sie bestimmte Bereiche über die Zwischenablage in eine andere Anwendung aufnehmen wollen.

Ihre Tabelle beinhaltet relativ kurze Texte und Werte mit wenigen Schreibstellen. Es wird aber vorkommen, daß Sie längere Texte einzugeben haben. Machen Sie einen Versuch, speichern Sie vorher die Datei, damit Sie sie ggf. im alten Zustand wieder aufrufen können.

Doppelklicken Sie in die Zelle "Umsatz", hinter das Wort. Die Zelle ist markiert, hinter dem Wort blinkt der Cursor.

Zelle im Textmodus markiert, der Cursor ist als blinkender Strich sichtbar

		A	B	C	D	E
		1990	1991	1992	1993	
1		Umsatz	698	1769	3980	7576
2		Gewinn	400	163	584	2272
3						
4						

TREULAND.PPT - Tabelle

Schreiben Sie: **Entwicklung** (wäre die Zelle im Objektmodus markiert, müßten Sie den ganzen Begriff "Umsatzentwicklung" eintragen).

Geänderte Zellenbeschriftung

		A	B	C	D	E
		1990	1991	1992	1993	
1		Umsatzentwicklung		1769	3980	7576
2		Gewinn	400	163	584	2272
3						
4						

TREULAND.PPT - Tabelle

Ändern Sie im gleichen Verfahren die Zelle "Gewinn".

Ist die Beschriftung einer Zelle zu lang, so kann sie in der Standardeinstellung nicht voll angezeigt werden

		A	B	C	D	E
		1990	1991	1992	1993	
1		Umsatzent	698	1769	3980	7576
2		Gewinnentwicklung		163	584	2272
3						
4						

TREULAND.PPT - Tabelle

Problem: Die Spaltenbreite reicht nicht aus, um die Beschriftung anzuzeigen. Die Lösung: Klicken Sie auf den rechten Rand des Schalters *Spaltenmarkierung*. Der Cursor nimmt die Form eines Doppelfeils mit einer senkrechten Linie an. Ziehen Sie den Rand des Schalters nach rechts, bis die Beschriftung insgesamt sichtbar wird.

5.1.1 Grundsätzliches zur Tabelle

Klicken Sie mit der rechten Maustaste auf den Schalter *Spaltenmarkierung*. Das Kontextmenü wird eingeblendet.

Klick mit der rechten Maustaste blendet das Kontextmenü ein

Nach Klick auf *Spaltenbreite* öffnet sich die Dialogbox, in der Sie nun die über die Maus eingestellte Spaltenbreite (Zeichenstellen) sehen können. Natürlich können Sie auch hier durch Überschreiben und Bestätigen die Spaltenbreite ändern. In der Standardeinstellung beträgt die Spaltenbreite 9 Zeichenstellen.

Die Dialogbox Spaltenbreite ermöglicht individuelle Änderungen oder das Zrücksetzen auf Standard

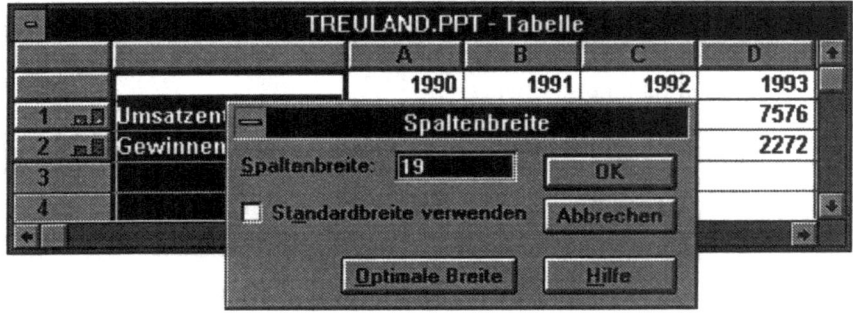

Klick auf den Schalter *Optimale Breite* würde im übrigen bewirken, daß die Zellbreite der Breite der Einträge angepaßt würde.

Klick auf den Schalter Optimale Breite (Dialogbox Spaltenbreite) paßt die Zellbreite den Einträgen an

Da die Tabelle, wie oben gesagt, "nur" die Daten zur Berechnung des Diagramms liefert, fragen Sie sich vielleicht, wozu die ganzen Formatierungen gut sind.

Wahrscheinlich benötigen Sie für Ihren Vortrag die exakten Daten von Umsatz und Gewinn. Es wäre also sinnvoll, die Tabelle in das entsprechende Notizblatt einzufügen. Sicher möchten Sie auch, daß sie in den TREULAND-üblichen Formaten erscheint. Formatieren Sie sie also über Schalter und Felder der Formatleiste: Palatino normal, 12p Schriftgröße.

Tabelle individuell formatiert und markiert

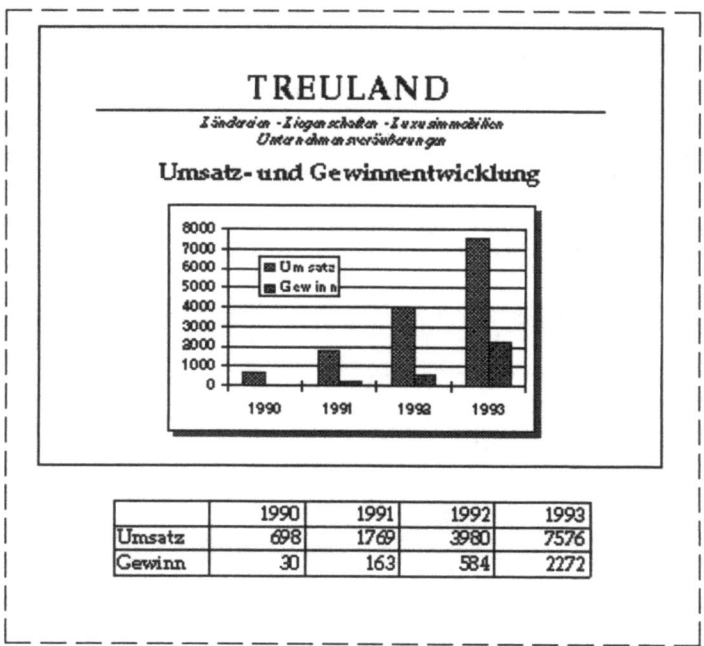

Dann wechseln Sie in die Notizblattansicht. Hier entfernen Sie den Textplatzhalter. Das ist wichtig. Würden Sie nämlich die Tabelle in den Platzhalter einfügen, so würde sie die Standardformate annehmen, also auch die Standardtabstops. Sie würde als Textobjekt eingefügt.

Klicken Sie auf den Schalter *Einfügen*. Die Tabelle wird in der in Graph formatierten Form eingefügt. Das Notizblatt der Folie 7 sollte der folgenden Abbildung gleichen.

Ausschnitt aus dem Notizblatt nach Einfügen einer Graph-Tabelle

5.2 Personalstruktur (Folie 8)

Schalter Diagrammtyp-Palette

In der Kreisgrafik gelangt nur eine Datenreihe zur Anzeige

Folie 8 der TREULAND-Präsentation zeigt die Personalstruktur in Form einer Kreisgrafik. Dieser Diagrammtyp macht den Anteil der verschiedenen Personalbereiche am Gesamtunternehmen sehr deutlich. Das Unternehmen beschäftigt insgesamt 734 Mitarbeiter. Dabei entfallen auf die einzelnen Bereiche:

Unternehmensleitung und Stabsstellen	348 leitende Angestellte
Bereich Produkte	59 Mitarbeiter
Bereich Finanzierung	127 Mitarbeiter
Bereich Vertrieb	200 Mitarbeiter

Rufen Sie Folie 8 auf, entfernen Sie den Textplatzhalter, schreiben Sie den Titel: **Personalstruktur**

Klicken Sie auf den Schalter *Diagramm einfügen*. Graph öffnet sich mit den bekannten Platzhaltern (Tabelle, Diagramm). Klicken Sie auf Pfeil unten, rechts neben dem Schalter *Diagrammtyp-Palette*. Damit öffnen Sie das Drop-Down-Menü für die Diagrammtypen: links die zweidimensionalen, rechts die dreidimensionalen Typen. Klicken Sie auf den zweidimensionalen Kreis, dann schalten Sie die Tabelle aus. An den weinigen Kreissegmenten, die dargestellt werden, können Sie schon erkennen, daß nur eine Datenreihe zur Anzeige gelangt. Im aktuellen Fall ist das die Datenreihe Ost.

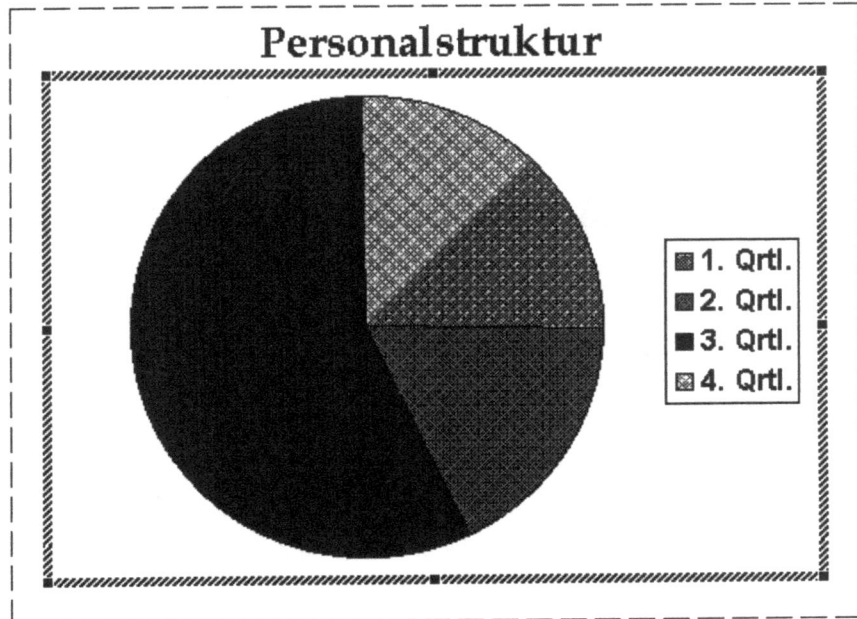

Rufen Sie das Menü *Format/AutoFormat* auf. Nr. 1 ist vorbesetzt, klicken Sie auf Nr. 6, bestätigen Sie. Den Kreissegmenten werden Prozentanteile zugeordnet.

*Schalter
Legende*

Löschen Sie die Legende durch Klick auf den Schalter (er löscht bzw. blendet die Legende ein).

Blenden Sie die Tabelle ein. An der Darstellung (Schalter *Zeilenmarkierung*) erkennen Sie, daß tatsächlich nur Zeile 1 aktiv und Grundlage der Berechnung des Diagramms ist. Löschen Sie die Werte aus der Tabelle.

Tabelle nach Löschen der Werte

		A	B	C	D	E
		Segment	Segment 2	Segment 3	Segment	
1	Ost					
2	West					
3	Nord					
4						

Bringen Sie die Tabelle in einen Zustand wie unten abgebildet. Falls Sie nicht alle aktiven Zeilen und Spalten einsehen können, vergrößern Sie das Fenster durch Ziehen an den Rändern.

Tabelle mit neuen Beschriftungen

		A	B	C	D	E
	Personalanteil	Segment 1	Segment 2	Segment 3	Segment 4	
1	Stabsstellen					
2	Produkte					
3	Finanzierung					
4	Vertrieb					
5						
6						

Tragen Sie nun in Spalte A die Daten für die Bereiche ein. Dann schalten Sie die Tabelle aus. Entspricht das Ergebnis Ihren Erwartungen?

Für das Diagramm wurde im aktuellen Fall nur ein Datenpunkt zur Berechnung herangezogen

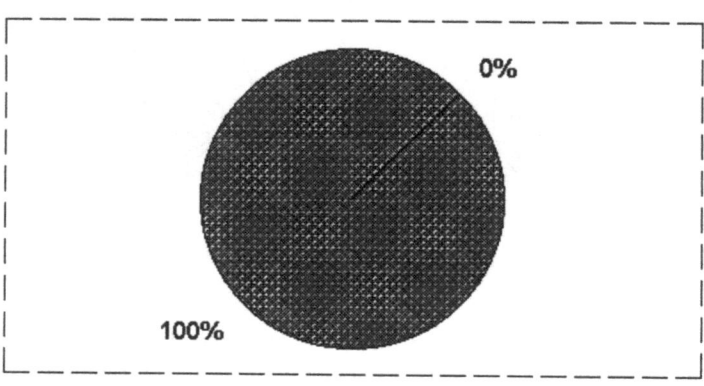

5.2 Personalstruktur (Folie 8)

Schalter Datenreihe in Spalten

Keine Aufregung! Es hat seine Ordnung, nur noch nicht die richtige. In der Standardeinstellung stellt Graph Datenreihen in Zeilen dar. Die Datenreihe der ersten Zeile enthält aber nur einen einzigen Datenpunkt, nämlich 348. Um die gesamte Datenreihe, die aus vier Datenpunkten besteht, darstellen zu können, müssen Sie Graph mitteilen, daß sie in Spalten angezeigt werden soll. Klicken Sie in der Menüleiste auf *Daten/Datenreihe in Spalten*.

Kreisdiagramm im aktuellen Zustand, Datenreihe in Spalten

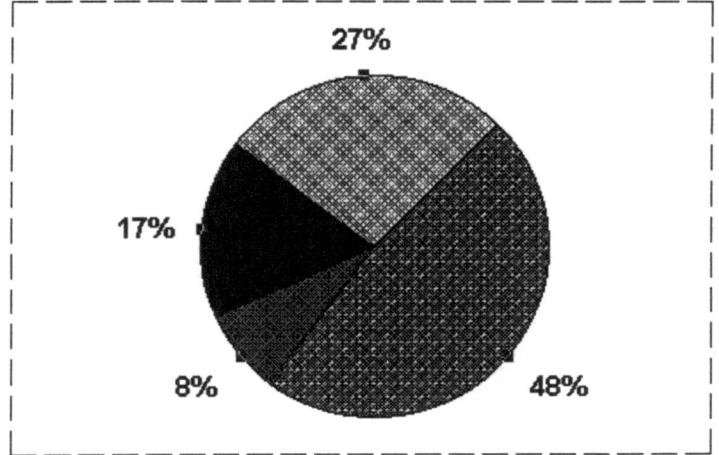

Eine weitere Korrektur: Sie wollen, daß das Kreissegment der Stabsstellen bei 12 Uhr beginnt (oben Mitte). Klicken Sie in *Format/1 Kreisgruppe*. Die Dialogbox *Kreisgruppe formatieren* wird geöffnet.

Dialogbox Kreisgruppe formatieren

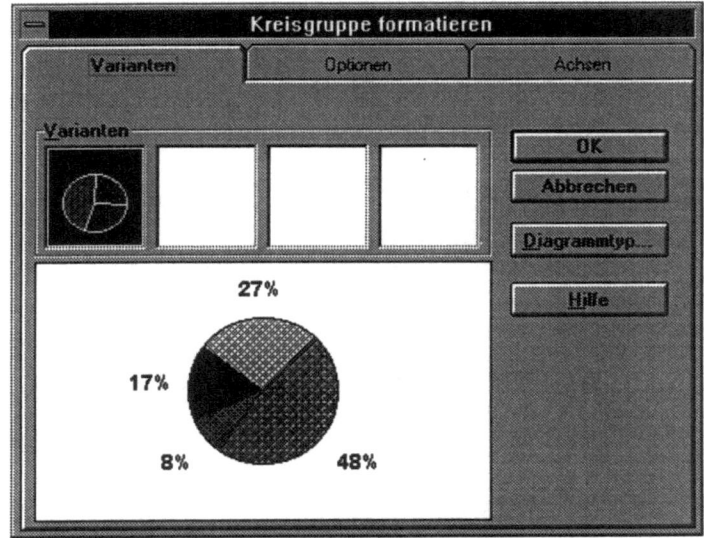

Klicken Sie auf die Karteikarte *Optionen*. Sie sehen, daß der Winkel des 1. Segments auf 45 Grad vorbesetzt ist. Markieren Sie den Eintrag, überschreiben Sie ihn mit dem Wert 0 (oder benutzen Sie die Pfeile). Die Vorschau ändert sich dementsprechend, bestätigen Sie.

Winkel des 1. Kreissegments individuell eingestellt

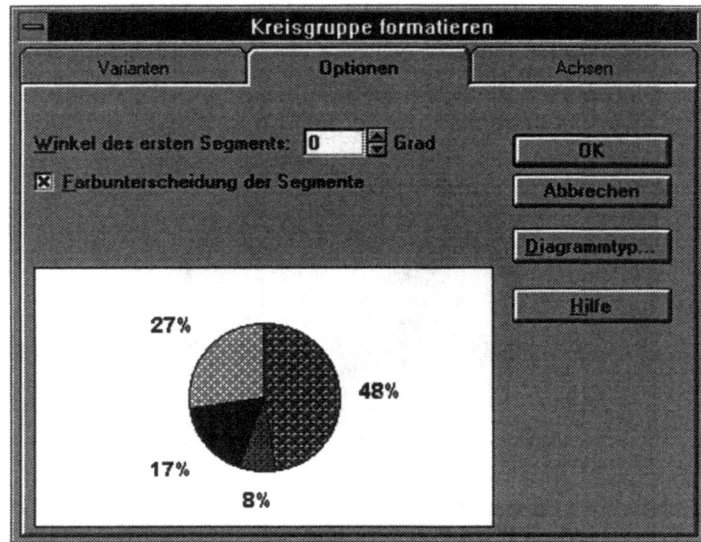

Da Sie nun das Ergebnis vor Augen haben, kommen Ihnen bezüglich der Gestaltung der Folie Bedenken. 48% Stabsstellen, das ist selbst für ein gut situiertes Unternehmen peinlich. Da sind die tätsächlichen Zahlen doch weniger verfänglich. Außerdem: wenn Sie Text dazustellen, fallen die Zahlen optisch weniger auf.

Dafür bietet Graph zwar auch eine Lösung, nämlich das Einfügen von Datenbeschriftungen.

Über die Dialogbox Datenbeschriftungen erhalten die Datenpunkt zugeordnete Texte

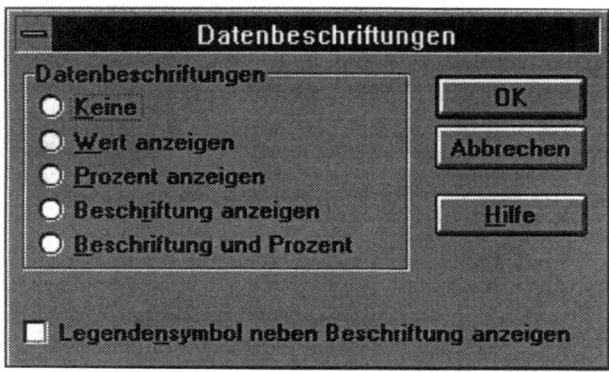

5.2 Personalstruktur (Folie 8)

In der Folie aber haben Sie mehr Bewegungsfreiheit, außerdem können Sie die Größenverhältnisse und den Stand der Beschriftung leichter kontrollieren. Wählen Sie deshalb *Format/AutoFormat/Kreis/Nr. 1*, kehren Sie in die Folie zurück (Esc-Taste). Richten Sie die Grafik so her, daß sie der folgenden Abbildung gleicht.

Folie 8 im aktuellen Zustand

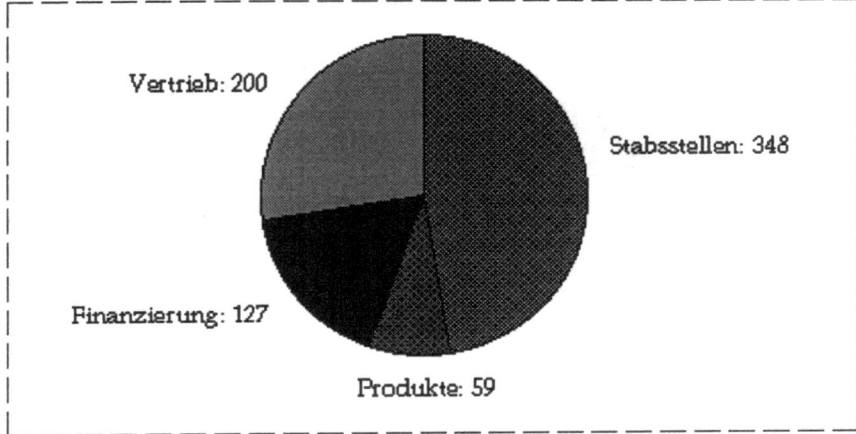

Drucken Sie Folie 8. Die Begutachtung des Drucks zeigt, daß die von Graph standardmäßig vorgegebenen Farben im Schwarzweiß-Ausdruck Rasterstufen ergeben, die sehr dicht beieinanderliegen und kaum zu unterscheiden sind. Um eine bessere optische Trennung der Kreissegmente zu erzielen, müssen Sie also andere Farben wählen.

Klick in den Kreis markiert alle Segmente (Abbildung links). Ein 2. Klick in ein Segment markiert dieses (Abbildung rechts)

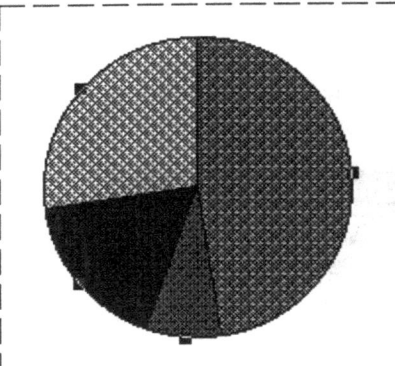 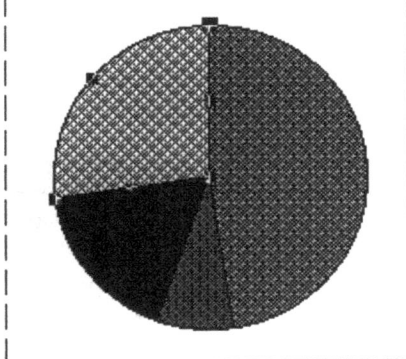

Markieren Sie zuerst den Kreis, durch einen zweiten Klick auf ein Segment den entsprechenden Datenpunkt. Wie Sie schon in Folie 7 gesehen haben, können Sie auch im Kreisdiagramm die Einzelelemente durch Klick markieren. Im aktuellen Fall sind dies Diagrammbereich, Diagrammfläche, Datenreihe (Abbildung links) und Datenpunkt (Abbildung rechts).

Markieren Sie das Kreissegment "Vertrieb". Klicken Sie auf Pfeil unten, rechts neben dem Schalter *Farbe-Palette*. Das Drop-Down-Menü für die Farben wird eingeblendet. Wählen Sie für das Segment Vertrieb ein dunkles Grau. Dann markieren Sie gegen den Uhrzeigersinn nacheinander die anderen Segmente und geben ihnen hellere Grautöne.

Schalter Farbe-Palette

Im Pull-Down-Menü für den Füllbereich können Sie einzelne Datenpunkte bzw. Datenreihen mit Farben Ihrer Wahl versehen. Klick auf die Farbfläche stellt die Farbe ein, die dann auch im Schalter erkennbar ist.

Kehren Sie zu PowerPoint zurück. Ihre Folie sollte jetzt der folgenden Abbildung gleichen.

Folie 8 in vorläufig fertigem Zustand

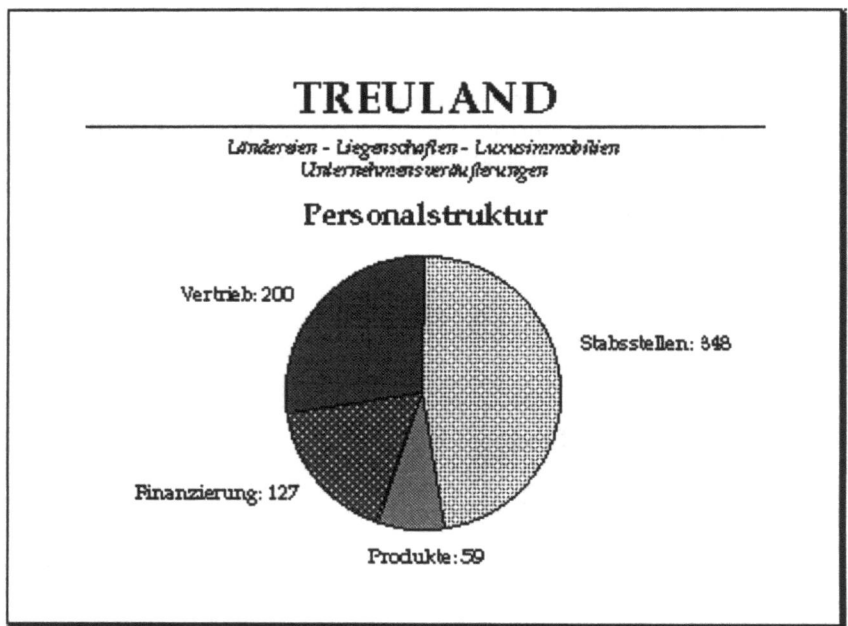

Hinweis
Über das Menü *Format/AutoFormat* können Sie dem Diagramm die Standardfarben zurückgeben. Klicken Sie in der Dialogbox auf das entsprechende Format, so werden die individuell eingestellten Farben auf Standard zurückgesetzt.

5.2.1 Grundsätzliches zum Diagramm

Dem Segment Vertrieb haben Sie das dunkle Grau zugeordnet. Das war gut, denn so fällt es am ehesten ins Auge. Sie können noch ein übriges tun, um es noch mehr zu betonen: Markieren Sie es, und ziehen Sie es ein wenig aus dem Kreis heraus.

Nach Markieren können einzelne Segmente aus dem Kreis herausgezogen werden

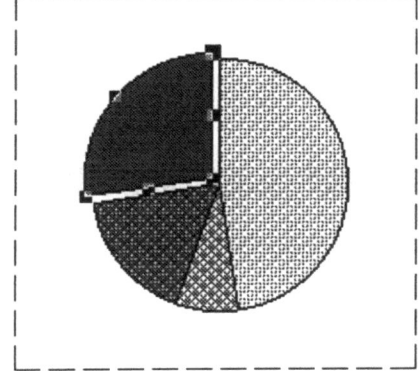

Rücken Sie in der Folie die Beschriftung ein wenig nach, bringen Sie Diagramm und Beschriftungen etwas tiefer. Damit ist Folie 8 fertig.

5.2.1 Grundsätzliches zum Diagramm

Im Diagramm werden die Daten, die in die Tabelle eingegeben wurden, als Grafik dargestellt. Der Aufbau des Diagramms entspricht also dem der Tabelle.

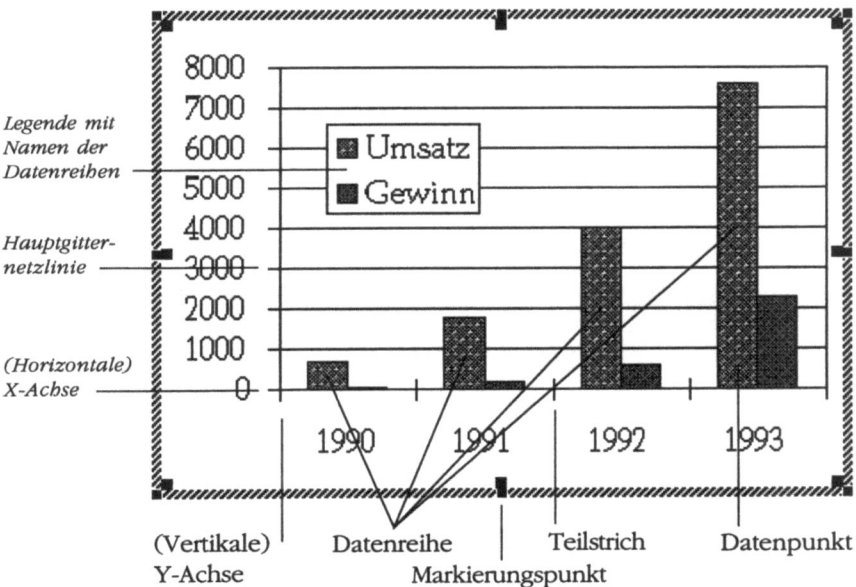

Sie erinnern sich an die Tabelle zum Diagramm.

Tabelle zum Diagramm, Datenreihen in Zeilen

		A	B	C	D
		1990	1991	1992	1993
1	Umsatz	698	1769	3980	7576
2	Gewinn	30	163	584	2272
3					

Schalter Datenreihe in Zeilen (links) und Datenreihe in Spalten (rechts)

Klick auf den Schalter Datenreihe in Spalten würde dasselbe Diagramm so darstellen:

Dieselben Daten, Datenreihen in Spalten dargestellt

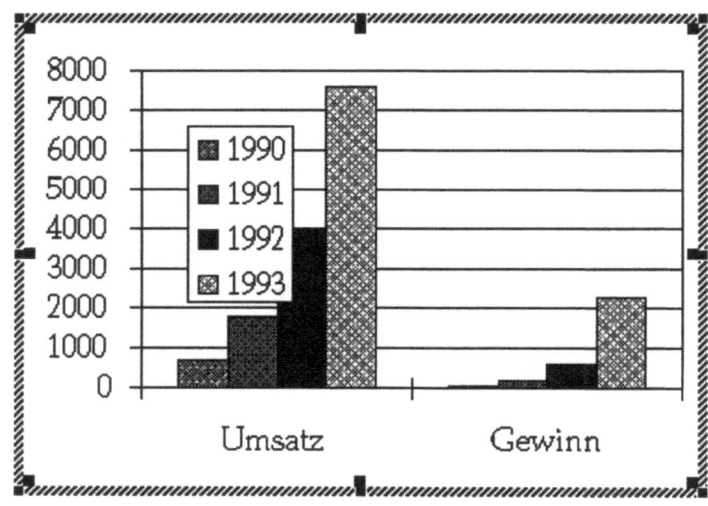

Nach der Umformatierung würde die entsprechende Tabelle anzeigen, daß die Darstellung in Spalten erfolgt. Sie sehen also schon an der Tabelle, wie das Diagramm formatiert wird. Auch Farben und Diagrammtyp werden angezeigt.

Tabelle nach Umformatierung: Die Datenreihen werden in Spalten dargestellt

		A	B	C	D
		1990	1991	1992	1993
1	Umsatz	698	1769	3980	7576
2	Gewinn	30	163	584	2272
3					

5.2.1 Grundsätzliches zum Diagramm 161

Schalter Horizontale und Vertikale Gitternetzlinien

Horizontale und vertikale Hauptgitternetzlinien eingeschaltet

Auch die Gitternetzlinien können durch Klick auf Schalter zugewiesen bzw. entzogen werden. Sind beide Schalter angeklickt, so zeigt das Diagramm folgende Strukturierung:

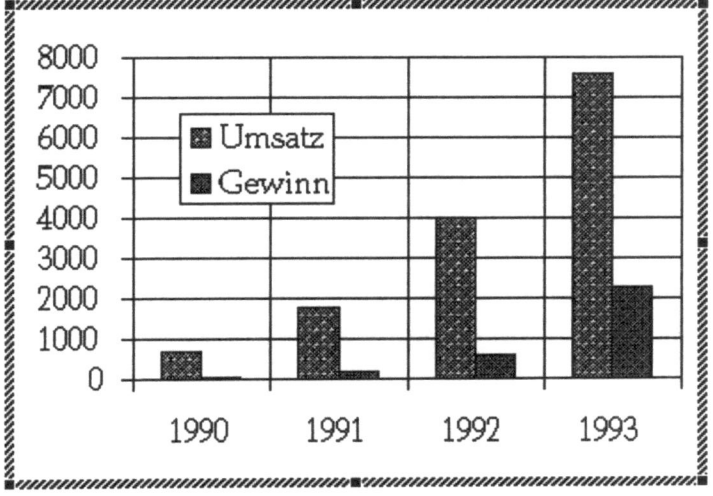

Wie schon weiter oben gesagt, können Sie Diagrammen individuelle Texte hinzufügen. Klicken Sie auf den Schalter *Text*. Der Cursor nimmt die Form eines kleinen Kreuzes an. Ziehen Sie innerhalb der Diagrammfläche einen Rahmen in der Größe, die Sie für das Textfeld vorsehen wollen.

Schalter Text

Über den Schalter Text können dem Diagramm individuelle Texte hinzugefügt werden. Ein Textrahmen zeigt den vorläufigen Stand des Objekts an

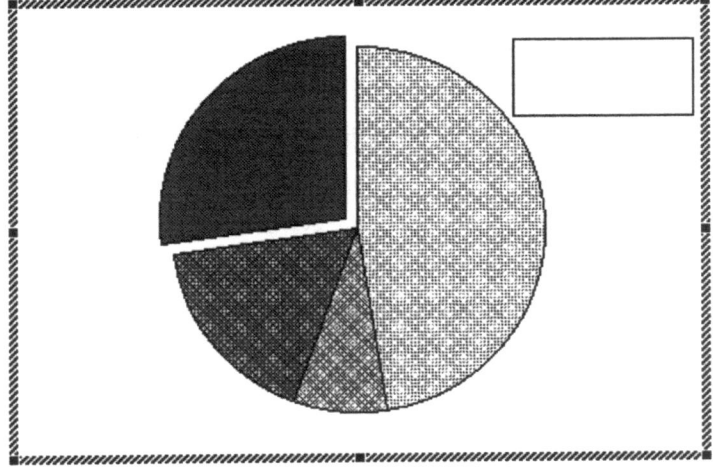

Anschließend blinkt der Cursor in der linken oberen Ecke des Textrahmens. Er zeigt Ihnen an, daß Sie den vorgesehenen Text eingeben können. Schreiben Sie den Text.

Über den Schalter Text eingegebener individueller Text

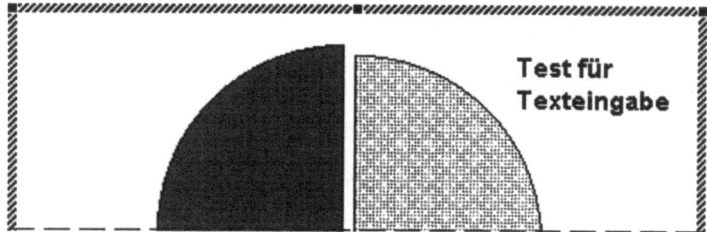

Ein erneuter Klick nach der Texteingabe markiert den Text im Objektmodus. Jetzt können Sie das Textobjekt im Diagrammbereich verschieben.

Nach Markierung im Objektmodus kann der Text an jede beliebige Stelle gezogen werden

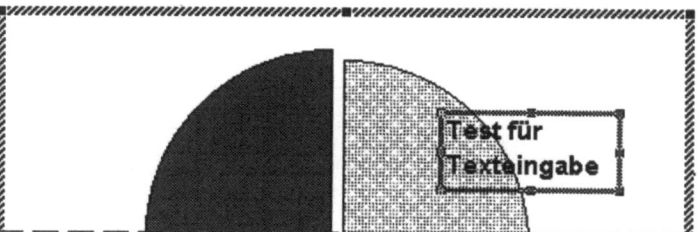

Den Diagrammbereich können Sie übrigens durch Ziehen an den Anfassern in der Größe beliebig verändern. Sie haben dadurch bessere Möglichkeiten, die Texte Ihren Wünschen entsprechend zu plazieren.

Auch über dieses Werkzeug hätten Sie dem Kreisdiagramm die Beschriftungen zuordnen können. Dennoch: In PowerPoint selbst haben Sie bessere Kontrollmöglichkeiten. Müssen Sie z.B. ein in die Folie eingefügtes Diagramm vergrößern oder verkleinern, so stimmen die Schriftgrade von Folie und Diagramm nicht mehr überein. In diesem Fall müßten Sie den Schriftgrad schon in Graph dementsprechend einstellen.

Die beste Kontrolle über alle Objekte in einer Folie haben Sie, wie schon gesagt, in der Folienansicht.

5.3 Gewinn- und Personalentwicklung (Folie 9)

Die letzte Folie der TREULAND-Präsentation muß noch gestaltet werden. Da Sie inzwischen ein Graph-PowerPoint-Experte sind, werden Sie keine Probleme haben. Machen Sie sich mit weiteren Hilfsmitteln vertraut. Rufen Sie Folie 9 auf, schreiben Sie den Titel. Dann klicken Sie auf den Schalter *Folienlayout zuweisen*.

Auch über Folienlayouts können die eingebetteten Anwendungen gestartet werden, hier Graph

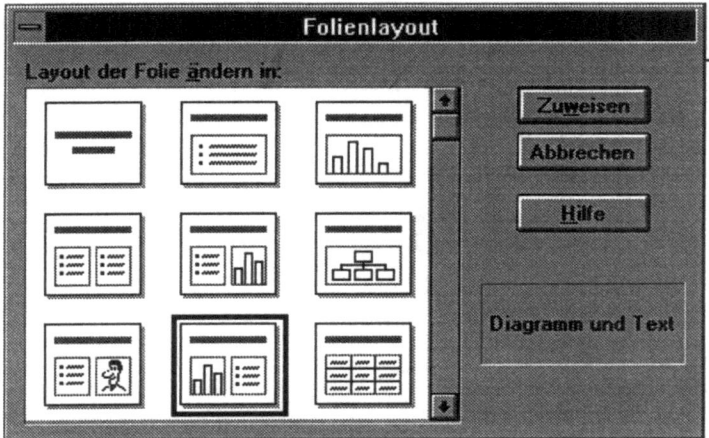

Wählen Sie das Layout in der Mitte der dritten Reihe (Diagramm und Text). Klicken Sie auf den Schalter *Zuweisen*. Zwar soll die Folie zwei Diagramme enthalten, ein solches Layout sieht aber PowerPoint nicht vor. Dennoch: Durch die Zuweisung des Layouts haben Sie die Größe der Platzhalter unter Kontrolle.

Folienlayout Diagramm und Text mit Platzhaltern

Bringen Sie den Diagrammplatzhalter in die unten abgebildete Form, entfernen Sie den Textplatzhalter.

Folie und Platzhalter nach dem Einrichten für individuelle Zwecke

Doppelklicken Sie in den Diagrammplatzhalter. Graph öffnet sich wie üblich. Schreiben Sie die Tabelle "Gewinnentwicklung". Markieren Sie die Zeilen 2 und 3, klicken Sie auf *Bearbeiten/Zellen löschen*. Die Tabelle sieht dann so aus:

Tabelle zum Diagramm Gewinnentwicklung

		A	B	C	D
		1990	1991	1992	1993
1	Gewinn	30	163	584	2272
2					
3					
4					

Alles weitere formatieren Sie im Diagramm. Schalten Sie die Tabelle aus. Schalten Sie die Legende aus. Formatieren Sie die Schrift wie für die TREULAND-Folien üblich.

Geben Sie dem Diagramm über den Schalter *Diagrammtyp-Palette* das Format *Zweidimensionales Säulendiagramm*. Markieren Sie die Diagrammfläche, ziehen Sie sie breiter. Beim Ziehen sehen Sie einen gestrichelten Rahmen.

5.2 Gewinn- und Personalentwicklung (Folie 9)

Beim Verändern der Diagrammfläche wird ein gestrichelter Rahmen sichtbar, der die Größe anzeigt

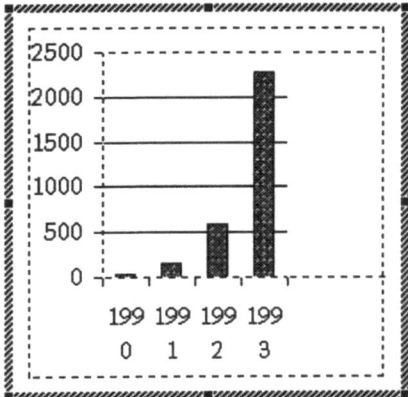

Nach dem Einschalten der vertikalen Gitternetzlinien sollte Ihre Folie der unten stehenden Abbildung gleichen.

Folie 9 nach Bearbeitung des ersten Diagramms

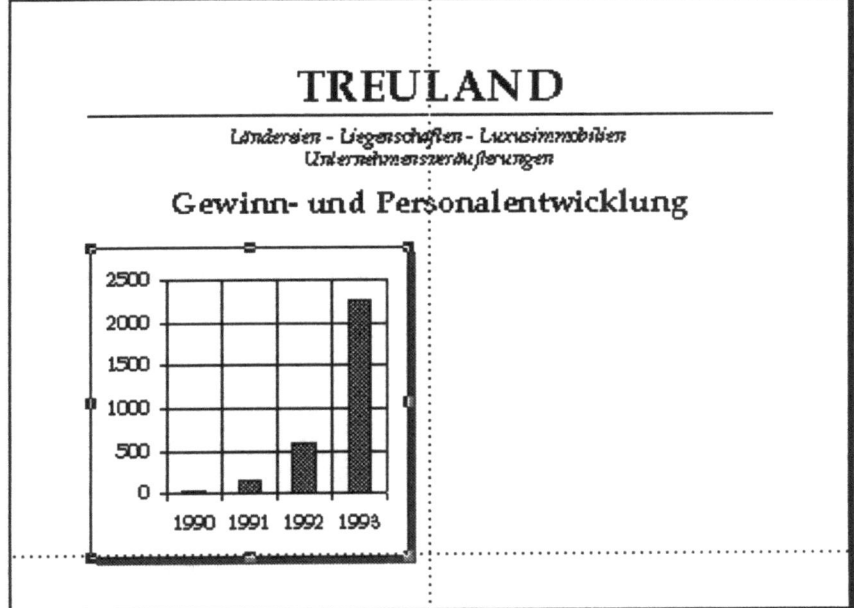

Kopieren Sie das Diagramm, fügen Sie es ein (Schalter). Ziehen Sie es rechts neben das Diagramm "Gewinn". Rufen Sie durch Doppelklick in das kopierte Diagramm Graph auf. Überschreiben Sie die Tabelle mit den neuen Werten.

Tabelle Personalentwicklung

		A	B	C	D	
		1990	1991	1992	1993	
1	Personal	3568	2333	1345	566	
2						

Durch einen kleinen Trick, nämlich das Kopieren, haben Sie alle Formate, Größen etc. im erforderlichen Zustand. Nur eines stört Sie: Das Diagramm "Personalentwicklung" zeigt viele waagerechte Gitternetzlinien. Graph berechnet die Skalierung der Achsen und versieht sie automatisch mit der Achseneinteilung. Wollen Sie also die Achseneinteilung der des Diagramms "Gewinnentwicklung" anpassen, so müssen Sie zu Graph zurückkehren. Rufen Sie Graph wieder auf, klicken Sie mit der rechten Maustaste auf die senkrechte Achse. Das Kontextmenü wird eingeblendet.

Kontextmenü zur Y-Achse

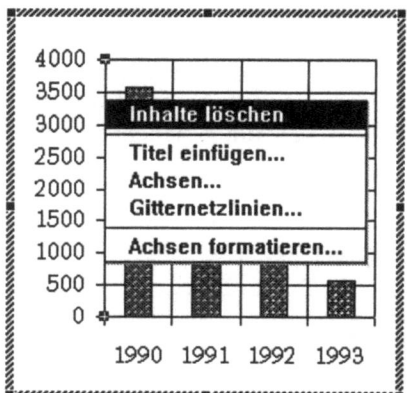

Klick auf die Option *Achsen formatieren* blendet eine umfangreiche Dialogbox ein. In ihr klicken Sie auf die Karteikarte *Skalierung*.

Die Dialogbox Achsen formatieren verfügt über umfangreiche Möglichkeiten zum Formatieren der Diagrammachsen

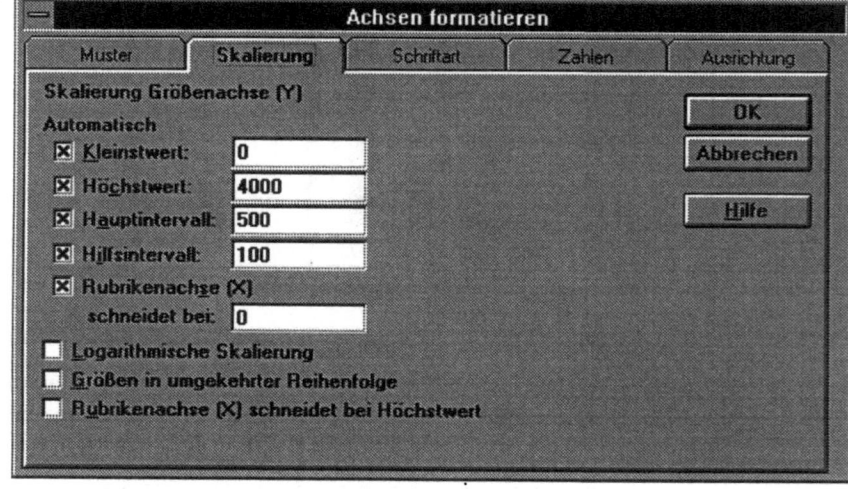

Hier legen Sie die Einteilung der Y-Achse in Bezug auf die Werte fest. Markieren Sie den vorgegebenen Wert 500 im Feld Hauptintervall, überschreiben Sie die Vorgabe mit dem neuen Wert 1000. Bestätigen Sie. Die Werte werden jetzt in 1000-er-Schritten angezeigt. Kehren Sie zur Folie zurück.

5.2 Gewinn- und Personalentwicklung (Folie 9)

Ziehen Sie noch zwei fette Linien mit Pfeilspitzen, um den Trend der jeweiligen Entwicklung zu verdeutlichen. Die Folie ist damit fertig.

Folie 9 im endgültigen Zustand

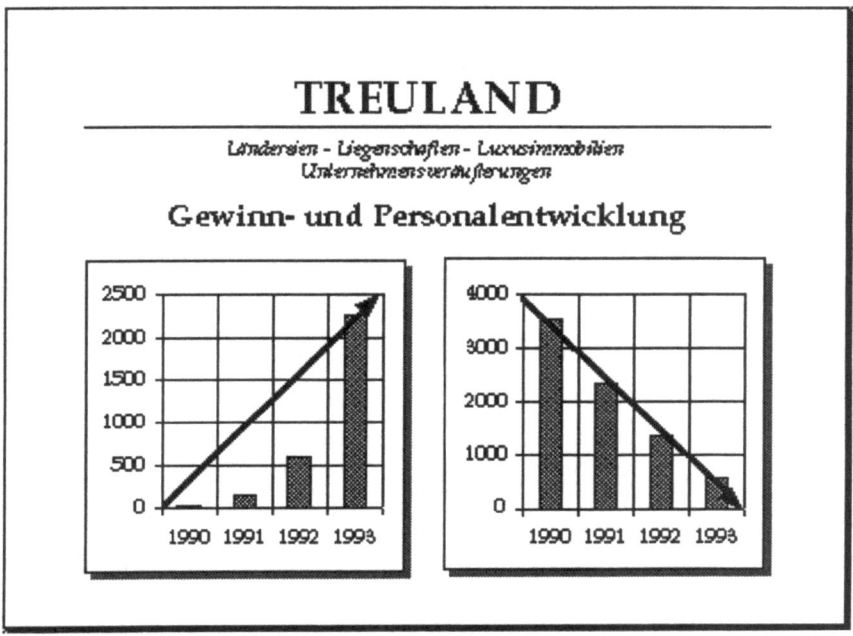

Hinweis

Errechnete Trendlinien können Sie in Graph einfügen. Markieren Sie die entsprechende Datenreihe, klicken Sie auf *Einfügen/Trendlinie*. Die Dialogbox *Trendlinie* wird eingeblendet.

Über die Dialogbox Trendlinie wird der markierten Datenreihe eine errechnete Trendlinie zugeordnet

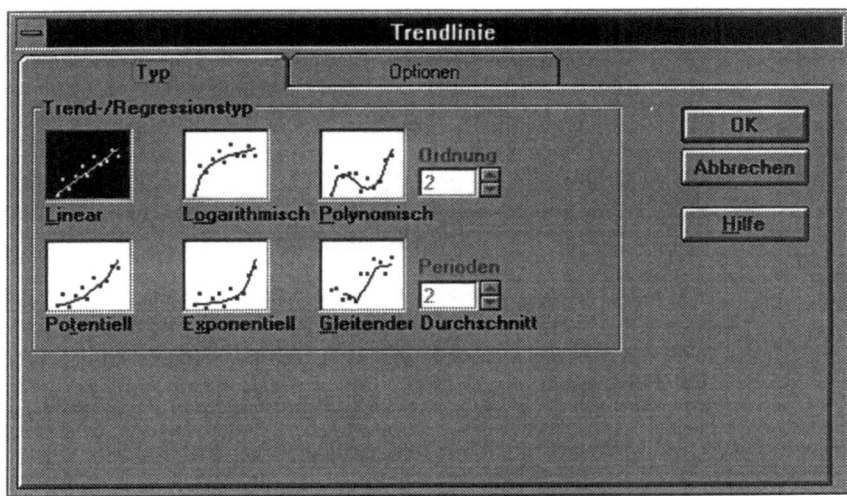

Klick auf *Potentielle* (Trendlinie) und Bestätigung fügen die Linie ein, sie ist zugleich markiert.

In Graph errechnete Trendlinie

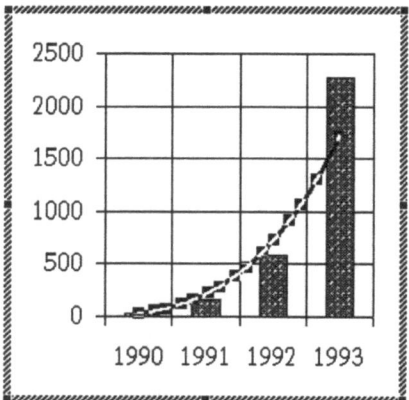

Diese Linie können Sie über *Format/Markierte Trendlinie* umformatieren. Den optischen Eindruck können Sie allerdings kaum beeinflussen, vor allem die Stärke der Linie.

Dialogbox Trendlinie formatieren

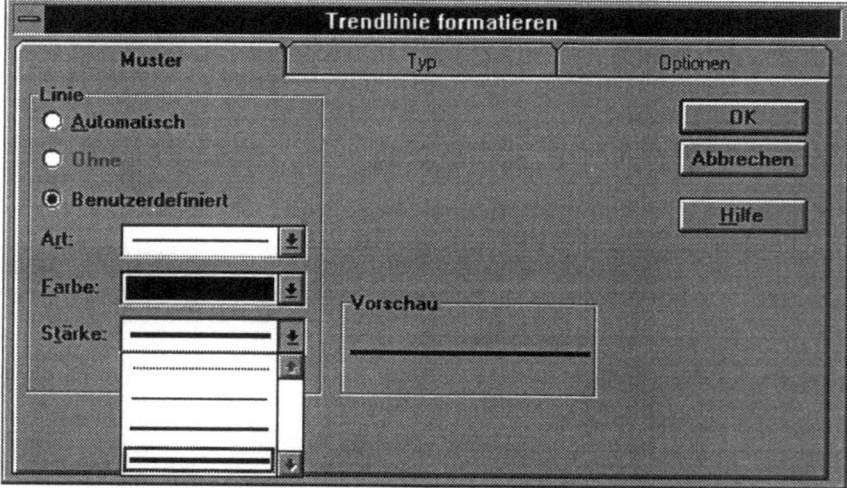

Bedenken Sie in diesem Zusammenhang, daß es in einer Präsentation im wesentlichen um den positiven optischen Eindruck geht. Errechnete Daten sind zwar zuverlässig, aber nicht immer geeignet, das eigentliche Anliegen optisch zu unterstützen.

5.4 Zusammenfassung

Die TREULAND-Präsentation ist für einen Ausdruck fertig. Alle Folien sind gestaltet. In der Foliensortierung müßten sie aussehen wie in der folgenden Abbildung.

Folien-sortierung TREULAND

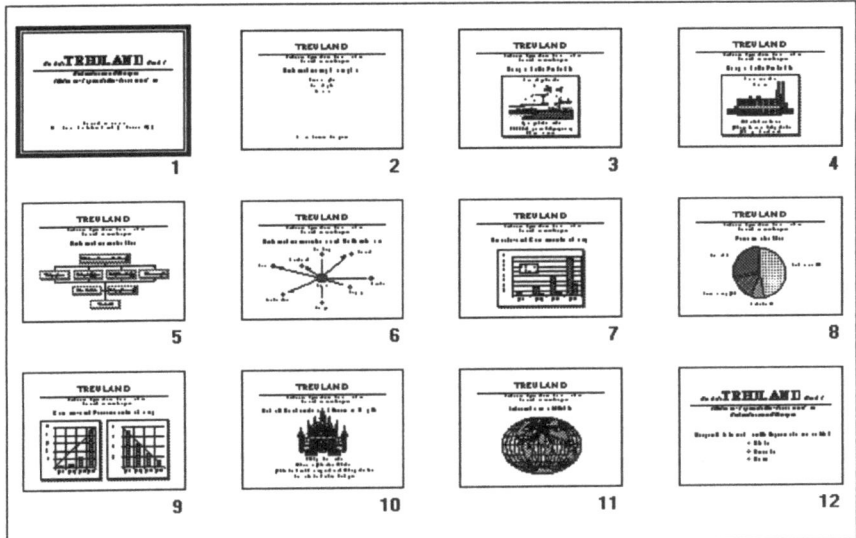

Schauen Sie sich auch die Notizblätter an, lassen Sie eine Bildschirmpräsentation laufen. Prüfen Sie die Gliederung.

Gliederung TREULAND

Ein Ausdruck der Folien sollte den Abbildungen auf den folgenden Seiten entsprechen.

Folie 1 — TREULAND Titel und Einstieg

Deutsche **TREULAND** Anstalt

Unternehmensveräußerungen
Ländereien - Liegenschaften - Luxusimmobilien

Unternehmenszentrale
35000 Kassel Wiesbadener Allee 40-100 Telefon 0561-100

Folie 2 — Unternehmensphilosophie

TREULAND

Ländereien - Liegenschaften - Luxusimmobilien
Unternehmensveräußerungen

Unternehmensphilosophie

Zuverlässigkeit
Aufrichtigkeit
Seriosität

Wissen - Können - Kompetenz

Folie 3 — Unternehmensinhalte

TREULAND

Ländereien - Liegenschaften - Luxusimmobilien
Unternehmensveräußerungen

Beispielhafte Produkte

Mautfähige Brücke
Willisau

2gleisige Bahnstrecke
2 KFZ-Fahrspuren/Fußgängerweg
4 Mautstationen

5.4 Zusammenfassung

Folie 4

Unternehmensinhalte

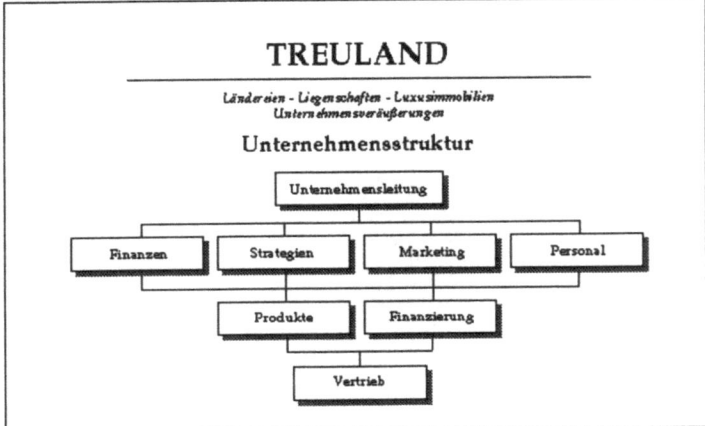

Folie 5

Unternehmensstruktur

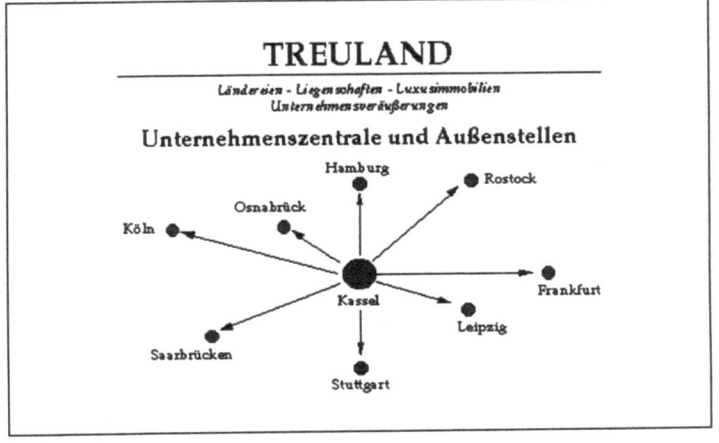

Folie 6

Unternehmensausweitung

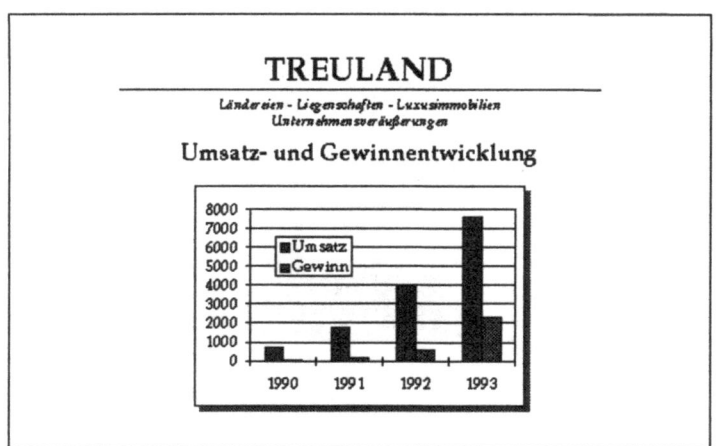

Folie 7

Umsatz- und Gewinn-entwicklung

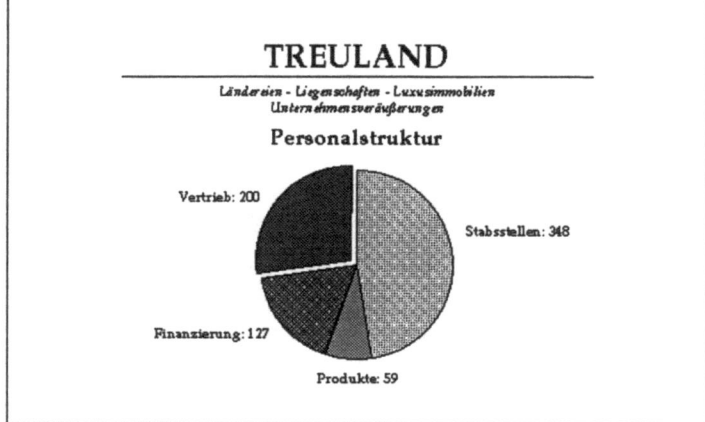

Folie 8

Personal-struktur

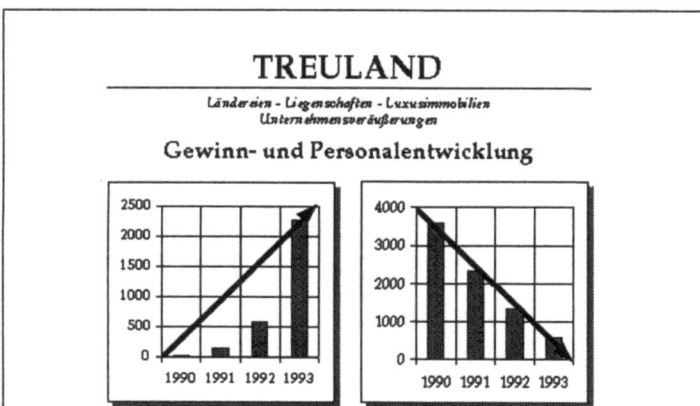

Folie 9

Gewinn- und Personal-entwicklung

5.4 Zusammenfassung

TREULAND Ländereien - Liegenschaften - Luxusimmobilien Unternehmensveräußerungen Schloß Reichenstolz ⸺ Füssen im Allgäu 4.346 qm Nutzfläche 77 Räume, 12 Küchen, 36 Bäder 123 ha Wald- und Wiesengrundstück, 34 ha großer See Herrlicher Ausblick auf die Alpen	Folie 10 Neue Produkte
TREULAND Ländereien - Liegenschaften - Luxusimmobilien Unternehmensveräußerungen Internationale Märkte 	Folie 11 A u s d e h - nung in internatio- nale Märkte
Deutsche **TREULAND** Anstalt Ländereien - Liegenschaften - Luxusimmobilien Unternehmensveräußerungen Ausgewählte Immobilien für Superreiche in aller Welt ● Afrika ● Amerika ● Asien	Folie 12 Ausklang *Auf der dem Buch beiliegenden Diskette finden Sie die Datei TREU-SW.PPT zum Vergleich*

5.4.1 Was – wie – warum?

Sicher fällt es auch dem Fachmann schwer, grundsätzliche Regeln für die Gestaltung von Drucksachen und ähnlichen Medien zu formulieren. So ist es nicht weiter verwunderlich, wenn man immer wieder nur auf sehr allgemein ausgedrückte Regeln stößt (Beispiel: "Gutes Design ist wenig Design", Dieter Rams). Schon in der Antike, so bei den Griechen, galt die Regel, daß Inhalt und Form sich decken sollten, wenn ein harmonisches Gesamtbild entstehen soll. Das Problem aber ist, daß es in der Tat kein Regelwerk gibt – etwa in dem Sinne, wie die Grammatik die korrekte Anwendung der Sprache darlegt.

Dennoch sei in aller Kürze versucht, die bei den vorliegenden Folien angewendeten Gestaltungsmerkmale zu erläutern. Vielleicht werden dadurch einige Prinzipien deutlich. Die inhaltliche Komponente soll in diesem Zusammenhang nicht behandelt werden.

Vergegenwärtigen Sie sich nochmals den Ablauf aller Folien: Zunächst einmal wurde versucht, die Folien in eine abwechslungsreiche optische Vielfalt zu bringen (verschiedene Grafiken). Gleichzeitig weisen sie aber auch alle verbindende Elemente auf (Format, Schrift, Stand der Objekte).

Damit sind schon die wesentlichen Gestaltungsmerkmale genannt:
- das Format,
- die Schriftarten, -schnitte und -grade,
- die eingesetzten Grafiken und
- die Farben (hier nicht relevant).

Nicht ohne Grund ist in PowerPoint das DIN A 4-Querformat standardmäßig eingestellt. Bildschirmpräsentationen laufen im Querformat, auch OHP-Folien sollten Sie im Querformat anlegen. Als Faustregel gilt: Bei Folien im DIN A 4-Hochformat sollte das untere Drittel nicht belegt sein. Begründung:
1. Eine voll belegte Folie im Hochformat beinhaltet zu viel Informationen und
2. vielfach sind Projektionswände, besonders in kleineren Räumen, so niedrig angebracht, daß der untere Teil der Folie von den Zuschauern nicht mehr eingesehen werden kann. Ein weiterer wichtiger Grundsatz in diesem Zusammenhang: geben Sie Schrift und Grafik genügend Raum, klemmen Sie sie nicht so in das Format, daß sie es zu sprengen drohen.

In Kapitel 1 wurden zum Anwenden von Schriften einige Hinweise gegeben. Im Beispiel TREULAND ist die Palatino verwendet, eine Antiquaschrift. Sie präsentiert das Unternehmen in einem seriösen Äußeren. Um aber auch Dynamik mit einfließen zu lassen, ist der Unternehmenszweck kursiv gesetzt. Die Folientitel sind in 28p fetter, alle übrigen Texte in 18p normaler Palatino gesetzt.

Faustregel: Texte sollten in OHP-Folien nicht kleiner als 18p groß gesetzt sein. Legen Sie ein bedrucktes Blatt Papier auf den Fußboden. Wenn Sie den Text im Stehen mühelos lesen können, ist der Schriftgrad für eine Folie ausreichend.

6 Farben

Einige wenige Male haben Sie bisher mit Farben gearbeitet; das geschah im Zusammenhang mit dem Füllbereich. Der Füllbereich ist der Bereich innerhalb des Markierungsrahmens (ähnlich wie der Diagrammbereich). In der Standardeinstellung für leere Präsentationen haben Textplatzhalter und über den Schalter *Text* geschriebene Texte keinen Füllbereich. Grafikobjekte, die Sie über die Schalter *Zeichnen* erstellen, haben dagegen grundsätzlich einen Füllbereich.

Standardeinstellungen sind solche, die Sie beim Öffnen einer leeren Präsentation vorfinden, z.B.:
- das Format,
- die Platzhalter für Titel und Text mit ihren Formaten,
- die Farben.

Manche Standardeinstellungen erkennen Sie auf den ersten Blick: Format, Hintergrundfarbe, Schrifteinstellungen. Hinweise solcher Art geben Ihnen die Formatleiste und die Stellung der Schalter. Andere Standards erkennen Sie nicht auf den ersten Blick, so die Farben der einzelnen Objekte.

Öffnen Sie eine neue, leere Präsentation. Klicken Sie in der Menüleiste auf *Format/Folienfarbskala*. Die Dialogbox wird eingeblendet.

In der Dialogbox Folienfarbskala sehen Sie die Voreinstellungen für die Farben

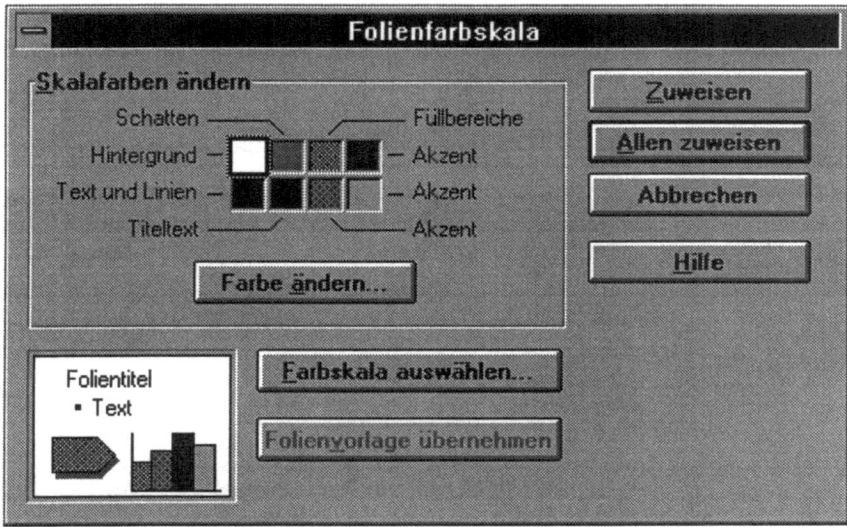

Über diese Dialogbox können Sie die Farbskala bzw. einzelne Farben einer ganzen Präsentation oder einzelner Folien ändern. Wichtig ist dabei, ob Sie in der Folienansicht oder in der Folienvorlage sind - wir kommen darauf zurück.

Schauen Sie sich zunächst das Feld *Skalafarben ändern* an.

*Das Feld
Skalafarben
ändern zeigt
die Farben der
einzelnen
Objekte*

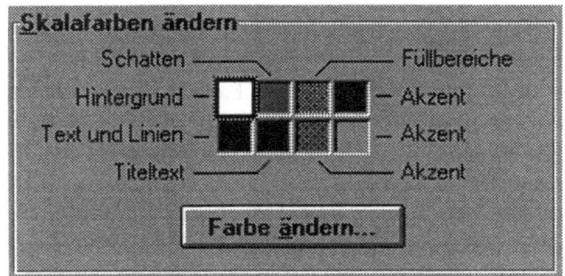

Das Feld zeigt die Voreinstellungen für die einzelnen Objekte einer leeren Präsentation. Jede Farbskala beinhaltet zunächst 8 Farben. Von diesen sind 5 für bestimmte Objekte vorbehalten. 3 weitere Farben stellen sog. Akzentfarben dar. Da im aktuellen Fall kein Objekt markiert ist, ist das Farbfeld *Hintergrund* aktiv.

Links darunter sehen Sie die Vorschau, zugleich werden die Farben für Diagramme aus Graph angezeigt.

*Vorschau für
die Folien-
farben und
Diagramme*

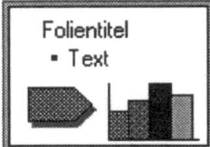

Durch Anklicken der Farbfelder im oberen Bereich können Sie die Farben der einzelnen Objekte bzw. Akzente markieren. Versuchen Sie es. Markieren Sie dann das Feld *Hintergrund*. Klicken Sie auf den Schalter *Farbe ändern*. Entsprechend der Markierung wird die Dialogbox *Hintergrundfarbe* eingeblendet.

*Über die
Dialogbox
Hintergrund-
farbe können
Sie den
Folienhinter-
grund
umfärben*

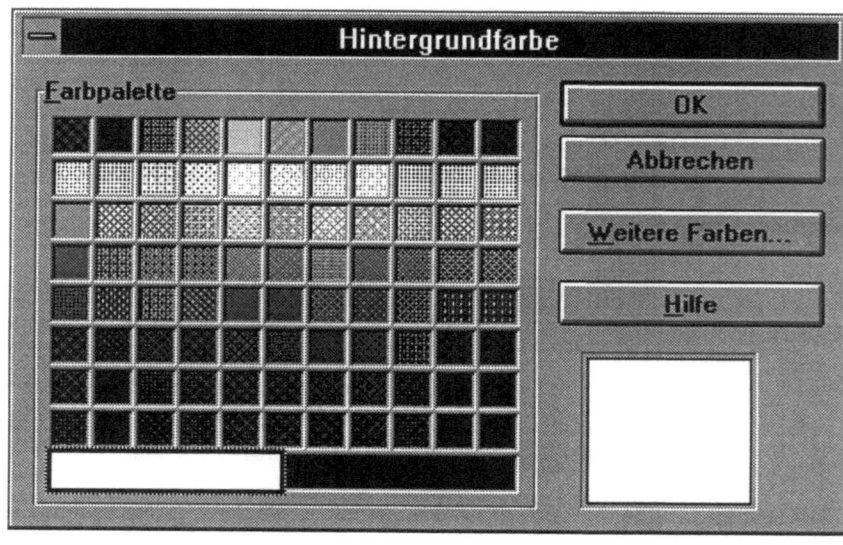

Klicken Sie auf das Feld *Grün* (erste Zeile). In der Vorschau (rechts unten) sehen Sie einen größeren Ausschnitt. Bestätigen Sie. Nach Bestätigung sind Sie wieder in der Dialogbox *Folienfarbskala*. Das Farbfeld *Hintergrund* und die Vorschau zeigen jetzt Grün. Klick auf den Schalter *Zuweisen* weist die veränderte Farbskala der aktuellen Folie zu. Weisen Sie zu!

Hinweis
Klick auf den Schalter *Allen zuweisen* würde die veränderte Farbskala allen Folien zuweisen.

Richten Sie eine neue Folie ein, prüfen Sie die Folienfarbskala. Ergebnis der Prüfung: Die neue Folie hat die alte, unveränderte Farbskala. Sie wollen den Hintergrund der ersten Folie wieder in den ursprünglichen Zustand zurückversetzen? Nichts ist einfacher als das!

Erinnern Sie sich an die Folienvorlage? In ihr sind alle Standards der Präsentation gespeichert. Rufen Sie also die Folienvorlage auf. Sie hat einen weißen Hintergrund. Folie 1 aber hat einen grünen Hintergrund, weil Sie diese Farbe nur dieser einen Folie zugewiesen haben. Klicken Sie auf *Format/Folienfarbskala*. Klicken Sie im unteren Bereich auf den Schalter *Folienvorlage übernehmen*. Der weiße Hintergrund wird eingeblendet. Weisen Sie ihn zu.

Hinweis zur Folienvorlage
Über den Schalter *Allen zuweisen* werden geänderte Farben in die Folienvorlage aufgenommen, sind dort sichtbar und gelten damit zunächst für alle Folien.

Machen Sie einen weiteren Versuch: Zeichnen Sie ein Rechteck. Es hat standardmäßig einen blauen Füllbereich und wird mit einer schwarzen Linie umrahmt. Rufen Sie die Folienfarbskala auf. Markieren Sie das Farbfeld *Füllbereich*. Klicken Sie auf den Schalter *Farbe ändern*. Wählen Sie einen Violetton, bestätigen Sie. In der Dialogbox *Folienfarbskala* wird die Farbe angezeigt. Klicken Sie auf den Schalter *Zuweisen*. Zeichnen Sie eine Ellipse. Sie hat die neue Füllbereichsfarbe.

Hinweis zur Folienvorlage
Haben Sie gleiche Formate in der Folienvorlage und in den Folien, so steht der Schalter *Folienvorlage übernehmen* nicht zur Verfügung.

Schalter der Dialogbox Folienfarbskala

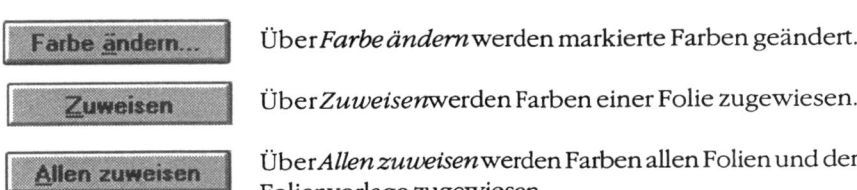

Über *Farbe ändern* werden markierte Farben geändert.

Über *Zuweisen* werden Farben einer Folie zugewiesen.

Über *Allen zuweisen* werden Farben allen Folien und der Folienvorlage zugewiesen.

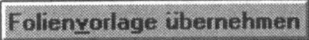

Über *Folienvorlage übernehmen* werden die Formate der Folienvorlage aktiviert.

178 *6 Farben*

Aber: PowerPoint macht es Ihnen noch leichter, Ihre Folien mit Farbe zu versehen. Im oben beschriebenen Ablauf haben Sie Objektfarben einzeln ausgewählt und eingestellt. Wenn Ihnen dieses Verfahren zu mühsam ist, oder wenn Sie sich nicht sicher sind über den zuzuordnenden Farbton: PowerPoint bietet eine Vielzahl vorgefertigter Farbskalen an, deren Farben aufeinander abgestimmt sind.

Klicken Sie auf *Format/Folienfarbskala*. Klicken Sie auf den Schalter *Farbskala auswählen*. In der Dialogbox suchen Sie sich alle 8 Farben einer neuen Skala insgesamt aus.

Über die Dialogbox Farbskala auswählen können Sie eine Präsentation individuell einfärben

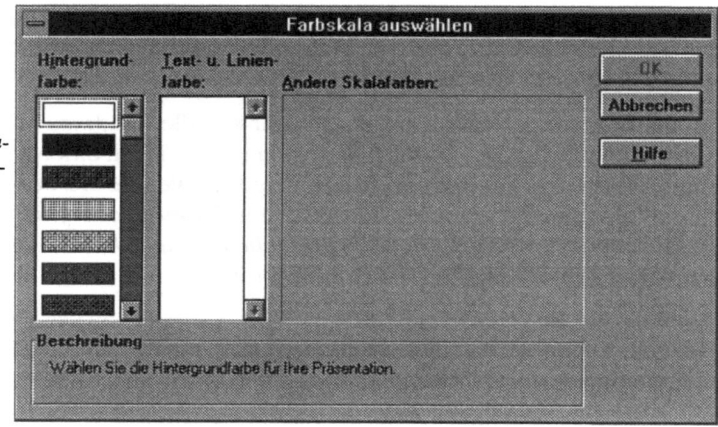

Im ersten Schritt suchen Sie (Bildlaufleiste!) eine Farbe für den Hintergrund.

Hinweis zu Hintergrundfarben
Wählen Sie für OHP-Folien einen hellen Hintergrund, für Dias oder eine Bildschirmpräsentation eher kräftige Farben.

Markieren Sie ein dunkles Blau.

Nach Markieren der Hintergrundfarbe werden Farben für Text und Linien eingeblendet

Im Nu werden im Feld *Text- u. Linienfarben* passende Farben eingeblendet.

6 Farben

Im zweiten Schritt wählen Sie für Text und Linien das kräftige Gelb. Zugleich werden im Feld *Andere Skalafarben* Alternativen eingeblendet.

Ausgewählte Farbskala und Alternativen

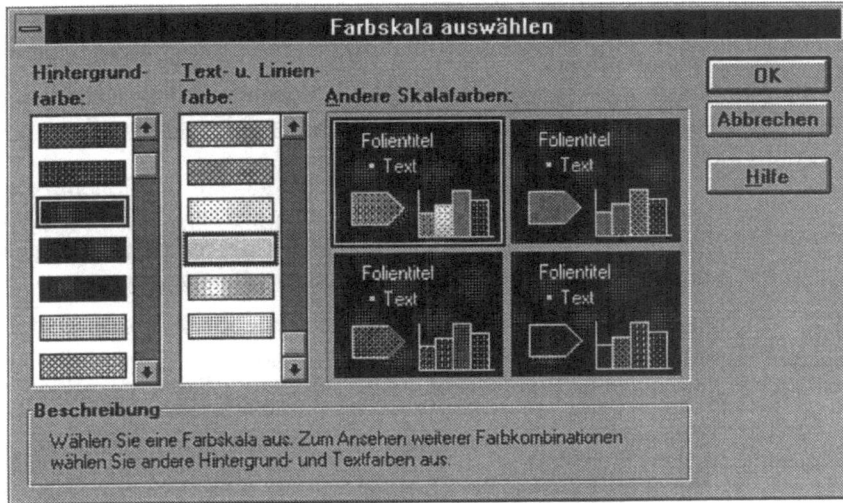

Bei allen vier Möglichkeiten ist der Hintergrund dunkelblau, der Titel weiß, der Text gelb. Die erste Alternative ist markiert. Bestätigen Sie. Sie gelangen zurück in die Dialogbox *Folienfarbskala*.

Dialogbox Folienfarbskala nach Zuweisen einer neuen Farbskala

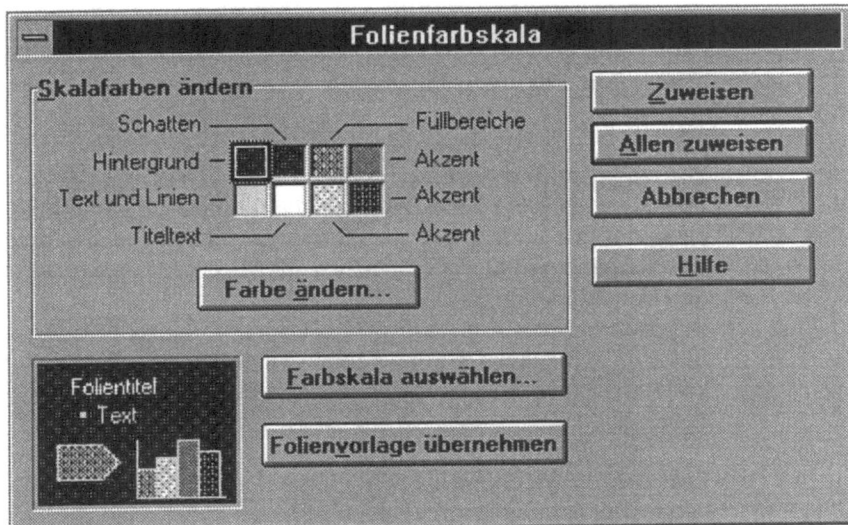

Über den Schalter *Farbskala auswählen* wird einzelnen Folien oder ganzen Präsentationen eine neue Farbskala zugewiesen.

Sehen Sie sich die neue Farbskala an. Nun haben Sie meherer Möglichkeiten zum weiteren Vorgehen:

1. Sie weisen die Farbskala allen Folien zu (auch der Folienvorlage).
2. Sie weisen die Farbskala nur der aktuellen Folie zu (abweichend von der Folienvorlage).
3. Sie wiederholen den Vorgang, weil Ihnen die Skala nicht zusagt.
4. Sie wählen einzelne Objektfarben aus und verändern sie.

Die neue Skala hat Gültigkeit für alle Objekte der Folien, Notizblätter und Handzettel. Die beiden letzteren können allerdings eigene Farbskalen erhalten (z.B. für Schwarzweißdruck). Wollen Sie mehreren Folien zugleich eine neue Skala zuweisen, so erreichen Sie das in der Foliensortierung.

Schalter Textfarbe

Auch für Texte, die Sie eingeben, gilt die neue Skala. Prüfen Sie den Sachverhalt, klicken Sie auf den Schalter *Textfarbe*. Das Drop-Down-Menü erscheint. Je nach Markierung in der Folie ist das entsprechende Farbfeld markiert.

Drop-Down-Menü Textfarbe

Jetzt können Sie dem markierten Text, hier dem Titel, eine andere Farbe zuweisen.

Hinweise zu den Farben

Die Möglichkeiten, Folien, Dias und Bildschirmpräsentationen einzufärben, sind praktisch unbegrenzt. Ob die Farben der Farbskalen in jedem Fall optimal aufeinander abgestimmt sind, mag dahingestellt sein. Immerhin erleichtern sie die Grundeinstellung.

Beachten Sie, daß, je nach Ihrer Geräteausstattung, nicht immer alle Farben am Bildschirm angezeigt werden können. Dies ist nicht unwichtig für den Fall, daß Sie Dias oder Farbfolien in professioneller Entwicklung herstellen lassen wollen (siehe Anhang 3).

Über das hinausgehend, was Sie jetzt von Farben wissen, können Sie zusätzlich Farben frei definieren und Füllbereiche mit Mustern versehen, was zu weiteren Farbeffekten führt. Doch davon später.

6.1 Der Blaue Punkt – eine Analyse

Wenden Sie sich einem anderen Thema und einer anderen Methode zu. Bisher sind Sie synthetisch vorgegangen. Sie haben, wie bei einem Puzzle, einzelne Steinchen zusammengefügt. Schließlich war das Bild der TREULAND-Präsentation fertig. Gehen Sie bei dem folgenden Beispiel zunächst analytisch vor.

Auf der dem Buch beiliegenden Diskette finden Sie eine Bildschirmpräsentation, die in einer schwarzweißen Farbskala gehalten ist. Diese Präsentation soll eingefärbt werden und über den Bildschirm ablaufen. Es geht um ein gemeinnütziges Unternehmen der Wirtschaft zur Verklappung des Mülls im Weltall. Das Unternehmen will die Präsentation auf Messen und Ausstellungen automatisch ablaufen lassen.

Die Präsentation besteht aus 12 Folien, die Sie sich zunächst einmal anschauen sollten. Rufen Sie von der dem Buch beiliegenden Diskette die Datei BLAUPUNK.PPT auf. Analysieren Sie die Objekte der Datei.

Die Datei öffnet sich mit der Folienvorlage, Zoom 48%. Die Folienvorlage beinhaltet das Firmenlogo, einen Titelplatzhalter, einen Textplatzhalter und am Fuß eine über den Schalter *Text* geschriebene Textzeile.

Markieren Sie den Titelplatzhalter im Objekt- oder Textmodus. Die Formatleiste zeigt die typografischen Merkmale: Helvetica Narrow, 48p, fett, linksbündig, keine Aufzählungszeichen.

Markieren Sie die erste Ebene im Textplatzhalter im Textmodus. Die Merkmale: Helvetica, 24p, fett, linksbündig, keine Aufzählungszeichen.

Markieren Sie den Textplatzhalter im Objektmodus. An der Formatleiste erkennen Sie nur, daß alle Ebenen in Helvetica gesetzt sind, der kleinste Schriftgrad ist 14p. Die Anzeige 14+ sagt aus, daß größere Grade als 14p verwendet sind. Die übrigen Formate stimmen überein.

Klicken Sie in den Text am Fuß der Folie, und zwar mitten in das Wort "Frankfurt". Die Formatleiste zeigt die Formate. Markieren Sie die Zeile im Objektmodus. Die Formatleiste zeigt außer der Schriftart alle Formate wie üblich. Warum? Die Schriftart kann nicht angezeigt werden, weil die Zeile mehrere (mindestens zwei) Schriftarten enthält. Markieren Sie einen der Punkte im Textmodus. Die Schriftart wird als ZapfDingbats angezeigt. Der Text der Zeile ist demnach aus 24p Helvetica gesetzt, die Punkte aus 24p ZapfDingbats. Bei letzteren handelt es sich übrigens um ein kleines L.

Kontrollieren Sie die Art der Präsentation *(Datei/Seite einrichten)*. Es handelt sich um eine Bildschirmpräsentation im Querformat.

Sehen Sie sich die Farbskala an. Die Farben gehen in wenigen Abstufungen von weiß (Hintergrund) zu schwarz (Titeltext, Texte und Linien).

Rufen Sie Folie 1 auf. Gewisse Ähnlichkeiten zu einer Ihnen bekannten Institution wären übrigens rein zufällig. Sehen Sie sich die Folien nacheinander an. Bei der Durchsicht werden Sie zunächst nichts Besonderes feststellen.

Rufen Sie die Gliederungsansicht auf. Lassen Sie Titel und Texte mit Formaten anzeigen. Dabei fallen Ihnen wahrscheinlich die Folien 7 und 8 auf: Der Folientext besteht aus Pfeilen bzw. Kreuzen.

Gliederungs-ansicht, Formate eingeblendet

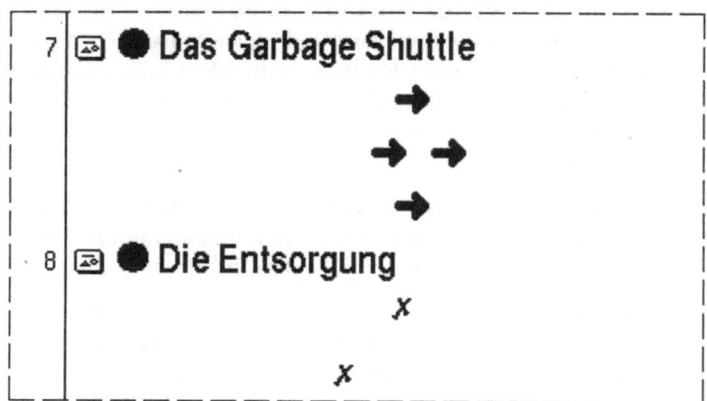

Die Pfeile und Kreuze sollen in der Bildschirmpräsentation in die Folien hineinlaufen, um auf wichtige Sachverhalte hinzuweisen. Dies ist aber nur im Textplatzhalter möglich, und auch nur mit Schriftzeichen. Die Schriftarten ZapfDingbats, Wingdings, MT Extra, MS Line Draw, Monotype Sorts (abhängig von Ihrem Drucker und den installierten Schriftarten!) verfügen über solche Zeichen. Blenden Sie die Formate aus, dann sehen Sie die tatsächlichen Tastatureingaben.

Gliederungs-ansicht, Formate ausgeblendet

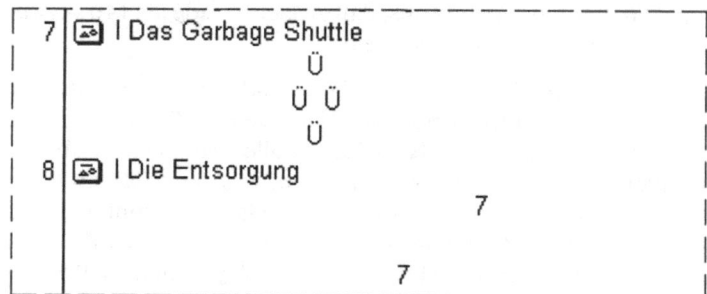

Damit Sie wissen, wie man zu solchen Effekten kommt, sollten Sie sich das anschauen. Markieren Sie in der Folienansicht der Folie 1 den Text im Textmodus (Textplatzhalter). Stellen Sie über *Format/Schriftart* nacheinander die Schriftarten ZapfDingbats, Wingdings und wieder Helvetica ein. In allen drei Fällen handelt es sich um dieselben Tastatureingaben, nur über die Schriftart erzeugen Sie verschiedene Ergebnisse.

6.1 Der Blaue Punkt – eine Analyse

Derselbe Text in den Schriftarten Helvetica, ZapfDingbats und Wingdings

Gemeinnütziges Unternehmen der Wirtschaft zur Verklappung des Mülls im Weltall

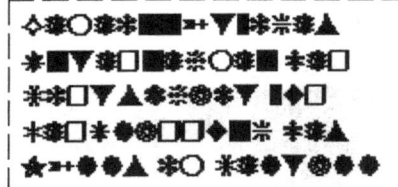

Die Tatsache, daß der Zeilenumbruch nicht übereinstimmt, liegt daran, daß die Helvetica schmaler läuft als die beiden anderen Schriftarten.

Es soll noch bemerkt werden, daß die Texte vor den Pfeilen und Kreuzen (Folien 7 und 8) über den Schalter *Text* geschrieben sind. Sie sind also *keine* Bestandteile des Textplatzhalters!

Wenn Sie die Datei als Bildschirmpräsentation ablaufen lassen, werden Sie feststellen, daß die Bildschirme schmucklos wirken, fast ein bißchen langweilig. Farbe muß her!

Erinnern Sie sich in diesem Zusammenhang an den Schalter *Präsentationslayout* (Kapitel 2.4)? Über diesen Schalter haben Sie einer Präsentation ein neues Layout gegeben. Versuchen Sie es. Weisen Sie der Präsentation in der Dialogbox *Präsentationslayout* das Layout BLAUDIAB.PPT zu.

Über die Dialogbox Präsentationslayout können Sie einer Präsentation ein Layout zuweisen

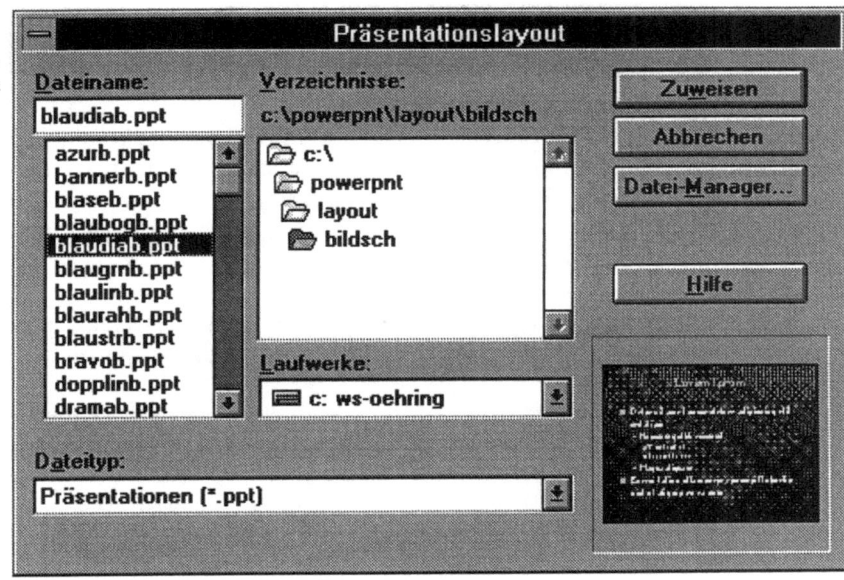

PowerPoint-Hinweis bei der Zuweisung eines neuen Layouts

Während der Zuweisung macht PowerPoint darauf aufmerksam, daß Diagramme die neue Farbskala erhalten.

> Die Diagramme werden mit der neuen Farbskala aktualisiert.

Daß aber zugleich alle vorher eingestellten Formate durch neue ersetzt werden, sehen Sie dann an den Folien.

Durch die Zuweisung eines neuen Layouts werden alle alten Formate ersetzt

Hinweis zum Präsentationslayout
Ändern Sie das Präsentationslayout im nachhinein, kommt es meistens zu ungewünschten Effekten. Alle zuvor definierten Formate werden durch neue ersetzt. Wollen Sie also ein Präsentationslayout von PowerPoint verwenden, so gehen Sie den umgekehrten Weg: Wählen Sie zuerst das Layout, verändern Sie es danach gemäß Ihren Vorstellungen.

Dieser Versuch war also untauglich. Schließen Sie die Datei, ohne zu speichern. Öffnen Sie sie erneut. Überlegen Sie nun, welche Farben zu der Präsentation passen könnten.

Auf den folgenden Seiten ist die Präsentation abgebildet (Schwarzweiß-Ausdruck).

6.1 Der Blaue Punkt – eine Analyse

DER ● BLAUE ● PUNKT

Gemeinnütziges Unternehmen
der Wirtschaft zur Verklappung
des Mülls im Weltall

Berlin ● Frankfurt ● München

Folie 1

Titel und Einstieg

● Die Situation

Erde und Gewässer können
unseren Müll nicht mehr
aufnehmen

Berlin ● Frankfurt ● München

Folie 2

Die Ist-Situation

● Die Auswirkung

Berlin ● Frankfurt ● München

Folie 3

Die Auswirkung auf unsere Umwelt

● **Die Idee**

Künftig Verklappung des Mülls im Weltall

Verschonung des Lebensraums vor Umweltschäden

Keine Belastung nachfolgender Generationen durch Spätfolgen

Berlin ● Frankfurt ● München

Folie 4

Die neue Methode

● **Die Folge**

Das Anwachsen der Müllproduktion in ungeahnte Dimensionen ist endlich möglich

Eine Trennung verschiedener Müllsorten ist nicht mehr notwendig

Auf Wiederverwertung des Mülls kann gänzlich verzichtet werden

Berlin ● Frankfurt ● München

Folie 5

Folgen der neuen Methode

● **Die Umsetzung**

Verbringung des anfallenden Mülls in den Weltraum

Abstoßen der Müllcontainer im Bereich der Anziehungskraft der Sonne

Container stürzen auf die Sonne und verbrennen

Entsorgter Müll endgültig "aus der Welt"

Berlin ● Frankfurt ● München

Folie 6

Umsetzung der Idee

6.1 Der Blaue Punkt – eine Analyse

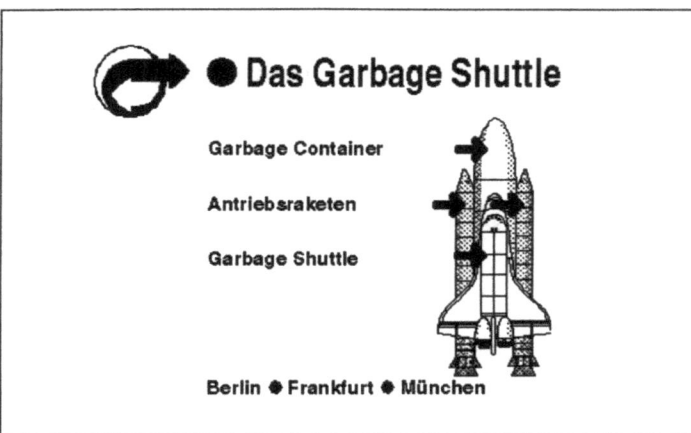

Folie 7

Entsorgungsgerät

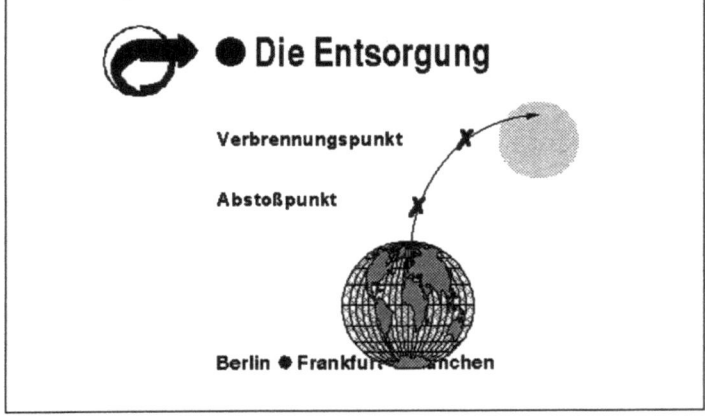

Folie 8

Der Weg der Entsorgung

Folie 9

Finanzierung der neuen Methode

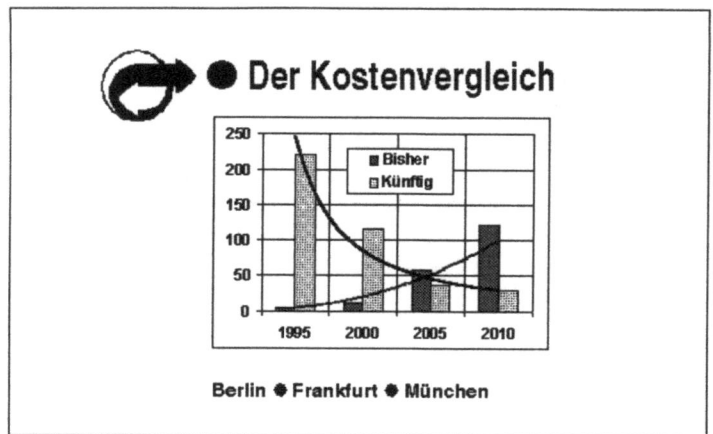

Folie 10

Kosten für die alte vs. für die neue Methode

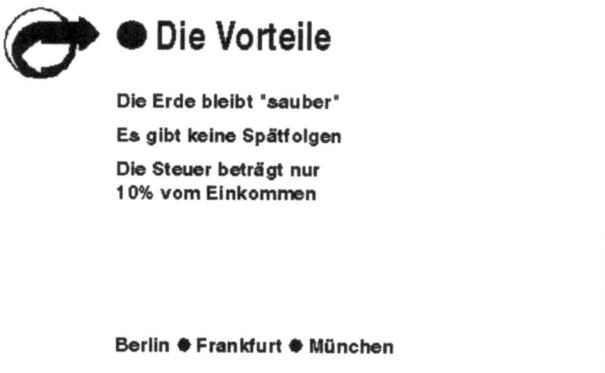

Folie 11

Vorteile der neuen Methode

Folie 12

Ausklang

6.2 Der Blaue Punkt wird blau

Sicher ist es nicht einfach, eine Präsentation in Farbe zu stellen. Erinnern Sie sich an Kapitel 1.6, in dem Hinweise zum Einsatz von Farben gegeben wurden.

Da das Unternehmen Müll im Weltall verklappt, liegt es nahe, dem Hintergrund eine passende Farbe zuzuweisen. Der Hintergrund dominiert jede Präsentation; er ruft auf Anhieb eine Anmutung hervor, positiv oder negativ. Zu dem Problemfeld Müll würden zweifellos Farben von Schwarz über Grau zu Braun passen. Eben diese Farben würden aber von vornherein kein besonders positives Empfinden fördern. Der Ansatz Weltall verspricht Besseres. Ein dunkles Blau würde einen Zusammenhang schaffen; aber der erste Eindruck wäre der von Kälte. Ein Blauviolett würde die Sache etwas wärmer machen. Vorschlag: Wählen Sie einen Blauvioletton mit Verlauf. Der Verlauf soll von oben (dunkel) nach unten (hell) ausfallen.

Das Firmenlogo bestimmt die weiteren Farben: Ein kräftiges Blau und ein frisches, kräftiges Grün. Letzteres spricht für den Umweltgedanken und für einen gewissen Punkt. Alle übrigen Farben werden im weiteren Verlauf zugewiesen.

Gehen Sie schrittweise vor. Da die Farben des Firmenlogos vorgegeben sind, beginnen Sie damit. Rufen Sie ggf. die Folienvorlage auf, markieren Sie das Logo. Klicken Sie auf *Extras/Neu einfärben*.

Über die Dialogbox Grafik neu einfärben können Sie importierte Grafiken umfärben

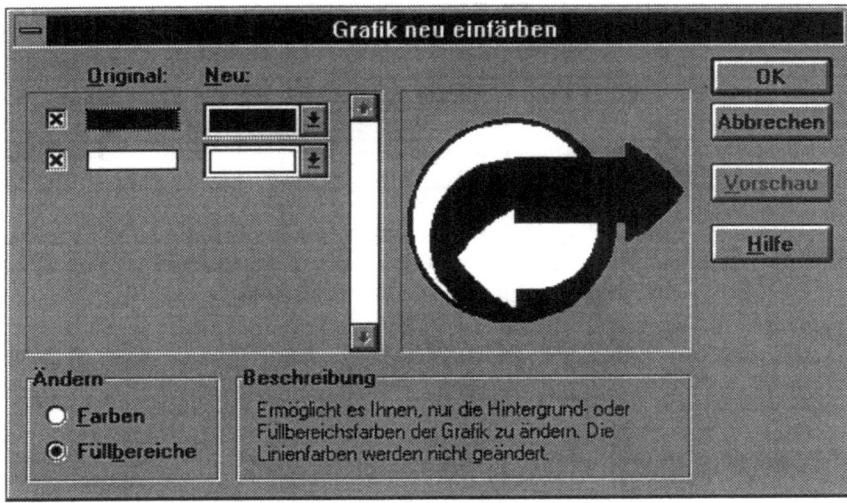

Die Dialogbox erläutert, was zu tun ist. Das Original hat die Farben Schwarz und Weiß. Schwarz soll blau werden, weiß soll grün werden. Klicken Sie im Feld *Neu* auf Pfeil unten, rechts neben dem schwarzen Farbfeld. Das Drop-Down-Menü öffnet sich.

*Drop-Down-
Menü
Farbskala*

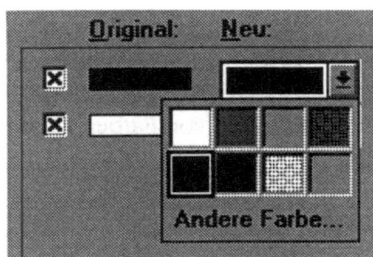

Klicken Sie auf *Andere Farbe*. Über dem Fenster *Grafik neu einfärben* wird das Fenster *Andere Farbe* eingeblendet.

*Im Fenster
Andere Farbe
werden
Farben
geändert*

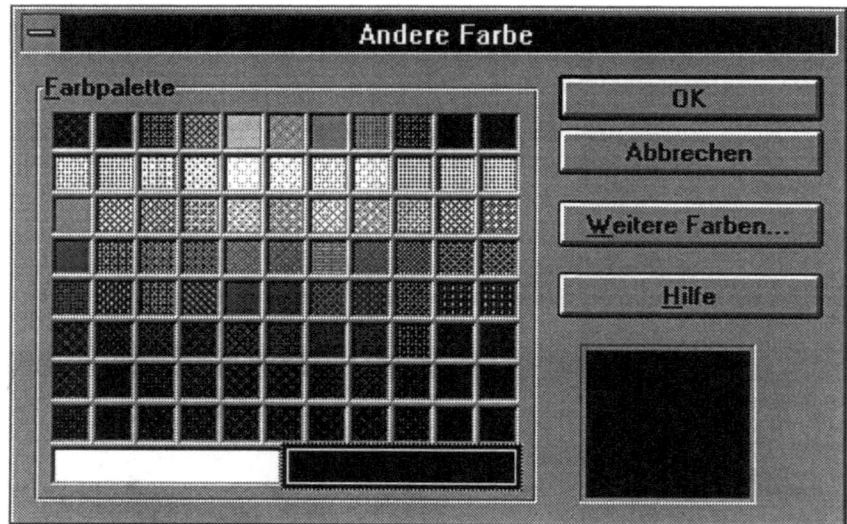

Die zu ändernde Farbe ist markiert und im Feld Vorschau zu sehen. Klicken Sie in der Farbpalette auf das Blau (erste Zeile, drittes Feld von rechts). Bestätigen Sie. Klicken Sie auf den Schalter *Vorschau*.

*In der
Vorschau wird
die neue
Farbe
angezeigt*

6.2 Der Blaue Punkt wird blau

Färben Sie nach demselben Vorgehen weiß in grün um. Das Firmenlogo erscheint nun entsprechend den Vorgaben des Unternehmens.

Im nächsten Schritt richten Sie eine neue Folienfarbskala ein. Klicken Sie in der Dialogbox *Folienfarbskala* auf den Schalter *Farbskala auswählen*. Wählen Sie für die Hintergrundfarbe den vierten Violetton von oben (relativ hell); für Text und Linien grün, Variante 1. Bestätigen Sie, und weisen Sie zu. PowerPoint teilt mit, daß Diagramme aktualisiert werden. Die Folienvorlage hat die neuen Formate.

Der nächste Schritt: Geben Sie dem Hintergrund den Verlauf. Klicken Sie auf *Format/Folienhintergrund*.

In der Dialogbox Folienhintergrund erhalten Folien einen Verlauf

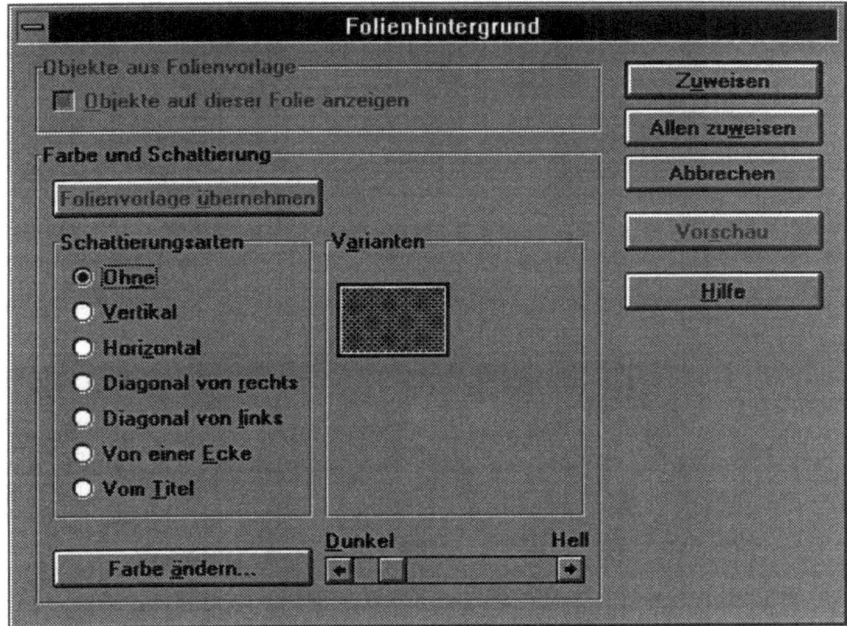

Im Feld *Schattierungsarten* ist die Option *Ohne* vorbesetzt. Klicken Sie auf Vertikal. Im Feld Varianten werden die Möglichkeiten angezeigt. Wählen Sie die Variante oben rechts.

Varianten für einen vertikalen Verlauf

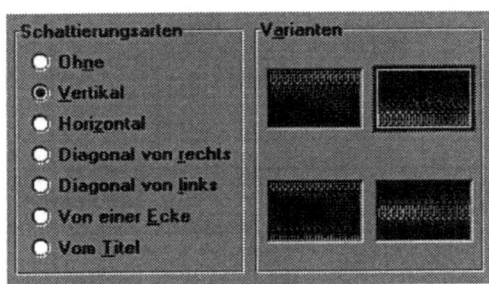

Lassen Sie eine Bildschirmpräsentation laufen, sehen Sie sich die Folien an. Eine kleine Korrektur: Das Blau im Logo soll in reiner Farbe stehen, also etwas dunkler sein. Markieren Sie das Logo (in der Folienvorlage!), klicken Sie auf *Extras/Neu einfärben*. Klicken Sie auf Pfeil unten, rechts neben dem blauen Farbfeld. Ihrer Farbskala (ursprünglich acht Farben) wurden zwei weitere Farben (für das Logo) hinzugefügt.

Erweiterte Farbskala

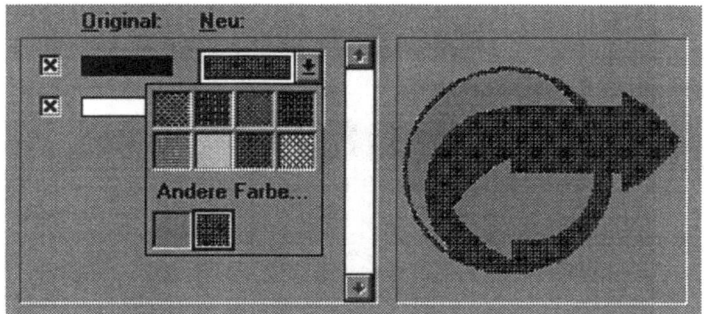

Das Blau ist markiert. Klicken Sie auf *Andere Farbe*. In der Dialogbox *Andere Farbe* finden Sie kein reines Blau. Klicken Sie auf den Schalter *Weitere Farben*.

Links unten sehen Sie die aktuelle Einstellung, rechts daneben die reine Farbe.

In der Dialogbox Weitere Farben können Sie Farben individuell einstellen

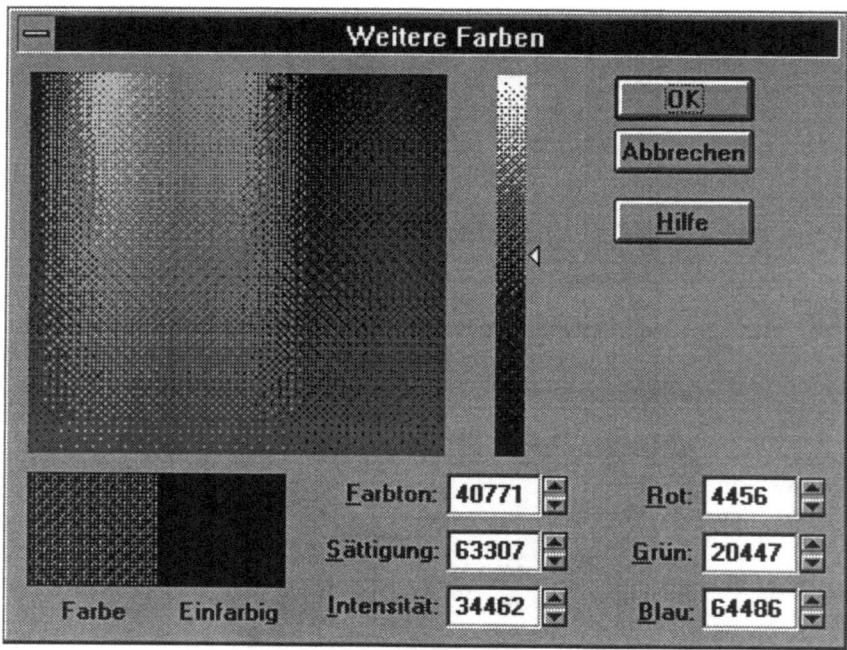

6.2 Der Blaue Punkt wird blau

Die Dialogbox erlaubt das Ändern der Farbe in verschiedenen Möglichkeiten:
1. In dem großen Farbfeld im oberen Bereich sehen Sie ein Fadenkreuz. Bringen Sie den Mauszeiger in den Mittelpunkt des Kreuzes. Ziehen Sie es nach links/rechts und oben/unten. Beobachten Sie dabei die Felder *Farbe* und *Einfarbig*.

Fadenkreuz und Schieber zum Einstellen der Farben

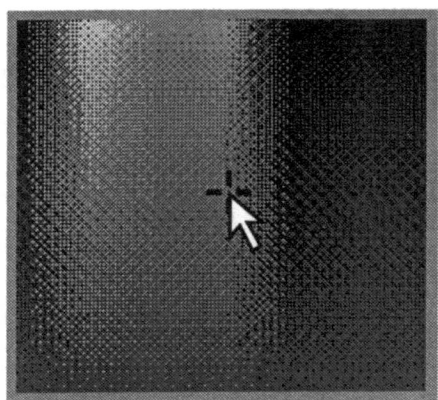 

2. Rechts neben dem großen Farbfeld sehen Sie einen senkrechten Streifen mit einem kleinen Winkel. Ziehen Sie den Winkel nach oben/unten, beobachten Sie wieder die Felder *Farbe* und *Einfarbig*.

3. Verändern Sie die Farbe in Nuancen über die Werte im unteren rechten Bereich der Dialogbox (Pfeil unten/Pfeil oben). Auch hierbei ändert sich gleichzeitig die aktuelle Farbe.

Über die Pfeile können die Farben in Nuancen verändert werden

4. Überschreiben Sie die Werte Rot/Grün/Blau (Markieren, Rot = 0, Grün = 0, Blau = 65535). Sie erhalten reines Blau.

Direkte Einträge machen eine schnelle Änderung möglich

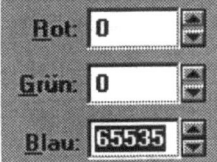

Bestätigen Sie, bis Sie wieder in der Dialogbox *Grafik neu einfärben* sind. Das Logo steht jetzt in (fast) reinem Grün und reinem Blau.

194   6 Farben

Hinweis zur Dialogbox Weitere Farben
Bei den Angaben für Rot/Grün/Blau handelt es sich um absolute Werte. Zu den Angaben für Farbton/Sättigung/Intensität sagt die PowerPoint-Hilfe:

PowerPoint-Hilfe zu den Optionen Farbton, Sättigung und Intensität

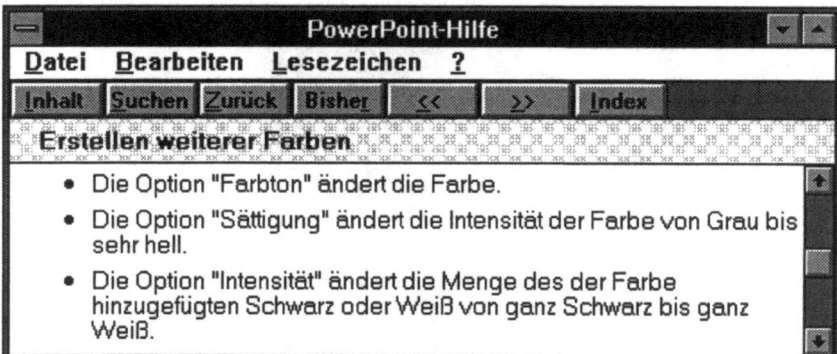

Ob das Grün des Logos ein reines oder ein fast reines Grün ist, können Sie nun nachsehen: Markieren Sie das Logo. Klicken Sie auf *Extras/Neu einfärben*. Klicken Sie auf *Neu*/Farbe Grün. Klicken Sie auf das Feld *Grün* unter *Andere Farben*. Klicken Sie auf *Andere Farben*. Klicken Sie auf *Weitere Farben*.

In der Dialogbox Weitere Farben sind die absoluten Werte für die Farbanteile abzulesen

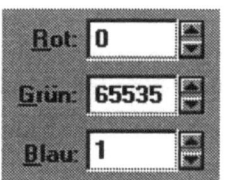

Dem Grün ist ein ganz geringer Anteil Blau beigemischt, es ist also nicht absolut rein.

Über die Option *Andere Farben* haben Sie der Farbpalette neue, weitere Farben hinzugefügt, die Sie gleich brauchen werden. Es gibt jetzt nur noch wenig zu ändern. Am Fuß der Folienvorlage gibt eine Zeile den Sitz des Unternehmens an. Zwischen den Städten stehen zur optischen Trennung Punkte. Sie sollen blau sein. Markieren Sie einen der Punkte. Klicken Sie auf den Schalter *Textfarbe*.

Über den Schalter Textfarbe stehen die frei definierten Farben zum Einfärben von Text zur Verfügung

Das Pull-Down-Menü zeigt unter den acht Skalafarben neu erstellte Farben an, die Sie zusätzlich verwenden können. Klicken Sie auf das blaue Farbfeld. Ebenso verfahren Sie mit dem anderen Punkt (oder über Schalter *Format übertragen*).

Damit ist die Folienvorlage fertig. Wechseln Sie in Folie 1.

6.2 Der Blaue Punkt wird blau

In den Folien verfahren Sie umgekehrt: Färben Sie jeweils die Titelschrift blau, die Punkte lassen Sie grün. Ist Ihnen übrigens schon einmal aufgefallen, daß die Grüne-Punkt-Müllsäcke gelb sind? Nichts für ungut!

Vereinfachen Sie sich die Arbeit: Formatieren Sie ein Wort blau. Markieren Sie es im Textmodus. Klicken Sie auf *Format/Textformat kopieren*. Markieren Sie die blau zu färbenden Texte, klicken Sie auf *Format/Textformat zuweisen*.

Eine weitere Änderung: Das Diagramm in Folie 10. Es soll optisch besser zur Wirkung kommen. Klicken Sie auf den Schalter *Füllbereich*. Das Diagramm erhält den Füllbereich. Klicken Sie auf *Format/Farben und Linien*. Die Füllbereichsfarbe wird angezeigt. Klicken Sie auf Pfeil unten. Das Pull-Down-Menü für die Füllbereichsfarben öffnet sich.

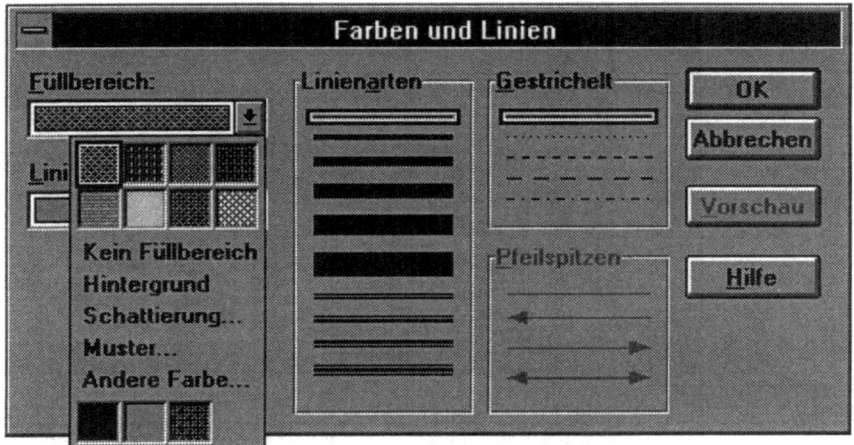

In der Dialogbox Farben und Linien werden die Füllbereichsfarben eingestellt

Stellen Sie ein dunkles Blauviolett ein (Option *Andere Farbe*). Geben Sie dem Füllbereich einen Verlauf (Option *Schattierung*, Variante 1). Der Verlauf im Diagramm ist dem des Hintergrunds gegenläufig.

Die Präsentation hat inzwischen Gesicht bekommen. Aber sie ist noch nicht fertig! Wenden Sie sich zunächst dynamischeren Dingen zu.

7   Der Blaue Punkt lernt laufen

PowerPoint gibt Ihnen die Möglichkeit, Folien, in diesem Fall Bildschirme, in Bewegung zu versetzen. Dabei können Sie, wie üblich, einzelne Folien oder den gesamten Foliensatz behandeln. In der Folienansicht stehen Ihnen die Optionen *Extras/Übergang* und *Extras/Animation* zur Verfügung.

In der Dialogbox Übergang wird das Einblenden der Folien gesteuert

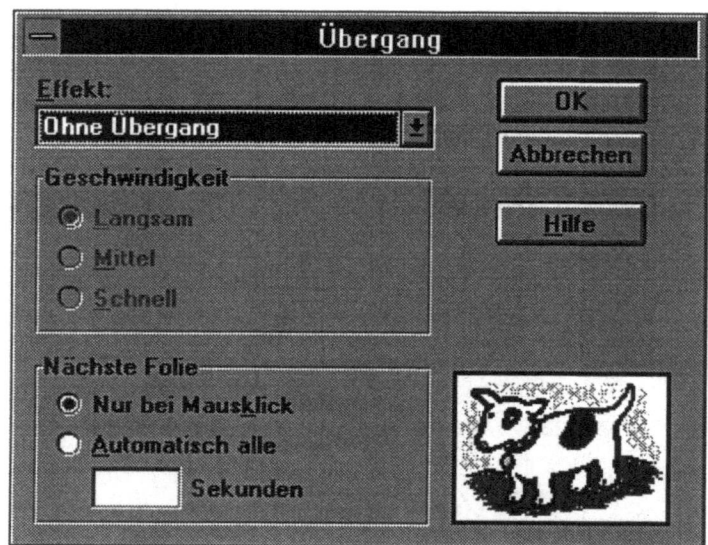

In der Dialogbox Animation wird das Einblenden des Textteils gesteuert

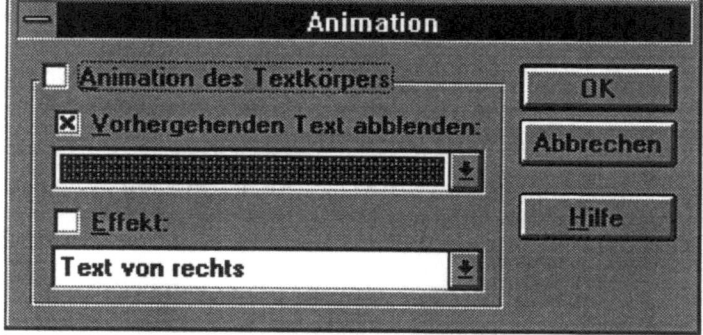

Das Einblenden von Titeln, mit dem Textschalter geschriebenen Texten und Grafiken ist nicht möglich.

Schneller und gezielter können Sie allerdings in der Foliensortieransicht arbeiten. Hier macht Sie schon die Formatleiste auf die eingestellten Formate aufmerksam.

Formatleiste der Foliensortieransicht

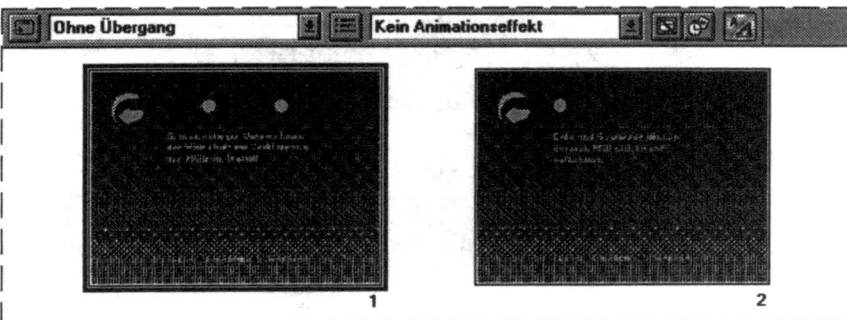

Schalter Formatierung einblenden

Schalten Sie die Formatierung aus (Schalter *Formatierung einblenden*). Dadurch wird ein schnelleres Arbeiten möglich. Stellen Sie Zoom 33% ein.

7.1 Übergänge

Markieren Sie alle Folien, geben Sie allen denselben Übergang. Klicken Sie auf Pfeil unten, rechts neben dem Feld *Ohne Übergang*.

Die Möglichkeiten für Übergänge sind vielfach

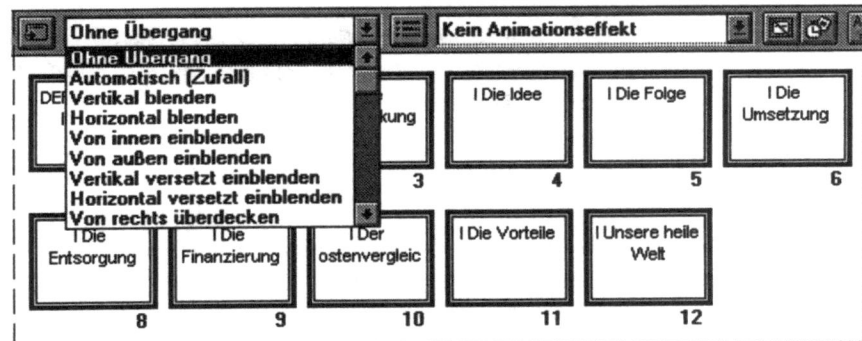

Benutzen Sie die Bildlaufleiste, und beachten Sie die Vielfalt der Übergänge. Wählen Sie *Vertikal öffnen*. Alle Folien haben ein Übergangssymbol erhalten, das dem Symbol auf dem entsprechenden Schalter gleicht.

Testen Sie, wenn Sie einmal Zeit und Lust haben, die verschiedenen Übergänge. Nur so können Sie richtig einordnen, welche davon Sie nutzen können und wollen. Sie sollten allerdings vermeiden, in einer Präsentation alle anwenden zu wollen. Das würde nicht gut gehen!

Schalter Übergang

Sie haben damit den Übergang selbst eingestellt, den Sie nun variieren können. Klicken Sie auf den Schalter *Übergang*.

In der Dialogbox Übergang steuern Sie die ausgewählte Art des Übergangs

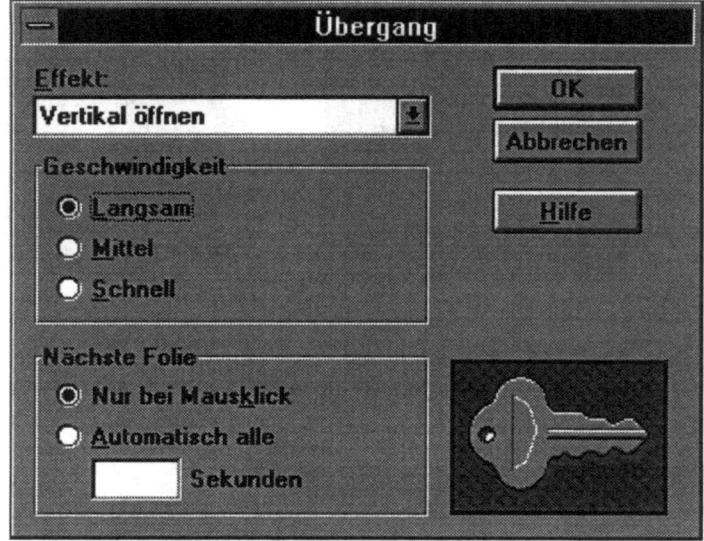

Stellen Sie im Feld *Geschwindigkeit* die Option *Langsam* ein. Im Feld *Nächste Folie* könnten Sie einen automatischen Ablauf der Präsentation definieren. Belassen Sie es beim Mausklick. Schauen Sie das Ergebnis an, klicken Sie auf den Schalter *Bildschirmpräsentation*. Die Folien öffnen sich von der Mitte aus nach beiden Seiten. Gefällt es Ihnen?

7.2 Animationen

Markieren Sie alle Folien (Foliensortieransicht). Klicken Sie auf Pfeil unten, rechts neben dem Feld *Kein Animationseffekt*. Bestätigen Sie die Option *Text von rechts*. Die Folien erhalten das Animationssymbol (siehe Schalter).

Text von rechts bewirkt, daß der Hauptteiltext von rechts in die Folie läuft. Andere Texte und Grafiken können, wie gesagt, nicht animiert werden. Da die Leserichtung von links nach rechts ist, sollten Sie nicht eine zuwiderlaufende Option verwenden. Die Option *Text von links* wäre in der Tat für Texte ungünstig, weil der Zuschauer die letzten Wörter der einlaufenden Zeilen zuerst lesen würde. Berücksichtigen Sie beim Aufbau Ihrer Präsentation solche Gewohnheiten. So ist es für einlaufenden Text auch günstiger, ihn von unten in den Bildschirm zu bringen. Lassen Sie ihn von oben einlaufen, so werden die letzten Texte zuerst gelesen.

Ein weiterer Hinweis: Die Texte laufen, getrennt nach Absätzen, in den Bildschirm ein. Das bedeutet, daß Sie für jeden Absatz einen Klick machen müssen. Haben Sie Leerzeilen (Returns) im Text, so müssen Sie für jedes Return einen Klick machen.

7.2 Animationen

Schalter Animation

Öffnen Sie durch Klick auf den Schalter *Animation* die entsprechende Dialogbox. Öffnen Sie das Drop-Down-Menü *Animation*.

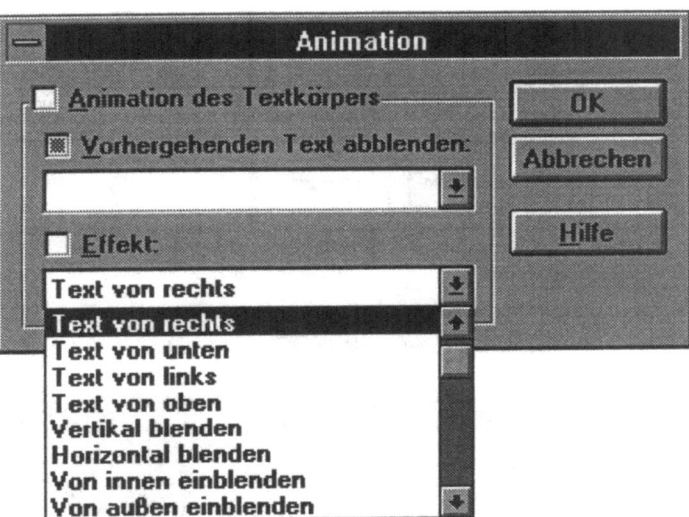

In der Dialogbox Animation wird das Einlaufen des Textteils gesteuert

Auch hier finden Sie viele Auswahlmöglichkeiten. Belassen Sie es im konkreten Fall bei *Text von rechts*. Klicken Sie auf Pfeil unten, rechts neben dem oberen langen Eingabefeld. Die Farbpalette wird eingeblendet. Markieren Sie das kräftige Blau, bestätigen Sie. Dadurch wird der vorhergehende Absatz in blauer Farbe abgeblendet, der neue Absatz läuft in grüner Farbe in die Folie. So wird ein Absatz nach dem anderen abgeblendet, bis die neue Folie geöffnet wird.

Lassen Sie eine Bildschirmpräsentation laufen. Immer dann, wenn ein Text eingelaufen ist, verschieben Sie ein wenig die Maus, bis Sie den Zeiger sehen. Erst dann klicken Sie erneut. Der nicht mehr aktuelle Absatz wird abgeblendet, der neue Absatz läuft ein. So können Sie Ihren Vortrag gezielt unterstützen, indem Sie die Kerngedanken auf den Bildschirm rufen.

Beim Ablauf der aktuellen Präsentation bemerken Sie wahrscheinlich, daß die Pfeile in Folie 7 und die Kreuze in Folie 8 von der falschen Seite einlaufen. Auch hier gilt es, eine Gewohnheit zu beachten: Ein nach rechts gerichteter Pfeil sollte auch nach rechts ins Bild laufen, damit durch die Bewegung die Zeigerichtung unterstützt wird. Ein Pfeil, der von links nach rechts läuft, müßte auch in diese Richtung weisen.

Das Einblenden der Folie 12 dauert übrigens recht lang, weil es sich um eine große Grafikdatei handelt, die zuerst aufgebaut werden muß.

Sie wollen einen automatischen Ablauf sehen? Rufen Sie die Dialogbox *Übergang* auf, klicken Sie in den Kreis vor *Automatisch*. Tragen Sie einen Wert ein, z.B. 15. Alle 15 Sekunden wird die nächste Folie aufgerufen. In der Foliensortierung erhalten die Folien neue Symbole.

In der Foliensortierung sind Formate für Übergang, Animation und Zeit ausgewiesen

Rufen Sie die Option *Ansicht/Bildschirmpräsentation* auf. Aktivieren Sie die Option *Festegelegte Zeiten verwenden*.

In der Dialogbox Bildschirmpräsentation initialisieren Sie den Ablauf der Präsentation

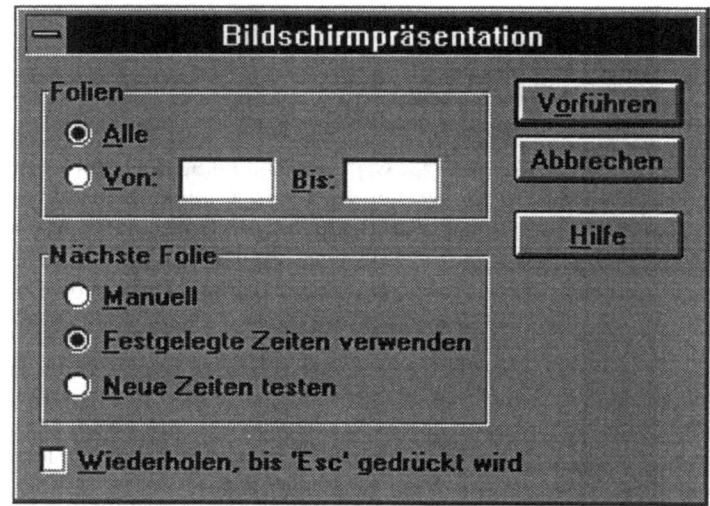

Nun läuft die Präsentation einmal automatisch ab. Nach Ablauf gelangen Sie wieder in die Foliensortierung. Ändern Sie noch die Laufrichtung der Pfeile und Kreuze von den Folien 7 und 8.

Hinweis zum automatischen Ablauf
Schon für eine Demo auf einer Messe oder Tagung wäre die Zeit von 15 Sekunden zu knapp bemessen. Der Zuschauer hätte Mühe, die Inhalte zu erfassen.

Hinweis für Ihren Vortrag
Testen Sie beim Sprechen Ihres Vortrags im Probelauf die Zeiten. Stellen Sie sie individuell ein, für jeden Bildschirm getrennt. Die Option *Ansicht/Bildschirmpräsentation/Neue Zeiten testen* verhilft Ihnen zu richtigen Einstellungen.

Beim Vorführen der Präsentation erscheint in der linken unteren Ecke des Bildschirms ein Schalter. Sie sehen die Einblendzeit. Sprechen Sie Ihren Vortrag. Zugleich legen Sie durch Klick in die Folie oder den Schalter die Zeitspanne fest, bis ein neuer Absatz oder eine neue Folie eingeblendet wird. Versuchen Sie es bei einigen Folien. Wenn Sie die Esc-Taste drücken, wird die Präsentation abgebrochen. PowerPoint fragt, ob die neuen Zeiten gespeichert werden sollen. Treffen Sie eine gute Entscheidung!

Abfrage nach dem Festlegen neuer Einblendzeiten

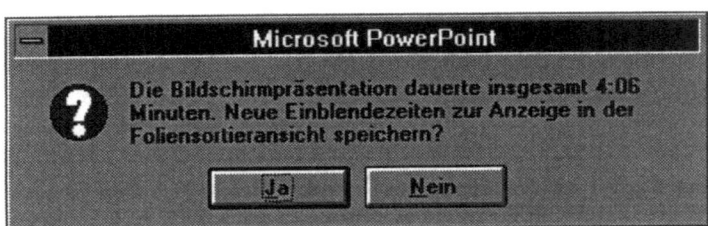

7.3 Zusammenfassung

Der Blaue Punkt ist erwachsen geworden. Sie sind zu einem PowerPoint-Spezialisten geworden. Das Problem für Sie ist nicht mehr, wie Sie ein Vorhaben in PowerPoint umsetzen können. Das Problem, auch für einen erfahrenen Fachmann, ist viel eher die Gestaltung einer Präsentation.

In Zusammenhang mit der TREULAND-Präsentation und in Kapitel 1, aber auch im PowerPoint-Ratgeber, haben Sie viele Grundsätze und Regeln gelesen. Der Blaue Punkt gibt Anlaß zu weiteren Anmerkungen.

Ohne Zweifel lassen sich zu typografischen Fragen eher Regeln formulieren als zur farblichen Gestaltung einer Präsentation. So sind z.B. in der Blaue-Punkt-Präsentation größere Schriftgrade und fette Schriftschnitte verwendet. Die Ausgabe als Bildschirmpräsentation erforderte das. Aber für die Auswahl von Farben gibt es keine festen Regeln. Hier bleibt vieles den Gefühlsbereichen überlassen. Dennoch läßt sich einiges festmachen.

Der Hintergrund kommt dem Thema von der Farbe, aber auch vom Verlauf her, positiv entgegen. Fast konträr dazu steht das Grün der Texte. Es weckt Aufmerksamkeit, zugleich erinnert es an Natur und lebendige Umwelt. Das Blau der Titel wirkt ruhig und sauber, die farbliche Gestaltung ist voller Vitalität, und doch zurückhaltend. Die Grafiken unterstützen den gedanklichen Hintergrund. Sie sind sparsam eingesetzt. Das berechtigt zu der Annahme, daß sie gut in der Erinnerung der Zuhörer haften bleiben.

Auch Übergänge und Animationen sind dem Vorhaben entsprechend behutsam eingesetzt. Berücksichtigen Sie immer, daß Ihre Präsentation nicht zum Kaspertheater für EDV-Begeisterte ausartet, es sei denn, sie soll gerade dies sein.

Gibt es denn nichts zu kritisieren an der Blaue-Punkt-Präsentation? Doch, es gibt. Die grünen Punkte zwischen Logo und Folientiteln führen doch zu Irritation, oder? Wohl wahr, und dennoch hilft eine kleine Irritation beim Zuschauer, daß er sich gewisse Dinge besser merkt. Letzendlich ist zumindest dieser Punkt fragwürdig.

In Folie 8 verdeckt die Weltkugel zum Teil die Schriftzeile. In diesem Fall ist das erlaubt: Der Inhalt der Zeile kann als bekannt vorausgesetzt werden. Sie dient ohnehin nur dazu, den Firmensitz beim Betrachter einzuprägen. Auch dies entspricht den Gewohnheiten der Menschen: Sagt man ihnen etwas sehr häufig, dann wissen sie es irgendwann.

In Folie 10 sollte die Legende einen helleren Füllbereich erhalten, damit die Beschriftung besser lesbar wird. Eine Alternative wäre, die Schrift dunkler zu halten. Auch die Trendlinien sind nicht gut erkennbar. Sie könnten für beide Datenreihen in kräftigem Rot erscheinen.

Die Grafik in Folie 12 stellt sozusagen den Gipfel positiver Beeinflussung dar. Mit diesem Bild endet die Präsentation. Der Zuschauer verläßt die Veranstaltung mit eben diesem letzten Eindruck. Das aber wäre kein Anlaß zur Kritik - im Gegenteil.

Folgerung: Richten Sie Ihre Präsentationen so ein, daß Sie unangenehme Punkte zuerst abhandeln. Versuchen Sie, Gegenargumente zu ermitteln und zu entkräften. Versuchen Sie aber nicht, die Wahrheit umzudrehen oder zu leugnen. Das fällt den meisten Beteiligten auf. Entlassen Sie Ihr Publikum auf jeden Fall mit einem positiven letzten Eindruck.

Am Rande bemerkt und doch sehr wichtig: Achten Sie bei Ihren Präsentationen auch auf eine positive Umgebung: Raum, Belüftung, Beleuchtung etc., Service für die Zuhörer, Ihre Sprache, Ihre Gestik und Mimik, Ihre Kleidung, Ihre Frisur und und und ... Alles das schafft Eindrücke und Erinnerungen bei den Zuhörern. Machen Sie sich das bewußt, und versuchen Sie, das Beste zu machen.

Auf der dem Buch beiliegenden Diskette finden Sie die Datei BLAUPU-F.PPT. Vergleichen Sie!

Hinweis
Wenn Sie beabsichtigen, Ihre Präsentation auf einem fremden System vorzuführen, sollten Sie sie nach Möglichkeit vorher testen. Es kann dabei zu unerklärlichen Phänomenen kommen (z.B. veränderter Zeilenumbruch, veränderter Stand von Objekten etc.).

8 Zeichnen und Schreiben mit Pfiff

PowerPoint verfügt über viele Werkzeuge zum Zeichnen und Schreiben. Die PowerPoint-Werkzeuge zum Schreiben kennen Sie. Und doch lassen sich Effekte erzeugen, die Ihnen noch unbekannt sind.

Einige Zeichnen-Werkzeuge haben Sie ebenfalls schon genutzt. Aber: Gerade beim Zeichnen bietet PowerPoint, obwohl kein Grafikprogramm, Möglichkeiten, auch komplizierte Grafiken herzustellen und zu verändern.

Wenn Sie wissen, wie Grafiken aufgebaut sind, so sind Sie auch in der Lage, eigene Grafiken zu erstellen, oder ClipArts so zu verändern, daß sie Ihren Vorstellungen entsprechen. Analysieren Sie zunächst eines der PowerPoint-Folienlayouts.

Öffnen Sie die Datei BLAUBOGB.PPT. Schalten Sie um in die Folienvorlage. Entfernen Sie die Platzhalter. Stellen Sie Zoom 45% ein. Klicken Sie auf den blauen Bogen. An den Rändern und in den Ecken der Folie werden Markierungspunkte sichtbar. Sie verraten Ihnen, daß es ein Objekt geben muß, das die gesamte Folie ausfüllt. Weisen Sie der Folie eine schwarzweiße Farbskala zu, damit Sie die Objekte besser sehen können. Der Bildschirm sieht dann so aus:

PowerPoint Folienlayout nach Umformatierung

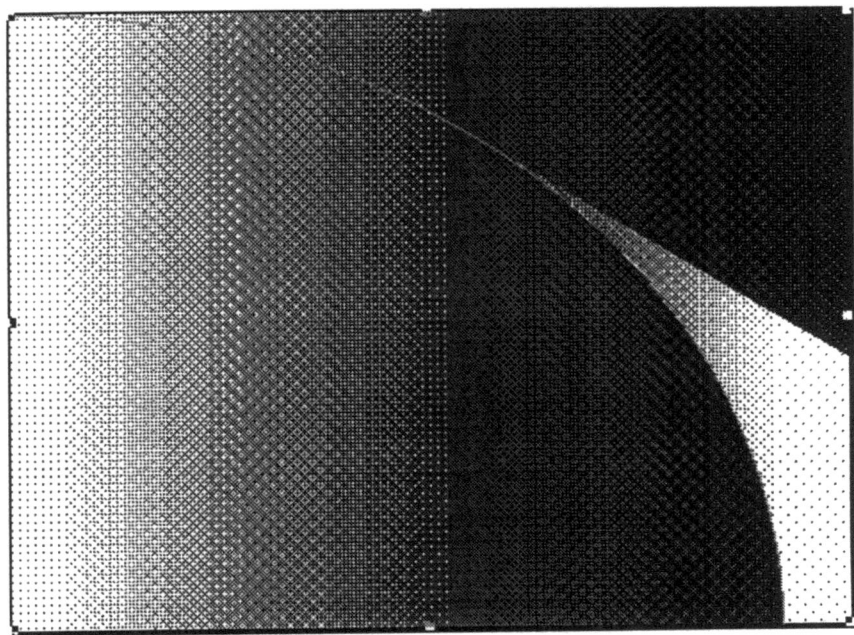

Entziehen Sie dem Hintergrund den Verlauf (*Format/Folienhintergrund/ Schattierungsarten/Ohne*).

Dasselbe Folienlayout, ohne Verlauf

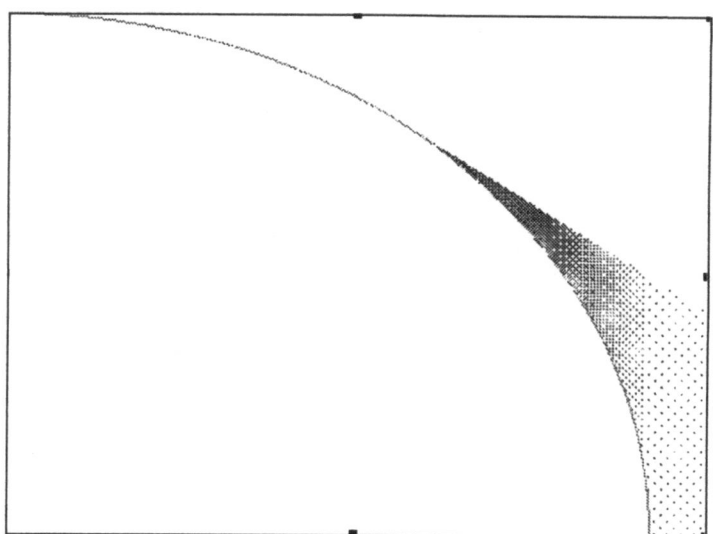

Klicken Sie auf *Zeichnen/Gruppierung aufheben*. Die Tatsache, daß die Option zur Verfügung steht, verrät Ihnen, daß mehrere Objekte zu einer Gruppe zusammengefaßt sind. Nach dem Aufheben der Gruppierung sind die einzelnen Objekte markiert.

Dasselbe Folienlayout nach Aufheben der Gruppierung

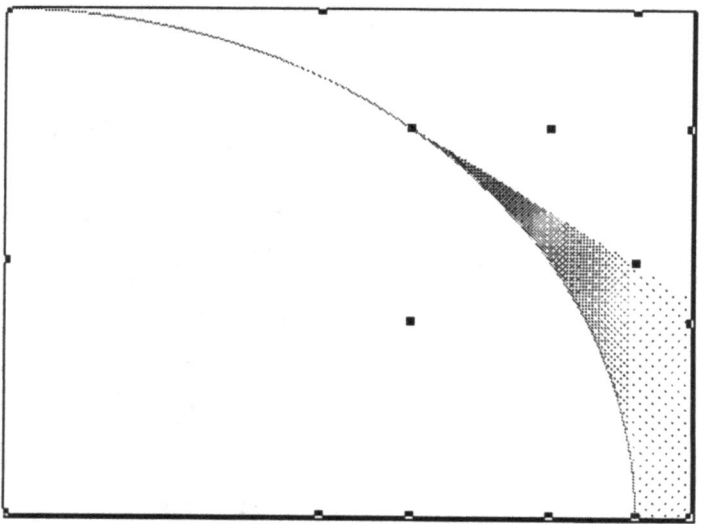

Im aktuellen Fall handelt es sich um zwei Objekte. Markieren Sie die Form in der rechten Ecke der Folie. Geben Sie ihr eine Umrißlinie, ziehen Sie sie nach links in die Mitte der Folie.

Dasselbe Folienlayout, nach Aufheben der Gruppierung ist ein Objekt verschoben

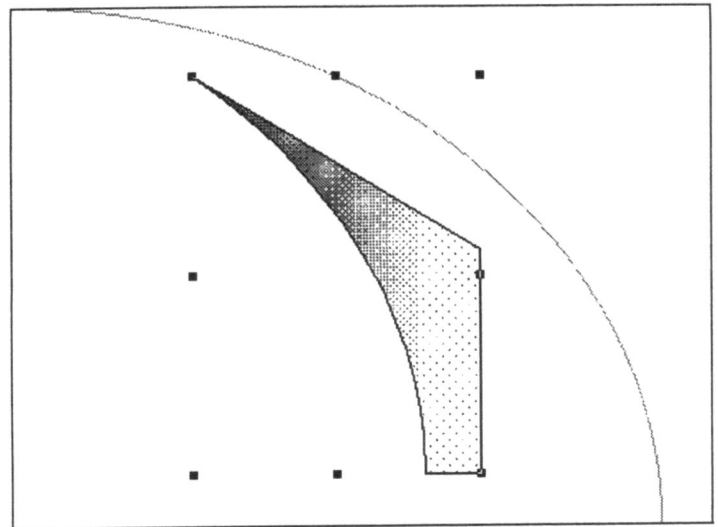

Bei der zweiten Form handelt es sich um einen mit dem Schalter *Bogen* gezeichneten Bogen. Wenn Sie ihn an den Anfassern verkleinern, sehen Sie beide Objekte vor dem weißen Hintergrund. So einfach ist das!

Dasselbe Folienlayout, beide Objekte sind verändert

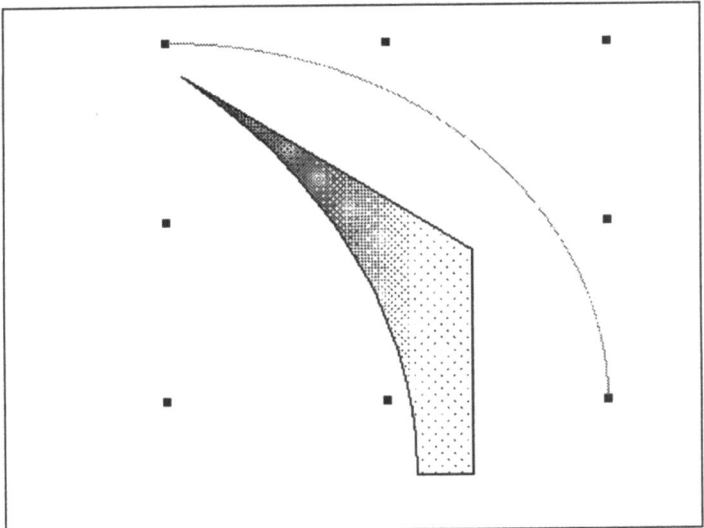

Es gibt nichts, auch in den vorgegebenen Layouts oder ClipArts, was Sie nach dieser Methode nicht erkunden und sich nutzbar machen können. Wichtig dabei bleibt immer der Umstand, daß Sie das Objekt markieren. In den entsprechenden Menüs oder am Zustand der Schalter sehen Sie dann, welche Formate vorliegen. Ist in einem Menü z.B. eine Option abgeblendet, so ist sie nicht aktiv.

8.1 Zeichnen in PowerPoint

Sie werden fragen: Wie ist die Winkelform mit der runden Kante gezeichnet worden? Auch das können Sie nachvollziehen. Stellen Sie Zoom 55% ein, so daß Sie die Form möglichst groß sehen können. Doppelklicken Sie auf die gebogene Kante. Sie sehen, daß die Kante viele Markierungspunkte (Knoten) aufweist.

Doppelklick auf ein Objekt zeigt dessen Beschaffenheit. Ist es eine Freihandfigur, werden Knoten sichtbar

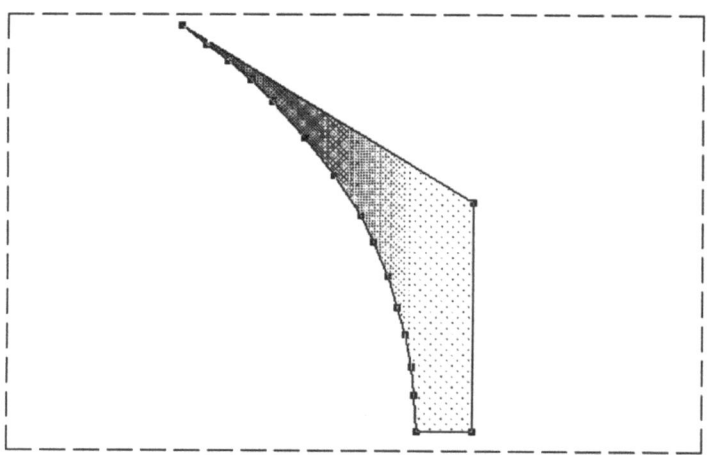

Ziehen an einem der Knoten verändert die Form.

Ziehen an einem Knoten verändert die Form

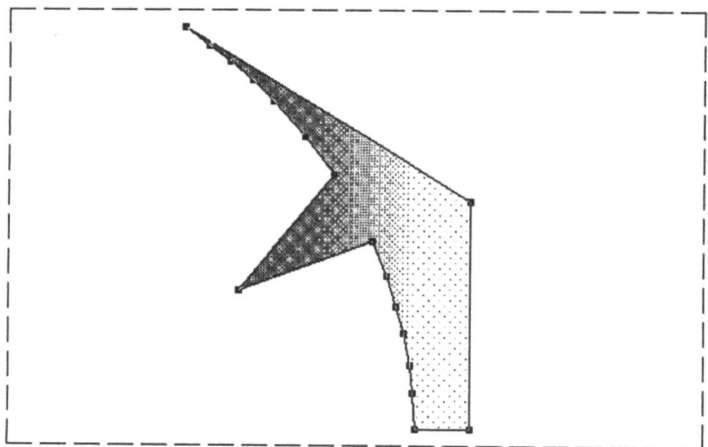

Schalter Freihandfigur

Und so ist die Figur entstanden: Der Entwerfer hat zuerst einen Bogen (Schalter *Bogen*) gezeichnet. Er hat in der linken oberen Ecke der Folie angesetzt und nach rechts unten gezogen. Die unregelmäßige Form ist über den Schalter *Freihandfigur* (oder ein Grafiktablett, das sehr viel genaueres Arbeiten ermöglicht) gezeichnet.

8.1 Zeichnen in PowerPoint

Bringen Sie den Bogen in die Ausgangsstellung zurück. Klicken Sie auf den Schalter *Freihandfigur*. Setzen Sie den Cursor (= Fadenkreuz) auf dem Bogen an, fahren Sie an dem Bogen entlang. Am unteren Rand der Folie angekommen, lassen Sie die Maustaste los. Halten Sie die Umschalttaste fest, bringen Sie das Fadenkreuz in die untere rechte Ecke der Folie, klicken Sie. Ziehen Sie das Fadenkreuz senkrecht nach oben, klicken Sie. Ziehen Sie das Fadenkreuz schräg nach links oben zum Ausgangspunkt, doppelklicken Sie.

Über den Schalter Freihandfigur gezeichnete unregelmäßige Form

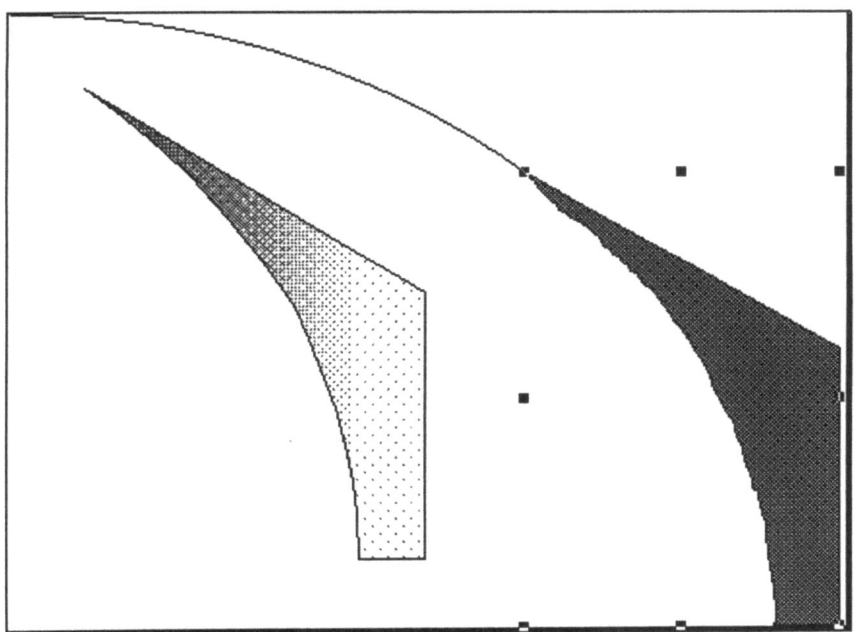

Regel zum Zeichnen von Freihandfiguren
Dauerklick und Ziehen (Zeiger = Bleistift) erzeugt eine beliebige gebogene Linie. Von Klick zu Klick (Zeiger = Fadenkreuz) entsteht eine Gerade. Umschalttaste+Klick zeichnet eine 45/90-Grad-Linie. Doppelklick beendet das Freihandzeichnen.

Hinweis zum Zeichnen von Freihandfiguren
Die Handhabung der Maus ist etwas gewöhnungsbedürftig. Auch hierbei helfen Versuch und Irrtum.

Geben Sie nun dem Bogen (erstes Objekt) die Linienfarbe Grau, zur besseren Unterscheidung. Doppelklicken Sie auf die gebogene Kante der zuletzt gezeichneten Figur, gehen Sie in Zoom 300%. Nun können Sie die Knoten auf die graue Linie des Bogens ziehen (Option *Am Raster ausrichten* ausschalten!). Auf diese Art und Weise gelingt es Ihnen, den Bogen genau nachzuvollziehen, so daß die zweite Figur sich nahtlos anpaßt.

Mit Hilfe der Knoten kann die Freihandfigur einer anderen Form angepaßt werden

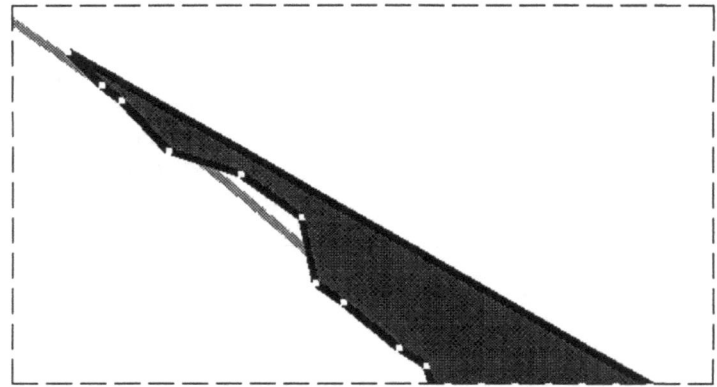

Über Strg-Taste+Klick können Sie Knoten löschen bzw. Knoten einfügen.

Knoten werden durch Strg-Taste+Klick eingefügt und gelöscht

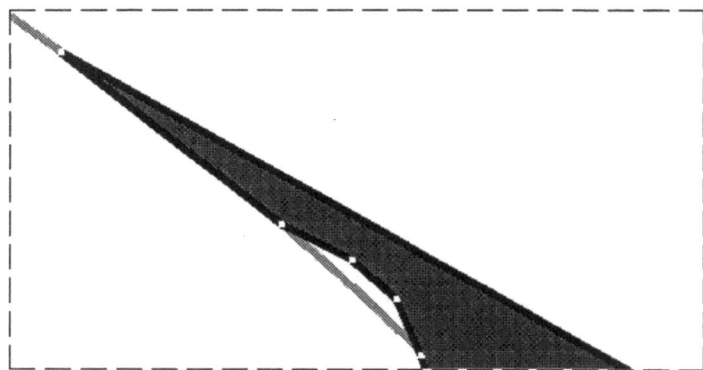

Das Verfahren ist Ihnen zu mühsam? Machen Sie einen zweiten Versuch. Löschen Sie die Freihandfigur. Setzen Sie erneut oben links am Bogen an, verfolgen Sie ihn mit dem Fadenkreuz, zeichnen Sie ihn von Klick zu Klick nach. Sie haben nun viel weniger Knoten, die Form ist schneller fertig.

Freihandfigur, einer anderen Form von Klick zu Klick folgend

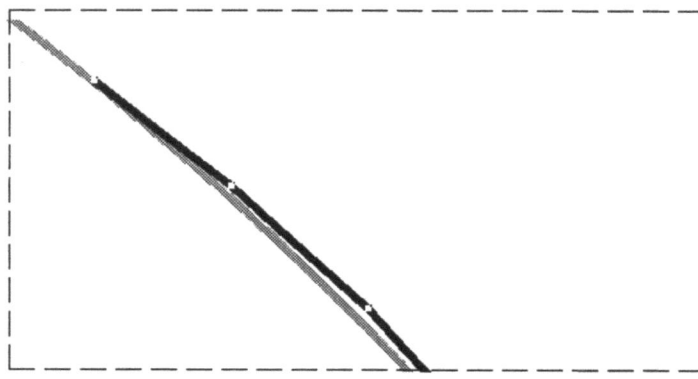

8.1 Zeichnen in PowerPoint

Sie sehen, auch mit der Maus können Sie exakt zeichnen und zu erstaunlichen Ergebnissen gelangen. So wäre es z.B. kein Problem, das Garbage Shuttle zu zeichnen. Sehen Sie sich die Sache an. Schließen Sie die aktuelle Datei, ohne sie zu speichern. Andernfalls steht sie Ihnen nur noch in der veränderten Form als Layout zur Verfügung.

Öffnen Sie eine neue, leere Datei, entfernen Sie ggf. die Platzhalter. Öffnen Sie zusätzlich eine der Blaue-Punkt-Dateien. Klicken Sie auf *Fenster/Alle anordnen*.

In PowerPoint können Sie mit mehreren Dateien zugleich arbeiten

Die Fenster beider Präsentationen sind jetzt nebeneinander sichtbar. Markieren Sie (Folie 7) das Garbage Shuttle. Kopieren Sie es. Aktivieren Sie durch Klick in das Fenster die neue Datei. Fügen Sie das Garbage Shuttle ein. Stellen Sie Zoom 75% ein. Die Grafik ist ein ClipArt. Klicken Sie auf *Grafik/Grafikobjekt bearbeiten* oder *Zeichnen/Gruppierung aufheben*. In beiden Fällen erfolgt eine Rückfrage.

ClipArts können in PowerPoint-Objekte umgewandelt und nachbearbeitet werden

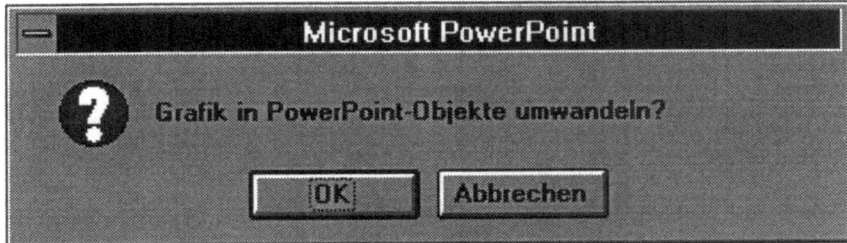

Nach Bestätigung zeigt die Grafik nun viele Markierungspunkte für die einzelnen Objekte. Ziehen Sie den rechten Flügel des Shuttle nach rechts. Der gestrichelte Umriß zeigt die neue Position.

Nach Umwandlung in ein PowerPoint-Objekt können Sie jede Grafik nachbearbeiten

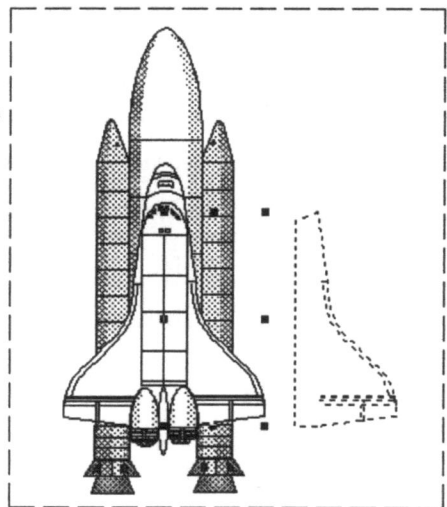

Der Flügel besteht aus zwei Teilgrafiken. Mit dem oben erworbenen Wissen wären Sie in der Lage, den Flügel selbst zu zeichnen. Einfacher ist es aber, auf ClipArts zurückzugreifen und sie zu verändern. Nach dem beschriebenen Verfahren können Sie auch Teile aus ClipArts herausholen und mit anderen zusammenbauen.

Markieren Sie die linke Antriebsrakete. Klicken Sie auf *Zeichnen/In den Vordergrund*. Die Rakete wird vor den Flügel gestellt.

Die einzelnen Objekte einer Grafik können in Ebenen sortiert werden

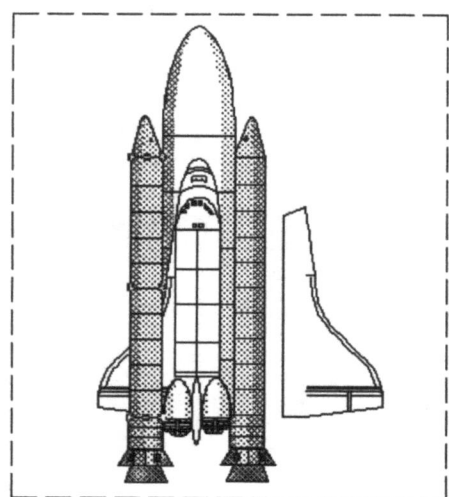

8.1 Zeichnen in PowerPoint

Auf diesem Weg können Sie einzelne Objekte einer Grafik in verschiedenen Ebenen anordnen. Über die Optionen *Zeichnen/Eine Ebene nach vorne/Eine Ebene nach hinten* werden die Ebenen umsortiert.

Um auf das Shuttle zurückzukommen: Natürlich würden Sie jedes Objekt nur einmal zeichnen, dann duplizieren und drehen. So hätten Sie das entsprechende Gegenstück. Die Zeichnung setzt sich, noch nicht vollständig aufgelöst, aus vielen Objekten zusammen.

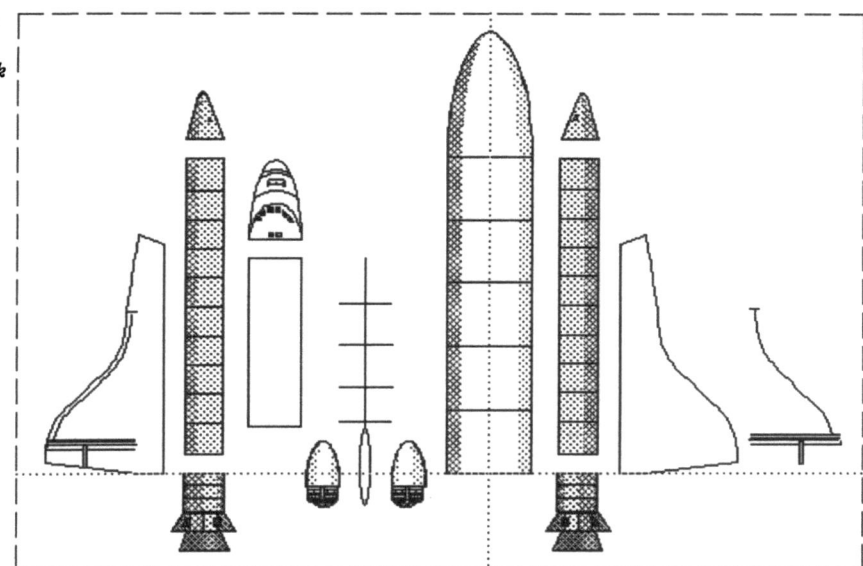

In die einzelnen Objekte zerlegte Grafik

Allein die Pilotenkanzel besteht aus mehreren Objekten. Nach Aufheben der Gruppierung wird dies deutlich (Zoom 400%).

Einzelobjekte einer Grafik nach Aufheben der Gruppierung

Ein Hinweis am Rande: In der beschriebenen Weise ist es sehr gut möglich, sogenannte Explosionszeichnungen zu erstellen. Das sind Zeichnungen, die einen Gegenstand, in Einzelteile zerlegt, darstellen. Man findet Explosionszeichnungen häufig im technischen Bereich (Getriebe, Kupplungen etc.).

Durch Doppelklick auf ein Objekt können Sie prüfen, mit welchem Werkzeug es gezeichnet ist. Zeigt es nur die Objektmarkierung, so handelt es sich um eine geometrische Figur. Werden Knoten sichtbar, so ist es eine Freihandfigur.

Freihandfiguren sind an den Knoten erkennbar

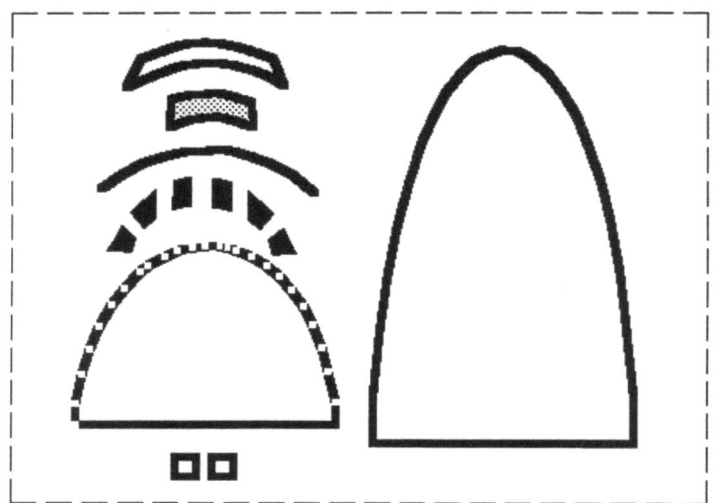

Um beim Zeichnen schneller auf bestimmte Funktionen Zugriff zu haben, schalten Sie über *Ansicht/Symbolleisten* die Leiste *Zeichnen+* ein. Nun können Sie weitere Schalter nutzen und schneller arbeiten.

Weiter oben wurde schon gesagt, daß Sie Objekte, die mehrfach verwendet sind, nur einmal zeichnen. Beispiel: Die Flügel des Shuttles. Beide sind identisch, einer ist seitenverkehrt. Kopieren Sie den gezeichneten Flügel (Drag & Drop). Markieren Sie ihn. Klicken Sie auf den Schalter *Horizontal kippen*.

Grafikobjekt, dupliziert und horizontal gekippt

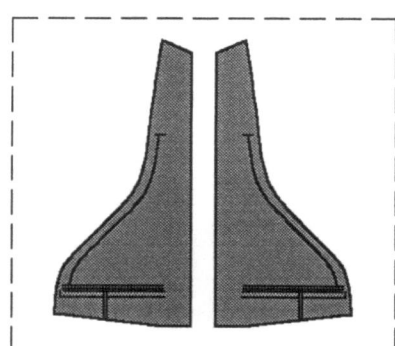

8.1 Zeichnen in PowerPoint

Schalter
AutoFormen

Wenn man weiß, wie es funktioniert, ist alles ganz einfach! Der Schalter *Freihandfigur* ermöglicht übrigens die größte zeichnerische Freiheit. Aber auch der Schalter *AutoFormen* erlaubt nachträgliche Änderungen an den gezeichneten Formen. Klick auf den Schalter öffnet die Symbolleiste, ein weiterer Klick auf den Schalter schließt die Symbolleiste wieder.

Symbolleiste AutoFormen

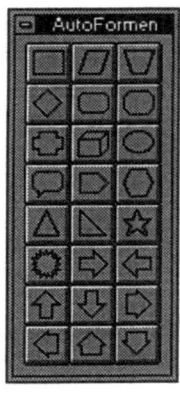

In der Symbolleiste *AutoFormen* hält PowerPoint geometrische Formen vor, die Sie in Ihren Präsentationen einsetzen können. Nach Klick auf den entsprechenden Schalter verwandelt sich der Zeiger in ein Fadenkreuz. Ziehen Sie einen Markierungsrahmen in der von Ihnen gewünschten Größe und Form.

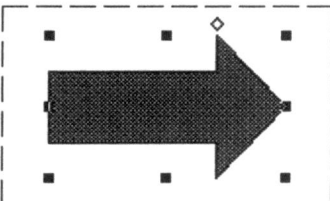

Durch Ziehen an den Anfassern verändern Sie den Pfeil in der Größe. Durch Ziehen an dem leeren Karo verändern Sie die Proportion.

AutoFormen können Sie in der Größe und in der Proportion verändern

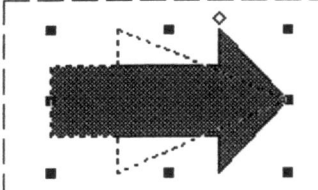 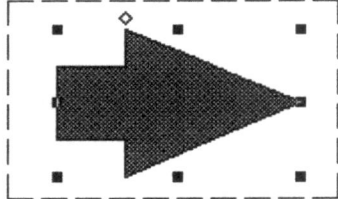

Schalter
Freies Drehen

Ein letzter Versuch: Nach Klick auf den Schalter *Freies Drehen* können Sie das markierte Objekt an einem der Eckpunkte um die Mittelachse drehen. Wie üblich sehen Sie die neue Position an der gestrichelten Linie.

Beim Drehen eines Objekts wird die neue Position durch eine gestrichelte Linie angezeigt

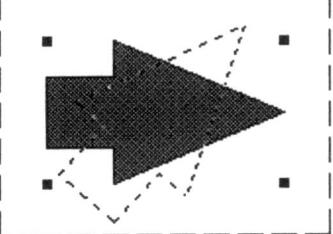

8.2 Schreiben mit Effekten und Überlegung

Die Textplatzhalter sind Ihnen bekannt, auch mit den Schaltern *Text* und *Textfarbe* haben Sie schon gearbeitet.

Den Schalter *Text* können Sie auf verschiedene Arten einsetzen. Nach Klick auf den Schalter ist der Zeiger im Textmodus zu sehen (senkrechter Strich mit kleinem Querstrich). Nun können Sie schreiben. Die andere Art: Ziehen Sie nach Klick auf den Schalter ein Rechteck in der Größe, die der Text einnehmen soll. PowerPoint blendet einen Textrahmen ein, in dem der Cursor blinkt. Jetzt können Sie schreiben.

Über den Schalter Text gezogener Textrahmen

Der Text steht (in einer leeren Präsentation) ohne Rahmen, Füllbereich oder Schatten auf der Folie, in schwarzer Farbe auf weißem Hintergrund.

Über den Schalter Text geschriebener Text

Die Schalter *Fett/Kursiv/Unterstrichen* schalten die entsprechenden Formate ein und aus, ebenso der Schalter *Textschatten*.

Der Schalter Textschatten schaltet den Textschatten ein und aus

Klick auf den Schalter *Schatten* (Zeichnenleiste!) dupliziert den Text und stellt ihn in eine zweite Ebene hinter den geschriebenen Text. Die Wirkung fördert allerdings nicht gerade die Lesbarkeit.

Schalter Schatten (Zeichnen-Leiste) fügt dem Text das Objektformat hinzu

Über die Dialogbox *Format/Schatten* können Sie allerdings Farbe und Versetzung steuern.

8.2 Schreiben mit Effekten und Überlegung

In der Dialogbox Schatten können Sie Farbe und Versetzung von Objektschatten steuern

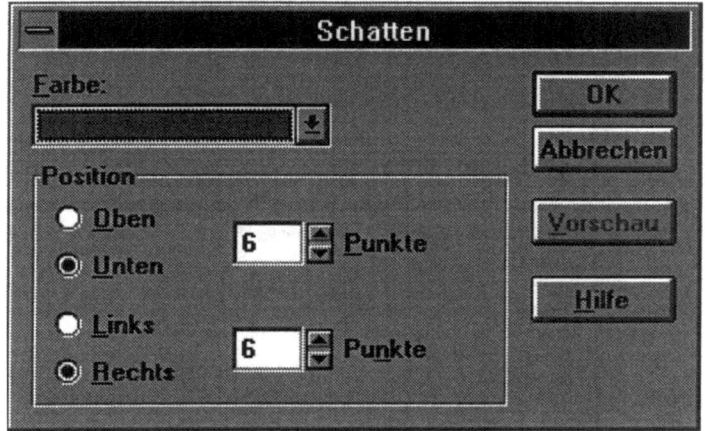

Die Optionen *Oben/Links*, jeweils 3 Punkte, und hellgrau verändern den Schatten enorm.

Objektschatten, individuell verändert

Beachten Sie dabei, daß Sie einen Objektschatten, also keinen Textschatten, zugeordnet haben. Wenn Sie dem Objekt über den Schalter *Linie ein/aus* (Zeichnenleiste) einen Rahmen geben, erhält auch dieser einen Schatten.

Objekt mit Schatten und Linie

Schalten Sie zusätzlich den Textschatten ein, so wird auch dieser eingeblendet. Der Text hat danach oben links den Objektschatten, unten rechts den Textschatten.

Objekt mit Schatten, Linie und Textschatten

Schalten Sie aber den Füllbereich ein, so ist nur noch der Textschatten sichtbar. Das Objekt ist mit der Füllbereichsfarbe ausgefüllt. So kann das darunterliegende Duplikat des Textes nicht mehr angezeigt werden.

Objekt mit Schatten, Linie, Füllbereich und Textschatten

Einen interessanten Effekt können Sie dadurch erreichen, daß Sie alle Optionen ausschalten. Nur den Textschatten lassen Sie eingeschaltet. Dann geben Sie dem Text über den Schalter *Textfarbe* die Farbe Weiß. So erhalten Sie einen Eindruck, als ob die Schrift geprägt sei.

Hervorgehobene Schrift vermittelt den Eindruck einer Prägung

Denselben Effekt können Sie im Menü *Format/Schriftart* einstellen. Klicken Sie im Feld *Effekte* auf die Option *Hervorheben*.

In der Dialogbox Schriftart können besondere Effekte eingestellt werden

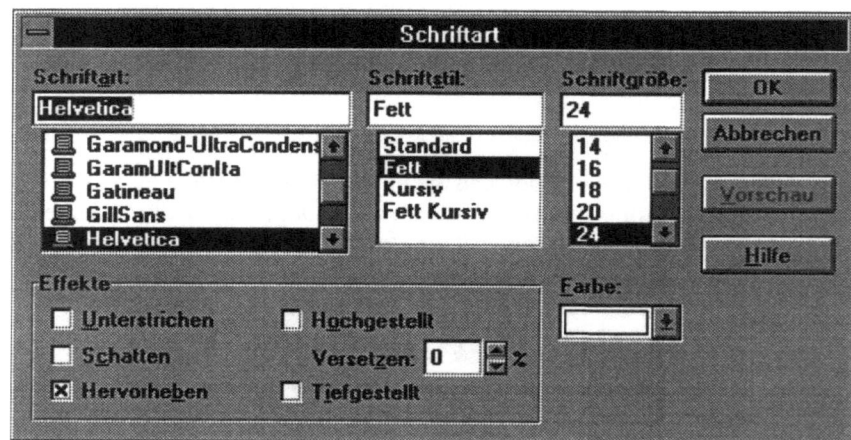

Über diese Dialogbox können Sie außerdem Texte hoch- oder tiefstellen. Sogar die Versetzung können Sie beeinflussen.

Hervorgehobene Schrift, ein Wort ist hochgestellt

Sobald Sie einem Text ein Attribut aus der Zeichnen-Leiste zuweisen, wird er quasi zu einem Grafikobjekt. Und umgekehrt: Jedes Grafikobjekt (außer Freihandfiguren), dem Sie einen Füllbereich zuordnen können, ist zugleich quasi ein Textplatzhalter.

8.2 Schreiben mit Effekten und Überlegung

Zeichnen Sie eine Ellipse, doppelklicken Sie hinein. Sie hat die typische Markierung im Textmodus (ohne Anfasser). In der Mitte blinkt der Cursor.

Grafikobjekt, im Textmodus markiert

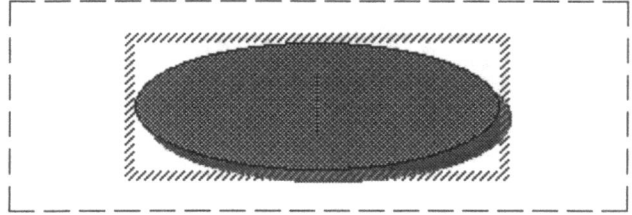

Das Grafikobjekt kann jetzt beschriftet werden.

Grafikobjekt mit Beschriftung

Auch AutoFormen können Sie beschriften.

AutoForm mit Beschriftung

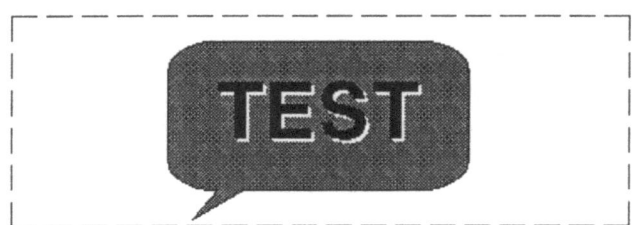

Aber das ist noch nicht alles. Bisher haben Sie mit Füllbereichen gearbeitet, die kein Muster hatten. Öffnen Sie das Menü *Format/Farbe und Linien*, versuchen Sie, welche Effekte Muster hervorrufen. Öffnen Sie das Feld *Füllbereich*.

Über die Dialogbox Musterfüllbereich erhalten Füllbereiche ein Muster

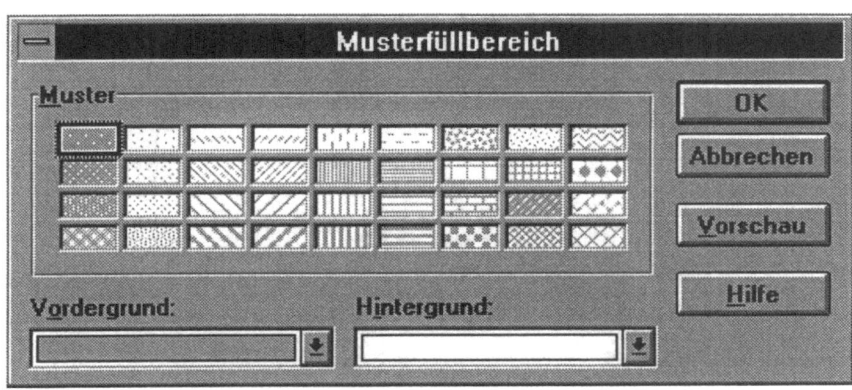

Treffen Sie Ihre Wahl, indem Sie ein Muster und die Farben für Vorder- und Hintergrund einstellen.

Grafikobjekt mit Füllbereich und individuellem Muster

An den Beispielen sehen Sie, daß man Text-/Grafikobjekte in allen möglichen (und unmöglichen) Varianten formatieren kann. Ein zusätzliches Format (Hervorgehoben) macht die Sache auch nicht besser.

Grafikobjekt mit Füllbereich und individuellem Muster, Text hervorgehoben

Das ist aber bei weitem nicht alles! Über eine weitere eingebettete Anwendung, nämlich WordArt, können Sie sich andere, zuweilen abenteuerliche Effekte, zunutze machen. Klicken Sie also auf *Einfügen/Objekt*. Im Feld *Objekttyp* wählen Sie *WordArt 2.0*. An dem veränderten Bildschirmaufbau erkennen Sie, daß ein anderes Programm geöffnet wurde.

Bildschirmaufbau von WortArt 2.0

Folgen Sie der Anweisung, geben Sie den Text ein.

8.2 Schreiben mit Effekten und Überlegung

Nur in der Dialogbox für die Texteingabe wird der Text geschrieben

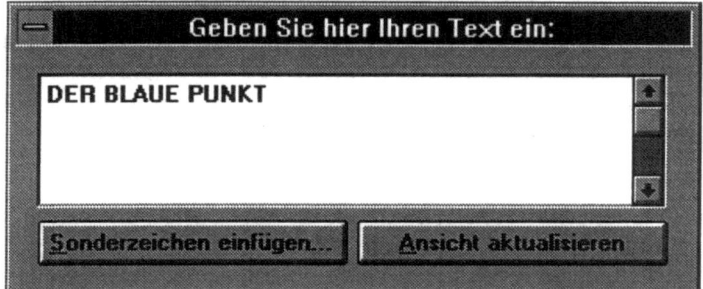

Die Texte werden in der Eingabebox geschrieben. Das große Feld dahinter dient ausschließlich der optischen Kontrolle. Leider verfügt WordArt nicht über die QuickInfos. So müssen Sie die Wirkung der Schalter ausprobieren. Im folgenden sind einige Beispiele für mögliche Formatierungen aufgezeigt. Sie werden feststellen, daß Sie geradezu absurde Effekte erzeugen können. Bedenken Sie aber, daß es in WordArt darum geht, einzelnen Wörtern oder Begriffen Auszeichnungen zuzuweisen, nicht einem ganzen Text.

Einige Hinweise zu den Eingabefeldern bzw. zu den Schaltern: Das erste Feld in der Formatleiste bestimmt die Laufrichtung der Schrift.

Über das Drop-Down-Menü erhält der Text eine Laufrichtung

Text in Wellenform

Über das zweite Eingabefeld wird die Schriftart eingestellt, im Feld rechts daneben die Schriftgröße. Die Option *Anpassen* stellt den Text möglichst groß in den Markierungsrahmen. Die Schalter *Fett* und *Kursiv* kennen Sie. Der nächste Schalter bewirkt, daß Ober- und Unterlängen der Schrift auf die Mittellänge eingezogen werden.

Schalter und Beispiel für eingezogene Ober- und Unterlängen

Der Schalter mit dem gestürzten A stellt die Buchstaben horizontal untereinander.

Schalter und Beispiel für untereinander gestellte Buchstaben

Der folgende Schalter stellt die Schrift möglichst groß in den Markierungsrahmen.

Schalter und Beispiel für an den Markierungsrahmen angepaßte Schrift

Sind die beiden letzteren Schalter eingeschaltet, so führt das zu einem jener abenteuerlichen Ergebnisse, die man in WordArt erzielen kann.

Dies soll aber nicht als Kritik an WordArt verstanden sein. Noch einmal: WordArt ist dazu geeignet, einzelne Schriftobjekte in besonderer Weise zu formatieren, nicht aber längere Texte. Der Gestalter selbst ist dafür verantwortlich, welche Formate er nutzen und einsetzen will.

8.2 Schreiben mit Effekten und Überlegung

Den Markierungs- rahmen ausfüllender Text, Buchsta- ben unterein- andergestellt

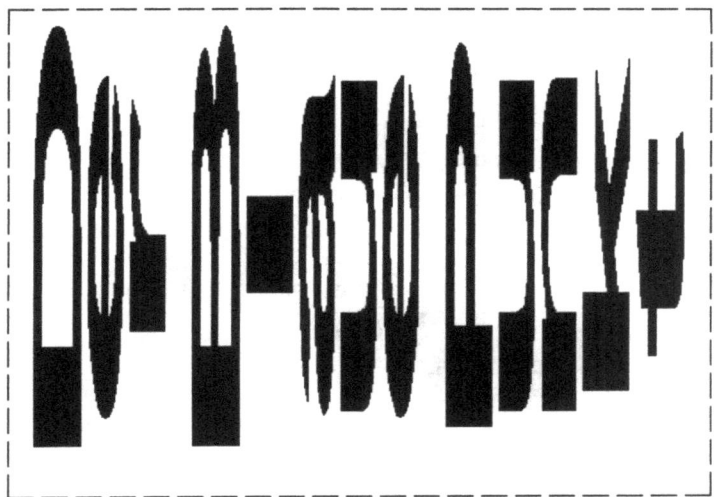

Schalter für die Ausrich- tung der Schrift

Der folgende Schalter vergibt die Formate *Zentriert, Linksbündig, Rechtsbün- dig, WordArt strecken, Buchstabenabstand ändern, Wortabstand ändern.* Die Optionen sind nur dann nutzbar, wenn ein kleinerer Schriftgrad eingestellt wurde. *Anpassen* verhindert eine optische Kontrolle.

Über den Schalter *AV* regeln Sie den Zeichenabstand. Stark verminderter Zeichenabstand schiebt die Buchstaben zusammen.

Schalter und Beispiel Zeichen- abstand

Schalter Muster

Der Schalter *Rotieren* ist Ihnen bekannt. Er ruft eine Dialogbox auf, über die das Ergebnis gesteuert wird. Ein weiterer Schalter erlaubt das Zuweisen von Mustern.

Auch in WordArt können Schriften Schatten erhalten. Suchen Sie durch Klick auf den Schalter den Schatten Ihrer Wahl.

Schalter und Beispiel Schatten

Schalter Kontur

Über einen letzten Schalter können Sie Schrift in Kontur stellen. Diese Option ist sicher nützlich, denn konturierte Schriften werden nicht selten verwendet. Sie haben den Vorteil, daß sie sich fast von jedem Hintergrund trennen.

Beispiel für konturierte Schrift

Durch die Zuweisung mehrerer Formate gelangen Sie mitunter zu ebenso überraschenden wie unnützen Ergebnissen.

WordArt macht Unmögliches möglich

Ein zusätzlicher Service von WordArt: Sie können sogar Sonderzeichen nutzen. Über den entsprechenden Schalter öffnen Sie die Box, markieren das gewünschte Zeichen und fügen es ein.

Über die Dialogbox Sonderzeichen einfügen können Sie Sonderzeichen verwenden

Zusammenfassend ist folgendes zu bemerken: Wenn Sie WordArt nutzen, gehen Sie behutsam damit um. Es lassen sich in der Tat Effekte erzeugen, die dem Designer die Nackenhaare sträuben. Andererseits, und mit Bedacht angewendet, führt WordArt zu Effekten, die eine Präsentation interessant machen können. Lassen Sie sich nicht von den Möglichkeiten verführen, aber nutzen Sie seine Möglichkeiten sinnvoll.

Wollen Sie WordArt verlassen? Drücken Sie die Esc-Taste. Gefällt Ihnen das Ergebnis und wollen Sie es verändern? Doppelklicken Sie in das Objekt. Gefällt Ihnen das Ergebnis nicht? Löschen Sie es in der Folie.

8.2 Schreiben mit Effekten und Überlegung

Wenden Sie sich im Zusammenhang mit Schreiben und Schriften noch einmal PowerPoint zu. Wechseln Sie in die Folienvorlage. Wenn Sie nämlich wollen, können Sie die ganze Präsentation (oder auch nur einzelne Folien) in eine andere Schriftart umstellen. Im aktuellen Zustand ist der Folientitel in 48p fetter Helvetica Narrow gesetzt. Die übrigen Texte sind in fetter Helvetica, der größte Schriftgrad ist 24p.

In der Folienvorlage können Sie die Schriftarten für eine gesamte Präsentation ändern

Klicken Sie in den Textplatzhalter. Klicken Sie in der Menüleiste auf *Extras/ Schriftarten ersetzen*. Die Dialogbox wird eingeblendet. Ersetzen Sie Helvetica durch eine andere Schriftart.

Über die Dialogbox Schriftarten ersetzen kann eine ganze Präsentation umformatiert werden

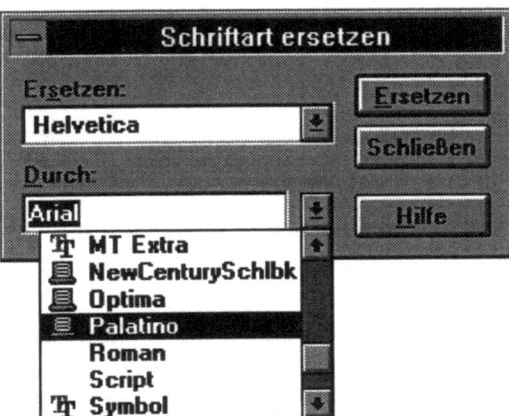

Ersetzt wird das Format für alle Texte, die in Helvetica fett geschrieben sind. Wollen Sie das Titelformat ebenfalls ersetzen, wiederholen Sie den Vorgang.

Schriftart für Texte ersetzt

Schalter Rechtschreibung

Das Formatieren von Texten in PowerPoint und WordArt sollte Ihnen jetzt keine Probleme mehr machen. Daneben stellt PowerPoint Funktionen zur Verfügung, die die inhaltliche Bearbeitung von Texten erleichtern: Suchen und Ersetzen von Textpassagen und die Rechtschreibprüfung. Rufen Sie Folie 1 auf, klicken Sie auf den Schalter *Rechtschreibung*. PowerPoint blendet die Dialogbox ein.

Über die Dialogbox Rechtschreibung werden Texte auf Fehler untersucht

Das erste nicht im Wörterbuch gefundene Wort wird angezeigt. PowerPoint kann keine Alternativen vorschlagen. Für das weitere Vorgehen haben Sie mehrere Möglichkeiten.

Klick auf den Schalter *Nicht ändern* ändert das Wort nicht. Wird es erneut gefunden, so wird es wieder angezeigt.
Klick auf den Schalter *Nie ändern* ändert das Wort nicht, auch bei wiederholtem Vorkommen.
Klick auf den Schalter *Hinzufügen* fügt das Wort dem Wörterbuch hinzu. Wird es nochmals gefunden, so wird es als richtig erkannt und nicht mehr angezeigt.

8.2 Schreiben mit Effekten und Überlegung

Klick auf den Schalter *Vorschlagen* zeigt vorhandene Alternativen auf. Im aktuellen Fall gibt es keine Vorschläge.

Gehen Sie die Präsentation durch. Die Rechtschreibung durchsucht die gesamte Präsentation, alle Folien, Notizen und Vorlagen. Die Fehlersuche richtet sich nach dem Benutzerwörterbuch der installierten Microsoft-Anwendungen.

Auch das Suchen und Ersetzen von Textpassagen ist eine inhaltliche Funktion, die die Arbeit erleichtert. Klicken Sie in der Menüleiste auf *Bearbeiten/Ersetzen*. In der Dialogbox tragen Sie zuerst den Suchbegriff ein, dann den Ersatzbegriff.

Über die Dialogbox Ersetzen werden Textpassagen ersetzt

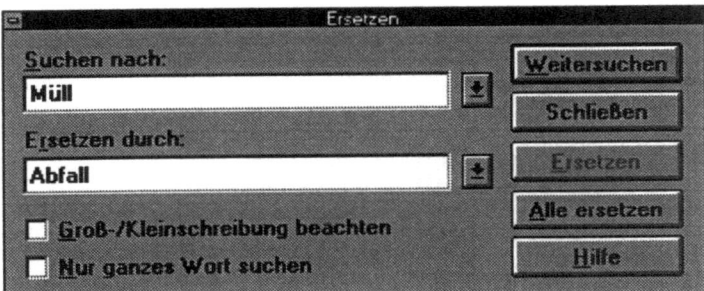

Klick auf den Schalter *Weitersuchen* ersetzt nicht und sucht das nächste Vorkommen.
Klick auf den Schalter *Ersetzen* ersetzt das Vorkommen. Klicken Sie ggf. auf *Weitersuchen*.
Klick auf den Schalter *Alle ersetzen* ersetzt alle Vorkommen automatisch. Dabei sollten Sie sich sicher sein, daß das Ersetzen nicht zu grammatischen Fehlern führt. Über die beiden Optionen im unteren Bereich der Box können Sie das Ersetzen eingrenzen.

Hinweis zur Rechtschreibung

PowerPoint-Hilfe zur Rechtschreibung

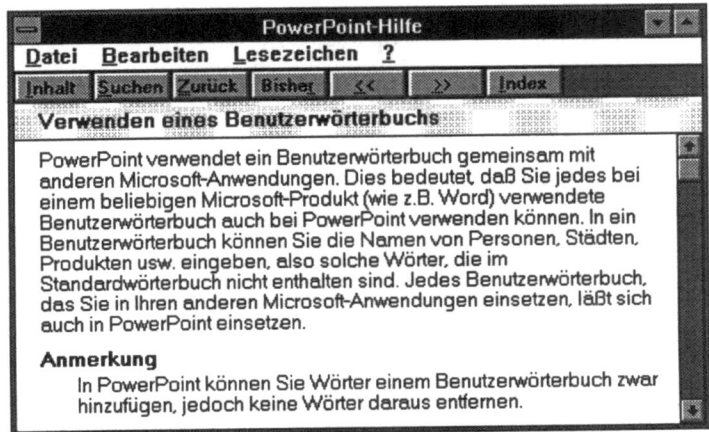

9 Der Blaue Punkt wird vorgeführt

Sie kennen jetzt viele Funktionen und Möglichkeiten von PowerPoint. Sie haben die Assistenten genutzt. Sie haben eine eigene Präsentation erarbeitet. Eine weitere Präsentation haben Sie in Farbe gestellt. Es wird Zeit, daß Sie sie vorführen. Verlassen Sie PowerPoint, doppelklicken Sie auf das Programmsymbol.

Doppelklick auf das Programmsymbol öffnet den PowerPoint-Projektor

Im Microsoft PowerPoint-Projektor suchen Sie Laufwerk und Verzeichnis. Im Feld *Dateiname* sind die entsprechenden Dateien aufgeführt.

Über den PowerPoint-Projektor können Präsentationen auf jeder geeigneten Gerätekonfiguration vorgeführt werden

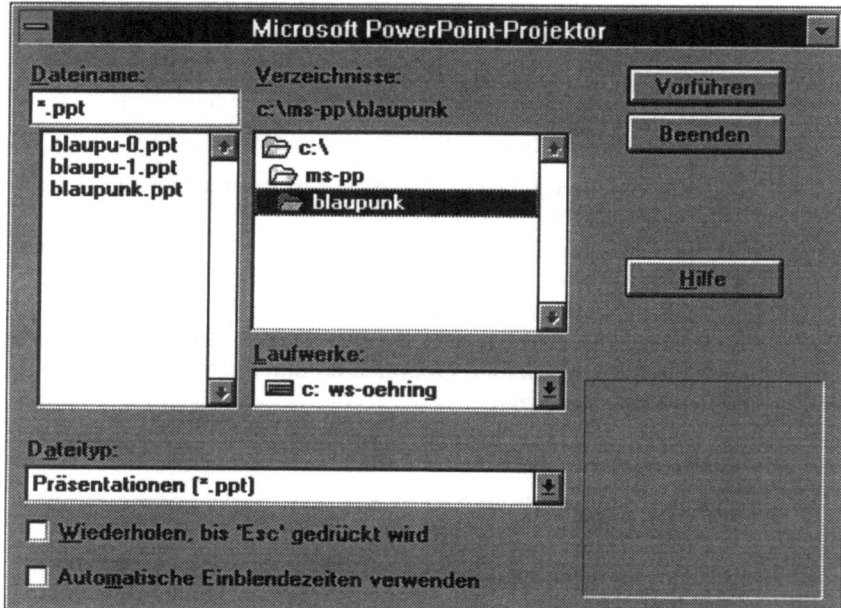

Markieren Sie die Datei, klicken Sie auf den Schalter *Vorführen*. Die Präsentation läuft in den Einstellungen ab, die Sie festgelegt haben. Nach Ablauf (oder Eingabe der Esc-Taste) gelangen Sie zurück in die Dialogbox.

Der Projektor dient ausschließlich zum Vorführen. Sie können ihn auf jeder geeigneten Geärtekonfiguration installieren (Diskette 11, A: bzw. B:\VSETUP). Haben Sie Gelegenheit, so sehen Sie sich die Präsetation an, bevor Sie sie anderen vorführen. Es kann auf Ihnen unbekannten Geräten zu unerwünschten Nebenerscheinungen kommen.

9 Der Blaue Punkt wird vorgeführt

Sie wollen mehrere Präsentationen hintereinander vorführen? Auch das kann der Projektor. Die PowerPoint-Hilfe gibt Ihnen eine Anleitung dazu.

PowerPoint-Hilfe zum Projektor

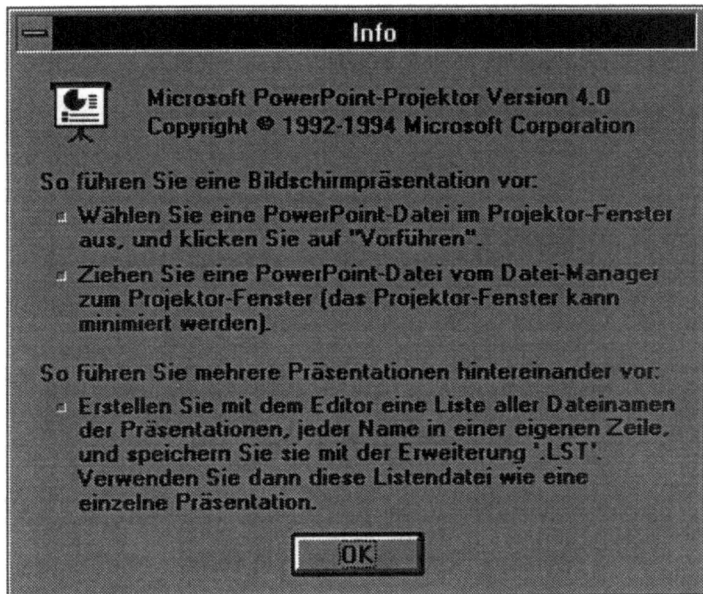

Öffnen Sie das Windows-Gruppenfenster *Zubehör*. Doppelklicken Sie auf das Programmsymbol *Notizblock*.

Windows-Gruppenfenster Zubehör

Der Editor wird eingeblendet. Schreiben Sie die Dateinamen der Dateien, die Sie vorführen wollen. Jeder Dateiname muß in einer eigenen Zeile stehen.

Im Editor werden die Dateinamen für mehrere aufeinanderfolgende Präsentationen eingetragen

Speichern Sie die Datei im Verzeichnis Ihrer Wahl unter dem Namen TEST.LST. Wichtig ist die Erweiterung .LST. Dann rufen Sie ggf. den Projektor auf und führen die Präsentationen an einem Stück hintereinander vor. Denken Sie daran, im Feld *Dateiname* den Namen mit Erweiterung (also TEST.LST) einzugeben. Beachten Sie die Vorschau, die den Inhalt der Datei anzeigt.

Beispiel für das Vorführen mehrere Präsentationen über den PowerPoint-Projektor

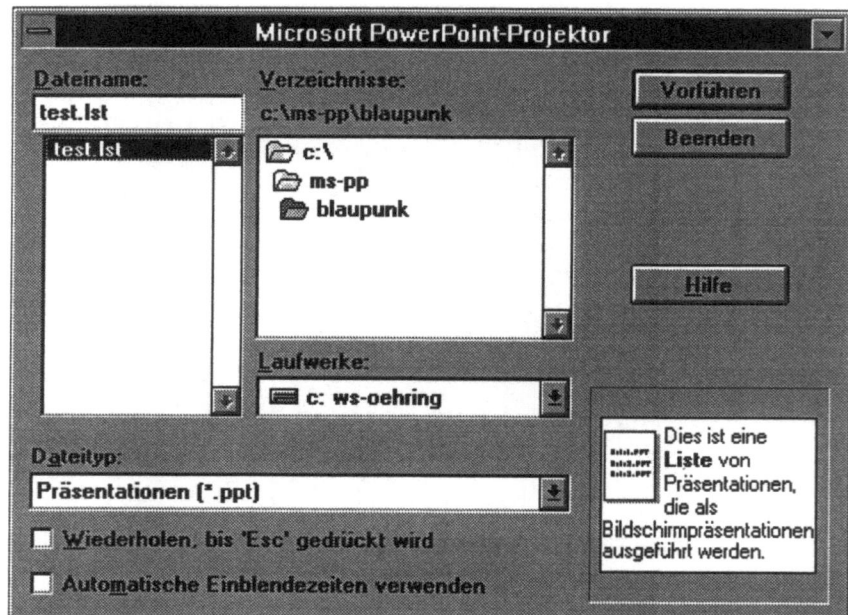

10 Experimente

Haben Sie Lust zu einigen Experimenten? Alsdann: Sie können in PowerPoint viele Vorgaben Ihren eigenen Bedürfnissen anpassen. Außerdem können Sie neben den eingebetteten Anwendungen Programme nutzen, die unter Windows laufen. Letzteres haben Sie schon getan, als Sie mit dem Organisationsdiagramm, Graph und dem Editor gearbeitet haben.

10.1 Ihre private Symbolleiste

Öffnen Sie eine leere Präsentation, richten Sie sich eine höchst private Symbolleiste ein. Sie brauchen sie dann, wenn Sie häufig mit Formaten arbeiten, die über die vorgegebenen Symbolleisten nicht zugewiesen werden können. Klicken Sie auf *Ansicht/Symbolleisten*. In der Standardeinstellung sind drei Symbolleisten aktiv: Die Standardleiste, die Formatleiste und die Zeichnen-Leiste. Klicken Sie in das Kästchen vor *Benutzerdefiniert*.

Über die Dialogbox Symbolleisten werden die Symbolleisten aktiviert

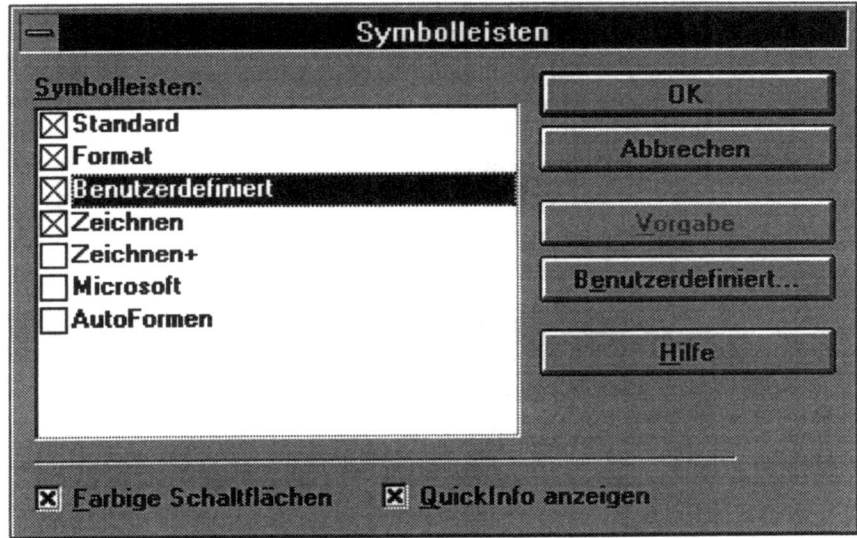

Nach Bestätigung wird in der Mitte des Bildschirms die benutzerdefinierte, noch leere Symbolleiste sichtbar.

Benutzerdefinierte Symbolleiste ohne Einträge

Klicken Sie auf die Option *Extras/Benutzerdefiniert*. Die Dialogbox *Benutzerdefinierte Symbolleiste* wird eingeblendet.

Dialogbox Benutzerdefinierte Symbolleiste

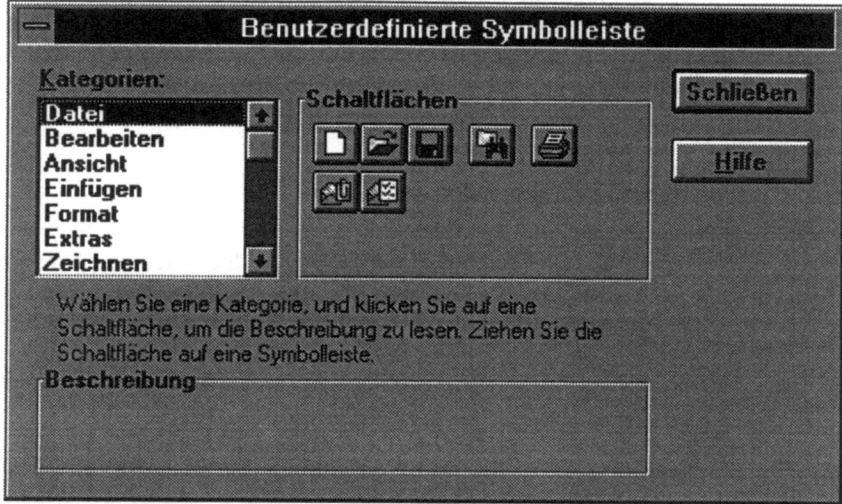

Im Feld *Kategorie* finden Sie im wesentlichen die Menüs wieder. Im Feld *Schaltflächen* sind die dem Menü zugeordneten Schalter aufgelistet. Wechseln Sie die Kategorie, werden die entsprechenden Schalter eingeblendet. Lassen Sie den Mauszeiger langsam über die Schalter gleiten. Wie üblich werden die QuickInfos eingeblendet.

Verschieben Sie die beiden Fenster so, daß sie nebeneinander auf dem Bildschirm sichtbar sind (Dauerklick in die Titelleiste und Ziehen).

Dialogbox Benutzerdefinierte Symbolleiste, rechts daneben Symboleiste

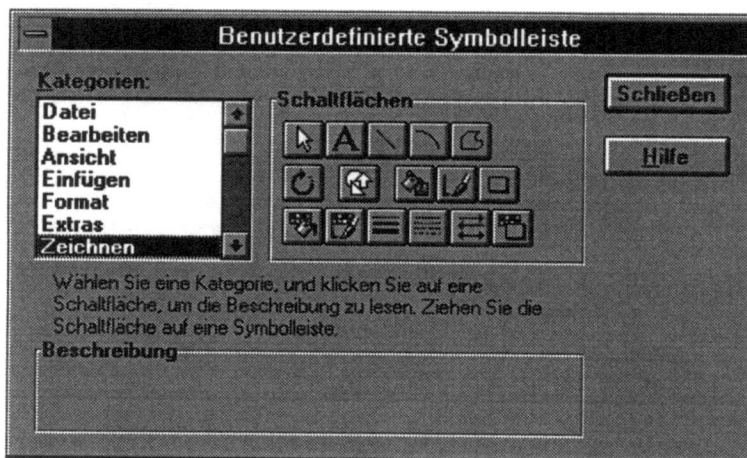

10.1 Ihre private Symbolleiste

Ziehen Sie einen Schalter in Ihre Symbolleiste. Nach Absetzen können Sie im Feld *Beschreibung* die Funktion des Schalters nachlesen.

Der Symbolleiste ist ein Schalter zugeordnet. Im Feld Beschreibung wird die Funktion angezeigt

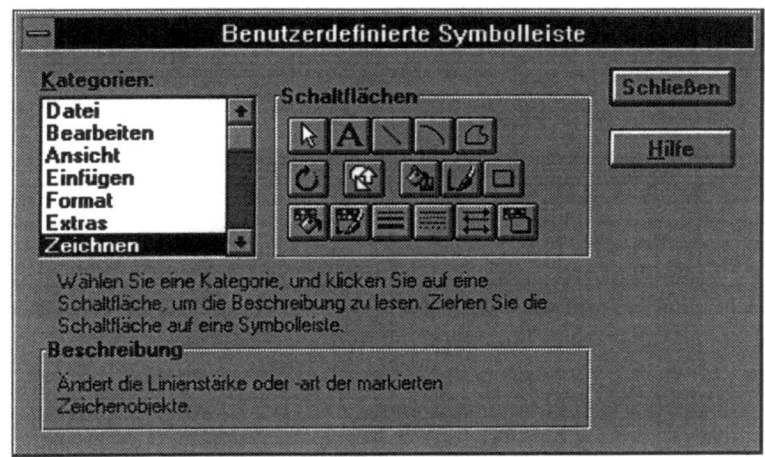

Ziehen Sie auf diese Art weitere Schalter aus verschiedenen Kategorien in die Symbolleiste, auch die Schaltfläche *Schriftart*. Richten Sie die Form der Leiste so her, wie sie Ihnen günstig erscheint (Ziehen an den Fensterrahmen).

Benutzerdefinierte Symbolleiste mit Einträgen

Schließen Sie die Dialogbox *Benutzerdefinierte Symbolleiste*. Ihre neue Symbolleiste steht Ihnen zu Diensten. Sie können sie wie üblich auf dem Bildschirm plazieren (Dauerklick in Titelleiste und Ziehen). Ziehen Sie sie unter die Formatleiste, ändert sich der Markierungsrahmen in eine feine Linie.

In der Nähe der Formatleiste ändert sich der Markierungsrahmen

Lassen Sie die Maustaste los. Die neue Symbolleiste wird unter die Formatleiste gestellt.

Benutzerdefinierte Symbolleiste an neuer Position

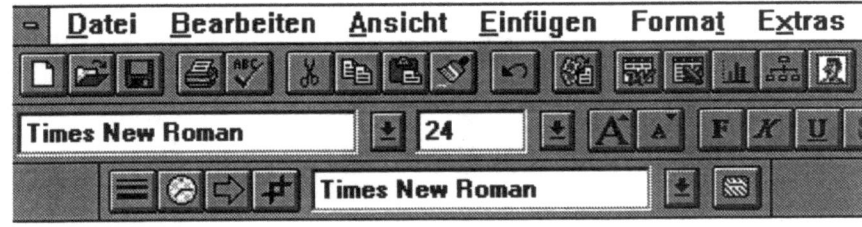

Durch Klick auf eine leere Stelle zwischen den Schaltern können Sie die Symbolleiste wieder in den Bildschirm zurückziehen.

Wollen Sie die Schriftart aus der Symbolleiste entfernen? Öffnen Sie die Dialogbox *Benutzerdefinierte Symbolleiste*. Ziehen Sie die Schriftart einfach aus der Symbolleiste heraus. Wollen Sie einen Schalter an eine andere Position setzen? Ziehen Sie ihn an die neue Stelle.

Symbolleiste nach individuellen Änderungen

Künftig steht Ihnen diese Symbolleiste zur Verfügung. So, wie Sie PowerPoint verlassen, wird sie gespeichert (aktiv oder geschlossen). Auch die vorgegebenen Symbolleisten können Sie auf diese Art verändern.

10.2 Ihre persönlichen Standards

In den meisten größeren Unternehmen und Institutionen ist es heute üblich, bestimmte optische Standards einzuhalten. So wird ein einheitliches Erscheinungsbild erreicht. Der Wiedererkennungswert wird gesteigert.

In PowerPoint können Sie neue Dateien auf verschiedene Arten einrichten: Mit Hilfe der Assistenten, über Präsentationslayouts und nach Ihren eigenen Vorstellungen (Leere Präsentation). Wollen Sie aber immer dieselben Standards anwenden, so haben Sie auch dazu zwei Möglichkeiten:

1. Sie legen eine eigene Präsentation an. Sie Speichern nur Folie 1 (zusammen mit der Folienvorlage). Auf dieser Grundlage können Sie immer neue Präsentationen entwerfen. Diese speichern Sie dann über die Option *Datei/Speichern unter* unter einem anderen Namen.

2. Über die Option *Datei/Öffnen* finden Sie im Verzeichnis POWERPNT die Datei STANDARD.PPT. In ihr sind die Ihnen bekannten PowerPoint-Standards gespeichert.

Grundlage für Standardpräsentationen: die Datei STANDARD.PPT

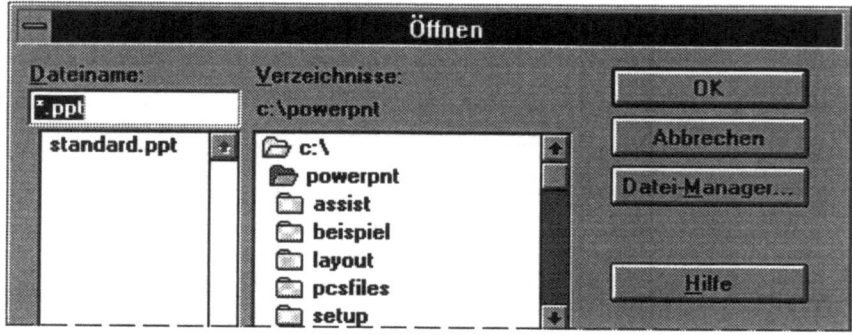

10.2 Ihre persönlichen Standards

STANDARD.PPT im ursprünglichen Zustand

> Titel durch Klicken hinzufügen
>
> • Klicken Sie, um Text hinzuzufügen

Diese Datei können Sie zur Grundlage Ihrer Arbeit machen, indem Sie sie nach Ihren Vorstellungen formatieren (Folienvorlage!).

Standard.PPT umformatiert

234 10 Experimente

Speichern Sie auch in diesem Fall nur Folie 1. Diese Grundlage können Sie nun für Ihre Präsentationen verwenden. Die Präsentationen speichern Sie wieder unter anderem Namen.

10.3 Malen und Zeichnen mit Paintbrush

Haben Sie Lust, ein bißchen zu malen? Gehen Sie ans Werk! Öffnen Sie eine leere Präsentation. Rufen Sie die Option *Einfügen/Objekt* auf.

Über die Dialogbox Objekt einfügen werden eingebettete Objekte in die Folie übernommen

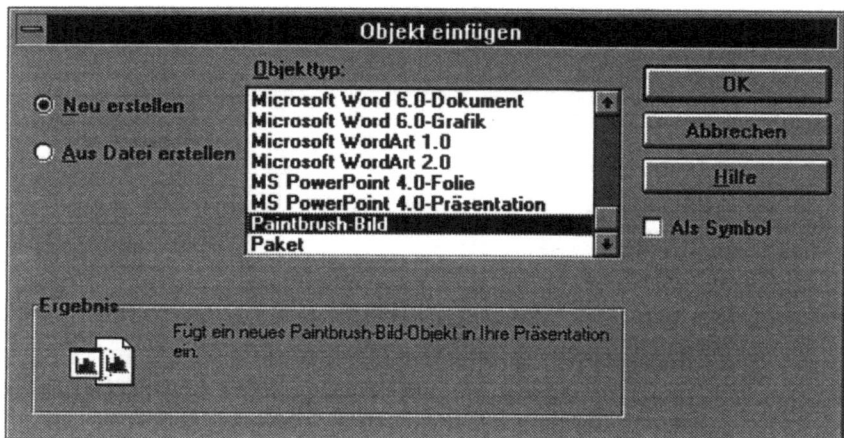

Bestätigen Sie die Option *Paintbrush-Bild*. Paintbrush ist ein Windiws-Zubehör, mit dem Sie Bilder malen können. Das Paintbrush-Fenster wird eingeblendet.

In Paintbrush können Sie malen und die Bilder in Ihre Folien einfügen

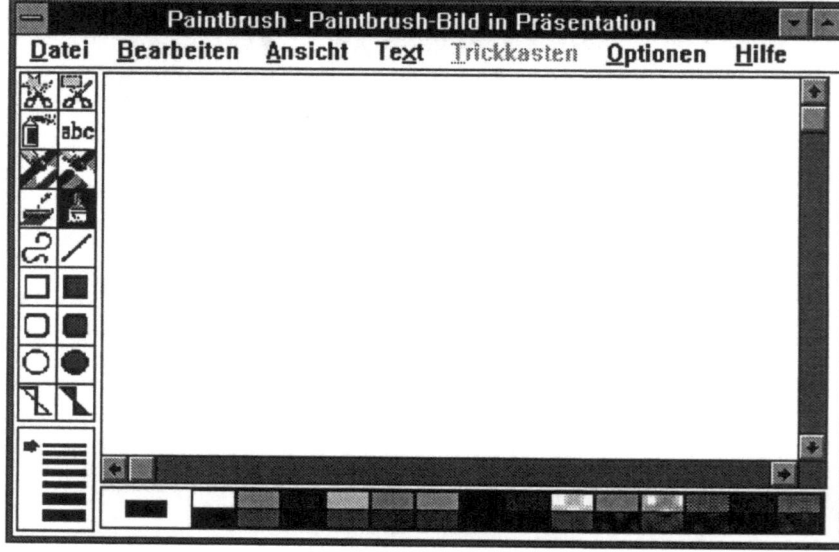

10.3 Malen und Zeichnen mit Paintbrush

Malen Sie, erkunden Sie die Werkzeuge und ihre Wirkungsweise.

Beispiel für Painbrush-Bild

Um die Wechselwirkung zwischen PowerPoint und Paintbrush kennenzulernen, malen Sie das Bild nicht ganz fertig. Klicken Sie im Paintbrush-Fenster auf *Datei*.

Paintbrush-Menü Datei

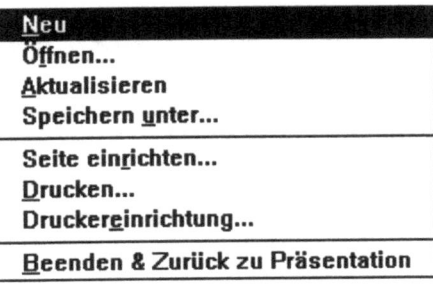

Die Option *Beenden & Zurück zu Präsantation* (bzw. Dateiname) bringt Sie in Ihre Folie zurück. Auf diesem Weg zeigt PowerPoint eine Warnmeldung. Klicken Sie auf den Schalter *Ja*. Dadurch wird das Bild in der Folie aktualisiert.

Durch Klick auf den Schalter Ja wird das Bild in der Folie aktualisiert

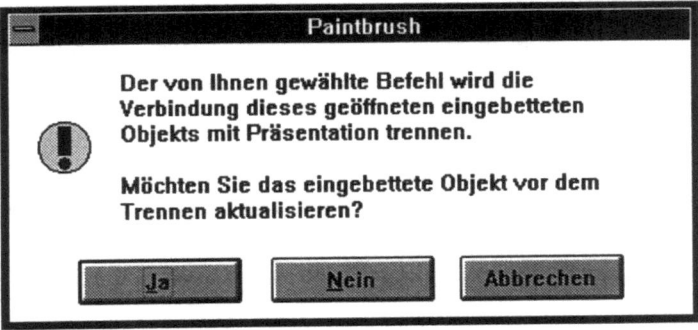

Das Bild wird in die Folie eingefügt. Klicken Sie (rechte Maustaste!) in das Bild. Das Kontextmenü wird eingeblendet.

Kontextmenü zu einem eingebetteten Paintbrush-Bild

Ausschneiden
Kopieren
Einfügen
Paintbrush-Bild-Objekt bearbeiten
Grafik zuschneiden
Neu einfärben...

Ein erneuter Zugriff auf Paintbrush ist jetzt möglich, um das Bild zu vervollständigen. Doppelklick in das Bild hätte Sie ebenfalls wieder nach Paintbrush gebracht.

Beispiel für nachbearbeitetes Paintbrush-Bild

So können Sie zwischen PowerPoint und Paintbrush hin- und herschalten, bis Ihr Bild fertig ist. Bei jedem neuen Aufruf der Datei können Sie über das Kontextmenü oder durch Doppelklick in das Bild Paintbrush erneut aktivieren, um das Bild nachzubearbeiten.

Analog dazu verläuft die Arbeit mit allen eingebetteten Objekten, so auch mit Microsoft Draw. An der Liste der Objekte sehen Sie, daß es viele Anwendungen gibt, die Sie für andere Aufgaben nutzen können.

10.4 Eingebettete Objekte

Die Microsoft-Anwendungen unterscheiden grundsätzlich zwischen eingebetteten und verknüpften Objekten.

Eingebettete Objekte sind solche, die in einer anderen Anwendung (z.B. Graph) erstellt wurden. Sie sind in der PowerPoint-Datei gespeichert, nicht aber in der Quellanwendung (also nicht in Graph). Die Quellanwendung muß auf dem PC installiert sein.

Verknüpfte Objekte werden zwar ebenfalls in einer anderen Quellanwendung erstellt, sie werden aber auch dort gespeichert. In der PowerPoint-Datei werden lediglich eine Darstellung sowie der Bezug zur Quellanwendung gespeichert. Von der Quellanwendung aus wird die Aktualisierung gesteuert. Verknüpfte Objekte werden meist in Netzwerken genutzt.

Ist Ihr PC lokal (also nicht im Netz) installiert und rufen Sie ein Objekt auf, dessen Quelle nicht installiert ist, erfolgt eine Warnmeldung.

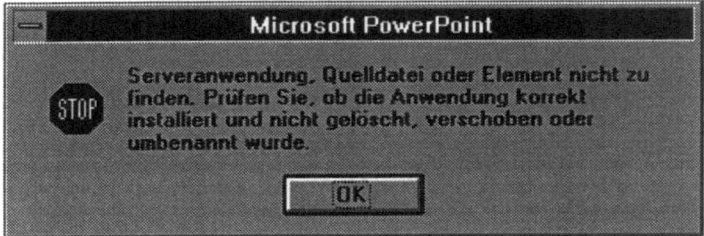

Warnmeldung bei dem Versuch, ein eingebettetes Objekt einzufügen, dessen Quellanwendung nicht installiert ist

Die Option *Einfügen/Objekt* macht Sie mit den Programmen/Dateien bekannt, die Sie als eingebettete Objekte nutzen können. Voraussetzung ist, wie gesagt, daß Sie über Soft- und Hardware (z.B. für Klangrecorder oder Medienclip) verfügen. Eine Beschreibung, wie die einzelnen Anwendungen zu handhaben sind, würde bei weitem den Rahmen dieses Buches sprengen. Deshalb werden im folgenden nur die Eigenschaften und einige Beispiele aufgezeigt.

Objektname	Eigenschaften
CorelCHART 3.0	Diagrammeditor
CorelDRAW!	Grafikprogramm
CorelPHOTO-PAINT!	Programm zum Bearbeiten von Grafiken oder Fotos (z.B. über Scanner eingelesen)
Excel Worksheet	Tabellenkalkulation

Objektname	Eigenschaften
Klang	Editor für Tonsequenzen

Über den Klangrecorder können Tonsequenzen in eine Präsentation eingebunden werden

Medien-Clip   Editor für Videosequenzen

Über das Fenster Medien-Wiedergabe können Videosequenzen in eine Präsentation eingebunden werden

MS ClipArt Gallery	ClipArts
MS Draw	Programm zum Malen und Zeichnen
MS Equation 2.0	Formeleditor (Mathematische Formeln)
MS Excel	Tabellenkalkulation, Diagramme
MS Graph 5.0	Business-Grafiken
MS Organisationsdiagramm 1.0	Diagramme (Personalstruktur u.Ä.)
MS Word	Textverarbeitung, Dokumente, Gliederungen
MS WordArt	Besondere Schrifteffekte
MS PowerPoint 4.0	Einfügen von Folien als Bilder in eine Datei. Da es sich bei letzterem um eine PowerPoint-interne Angelegenheit handelt, soll sie näher erläutert werden. Aufruf der Option öffnet eine zusätzliche Datei.

10.4 Eingebettete Objekte

In PowerPoint-Folien können PowerPoint-Folien als Objekt eingebettet werden

Bearbeiten Sie die Folie. Nach Fertigstellung Klicken Sie auf *Datei*.

PowerPoinr-Menü Datei beim Einfügen einer Folie als eingebettetes Objekt

Neu...	Strg+N
Ö**f**fnen...	Strg+O
S**c**hließen	
Aktualisieren	Strg+S
Als **K**opie speichern...	
Datei-**M**anager...	
Datei-**I**nfo...	
Seite ein**r**ichten...	
Drucken...	Strg+P
S**e**nden...	
Ve**r**teiler erstellen...	
1 C:\TEMP\TEST-01.PPT	
2 C:\TEMP\MAREN.PPT	
3 C:\POWERPNT\STANDARD.PPT	
4 C:\WIN\STANDARD.GRA	
Beenden und zurückkehren zu Präsentation	

Objektname	Eigenschaften
	Klick auf *Beenden und zurückkehren zu Präsentation (Dateiname)* fügt die neue Folie als Bild in die aktuelle Folie ein.
Paintbrush-Bild	Windows-Zubehör zum Malen und Zeichnen
Paket	Objekt-Manager, mit dem ein Symbol erzeugt werden kann, das für ein eingebettetes Objekt steht. Da Sie über den Objekt-Manager jedes beliebige Objekt in die Präsentation einbetten können, soll auch er näher betrachtet werden.

Über den Objekt-Manager werden Objekte als Symbole in die Präsentation eingebunden

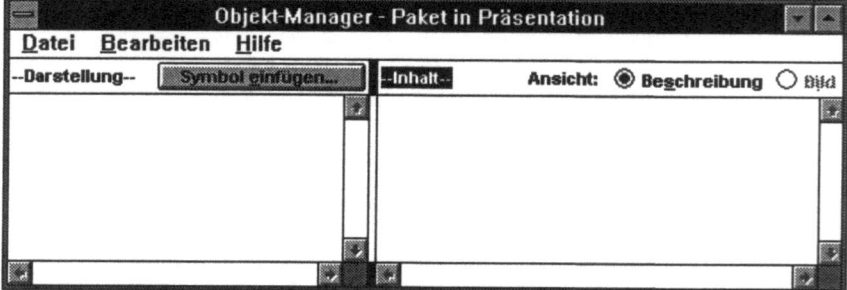

Klicken Sie im Fenster *Objekt-Manager* auf *Datei/Importieren*. Wählen Sie die Datei (z.B. Paintbrush-Bild). Symbol und Inhalt werden eingeblendet.

Objekt-Manager beim Einbetten eines Pakets

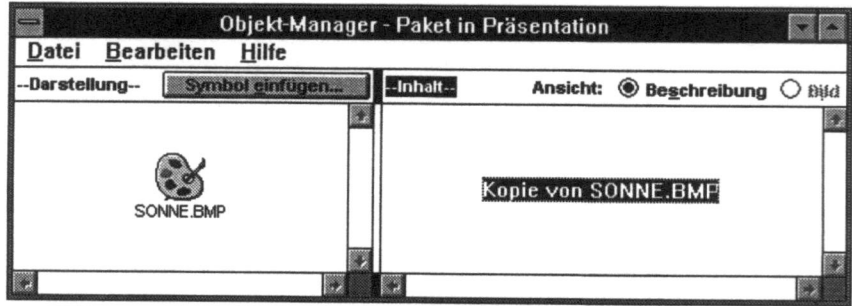

Menü Datei im Objekt-Manager beim Einbetten eines Pakets

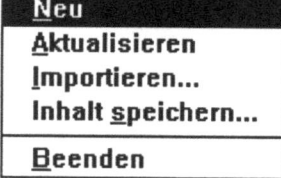

Klicken Sie im Fenster *Objekt-Manager* auf *Datei/Aktualisieren*, dann auf *Beenden*.

Das Symbol wird in die aktuelle Folie eingefügt. Doppelklick öffnet die Anwendung mit der Datei.

10.4 Eingebettete Objekte

Beispiel für eingebettetes Paket

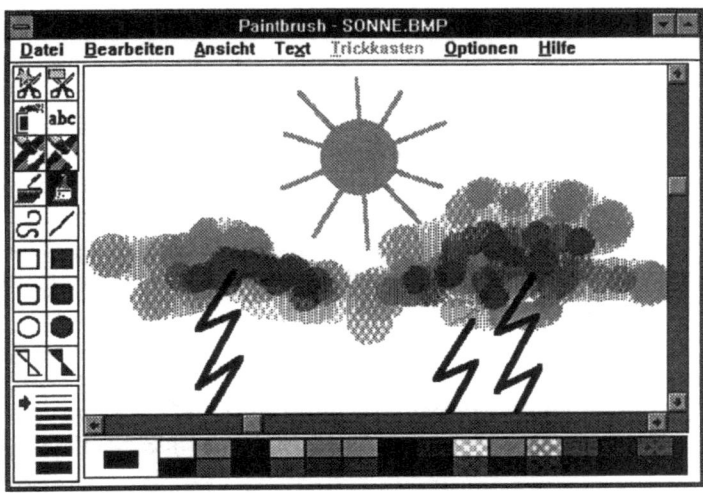

Nachdem Sie ein eingebettetes/verküpftes Objekt bearbeitet haben, können Sie entscheiden, ob das Objekt in der Folie aktualisiert werden soll.

Abfrage nach Bearbeiten eines eingebetteten Objekts (hier Objekt-Manager)

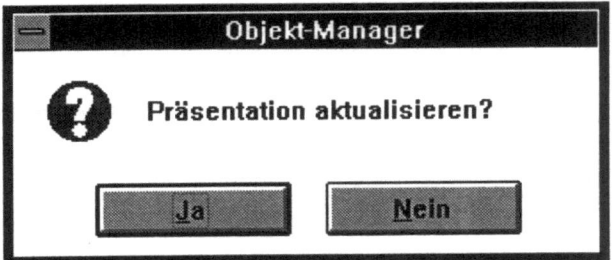

Die Quellanwendung eingebetteter Objekte wird grundsätzlich durch Doppelklick auf das Objekt geöffnet (oder über das Kontextmenü).

Hinweis zur Medien-Wiedergabe

Die Medien-Wiedergabe ist die einzige der genannten Anwendungen, die Sie auch über das PowerPoint-Gruppenfenster aufrufen können.

PowerPoint-Gruppenfenster, von dem aus die Medien-Wiedergabe gestartet werden kann

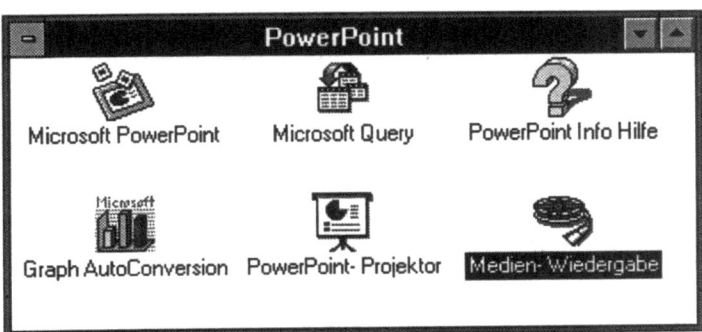

10.5 PowerPoint und Word

Ohne Zweifel nehmen Excel und Word eine besondere Stellung im Zusammenspiel mit PowerPoint ein. Excel, weil es Daten und Diagramme liefern kann, die für eine Präsentation gebraucht werden. Word, weil zu vielen Präsentationen ein Vortrag gehört - es sei denn, es handelt sich um Bildschirmpräsentationen mit eingebundenen Ton- und/oder Videosequenzen. So soll am Beispiel von Word, in dem der Vortrag geschrieben wird, dieses Zusammenspiel erläutert werden, die Arbeit mit Excel verläuft im Prinzip analog. Natürlich muß dazu Word (oder Excel) auf Ihrem System installiert sein.

Es gibt verschiedene Möglichkeiten, von PowerPoint aus Word-Dokumente zu öffnen. Beginnen Sie damit, in PowerPoint mit Word zu arbeiten. Klicken Sie auf die Option *Einfügen/Objekt/Microsoft Word 6.0 Dokument*. In der PowerPoint-Ansicht werden zunächst, wie üblich, die Markierungspunkte sichtbar.

Nach heftiger Arbeit des Rechners erscheinen Menüleiste, Standard- und Formatleiste von Word auf dem Bildschirm. Die Zeilenlineale werden im Markierungsrahmen sichtbar. Nur an der Titelleiste und der Ansichten-Leiste erkennen Sie, daß Sie doch eigentlich in einer Ansicht von PowerPoint sind. Im aktuellen Fall handelt es sich um die Ansicht eines Notizblatts. Klick in das Menü *Format* überzeugt Sie endgültig, daß Sie jetzt, auch wieder eigentlich!, in Word arbeiten.

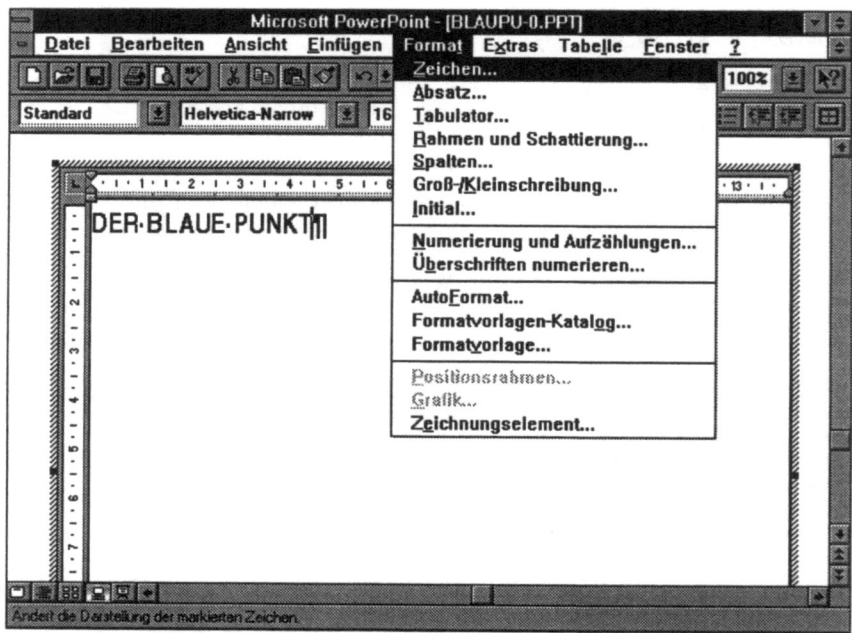

Der PowerPoint Bildschirm nach Einfügen eines Word 6.0-Objekts

10.5 PowerPoint und Word

Nun können Sie Ihr Notizblatt mit Text füllen. Esc-Taste oder Klick in die Folie schließt Word, Sie sind wieder in PowerPoint.

Hinweis
Bevor Sie Word starten, sollten Sie in PowerPoint den Zoom mindestens auf 75% einstellen, damit Sie bei der Arbeit besser sehen können.

Befassen Sie sich nun mit einer anderen Möglichkeit, die Sie überraschen wird. In den meisten Fällen, und das wäre auch sinnvoller, werden Sie wohl auf bereits bestehende Word-Dateien zugreifen; z.B. dann, wenn Ihr Vortrag in Word geschrieben ist.

Starten Sie vom Programmanager aus Word 6.0. Schreiben Sie den unten abgebildeten Text, der dann in das Notizblatt Nr. 10 der Blaue-Punkt-Präsentation eingefügt werden soll.

In Word geschriebener Text

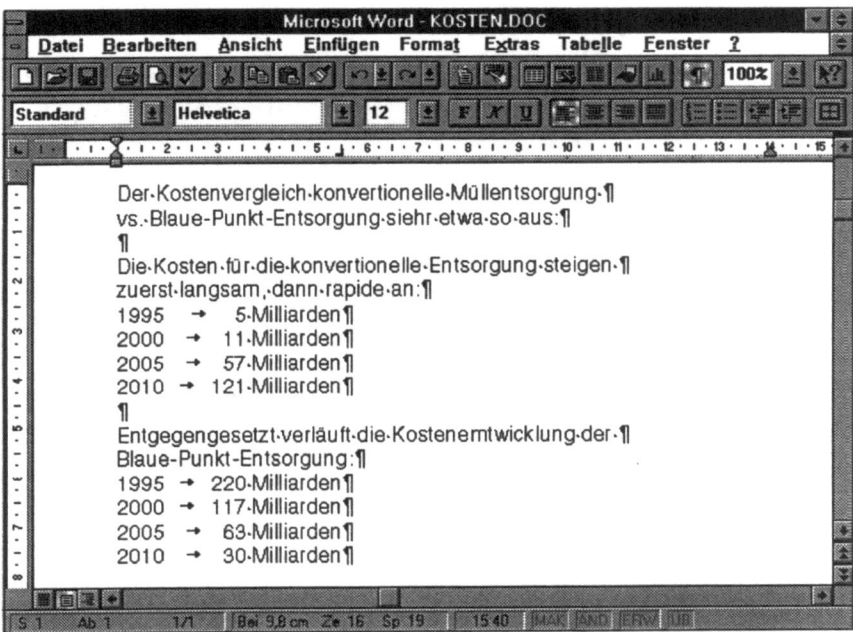

Markieren Sie den Text, kopieren Sie ihn in die Zwischenablage (Schalter wie in PowerPoint). Wechseln Sie in PowerPoint (Alt-+Tab-Taste). Öffnen Sie Ihre Blaue-Punkt-Präsentation. Schalten Sie um in die Notizenansicht. Rufen Sie Notizblatt 10 auf. Klicken Sie auf *Bearbeiten/Inhalte einfügen*. Nur über diese Option ist gewährleistet, daß die Word-Datei in PowerPoint automatisch aktualisiert werden kann. Die Dialogbox *Inhalte einfügen* wird eingeblendet.

*Dialogbox
Inhalte
einfügen*

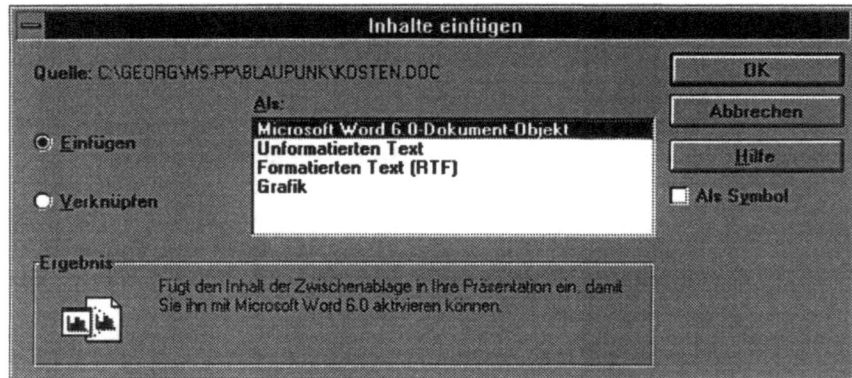

Klicken Sie in den Kreis vor der Option *Verknüpfen*. Lesen Sie im Feld *Ergebnis* den Hinweis. Der Text wird in Ihr Notizblatt eingeblendet.

*Word 6.0
Datei mit
einem
PowerPoint
Notizblatt
verknüpft*

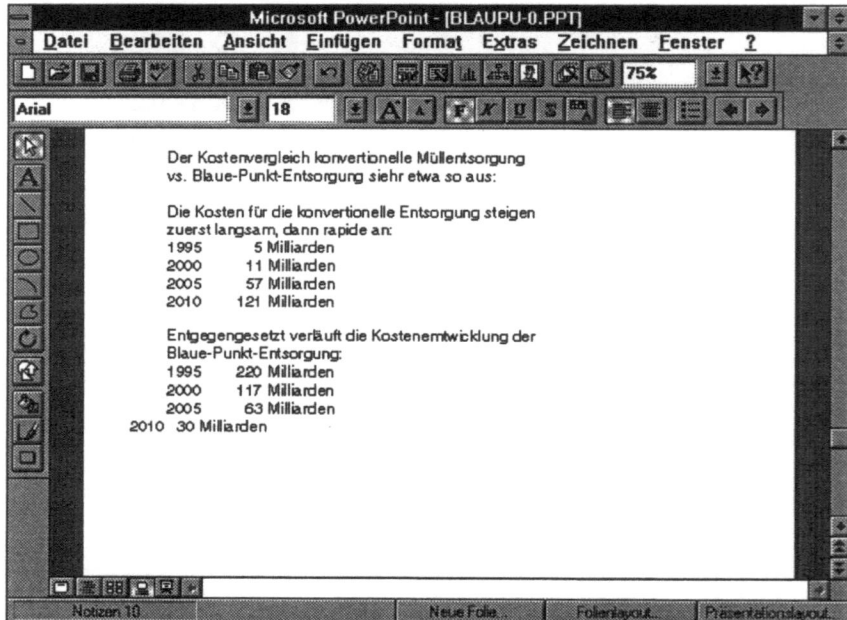

Hinweis
Die Verschiebung der letzten Zeile ist unerklärlich. Der Tabstop ist richtig gesetzt, ein Einzug ist nicht definiert, Leerzeichen sind nicht eingegeben. Geheimnis der EDV!

Schalten Sie um in Word. Ändern Sie die Schrift in fett, ziehen Sie den Tabstop nach rechts, so daß die Tabelle ein anderes Aussehen bekommt.

10.5 PowerPoint und Word

In Word geänderte Tabelle

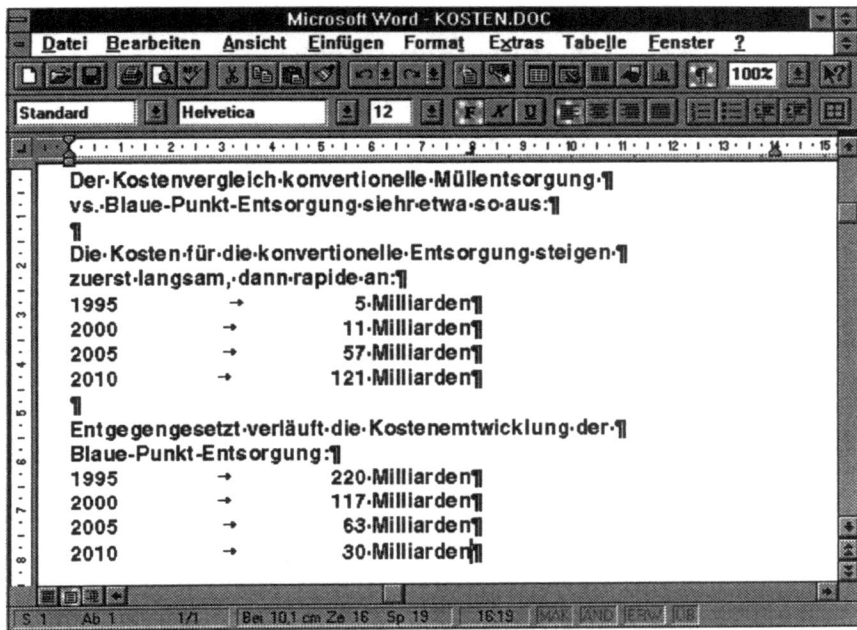

Da die Verknüpfung automatisch aktualisiert wird, müssen Sie das Ergebnis auch in PowerPoint sehen. Es entspricht tatsächlich der Word-Formatierung.

In PowerPoint aktualisiertes Ergebnis

```
Der Kostenvergleich konventionelle Müllentsorgung
vs. Blaue-Punkt-Entsorgung sieht etwa so aus:

Die Kosten für die konventionelle Entsorgung steigen
zuerst langsam, dann rapide an:
1995              5 Milliarden
2000             11 Milliarden
2005             57 Milliarden
2010            121 Milliarden

Entgegengesetzt verläuft die Kostenemtwicklung der
Blaue-Punkt-Entsorgung:
1995            220 Milliarden
2000            117 Milliarden
2005             63 Milliarden
2010  30 Milliarden
```

Machen Sie einen weiteren Versuch, um die Möglichkeiten der Aktualisierung besser einschätzen zu können. Sie funktioniert nämlich auch dann, wenn PowerPoint nicht aktiv ist. Beenden Sie deshalb PowerPoint.

Ändern Sie die Word-Tabelle in die abgebildete Form um. Dann verlassen Sie Word, und speichern Sie die Datei.

In Word geänderte Tabelle

```
Kostenvergleich·¶
------------------------------------¶
konvertionelle·Müllentsorgung¶
vs.·Blaue-Punkt-Entsorgung¶
(Gesamtkosten·in·Milliarden)¶
------------------------------------¶
→Konventionell→Blauer·Punkt¶
------------------------------------¶
1995    →    5     →    220¶
2000    →   11     →    117¶
2005    →   57     →     63¶
2010    →  121     →     30¶
```

Starten Sie PowerPoint, rufen Sie die Ansicht Notizblatt 10 der Blaue-Punkt-Präsentation auf. Obwohl die Programme nicht gleichzeitig geöffnet waren, stimmt das Ergebnis.

In PowerPoint aktualisiertes Notizblatt. Das Quellprogramm ist nicht geöffnet

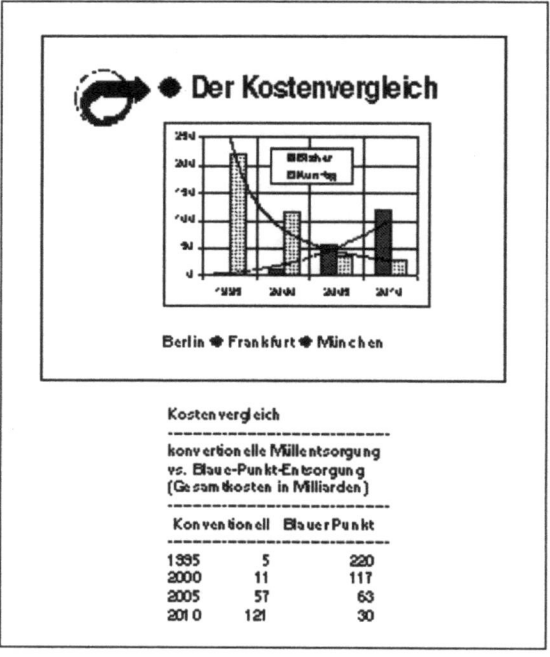

10.5 PowerPoint und Word

Ihr letzter Versuch zeigt in eindrucksvoller Form, daß das Quellprogramm (hier Word 6.0) nicht geöffnet sein muß, um die Daten in PowerPoint zu aktualisieren. Dies können Sie aber nur dadurch bewirken, daß Sie das Objekt mit automatischer Verknüpfung versehen haben. Der Vorgang verläuft in Excel analog.

Auch über die Option *Einfügen* können Sie ein Word-Dokument öffnen, das zuvor in die Zwischenablage kopiert wurde. Es verfügt dann aber nicht über das Attribut der automatischen Verknüpfung, sondern es handelt sich in diesem Fall um ein eingebettetes Objekt. Ein Klick mit der rechten Maustaste ruft das Kontextmenü auf. Es informiert Sie über die zur Verfügung stehenden Möglichkeiten.

Ein über die Zwischenablage eingebettetes Word-Objekt

Kostenvergleich		
	Ausschneiden	
konve	Kopieren	
vs. Bl	Einfügen	
(Gesa	Document-Objekt Bearbeiten	
	Document-Objekt Öffnen	
▪ Konv	Grafik zuschneiden	
	Neu einfärben...	
1995	5	220
2000	11	117
2005	57	63
2010	121	30

Von hier aus können Sie das Dokument im Quellprogramm weiterbearbeiten. Klick auf *Datei/Schließen und zurückkehren...* bringt Sie wieder in die PowerPoint-Ansicht.

Word-Menü Datei

Neu...	Strg+N
Öffnen...	Strg+O
Schließen und zurückkehren zu BLAUPU-0.PPT	
Aktualisieren	Strg+S
Kopie speichern unter...	
Alles aktualisieren und speichern	

Hinweis
Eingebettete Objekte können wie Grafikobjekte beschnitten werden.

11 Was Sie noch über PowerPoint wissen sollten

Die meisten Schalter und Menüfunktionen kennen Sie inzwischen. Im folgenden sollen Schalter und Menüs im Zusammenhang dargestellt werden, bisher nicht erläuterte Funktionen sollen kurz erklärt werden. Bei der Arbeit mit PowerPoint werden Sie feststellen, daß das Programm mehr Möglichkeiten bietet, als hier abgehandelt wurden. Ist Ihnen nach der Arbeit mit dem Buch die eine oder andere Option noch verschlossen, so schauen Sie in die PowerPoint-Hilfe. Sie ist sehr umfangreich und gut verständlich aufgebaut.

11.1 Das PowerPoint-Gruppenfenster

Im PowerPoint-Gruppenfenster finden Sie mehrere Programmsymbole, über die die verschiedenen Programme durch Doppelklick aufgerufen werden:

Über das PowerPoint-Gruppenfenster werden die Programme gestartet

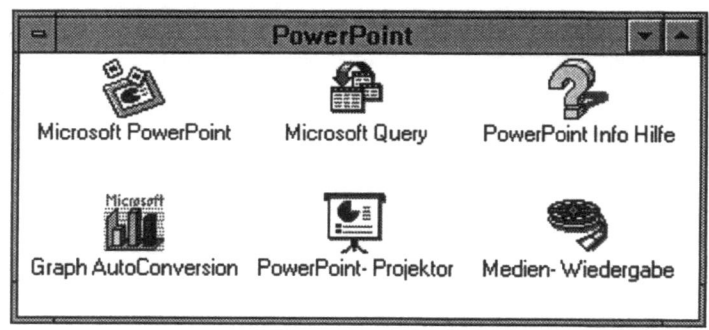

 Microsoft PowerPoint   Programmsymbol PowerPoint

 PowerPoint-Projektor   Programmsymbol PowerPoint-Projektor

 PowerPoint Info Hilfe   Programmsymbol PowerPoint-Hilfe

Hinweis

In der PowerPoint-Hilfe finden Sie unter der Option *Tastaturbelegung* die verwendbaren Tastenschlüssel. Da Sie sie von dort aus ausdrucken können, wird in diesem Buch auf eine Auflistung verzichtet. Die Tastenschlüssel sehen Sie außerdem in den Menüs selbst.

11.1 Das PowerPoint-Gruppenfenster

PowerPoint-Hilfe, über das Gruppenfenster geöffnet

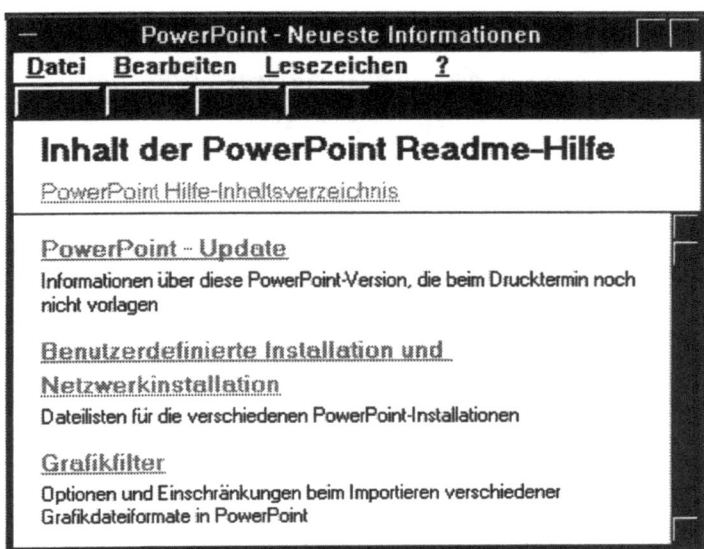

Neben neuesten Informationen können Sie von hier aus die komplette Hilfe einsehen.

Graph AutoConversion   Programmsymbol Graph AutoConversion

Graph AutoConversion wandelt Diagramme aus früheren Graph-Versionen um in Graph 5.0-Diagramme.

Fenster Graph AutoConversion

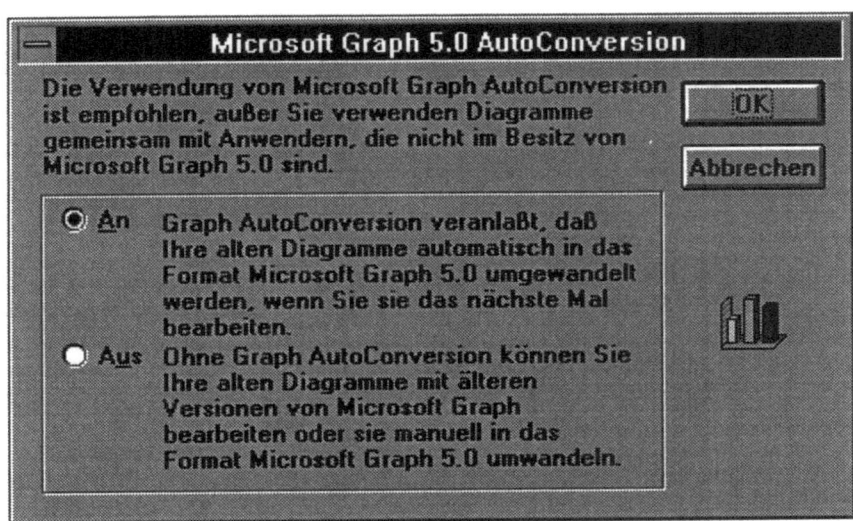

Medien-Wiedergabe   Programmsymbol Medien-Wiedergabe

Medien-Wiedrgabe ist ein Editor zum Einspielen von Videoclips.

Fenster Medien-Wiedergabe

Microsoft Query   Programmsymbol Microsoft Query

Programm für Abfragen aus einer SQL-Datenbank, reine Netzanwendung.

Fenster Microsoft Query mit Ratgeber

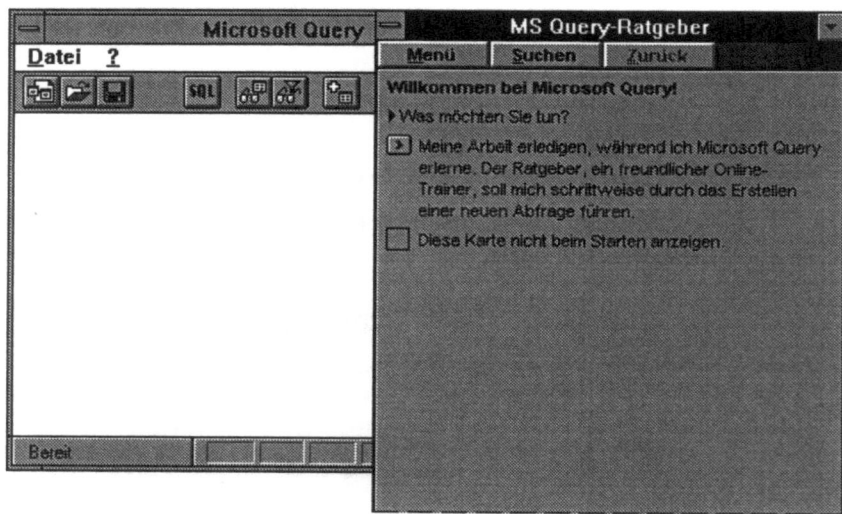

Wollen Sie mehr über Microsoft Query wissen, so nutzen Sie den Ratgeber. Klick auf den Schalter *Menü* stellt Ihnen weitere Informationen zur Verfügung.

11.2 Die PowerPoint-Menüs

Für die Arbeit mit den PowerPoint-Optionen und den Schaltern gelten zwei Grundsätze: Zuerst markieren, dann Option aufrufen. Und: Abgeblendete Optionen können im aktuellen Fall nicht genutzt werden.

Denken Sie immer daran, daß Ihnen die Hilfe zur Verfügung steht. Benötigen Sie in einer Dialogbox zu einer bestimmten Option Aufklärung, drücken Sie einfach die F1-Taste!

11.2.1 Menü Datei

Über das Menü *Datei* werden, wie der Name sagt, Dateien verwaltet.

PowerPoint-Menü Datei

```
Neu...                    Strg+N
Öffnen...                 Strg+O
Schließen

Speichern                 Strg+S
Speichern unter...

Datei-Manager...
Datei-Info...

Seite einrichten...
Drucken...                Strg+P

Senden...
Verteiler erstellen...

1 C:\POWERPNT\STANDARD.PPT
2 C:\TEMP\MAREN.PPT
3 C:\WIN\STANDARD.GRA
4 C:\MS-PP\UMSCHLAG.PPT

Beenden
```

Schalter und Option Neu

Klick auf Schalter/Option öffnet eine neue Datei. Das Fenster *Neue Präsentation* wird eingeblendet. Von hier aus können Sie verschiedene Möglickeiten nutzen:
1. AutoInhalt-Assistent
2. Formatauswahl-Assistent
3. Präsentationslayout
4. Leere Präsentation
5. Präsentation im aktuellen Format (wenn bereits eine Datei geöffnet ist)

Fenster
Neue Präsentation

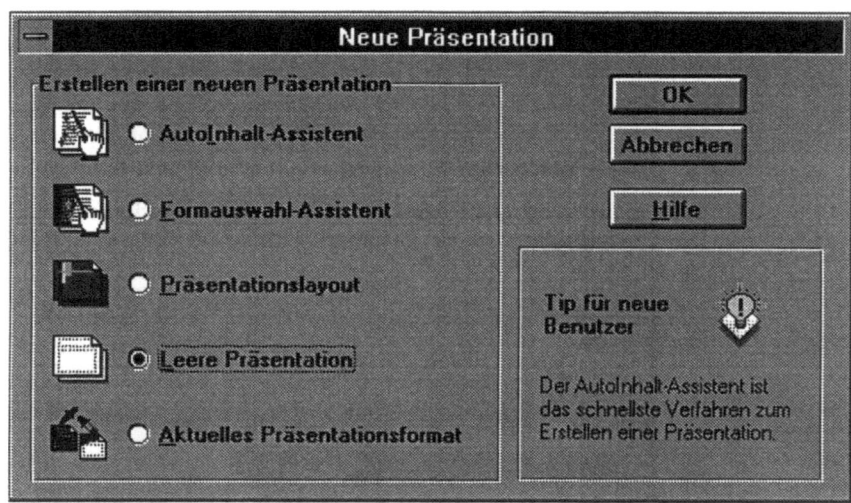

Schalter und Option Öffnen

Klick auf Schalter/Option blendet die Dialogbox *Öffnen* ein. Stellen Sie Laufwerk, Verzeichnis und Dateiname ein. Über das Feld *Dateityp* können Sie Dateitypen für Gliederungen aus verschiedenen Programmen auswählen. Darüber hinaus können Sie Dateien aus Harvard Graphics und Lotus Freelance einlesen. Über die Option *Schreibgeschützt* öffnen Sie eine Datei, die Sie zwar einsehen, aber nicht verändern können.

Fenster Öffnen

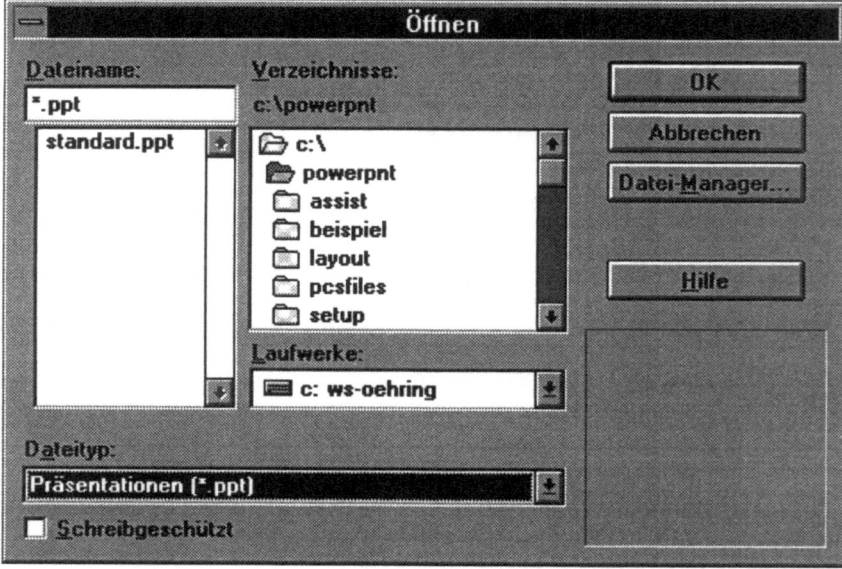

11.2.1 Menü Datei

Option Schließen

Schließen

Klick auf die Option schließt die aktuelle Datei. Wurde sie nicht verändert, erfolgt keine Rückfrage. Wurde sie bearbeitet, fragt PowerPoint, ob die Änderungen gespeichert werden sollen.

Abfrage beim Schließen einer veränderten Datei

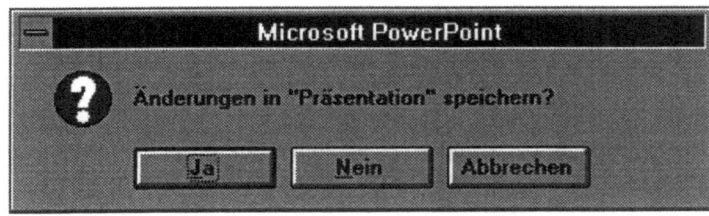

Speichern   Strg+S

Schalter und Option Speichern

Dateien, die bereits gespeichert wurden, werden erneut gespeichert. Es erfolgt keine Abfrage. Wird eine Datei erstmalig gespeichert, öffnet sich die Dialogbox *Speichern unter*.

Fenster Speichern unter

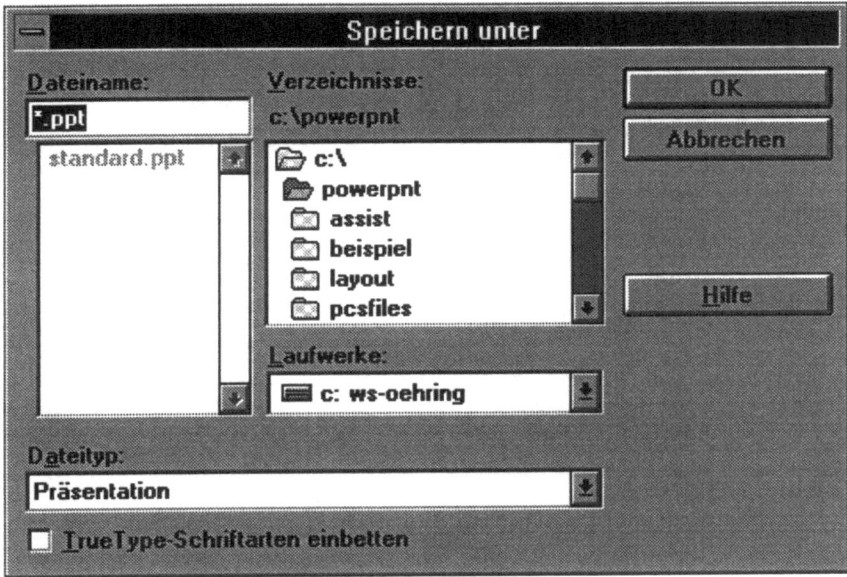

Geben Sie Laufwerk, Verzeichnis und Dateiname an. Die Erweiterung *.PPT* wird automatisch angehängt (bei Dateityp Präsentation). Daneben können Sie die Dateitypen Windows-Metadatei (.WMF), Gliederung (.RTF) oder PowerPoint 3.0 aktivieren.

Die Aktivierung der Option *True Type Schriftarten einbetten* bewirkt, daß die Schriftarten auch auf einem System angezeigt werden, auf dem sie nicht installiert sind.

Option Speichern unter

Speichern unter...

Wird die Option für eine bereits gespeicherte Datei aufgerufen, so kann diese unter einem neuen Namen gespeichert werden. Sie ist dann unter dem alten und dem neuen Namen vorhanden.

Beim Speichern einer neuen Datei und einer bereits vorhandenen über die Option *Speichern unter* wird nach Bestätigung die Dialogbox *Datei-Info* eingeblendet.

Option Datei-Info

Datei-Info...

Hier können Sie Informationen zu der Datei eintragen, die das spätere Wiederfinden erleichtern. Die Option ist allerdings eher für den Netzwerkbetrieb vorgesehen (viele Laufwerke, Verzeichnisse, Dateien, Nutzer).

Fenster Datei-Info

Im Feld *Autor* ist die Vorbesetzung laut Installation zu sehen. Sie kann überschrieben werden. Klick auf den Schalter *Abbrechen* bricht die Datei-Info ab, die Datei wird aber dennoch gespeichert. Die Datei-Info können Sie jederzeit aufrufen und aktualisieren.

11.2.1 Menü Datei

Datei-Manager...

Schalter und Option Datei-Manager

Der Schalter steht im Menü *Extras/Benutzerdefiniert* zur Verfügung. Er kann von dort aus in die Symbolleisten positioniert werden.

Die Option erleichtert das Auffinden von Dateien, sie ist allerdings eher für Netzwerkbetrieb gedacht (viele Laufwerke, Verzeichnisse, Dateien, Nutzer). Beim ersten Aufruf wird nichts angezeigt. Was nun?

Fenster Datei-Manager

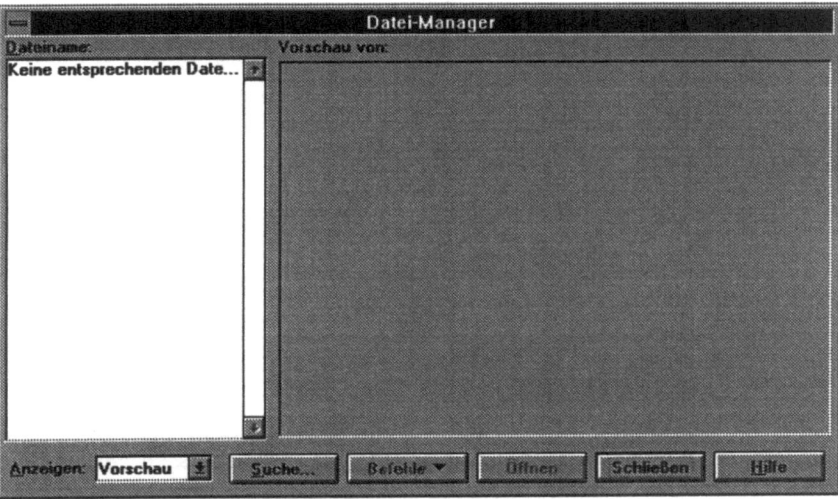

Klicken Sie auf den Schalter *Suchen*. Suchen Sie nach PowerPoint-Dateien.

Fenster Suchen

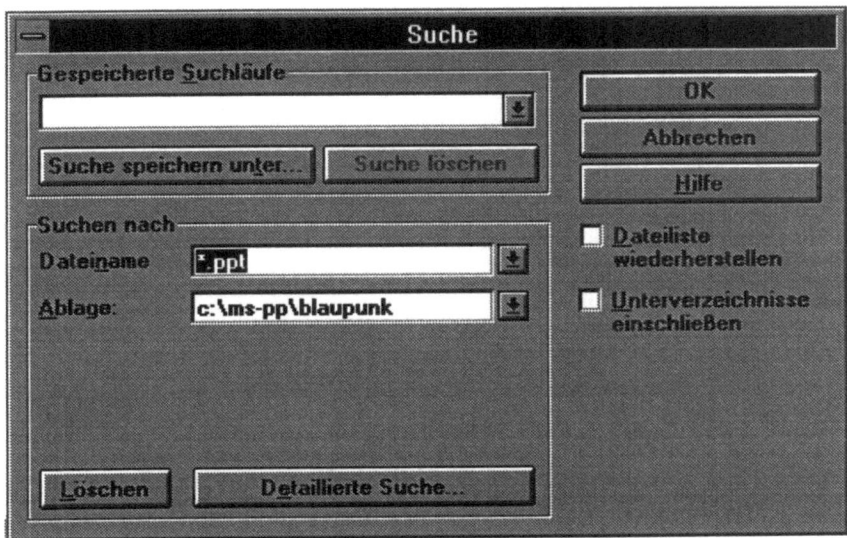

Tragen Sie im Feld *Ablage* das Verzeichnis ein, das Sie durchsuchen wollen. Klicken Sie auf OK. Die erste im Verzeichnis gefundene Datei ist in der Vorschau zu sehen. Durch Klick auf die aufgelisteten Dateien werden diese aktiv und sind in der Vorschau sichtbar. Klick auf den Schalter *Befehle* öffnet weitere Optionen.

Datei-Manager nach Auffinden von PowerPoint-Dateien

Für den Anwender, der nicht im Netz arbeitet und Herr über zig Dateien ist, die in verschiedenen Laufwerken und Verzeichnissen gespeichert sind, wären weitere Erläuterungen sinnlos. Interessiert Sie aber der Dateimanager im Detail, so drücken Sie bei der entsprechenden Dialogbox die F1-Taste, um die Hilfe aufzurufen.

PowerPoint-Hilfe zum Datei-Manager

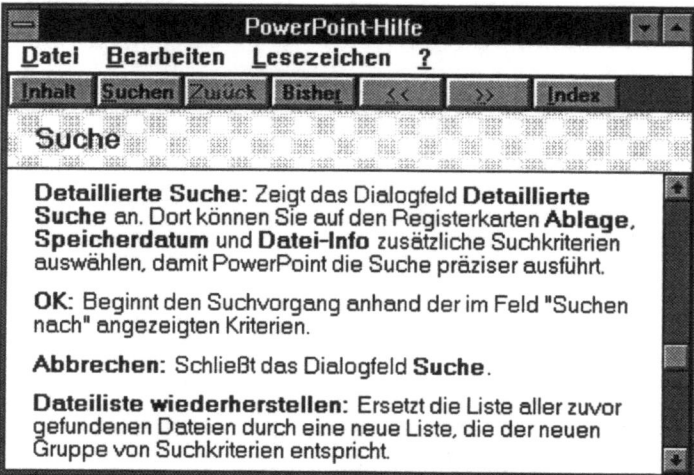

11.2.1 Menü Datei

Option Seite einrichten

Seite einrichten...

Über die Option wird das Format der Präsentation eingerichtet.

Fenster Seite einrichten

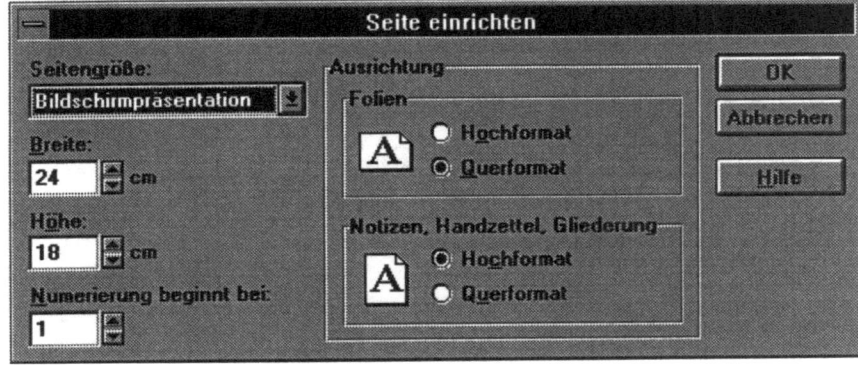

Das Eingabefeld *Seitengröße* definiert die Art der Präsentation: Bildschirmpräsentation, A4-Papier (OHP-Folien), 35-mm-Dias (Kleinbild) oder von Ihnen eingegebene Sondergrößen. Ändern Sie *Breite* und *Höhe*, so wird automatisch *Sondergröße* eingestellt.

Die Option *Numerierung* brauchen Sie dann, wenn Sie für eine umfangreiche Präsentation mehrere Dateien einrichten.

Das Feld *Ausrichtung* legt Hoch- bzw. Querformat fest. Die Standardeinstellungen sind an der Praxis orientiert.

Schalter und Option Drucken

Drucken...   **Strg+P**

Klick auf den Schalter veranlaßt den Druck dessen, was in der Dialogbox *Drucken* eingestellt ist.

Im Feld *Drucken* legen Sie fest, was gedruckt werden soll. Im Feld *Kopien* bestimmen Sie die Anzahl der Kopien. Im Feld *Seitenbereich* geben Sie die zu druckenden Seiten an: Alle Seiten, die aktuelle Seite, einzelne Seiten. Ist eine Markierung vorhanden, so kann der markierte Bereich gedruckt werden. Beispiele für den Druck einzelner Seiten: 1,3,5 druckt Seiten 1, 3 und 5. 1-5 druckt Seiten 1 bis 5. 1,3,5-7 druckt Seiten 1,3 und 5 bis 7.

Die Option *Ausdruck in Datei umleiten* bewirkt, daß der Druck in eine Datei umgeleitet wird. Solche Dateien werden für die Belichtung von Dias oder Folien gebraucht (siehe Anhang 2).

Die Option *Ausgeblendete Folien drucken* bewirkt, daß ausgeblendete Folien mitgedruckt werden (siehe *Extras/Folie ausblenden*).

Die Option *Schwarzweiß* bewirkt, daß Füllbereiche nicht gedruckt werden, Farben (Texte) werden gedruckt.

Fenster Drucken

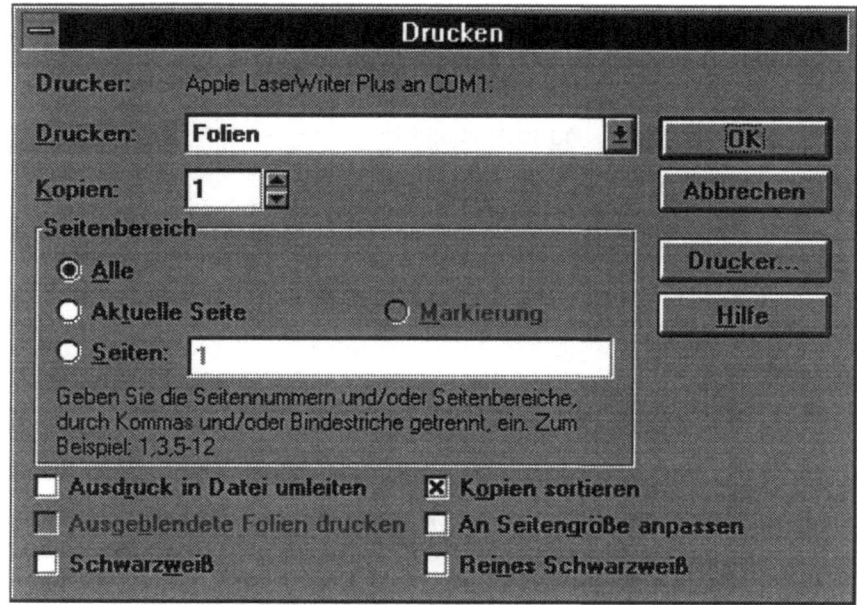

Die Option *Kopien sortieren* bewirkt, daß mehrere Kopien sortiert gedruckt werden (Seite 1-12 der ersten Kopie, Seite 1-12 der zweiten Kopie usw.).

Die Option *An Seitengröße anpassen* bewirkt die Anpassung des Druckbereichs an den des installierten Druckers.

Die Option *Reines Schwarzweiß* bewirkt einen schwarzweißen Druck, Grafiken werden in Graustufen gedruckt. Die Option ist für Probedrucke, bei denen es nur um Richtigkeit der Texte und den Stand der Objekte geht, gut geeignet.

Klick auf den Schalter *Drucker* öffnet die Dialogbox Druckereinrichtung.

Fenster Drucker-einrichtung

11.2.1 Menü Datei

Die in der Windows-Systemsteuerung installierten Drucker sind aufgelistet. Sie können einen anderen Drucker wählen.

Von hier aus gelangen Sie durch Klick auf den Schalter *Optionen* direkt zum eingestellten Druckertreiber, an dem Sie aber im Normalfall nichts verändern sollten.

Beispiel für Druckereinstellungen

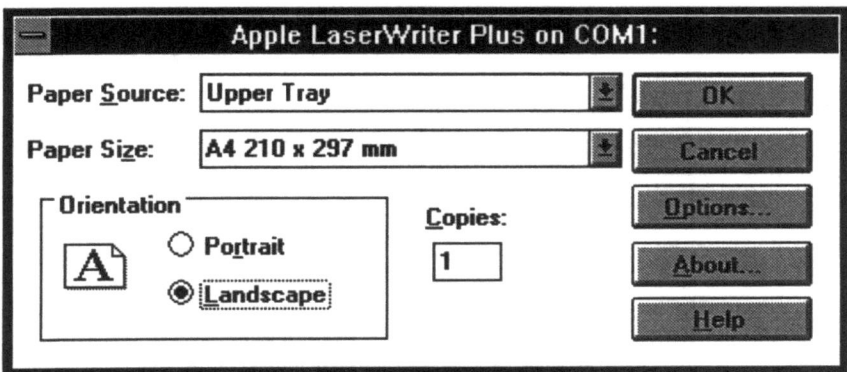

Auch zum Druckertreiber erhalten Sie weitere Erläuterungen aus der PowerPoint-Hilfe.

Schalter und Optionen Senden und Verteiler erstellen

S̱enden...
Veṟteiler erstellen...

Die Schalter stehen im Menü *Extras/Benutzerdefiniert* zur Verfügung. Sie können von dort aus in die Symbolleisten eingefügt werden.

MS-Mail ermöglicht im Netzwerk das Senden und Empfangen von Nachrichten oder Dateien anderer Anwender. Aktivieren Sie bei einem Einplatzsystem eine der Optionen, erfolgt eine Warnmeldung. Brechen Sie in diesem Fall ab.

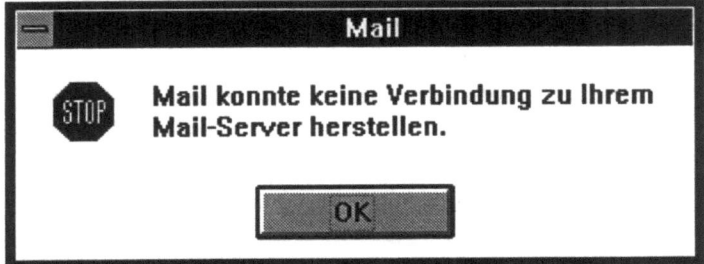

MS-Mail ist ein Bestandteil von MS-Office. Insofern ist es auch für PowerPoint nutzbar.

Option Dateinamen

```
1 C:\TEMP\TEST.PPT
2 C:\POWERPNT\TEST.PPT
3 C:\POWERPNT\STANDARD.PPT
4 C:\TEMP\MAREN.PPT
```

Im unteren Bereich des Menüs *Datei* sind in der Standardeinstellung die vier zuletzt geöffneten Dateien aufgelistet. Sie können durch Doppelklick geöffnet werden. Doppelklicken Sie auf eine bereits geöffnete Datei, erfolgt eine Rückfrage.

PowerPoint-Rückfrage beim Öffnen einer bereits geöffneten Datei

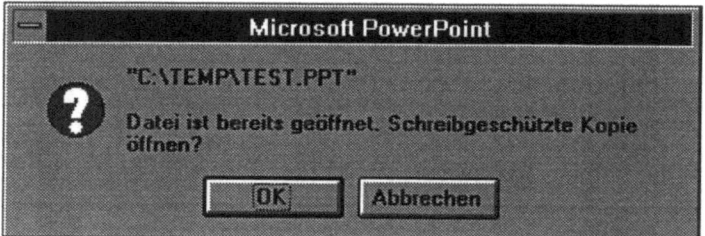

Versuchen Sie, eine inzwischen gelöschte Datei zu öffnen, erfolgt eine Warnung.

Warnung bei dem Versuch, eine inzwischen gelöschte Datei zu öffnen

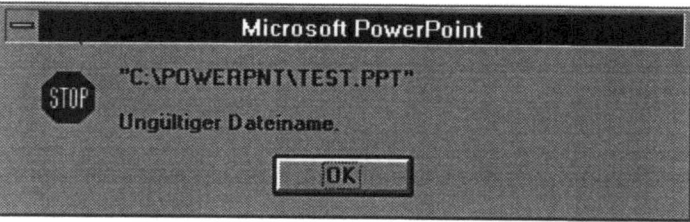

Option Beenden

| **B**eenden |

Klick auf die Option beendet PowerPoint. Wurde die Datei verändert, erfolgt eine Rückfrage, ob die Änderungen gespeichert werden sollen.

Rückfrage beim Beenden von PowerPoint

11.2.2 Menü Bearbeiten

Das Menü erlaubt grundsätzliche Arbeiten an den Objekten einer Präsentation. Beachten Sie, daß abgeblendete Optionen nicht genutzt werden können. Welche Optionen nutzbar sind, richtet sich nach der aktuellen Markierung.

Menü Bearbeiten

Rückgängig	Strg+Z
Ausschneiden	Strg+X
Kopieren	Strg+C
Einfügen	Strg+V
Inhalte einfügen...	
Löschen	Entf
Alles markieren	Strg+A
Duplizieren	Strg+D
Folie löschen	
Suchen...	Strg+F
Ersetzen...	Strg+H
Verknüpfungen...	
Microsoft ClipArt Gallery-Objekt	▶

Rückgängig	Strg+Z

Schalter und Option Rückgängig

Klick auf Schalter/Option macht die letzte Aktion rückgängig. Nochmaliger Aufruf macht *Rückgängig* wieder rückgängig. Die Option ist auf Dateioperationen grundsätzlich nicht anwendbar.

Schalter und Option Ausschneiden

Klick auf Schalter/Option schneidet markierte Texte und/oder Objekte aus und legt sie in der Zwischenablage ab. Über *Einfügen* können sie wieder eingefügt werden (auch mehrfach). Der Inhalt der Zwischenablage bleibt solange unverändert erhalten, bis neue Objekte ausgeschnitten oder kopiert werden.

Schalter und Option Kopieren

Klick auf Schalter/Option kopiert markierte Objekte in die Zwischenablage. In der aktuellen Ansicht bleiben sie erhalten. Der Inhalt der Zwischenablage bleibt solange unverändert erhalten, bis neue Objekte ausgeschnitten oder kopiert werden.

Schalter und Option Einfügen

| E̲i̲nfügen | Strg+V |

Klick auf Schalter/Option fügt den Inhalt der Zwischenablage in die aktuelle Ansicht ein. Wird der Inhalt wiederholt eingefügt, so wird das zuletzt eingefügte Objekt etwas versetzt positioniert.

Ausgeschnittene Objekte werden an der Stelle eingefügt, wo sie ausgeschnitten wurden. Texte werden an der Stelle eingefügt, an der der Cursor steht. Ist keine Markierung vorhanden, so werden sie in die Mitte des Bildschirms gestellt.

Option Inhalte einfügen

| I̲n̲halte einfügen... |

Klick auf die Option ermöglicht das Einfügen eingebetteter/verknüpfter Objekte aus der Zwischenablage, die in einem anderen Quellprogramm erstellt wurden. Über Inhalte einfügen können Sie steuern, ob das Objekt von der Quellanwendung getrennt wird oder mit ihr verbunden bleibt.

Fenster Inhalte einfügen

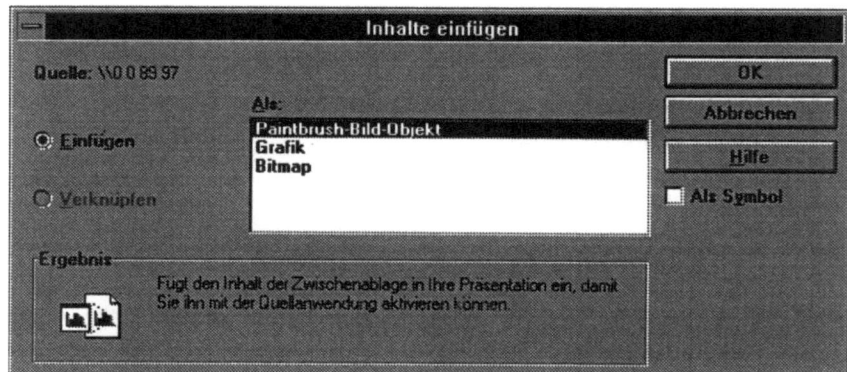

Option Löschen

| **L̲öschen** | **Entf** |

Klick auf die Option löscht markierte Objekte oder Textpassagen. Die Eingabe der Entf-Taste hat dieselbe Wirkung.

Option Alles markieren

| **A̲lles markieren** | **Strg+A** |

Klick auf die Option markiert alle Objekte, auch nicht sichtbare (z.B. weißer Text vor weißem Hintergrund). Sie können dann insgesamt verschoben, kopiert, ausgeschnitten oder gelöscht werden. In den Ansichten werden die Standardelemente, die in den Vorlagen definiert sind, nicht mitmarkiert.

Die Markierung wird durch Klick in eine freie Stelle der Ansicht aufgehoben (oder Eingabe der Esc-Taste).

11.2.2 Menü Bearbeiten

Schalter und Option Duplizieren

| **Duplizieren** | **Strg+D** |

Der Schalter steht im Menü *Extras/Benutzerdefiniert* zur Verfügung und kann von dort aus in die Symbolleisten eingebaut werden.

Klick auf Schalter/Option dupliziert markierte Objekte, kopiert sie aber nicht in die Zwischenablage. Der Inhalt der Zwischenablage bleibt unverändert erhalten.

Option Folie löschen

| **Folie löschen** |

Die aktuelle Folie wird gelöscht. Achtung: Es erfolgt keine Sicherheitsabfrage! Haben Sie eine Folie versehentlich gelöscht, nutzen Sie den Schalter *Rückgängig*.

Schalter und Option Suchen

| **Suchen...** | **Strg+F** |

Der Schalter steht im Menü *Extras/Benutzerdefiniert* zur Verfügung und kann von dort aus in die Symbolleisten eingebaut werden.

Klick auf Schalter/Option öffnet die Dialogbox *Suchen*. Nach Eintrag des Suchbegriffs wird der Schalter *Weitersuchen* aktiv. Klick auf den Schalter bewirkt, daß das erste Vorkommen gefunden wird.

Fenster Suchen

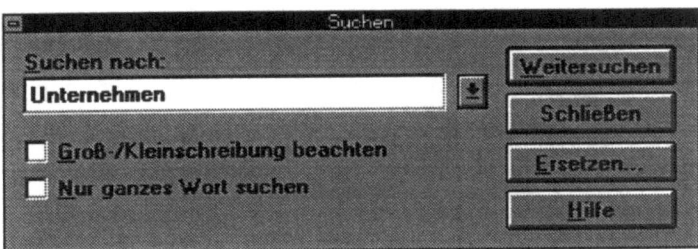

Option Ersetzen

| **Ersetzen...** | **Strg+H** |

Klick auf Schalter/Option öffnet die Dialogbox *Ersetzen*. Tragen Sie einen Suchbegriff und einen Ersatzbegriff ein, klicken Sie auf *Weitersuchen*. *Alle ersetzen* ersetzt alle Vorkommen automatisch.

Fenster Ersetzen

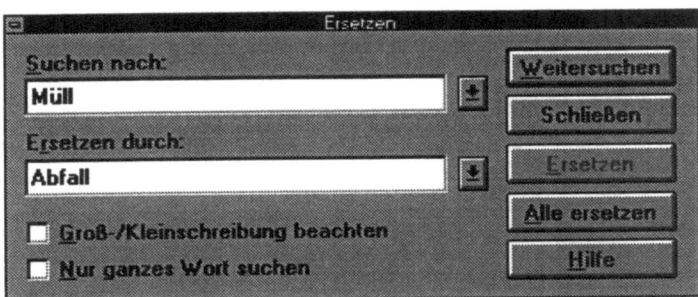

Option Verknüpfungen

Verknüpfungen...

Über die Option *Inhalte einfügen* (siehe oben) fügen Sie Inhalte aus einer Quellanwendung, die zuvor in die Zwischenablage kopiert wurden, in die aktuelle Ansicht ein. Die Option *Verknüpfungen* öffnet ein Fenster, in dem Sie vorhandene Verknüpfungen ablesen und bearbeiten können. Wird eine Verknüpfung von dem Ursprungsprogramm nicht unterstützt, so steht die Option nicht zur Verfügung.

Dialogbox Verknüpfungen

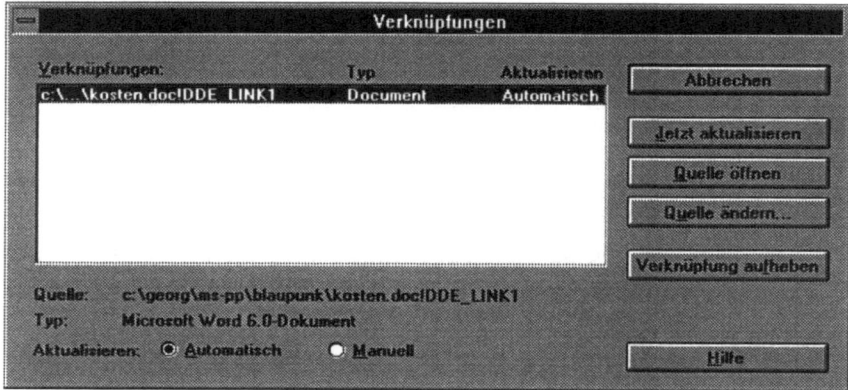

Die Schalter erklären sich von selbst. Verknüpfungen können nur mit solchen Quellprogrammen eingerichtet werden, die sie unterstützen. Im aktuellen Fall handelt es sich um ein Word 6.0-Dokument.

Hinweis
Zu Verknüpfungen siehe Kapitel 10.5

Schalter Format übertragen

Ein Kuriosum unter den Optionen des Menüs *Bearbeiten*: Unter den Schaltern (und im Menü *Extras/Benutzerdefiniert*, Kategorie *Bearbeiten*) finden Sie den Schalter *Format übertragen*. Die entsprechenden Optionen dagegen finden Sie im Menü *Format* wieder (*Objektformat kopieren, Objektformat zuweisen*).

11.2.3 Menü Ansicht

Über das Menü *Ansicht* werden im wesentlichen die verschiedenen Ansichten bzw. Vorlagen aufgerufen. Daneben können Lineale, Führungslinien und der Zoom eingestellt werden. Die aktuelle Ansicht/Vorlage ist im Menü durch einen vorangestellten Punkt erkenntlich.

Menü Ansicht

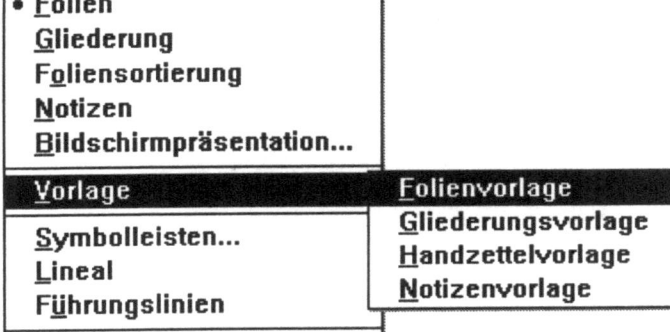

Schalter Folien/ Folienvorlage

Klick bzw. Umschalttaste+Klick auf den Schalter ruft die entsprechende Ansicht auf. Klick auf die Option bewirkt denselben Effekt.

Schalter Gliederung/ Gliederungsvorlage

Klick bzw. Umschalttaste+Klick auf den Schalter ruft die entsprechende Ansicht auf. Klick auf die Option bewirkt denselben Effekt.

Schalter Foliensortierung/Handzettelvorlage

Klick bzw. Umschalttaste+Klick auf den Schalter ruft die entsprechende Ansicht auf. Klick auf die Option bewirkt denselben Effekt.

Schalter Notizen/ Notizenvorlage

Klick bzw. Umschalttaste+Klick auf den Schalter ruft die entsprechende Ansicht auf. Klick auf die Option bewirkt denselben Effekt.

*Schalter
Bildschirm-
präsentation*

Bildschirmpräsentation...

Klick auf Schalter und Option startet eine Vorführung. Umschalttaste+Klick auf den Schalter öffnet die Dialogbox *Bildschirmpräsentation*, über die der Ablauf der Vorführung eingestellt wird (siehe Kapitel 7.2).

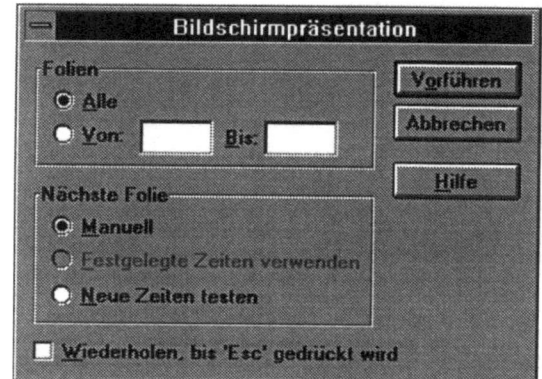

*Dialogbox
Bildschirm-
präsentation*

Im Menü *Extras/Benutzerdefiniert* stehen weitere Schalter zur Verfügung. Von dort aus können sie in die Symbolleisten eingebaut werden.

*Schalter
Folienvorlage*

Folienvorlage

Klick auf Schalter und Option schalten um in die Folienvorlage.

*Option
Symbolleisten*

Symbolleisten...

Über die Option werden die Symbolleisten aus-/eingeschaltet (Klick in das voranstehende Kästchen).

*Dialogbox
Symbolleisten*

11.2.4 Menü Einfügen

Schalter Lineal

Lineal

Klick auf Schalter und Option blenden das Lineal ein und aus. Das Lineal ermöglicht Ihnen genaues Plazieren von Objekten.

Schalter Führungslinien

Führungslinien

Klick auf Schalter und Option blenden die Führungslinien ein und aus. Die Führungslinien ermöglichen Ihnen genaues Plazieren von Objekten.

Schalter Zoom

Zoom...

Klick auf Schalter und Option öffnen die Dialogbox *Zoom*, über die der Zoom geregelt wird.

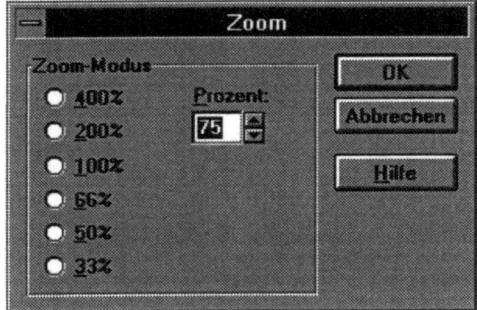

11.2.4 Menü Einfügen

Das Menü Einfügen unterstützt das Einfügen neuer und bereits vorhandener Folien, eingebetteter und verknüpfter Dateien und anderer Objekte. Die Punkte hinter den Optionen deuten an, daß eine Dialogbox geöffnet wird.

Schalter und Option Neue Folie

| **N**eue Folie... | Strg+M |

Klick auf Schalter/Option öffnet in der Standardeinstellung die Dialogbox *Neue Folie* (siehe *Extras/Optionen*). In der Dialogbox können Sie neuen oder bereits vorhandenen Folien ein Layout zuweisen. Im Feld rechts unten wird die Art der Platzhalter angezeigt.

Dialogbox Neue Folie

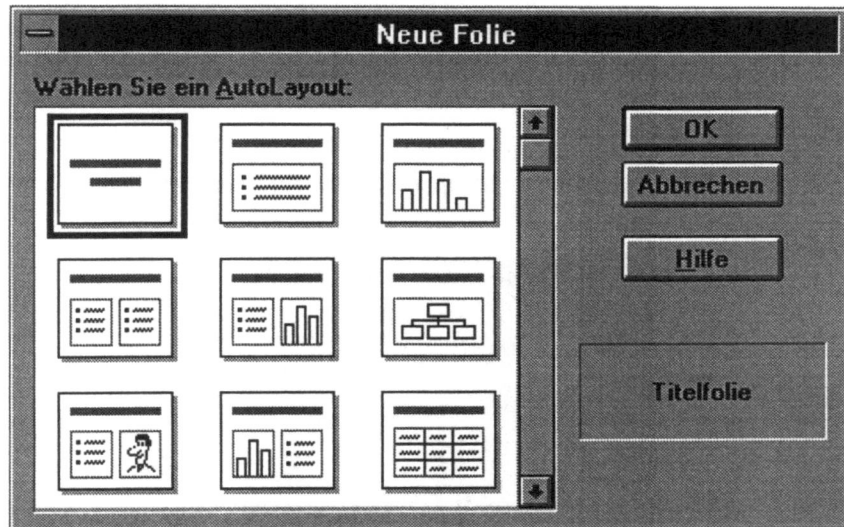

Schalter und Option Neue Folie

Im Menü *Extras/Benutzerdefiniert* steht ein weiterer Schalter zur Verfügung. Er kann von dort aus in die Symbolleisten eingebaut werden.

Schalter und Option Datum

Datum

Im Menü *Extras/Benutzerdefiniert* steht ein Schalter zur Verfügung. Er kann von dort aus in die Symbolleisten eingebaut werden.

Klick auf Schalter/Option fügt das aktuelle Datum in die Vorlage ein. Versuchen Sie es von der Ansicht aus, erfolgt eine Rückfrage.

Rückfrage beim Einfügen des Datums in eine Ansicht. Rechts daneben Platzhalter für Datum

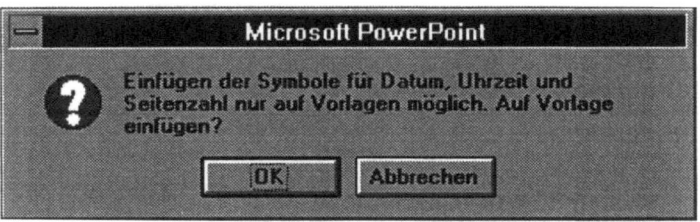

Nach Bestätigung wird der Platzhalter in die Mitte der Vorlage eingefügt. Erst im Ausdruck wird das Datum sichtbar.

11.2.4 Menü Einfügen

   Uhrzeit

Schalter und Option Uhrzeit

Im Menü *Extras/Benutzerdefiniert* steht ein Schalter zur Verfügung. Er kann von dort aus in die Symbolleisten eingebaut werden.

Der Vorgang verläuft analog zum Einfügen des Datums.

Platzhalter für Uhrzeit

   Seitenzahl

Schalter und Option Seitenzahl

Im Menü *Extras/Benutzerdefiniert* steht ein Schalter zur Verfügung. Er kann von dort aus in die Symbolleisten eingebaut werden.

Der Vorgang verläuft analog zum Einfügen des Datums.

Platzhalter für Seitenzahl

Option Folien aus Datei

Folien aus Datei...

Klick auf die Option blendet die Dialogbox *Datei einfügen* ein (= Datei öffnen). Die Folien der markierten Datei werden hinter der aktuellen Folie eingefügt.

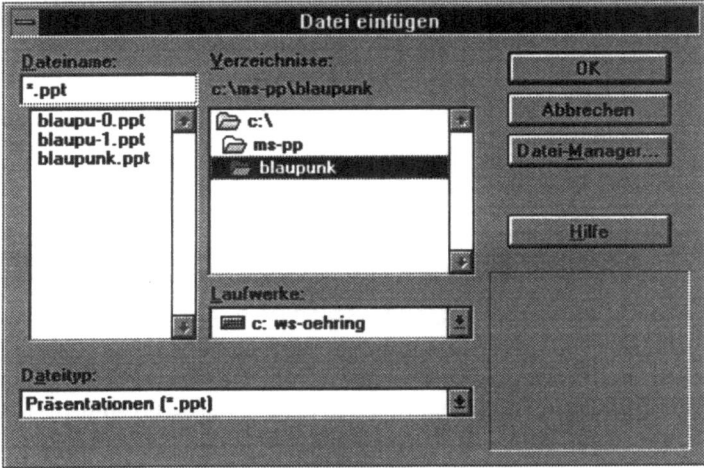

Option Folien aus Gliederung

Folien aus Gliederung...

Klick auf die Option öffnet die Dialogbox *Gliederung einfügen* (= Datei öffnen).

Dialogbox Gliederung einfügen

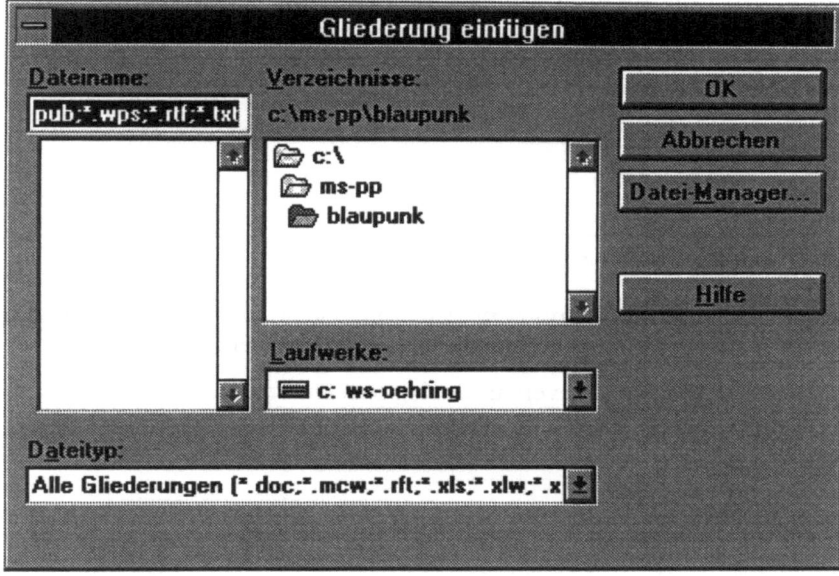

Die Gliederung wird hinter der aktuellen Folie als Folie eingefügt. Da Sie auf jeden Fall über MS-Write verfügen, machen Sie einen Versuch. Schreiben Sie in Write den Text aus der folgenden Abbildung.

In MS-Write geschriebene Gliederung. Die Ebenen werden durch Eingabe der Tab-Taste eingerichtet

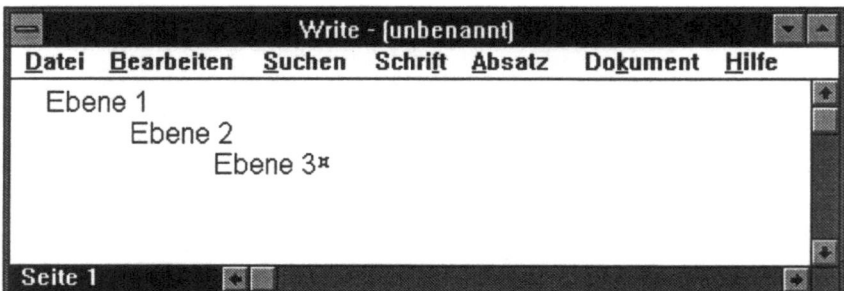

Speichern Sie den Text. Beenden Sie Write. Rufen Sie in PowerPoint die Option *Einfügen/Folien aus Gliederung* auf. Markieren Sie die eben in Write geschriebene Datei, bestätigen Sie. Der Text wird in den PowerPoint-Formaten hinter die aktuelle Folie als Folie eingefügt. Der erste Absatz wird zum Titel, die folgenden Absätze zum Text.

11.2.4 Menü Einfügen

In Write geschriebene Gliederung, die als Folie in PowerPoint eingefügt wurde

```
Ebene 1

• Ebene 2
  – Ebene 3
```

Schalter und Option ClipArt

ClipArt...

Klick auf Schalter/Option öffnet die Dialogbox *Microsoft ClipArt Gallery*. Wählen Sie eine Kategorie, markieren Sie eine Grafik, klicken Sie auf OK.

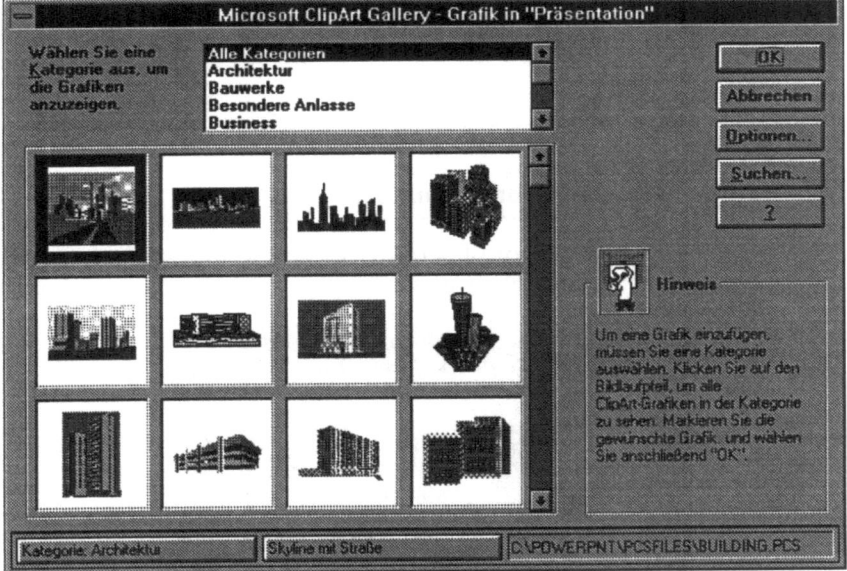

Option Grafik

Grafik...

Klick auf die Option öffnet die Dialogbox *Grafik einfügen*. Wählen Sie Laufwerk, Verzeichnis und Dateiname.

Über das Feld *Dateitypen* können Sie die Suche einschränken, um nach bestimmten Dateien zu suchen. Klick auf die Option *Mit Datei verknüpfen* richtet eine Verknüpfung ein. Die Option steht nur dann zur Verfügung, wenn das Quellprogramm Verknüpfungen unterstützt.

Dialogbox Grafik einfügen

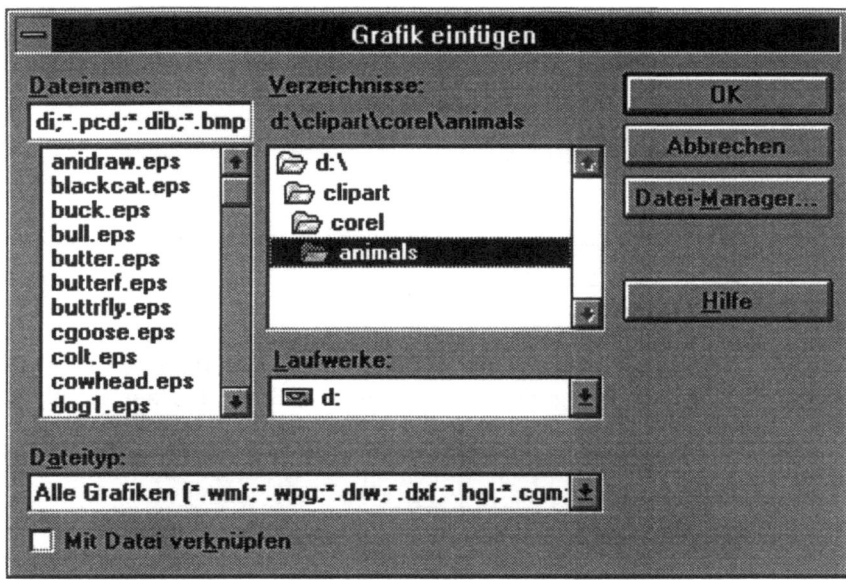

Option Word-Tabelle

Microsoft Word-Tabelle...

Klick auf die Option öffnet die Dialogbox *Word-Tabelle einfügen*. Tragen Sie die erforderlichen Spalten- und Zeilenzahlen ein, bestätigen Sie. Word wird geöffnet.

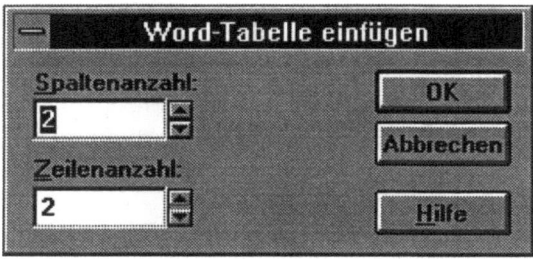

Option Microsoft Graph

Microsoft Graph...

Klick auf die Option öffnet Microsoft Graph. In der Folie werden zuerst Markierungspunkte sichtbar. Anschließend ändert sich der Bildschirmaufbau, die Formatleiste wird angepaßt. Schließlich werden ein Platzhalter für ein Diagramm sowie für eine Tabelle eingeblendet. Durch Änderung der Tabelleneinträge ändert sich gleichzeitig der Aufbau des Diagramms. Durch Klick neben das Diagramm oder Eingabe der Esc-Taste gelangen Sie zurück zu PowerPoint (siehe zu Graph Kapitel 5).

11.2.4 Menü Einfügen

Graph in der Standardeinstellung

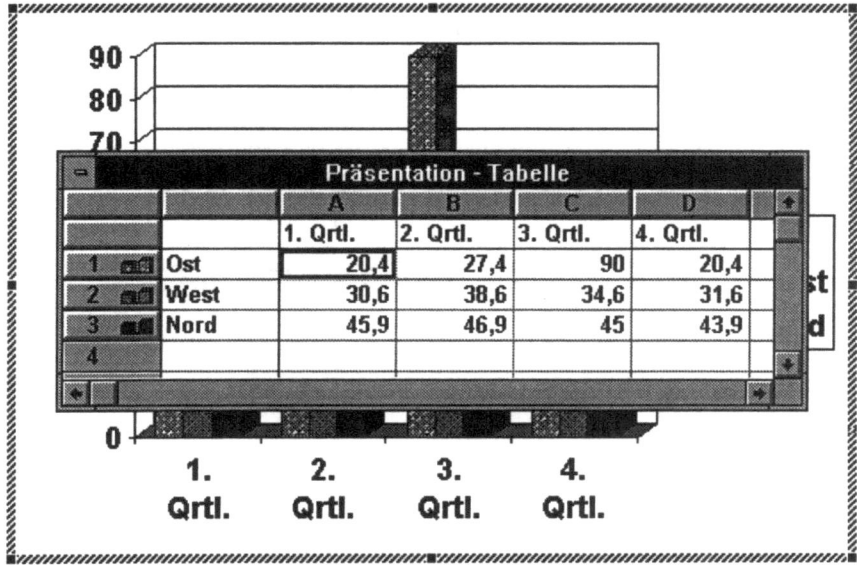

Option Objekt

Klick auf die Option öffnet die Dialogbox *Objekt einfügen*. Von hier aus können Sie die oben genannten Objekte ebenso einfügen. Darüber hinaus stehen weitere Optionen zur Verfügung.

Dialogbox Objekt einfügen

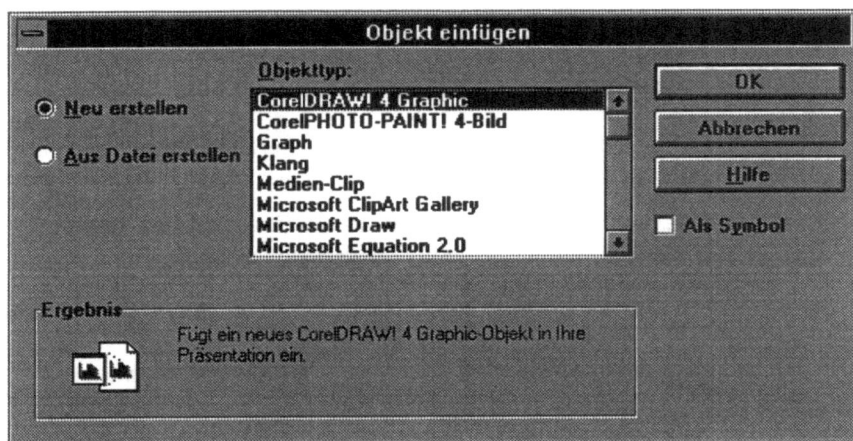

Objekte können im Quellprogramm neu erstellt oder aus vorhandenen Dateien erstellt werden. In beiden Fällen handelt es sich um eingebettete oder verknüpfte Objekte. Daneben können Objekte als Symbole in eine Ansicht eingefügt werden. Bei Doppelklick auf das Symbol öffnen sich Quellprogramm und Datei.

11.2.5 Menü Format

Über das Menü *Format* werden der gesamten Präsentation, den einzelnen Folien und den einzelnen Objekten Formate zugewiesen oder entzogen. Die zur Verfügung stehenden Optionen richten sich nach der aktuellen Markierung.

Menü Format

Option und Schaltfläche Schriftart

Im Menü *Extras/Benutzerdefiniert* stehen Schaltflächen und Schalter zur Verfügung. Von dort aus können sie in die Menüleisten eingebaut werden.

Klick auf Option/Schaltfläche öffnet die Dialogbox *Schriftart*, über die Text formatiert wird. Die zugehörigen Schalter sind:

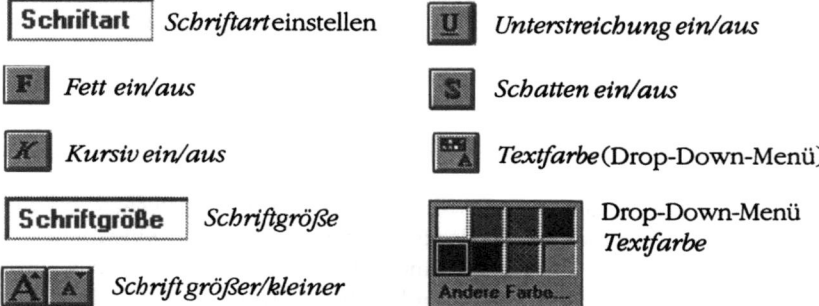

11.2.5 Menü Format

Dialogbox Schriftart

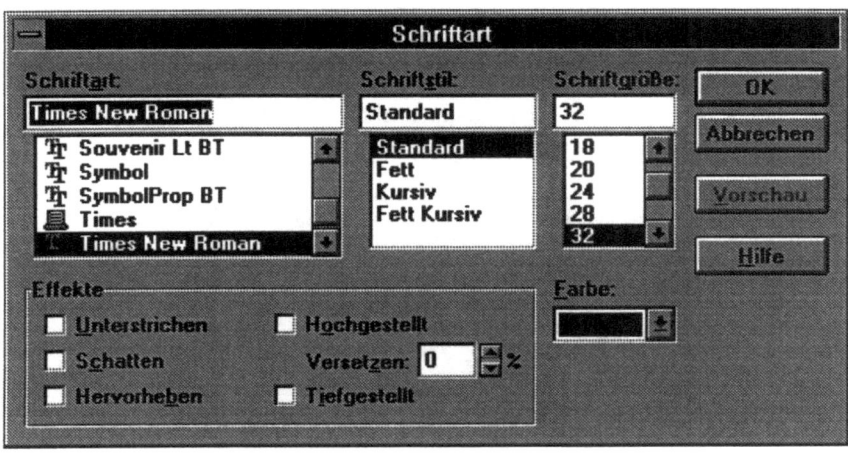

Option und Schalter Ausrichtung

Über die Option *Ausrichtung* wird der Text linksbündig, zentriert, rechtsbündig oder in Blocksatz gesetzt. Die Option Blocksatz steht nur in den Textplatzhaltern zur Verfügung (zur Dialogbox *Schriftart* siehe Kapitel 8.2).

Option Aufzählungszeichen

Aufzählungszeichen...

Über die Option wird die Dialogbox *Aufzählungszeichen* aufgerufen. Durch die Auswahl einer Schriftart können Sie verschiedene Zeichensätze aktivieren. Klick auf ein Zeichen stellt dieses vergrößert dar (siehe dazu Kapitel 4.7).

Dialogbox Aufzählungszeichen

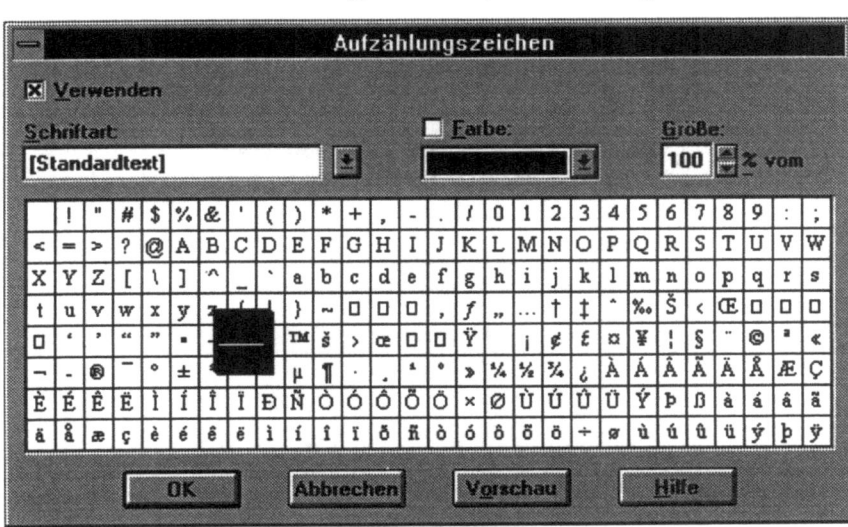

Schalter Aufzählungszeichen schaltet diese ein/aus

Option
Zeilenabstand

Zeilenabstand...

Die Option regelt den Zeilenabstand im Absatz selbst bzw. vor und nach einem Absatz. Der Zeilenabstand kann in % (des Schriftgrades) oder in Punkten eingerichtet werden (siehe dazu Kapitel 4.1.1).

Dialogbox
Zeilenabstand

Option
Groß-/Klein-
schreibung

Groß-/Kleinschreibung...

Die Option regelt die Eingabe der Schreibweise von Texten. Die Funktionen erklären sich selbst durch die Darstellung.

Dialogbox
Groß-/
Kleinschrei-
bung

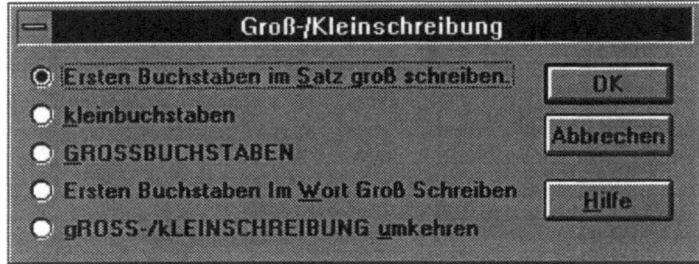

Option
Punkte

Punkte...

Die Option erlaubt das Hinzufügen oder Entziehen von Aufzählungszeichen.

Dialogbox
Punkte

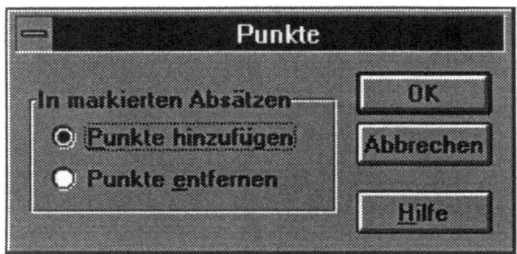

11.2.5 Menü Format

Option Textverankerung

| Textverankerung... |

Die Option regelt die Ausrichtung des Textes im Platzhalterrahmen (siehe dazu Kapitel 2.4.1).

Dialogbox Textverankerung

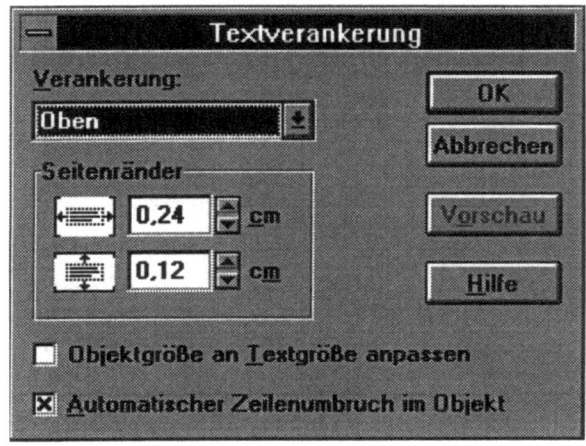

Option Farben und Linien

| Farben und Linien... |

Die Option blendet die Dialogbox ein. Von hier aus können Sie Grafikobjekten Linien (Rahmen) und die Farben für den Füllbereich zuordnen. Die Linien können in verschiedenen Stärken, gestrichelt und mit Pfeilspitzen formatiert werden.

Dialogbox Farben und Linien

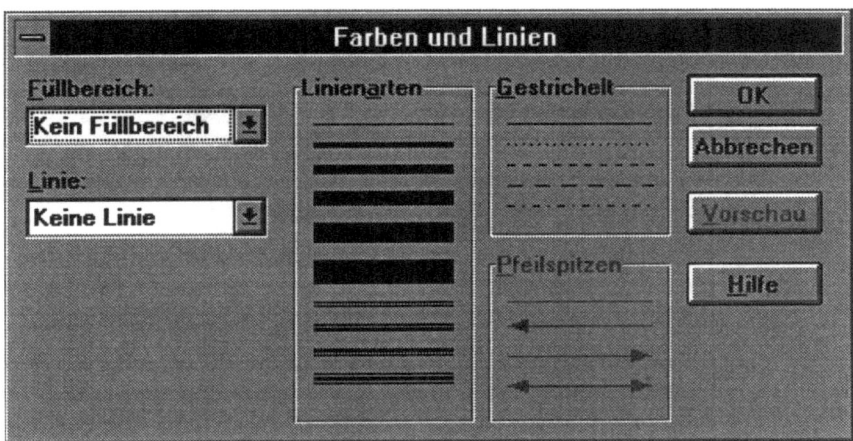

Hinweis
Zu den Schaltern der Symbolleiste *Gliedern* siehe Kapitel 4.7 und 4.8.

Option Schatten

Schatten...

Über die Option verleihen oder entziehen Sie Objekten einen Objektschatten (keinen Textschatten!). Sie können Farbe, Position und Stärke des Schattens festlegen.

Dialogbox Schatten

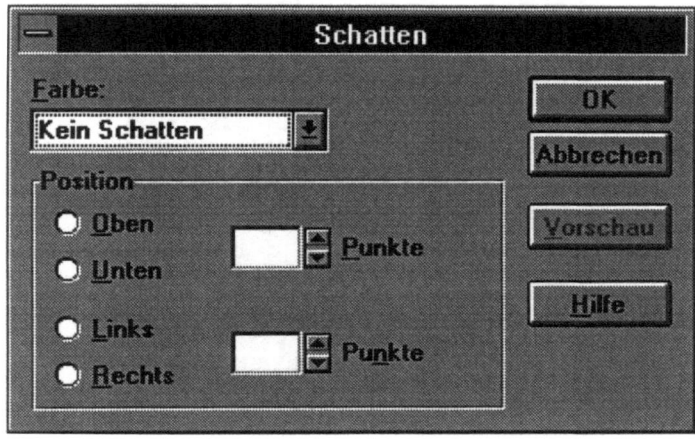

Option und Schalter Format kopieren/ zuweisen

Objektformat kopieren
Objektformat zuweisen

Je nach Markierung (Grafik oder Text) weisen die beiden Optionen ihre Funktion aus. *Format kopieren* kopiert das Format des markierten Objekts. *Format zuweisen* weist das kopierte Format durch Anklicken einem neuen Objekt zu. Dieselbe Wirkung hat der Schalter *Format kopieren*.

Option und Schalter Präsentations- layout

Präsentationslayout...

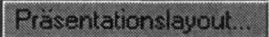

Wählen Sie in der Dialogbox Laufwerk, Verzeichnis und Dateiname. Nach Klick auf den Dateinamen wird in der Vorschau das Layout sichtbar.

Natürlich können Sie einer beliebigen Präsentation auch das Layout Ihrer eingenen Präsentationen zuweisen. Beachten Sie aber, daß dadurch auch die in der Folienvorlage festgelegten Standardobjekte ersetzt werden.

Ein neues Präsentationslayout kann sämtliche Folien einer Präsentation durcheinanderbringen. Wenden Sie also die Option bedachtsam an; z.B., indem Sie Ihre Präsentation unter einem neuen Namen speichern. Dieser Kopie können Sie dann versuchsweise ein neues Präsentationslayout zuweisen (siehe dazu auch Kapitel 2.4).

11.2.5 Menü Format

Dialogbox Präsentationslayout

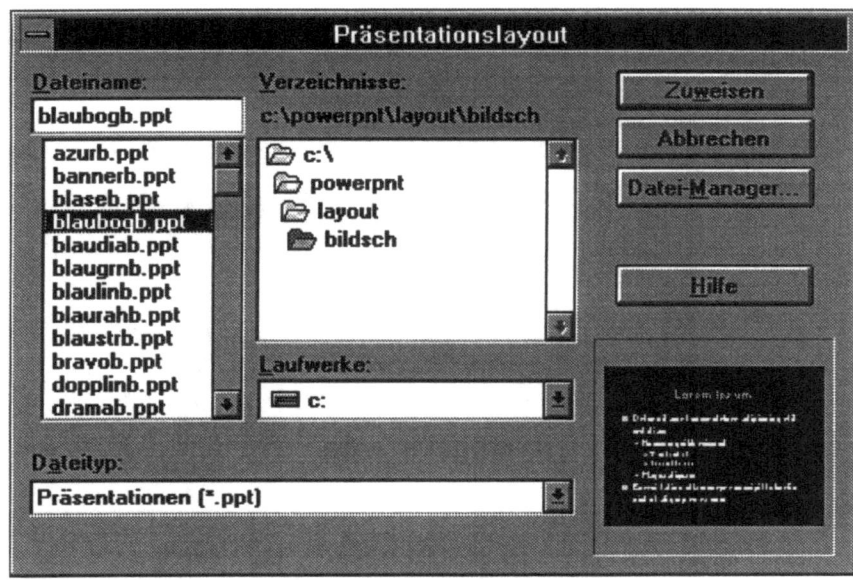

Option Formauswahl-Assistent

Formauswahl-Assistent...

Die Option aktiviert den Formauswahl-Assistenten, mit dem Sie in neun Schritten eine neue Präsentation (als Kopie) einrichten können. Diese bearbeiten Sie wie jede andere Präsentation (siehe dazu Kapitel 2.4).

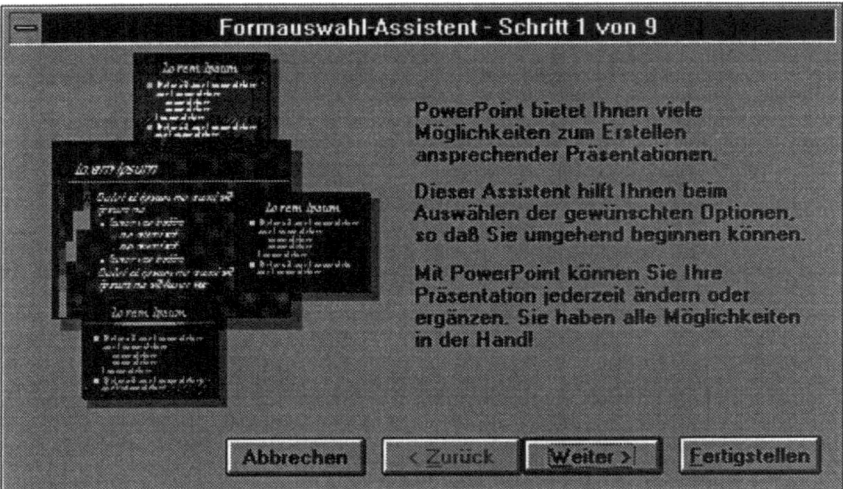

11 Was Sie noch über PowerPoint wissen sollten

Option und Schalter Folienlayout

Folienlayout...

Die Option aktiviert die Dialogbox Folienlayout. Über die Box können Sie neuen oder bereits vorhandenen Folien ein Layout zuweisen (siehe auch *Extras/ Optionen*). Im Textfeld rechts unten sehen Sie die Beschreibung des Layouts.

Dialogbox Folienlayout

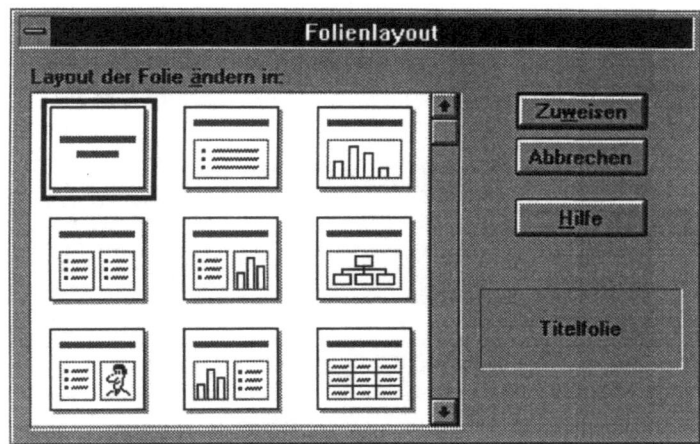

Option Folienhintergrund

Folienhintergrund...

Über die Option richten Sie den Hintergrund (Verlauf und Farbe) einer Präsentation oder einzelner Folien ein (siehe dazu Kapitel 6.2). Außerdem können Sie die in der Vorlage definierten Standardobjekte ausblenden bzw. einblenden.

Dialogbox Folienhintergrund

11.2.5 Menü Format

*Option
Folien-
farbskala*

Folienfarbskala...

Über die Option definieren Sie für eine Präsentation oder einzelne Folien die Farbformate (siehe dazu Kapitel 6.2). Zu diesem Zweck haben Sie zwei grundsätzliche Vorgehensweisen: Die Auswahl einer neuen Farbskala, die bereits zusammenpassende Farben enthält; oder das Umändern einzelner Farben für die verschiedenen Objekte der Präsentation.

*Dialogbox
Folien-
farbskala*

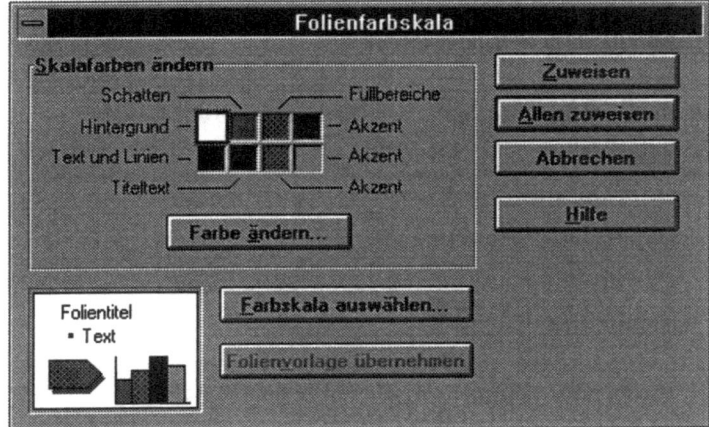

Um zu einem schnellen Ergebnis zu kommen, klicken Sie auf den Schalter *Farbskala auswählen*. Die entsprechende Dialogbox wird eingeblendet. Hier markieren Sie eine Farbe für den Hintergrund, eine weitere für Text und Linien. Daraufhin werden im Feld *Andere Skalafarben* vier Alternativen eingeblendet, aus denen Sie eine auswählen können.

*Dialogbox
Farbskala
auswählen*

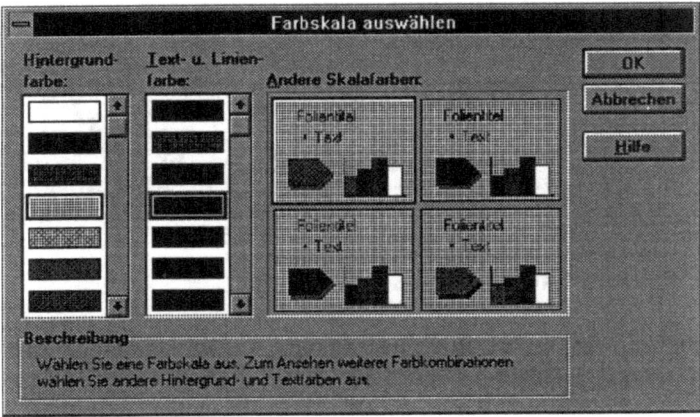

11.2.6 Menü Extras

Über das Menü *Extras* werden der Präsentation, einzelnen Folien und einzelnen Objekten besondere Formate zugewiesen bzw. entzogen. Außerdem erlaubt es die Veränderung der Standardeinstellungen von PowerPoint.

Menü Extras

Schalter und Option Rechtschreibung

Klick auf Schalter/Option öffnet die Dialogbox Rechtschreibung. Die Box kann während der Arbeit geöffnet bleiben (siehe auch Kapitel 8.2).

Option Schriftarten ersetzen

Schriftarten ersetzen...

Klick auf die Option öffnet eine Dialogbox, über die Sie die Schriftarten für eine gesamte Präsentation ersetzen können. Ersetzt werden alle Texte, die in einer bestimmten Schriftart gesetzt sind. Texte, die in einer anderen Schriftart als der markierten gesetzt sind, werden nicht ersetzt (siehe dazu Kapitel 8.2).

11.2.6 Menü Extras

Dialogbox Schriftart ersetzen

Schalter und Option Übergang

Im Menü *Extras/Benutzerdefiniert* steht eine Schaltfläche zur Verfügung. Sie kann von dort aus in die Symbolleisten eingebaut werden.

Klick auf Schalter/Option öffnet die Dialogbox. Über die Box steuern Sie das Einblenden von Folien und den Ablauf von Präsentationen (siehe dazu auch Kapitel 7.1).

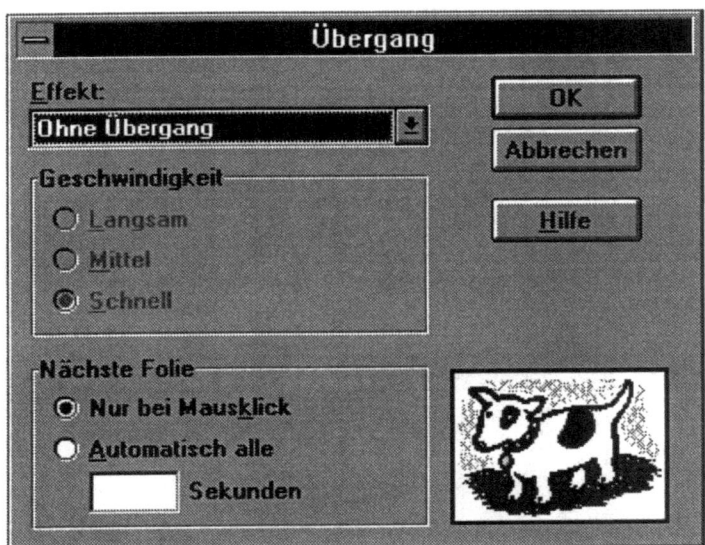

Schalter und Option Animation

Im Menü *Extras/Benutzerdefiniert* steht eine Schaltfläche zur Verfügung. Sie kann von dort aus in die Symbolleisten eingebaut werden.

Klick auf Schalter/Option öffnet die Dialogbox. Über die Box steuern Sie das Einblenden von Folientexten, die in den Textplatzhalter geschrieben wurden (siehe dazu auch Kapitel 7.2).

Dialogbox Animation

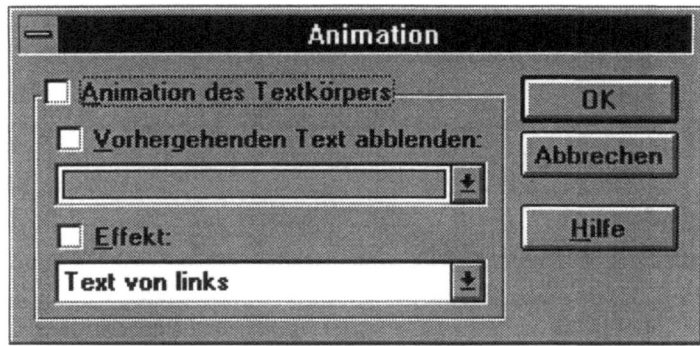

Option Folie ausblenden

Folie ausblenden

Blendet die markierte Folie aus. Sie wird bei einer Bildschirmpräsentation nicht angezeigt. So können Sie sich Folien in Reserve halten, die Sie ggf. einblenden können (siehe auch Menü *Datei/Drucken*).

Option Wiedergabeeinstellungen

Wiedergabeeinstellungen..

Über die Dialogbox werden die Wiedergabeeinstellungen für Ton- oder Videosequenzen und sonstige Objekte geregelt. Sonstige Objekte sind z.B. Folien aus einer anderen Präsentation. Die Objekte sind zumeist als Symbole in die Folie eingebettet.

Symbol für ein Klangobjekt

Wählen Sie zuerst die Objekt-Kategorie. Entscheiden Sie, wann die Wiedergabe beginnen soll. Über die Option *Aktion* können Sie das Objekt bearbeiten. Soll das Objekt nicht wiedergegeben werden, kann das Symbol aus der Folie ausgeblendet werden.

Dialogbox Wiedergabeeinstellungen

11.2.6 Menü Extras

Option
Neu einfärben

Neu einfärben...

Öffnet die Dialogbox *Neu einfärben*. Die Option ist auf Grafiken, Diagramme und ähnliche Objekte anwendbar (siehe Kapitel 6.2).

Dialogbox
Neu einfärben

Grafik zuschneiden

Schalter und Option Garfik zuschneiden

Im Menü *Extras/Benutzerdefiniert* steht ein Schalter zur Verfügung. Er kann von dort aus in die Symbolleisten eingebaut werden.

Die Option ermöglicht das Beschneiden von Grafiken und eingebetteten Objekten. Der Zeiger nimmt dabei die Form zweier gekreuzter Winkel an (siehe auch Kapitel 4.7).

Option
Benutzer-
definiert

Benutzerdefiniert...

Die Dialogbox erlaubt die Veränderung der Symbolleisten. Im Feld *Kategorien* finden Sie im wesentlichen die Menüs wieder. Wechseln Sie die Kategorie, werden im Feld *Schaltflächen* zugleich die Schalter eingeblendet. Lassen Sie den Zeiger über die Schalter gleiten, werden die QuickInfos sichtbar. Bei Klick auf einen Schalter können Sie im Feld *Beschreibung* die Funktion nachlesen.

Von hier aus lassen sich die Schalter in alle sichtbaren Symbolleisten ziehen und wieder entfernen. Während Sie die Schalter ziehen, wird durch ein Zeigersymbol angedeutet, wohin der Schalter nicht plaziert werden kann.

Darüber hinaus können Sie eine benutzerdefinierte Symbolleiste einrichten (*Ansicht/Symbolleisten/Benutzerdefiniert*) (siehe dazu Kapitel 10.1).

11 Was Sie noch über PowerPoint wissen sollten

Dialogbox Benutzerdefiniert

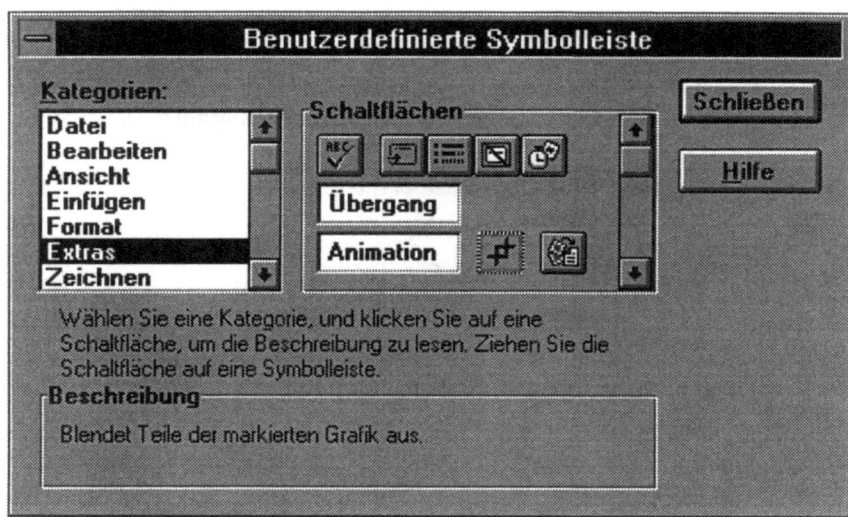

Option Optionen

| Optionen... |

Die Dialogbox erlaubt die Veränderung einiger besonderer Funktionen.

Dialogbox Optionen

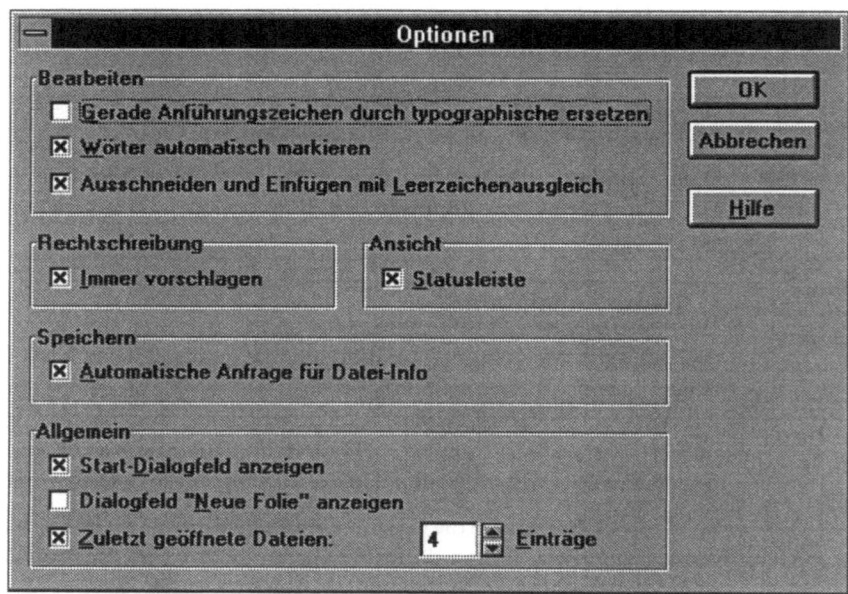

Anführungszeichen werden in der Standardeinstellung gerade gesetzt. Nach Klick auf die Option werden sie geschwungen gesetzt. "Test"

11.2.6 Menü Extras

Im Textmodus wird beim Ziehen von Wort zu Wort markiert. Außer dem ersten Wort eines Absatzes wird immer das folgende insgesamt markiert.

Der Leerzeichenausgleich beim Ausschneiden und Einfügen von Texten erfolgt automatisch.

Bei falscher Schreibweise (*Rechtschreibung*) eines Wortes schlägt PowerPoint die korrekte Schreibweise vor.

Die Statusleiste am Fuß des Bildschirms kann ausgeblendet werden. Sie erhalten dann keine Hinweise zur aktuellen Aktion. '

Der Aufruf der Dialogbox *Datei-Info* kann beim Speichern einer neuen Datei oder einer bestehenden Datei (*Speichern unter*) verhindert werden.

Das Einblenden der Dialogbox beim Aufruf von PowerPoint kann verhindert werden. PowerPoint wird mit der leeren Arbeitsfläche gestartet.

Das Einblenden der Dialogbox *Neue Folie* beim Einrichten einer neuen Folie kann verhindert werden. PowerPoint richtet eine Folie im aktuellen Layout ein.

Der Eintrag der zuletzt geöffneten Dateien am Ende des Menüs *Datei* kann verändert werden.

Schalter Einblendzeiten

Im Menü *Extras/Benutzerdefiniert* steht der Schalter *Einblendzeiten testen* zur Verfügung. Er kann von dort aus in die Symbolleisten eingebaut werden.

Klick auf den Schalter startet eine Bildschirmpräsentation der aktuellen Folie. Durch Klick auf die Schaltfläche in der linken unteren Ecke der Folie (oder in die Folie) kann die Einblendzeit festgelegt werden.

Schalter Übernehmen

Im Menü *Extras/Benutzerdefiniert* steht der Schalter *Übernehmen* zur Verfügung. Er kann von dort aus in die Symbolleisten eingebaut werden.

Klick auf den Schalter startet Word 6.0. Die Gliederung der aktuellen Präsentation wird in ein Word-Dokument umgewandelt und kann dort bearbeitet werden.

Word 6.0 Bildschirm mit übernommener Gliederung. Über eine Verknüpfung kann der direkte Bezug zwischen PowerPoint und Word hergestellt werden

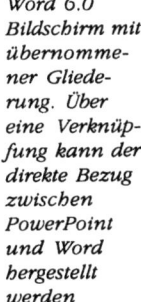
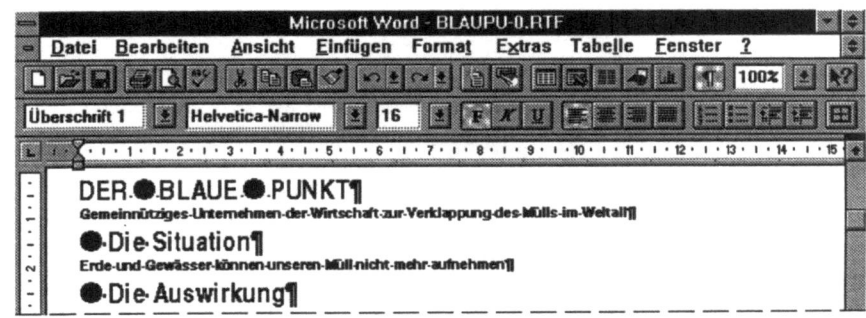

11.2.7 Menü Zeichnen

Zum Zeichnen gehören alle Schalter der Leiste *Zeichnen*, der Leiste *Zeichnen+* und der Leiste *AutoFormen*. Schalten Sie diese Symbolleisten ein. Im Menü *Extras/Benutzerdefiniert* finden Sie weitere Schalter, die Sie von dort aus in die Symbolleisten einbauen können.

Die Symbolleisten Zeichnen, Zeichnen+ und AutoFormen. Rechts weitere Schalter der Kategorie Anordnen

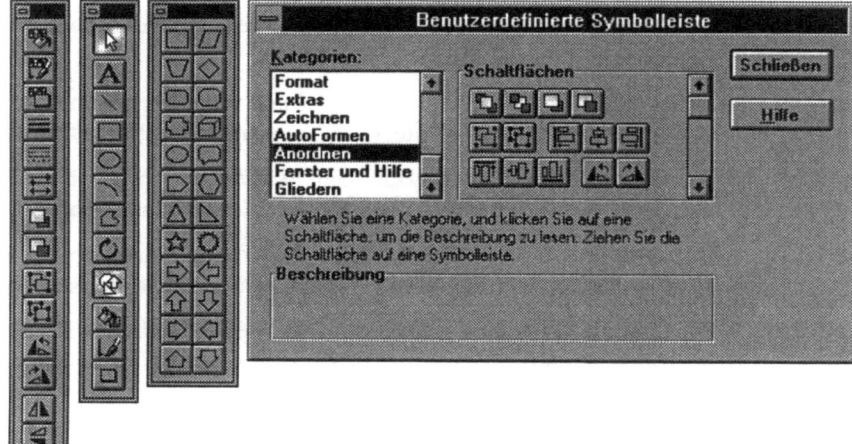

Zeichnen Sie ein Objekt, testen Sie die Schalter. So werden ihre Funktionen am schnellsten erkennbar.

Im folgenden sollen Schalter und Optionen des Menüs Zeichnen dann erläutert werden, wenn sie einer Erklärung bedürfen.

Menü Zeichnen

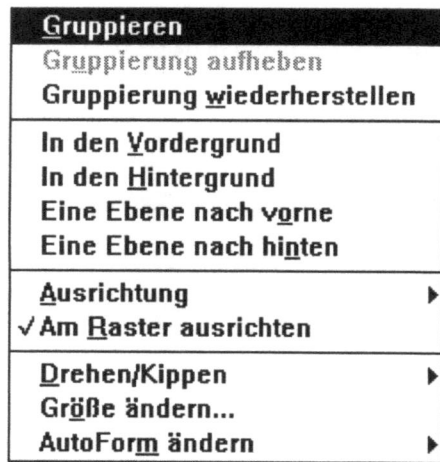

11.2.7 Menü Zeichnen

Schalter und Option Gruppieren

Gruppieren

Klick auf Schalter/Option fügt mehrere markierte Objekte zu einer Objektgruppe zusammen. Sie können dann insgesamt verschoben und in der Größe verändert werden. Werden sie formatiert, so erhält jedes Objekt das entsprechende Format (z.B. Objektschatten).

Schalter und Option Gruppierung aufheben

Gruppierung aufheben

Klick auf Schalter/Option hebt die Gruppierung einer Objektgruppe auf. Die Objekte können wieder einzeln markiert werden. Liegt bei markierten Objekten keine Gruppierung vor, so ist die Option abgeblendet (siehe auch Kapitel 8.1).

Option Gruppierung wiederherstellen

Gruppierung wiederherstellen

Durch Klick auf die Option werden Gruppierungen, die aufgehoben waren, wiederhergestellt. Die Objekte müssen dazu nicht markiert sein.

Option In den Vordergrund

In den Vordergrund

Durch Klick auf die Option wird das markierte Objekt in den Vordergrund gestellt. Durch diese und die folgenden Optionen können in komplizierten Grafiken verschiedene Ebenen angesteuert werden, in denen sich die einzelnen Objekte überlagern.

Option In den Vordergrund

In den Hintergrund

Durch Klick auf die Option wird das markierte Objekt in den Hintergrund gestellt.

Schalter und Optionen Ebenen

Eine Ebene nach vorne
Eine Ebene nach hinten

Durch Klick auf die Option wird das markierte Objekt in die vorgesehene Ebene gestellt (siehe dazu auch Kapitel 8.1).

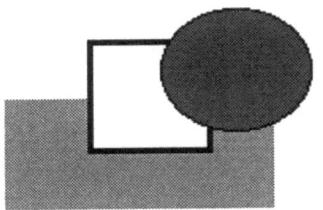

Option Ausrichtung

| **Ausrichtung** ▶ |

Durch Klick auf die Option wird ein Zusatzfenster eingeblendet. Über dieses Menü können markierte Objekte nach bestimmten Kriterien ausgerichtet werden. Testen Sie die Möglichkeiten.

Menü Ausrichtung, rechts nicht ausgerichtete und zentriert ausgerichtete Objekte

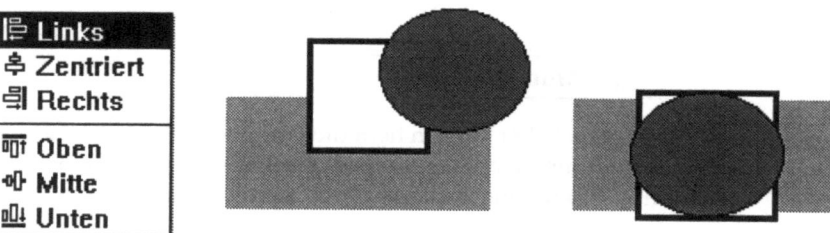

Option Drehen/ Kippen

| **Drehen/Kippen** ▶ |

Durch Klick auf die Option wird ein Zusatzfenster eingeblendet. Über dieses Menü können markierte Objekte nach bestimmten Kriterien gedreht und gekippt werden

Menü Drehen/ Kippen

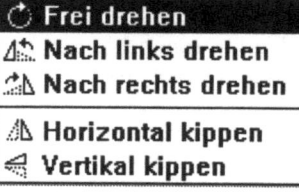

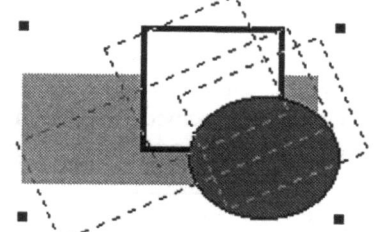

Schalter Frei drehen

Eine besondere Bedeutung kommt dem Schalter *Frei drehen* zu. Bei Aktivierung ändert sich die Form des Zeigers. Nun können Sie das Objekt (hier gruppiert) an einem der Anfasser um den Mittelpunkt drehen. Der gestrichelte Umriß zeigt die aktuelle Position. Drücken Sie gleichzeitig die Umschalttaste, erfolgt die Drehung um jweils 45 Grad. Drücken Sie gleichzeitig die Strg-Taste, wird das Objekt um den gegenüberliegenden Anfasser gedreht.

Option Größe ändern

| **Größe ändern...** |

Durch Klick auf die Option wird eine Dialogbox eingeblendet. Das markierte Objekt (Grafik, ClipArt, Video) kann um einen bestimmten Prozentsatz verkleinert bzw. vergrößert werden.

Die Option *An Original anpassen* setzt ein in der Größe verändertes Objekt in die Originalgröße zurück.

Die Option *Optimal für Bildschirmpräsentation* bringt das Objekt in optimale Ausgabegröße (Video).

11.2.7 Menü Zeichnen

*Dialogbox
Größe ändern*

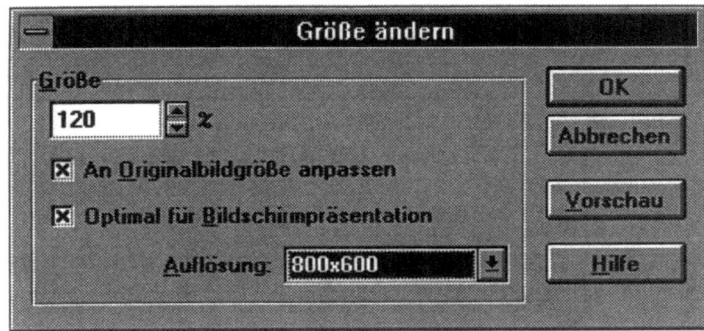

Die Option *Auflösung* erlaubt (in Anhängigkeit von Ihren Geräten) eine Veränderung der Auflösung. PowerPoint errechnet automatisch die optimale Ausgabegröße.

*Option
AutoForm
ändern*

| AutoForm ändern ▶ |

Klick auf die Option blendet ein zusätzliches Menü für die AutoFormen ein. Einem markierten Objekt kann eine neue Form zugewiesen werden. Die zur Verfügung stehenden AutoFormen sind identisch mit den Schaltern der entsprechenden Symbolleiste.

*Menü
AutoForm
ändern*

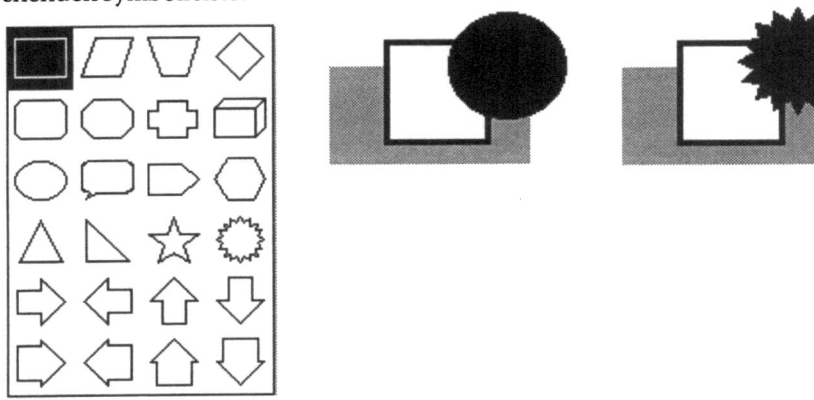

Hinweis zum Zeichnen
Wenn Sie viel in PowerPoint zeichnen, sollten Sie die entprechenden Symbolleisten einblenden. Die Arbeit über die Symbolleisten geht sehr viel schneller voran, als wenn Sie mit den Menüoptionen arbeiten.

11.2.8 Menü Fenster

Über das Menü *Fenster* regeln Sie, wenn Sie mit mehreren Dateien arbeiten, die Einstellung der Fenster. Im unteren Bereich sind die Namen der geöffneten Dateien sichtbar. Die aktive Datei ist durch ein vorangestelltes Häkchen kenntlich gemacht. Klick auf eine der Dateien macht sie zum aktiven Fenster. Die Option ist dann nützlich, wenn Sie in Vollbildgröße arbeiten.

Die Option *Alle anordnen* bewirkt, daß, wenn mehrere Dateien geöffnet sind, diese möglichst groß in der Arbeitsfläche von PowerPoint angezeigt werden.

Die Option *An Seite anpassen* stellt das aktive Fenster voll in die PowerPoint-Arbeitsfläche.

Die Option *Überlappend* stellt die geöffneten Dateien hintereinander gestaffelt in die PowerPoint-Arbeitsfläche.

11.2.9 Menü ? (Hilfe)

Die PowerPoint-Hilfe ist übersichtlich, umfangreich und leicht zu handhaben. Sie können unter verschiedenen Einstiegsmöglichkeiten auswählen.

Darüber hinaus können sie sich über die *Kurzübersicht*, den *Ratgeber* und *Tips und Tricks* wichtige Informationen zu den PowerPoint-Funktionen, aber auch zu gestalterischen Fragen holen.

Die Option *Info* gibt Ihnen detaillierte Auskunft zu der Lizensierung und über Ihr System.

Menü Hilfe

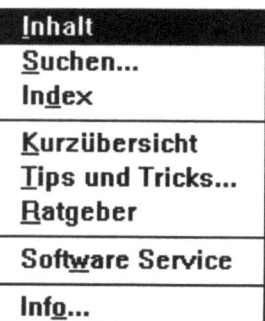

Option Inhalt

Die Option *Inhalt* blendet das Hauptinhaltsverzeichnis ein. Von hier aus gelangen Sie zu bestimmten Themenkreisen. Sogar zur Hilfe können Sie eine Anleitung einsehen (F1-Taste).

11.2.9 Menü ? (Hilfe)

*Inhaltsver-
zeichnis der
PowerPoint-
Hilfe*

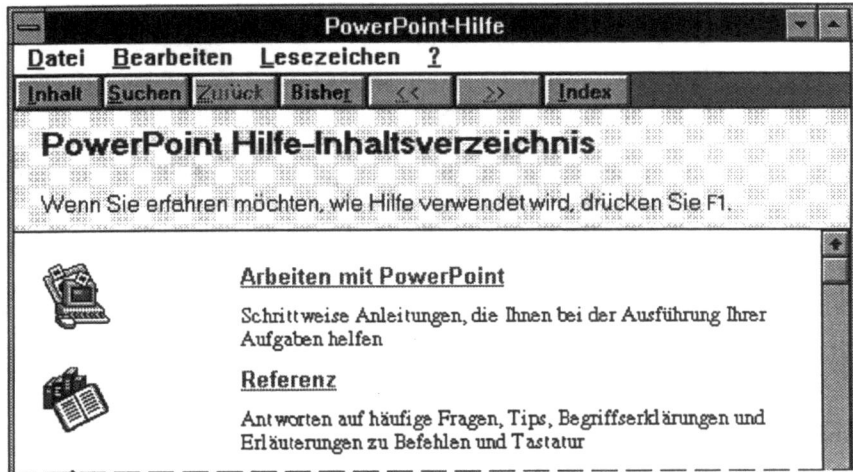

*Option
Suchen*

Die Option öffnet das Fenster *Suchen*. Tragen Sie die ersten Buchstaben des Suchbegriffs ein. Klicken Sie auf *Themen auflisten*. Markieren Sie das Thema. Klicken Sie auf *Gehe zu*.

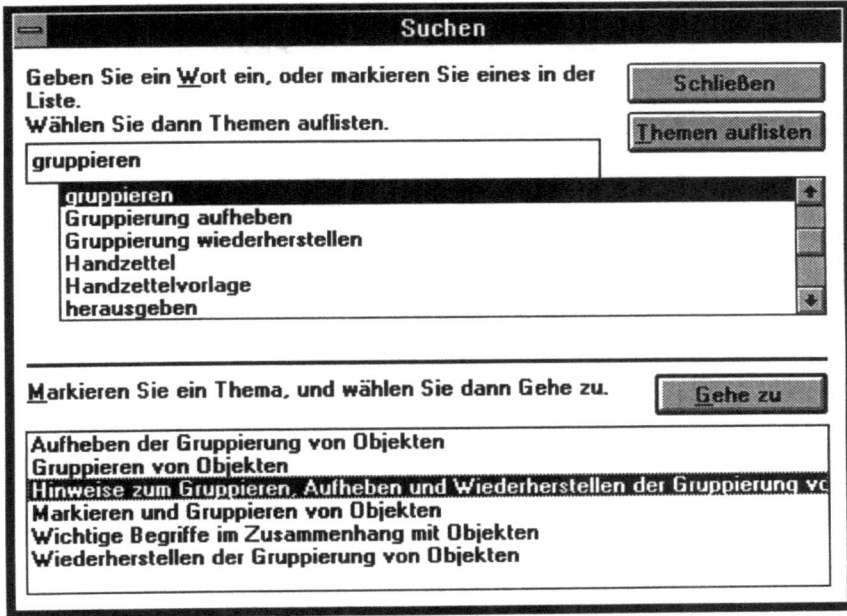

Option Index

In̲dex

Die Option öffnet das Fenster *Index*. Klicken Sie auf den Anfangsbuchstaben des Suchbegriffs. Wählen Sie im unteren Bereich des Fensters das Thema.

Fenster Index

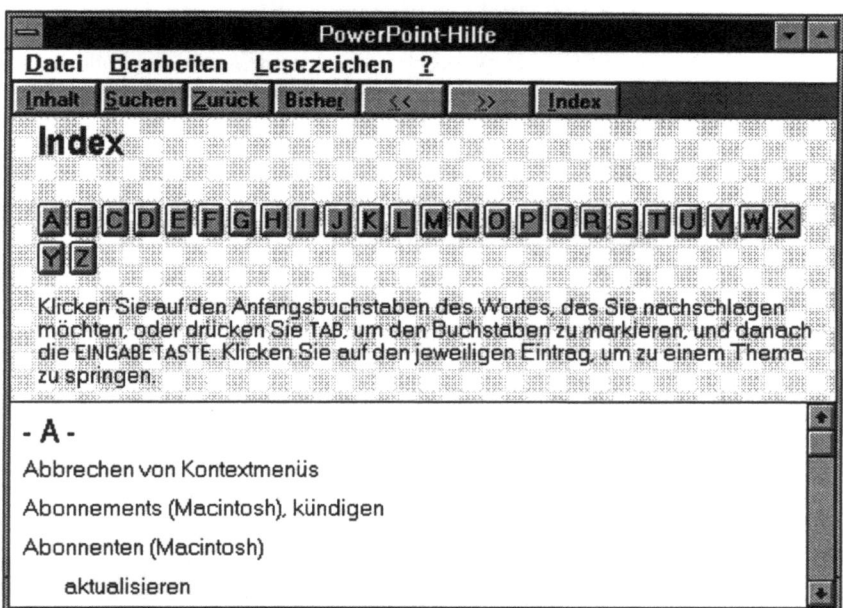

Option Kurzübersicht

K̲urzübersicht

Die Option startet die Kurzübersicht (siehe Kapitel 2.2).

Option Tips und Tricks

T̲ips und Tricks...

Die Option ruft *Tips und Tricks* auf. Sie erhalten Aufschluß zur Handhabung von PowerPoint und zu gestalterischen Fragen.

Option Ratgeber

R̲atgeber

Die Option ruft den *Ratgeber* auf, der Sie zu vielen wichtigen Funktionen und zu gestalterischen Fragen berät (siehe Kapitel 2.5).

Option Software-Service

Softw̲are Service

Die Option verweist Sie auf Benutzung des Handbuchs und der Hilfe und auf den Microsoft Software-Service.

11.2.9 Menü ? (Hilfe)

Microsoft Software-Service

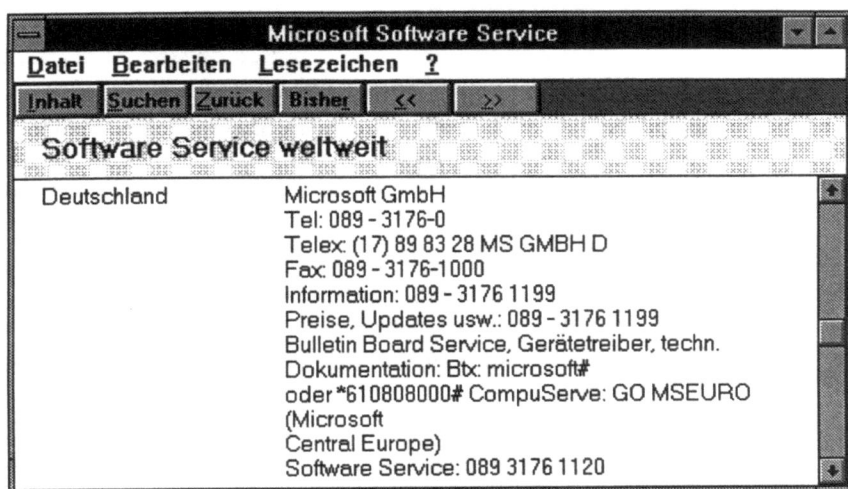

Option Info

Info...

Die Option blendet die Lizenz ein. Über den Schalter *Systeminfo* erhalten Sie ausführliche Informationen zu Ihrem System.

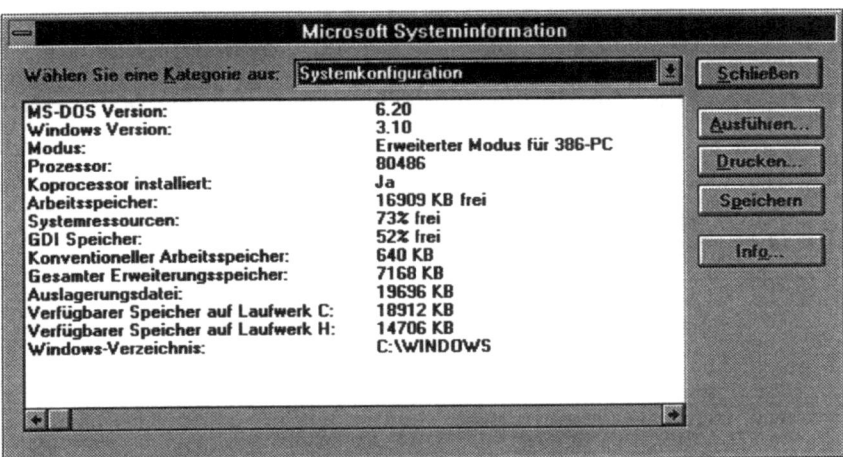

Hinweis
Durch die Tips und Tricks erhalten Sie wichtige Hinweise. Schalten Sie sie erst dann aus (Menü *?/Tips und Tricks*), wenn Sie PowerPoint sicher handhaben.

12 Was Sie mit Graph noch machen können

Graph ist ohne Zweifel die umfangreichste Anwendung, die in PowerPoint eingebettet ist. Sie läßt alle Formate zu, über die Excel verfügt; aber es ist nicht möglich, Formeln einzugeben und zu rechnen. Dennoch: Mit Graph lassen sich Business-Grafiken erstellen, die auch anspruchsvollen Zuschauern Respekt abverlangen.

Die Menüs *Datei*, *Fenster* und *? (Hilfe)* entsprechen denen von PowerPoint. Sie sollen daher nicht behandelt werden. Die übrigen Menüs werden im Zusammenhang dargestellt. Funktionen, die Sie bisher nicht kennen, werden erläutert. Funktionen, die Sie von PowerPoint her kennen, werden nicht nochmals besprochen.

Beachten Sie, daß die Funktionen in Abhängigkeit des aktiven Fensters (Tabelle oder Diagramm), des Diagrammtyps und des markierten Objekts nutzbar sind. Abgeblendete Funktionen können Sie im aktuellen Fall nicht benutzen.

Öffnen Sie eine leere Datei, rufen Sie Graph auf, formatieren Sie das Standarddiagramm um in ein zweidimensionales Säulendiagramm.

12.1 Graph-Menü Bearbeiten

Schalter Tabelle

Das Menü unterstützt im wesentlichen die aus PowerPoint bekannten Funktionen. Im folgenden werden die typischen Graph-Funktionen besprochen. Über den Schalter *Tabelle* wird die Tabelle aus- und eingeblendet.

Option und Menü Inhalte löschen

Inhalte lös̲chen ▶

Die Option öffnet ein zusätzliches Menü. *Alles* löscht Daten und Formate. *Daten* löscht Daten, Formate bleiben erhalten (= Entf-Taste). *Formate* löscht Formate, Daten bleiben erhalten.

Hinweis

Mit *Formate* sind in diesem Zusammenhang nicht etwa Schriftformate etc. gemeint. *Format* steht hier für das Zahlenformat (siehe Menü Format/Zahlen).

Option Zellen löschen

Z̲ellen löschen...

Über die Option werden Zellen bzw. Zeilen oder Spalten gelöscht.

12.1 Graph-Menü Bearbeiten

Dialogbox
Zellen löschen

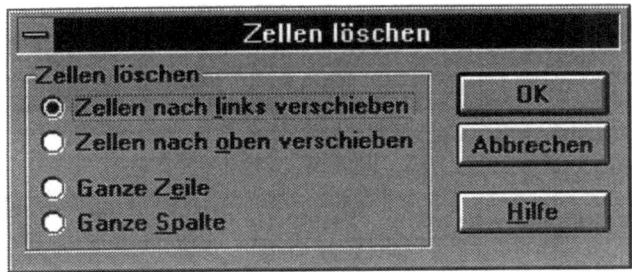

Zellen nach links verschieben löscht markierte Zellen und schiebt die folgenden (in der Zeile) nach links. *Zellen nach oben verschieben* löscht markierte Zellen und schiebt die folgenden (in der Spalte) nach oben.

D̲aten importieren...

Schalter,
Option und
Dialogbox
Daten
importieren

Die Option blendet die Dialogbox ein. Von hier aus können Sie Tabellen (oder Bereiche aus Tabellen) aus verschiedenen Anwendungen importieren.

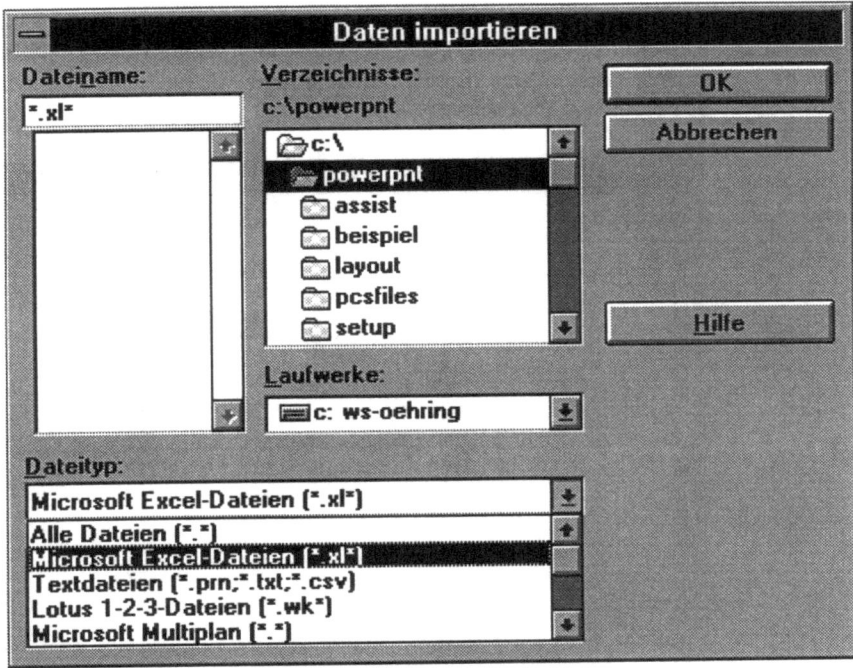

Wählen Sie Laufwerk, Verzeichnis, Dateityp und Dateiname. In der Graph-Hilfe finden Sie die Dateitypen, die Sie importieren können.

Graph-Hilfe zu importierbaren Dateiformaten

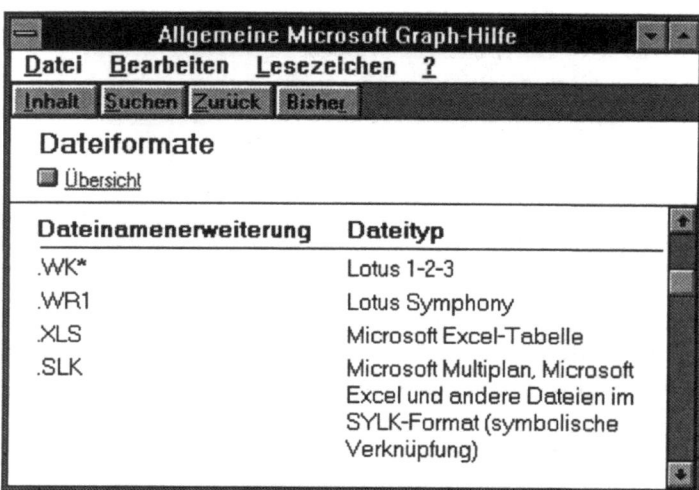

Schalter, Option und Dialogbox Diagramm importieren

Diagramm importieren...

Die Option blendet die Dialogbox ein. Von hier aus können Sie Diagramme aus verschiedenen Anwendungen importieren. Wählen Sie Laufwerk, Verzeichnis, Dateityp und Dateiname.

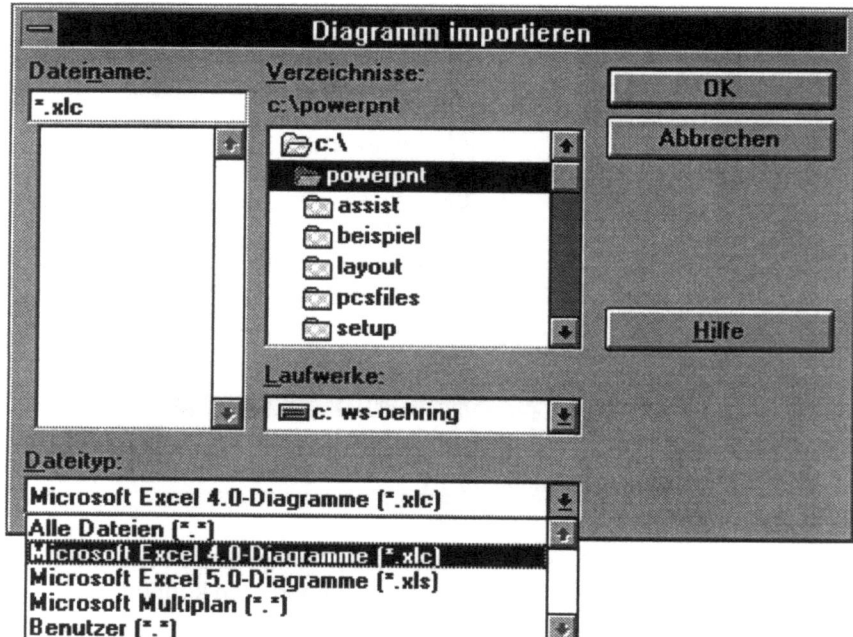

12.2 Graph-Menü Ansicht

Schalter Tabelle

Über das Menü blenden Sie die Tabelle ein und aus und steuern die Anzeige der Symbolleisten. Graph verfügt über drei Symbolleisten: *Standard, Format* und *Zeichnen*.

Hinweis zum Zoom

Haben Sie Graph von einer PowerPoint-Ansicht aus aufgerufen, so kann in Graph selbst der Zoom nicht verändert werden. Sie müssen ihn also in PowerPoint einstellen, bevor Sie Graph starten.

Allerdings können Sie Graph in einem eigenen Fenster bearbeiten. Gehen Sie so vor: Öffnen Sie wie üblich Graph. Schalten Sie zurück in die PowerPoint-Ansicht. Klicken Sie auf das Menü *Bearbeiten*. Klicken Sie auf die Option *Chart-Objekt*.

PowerPoint-Menü Bearbeiten. In der Folie ist ein Graph-Objekt markiert

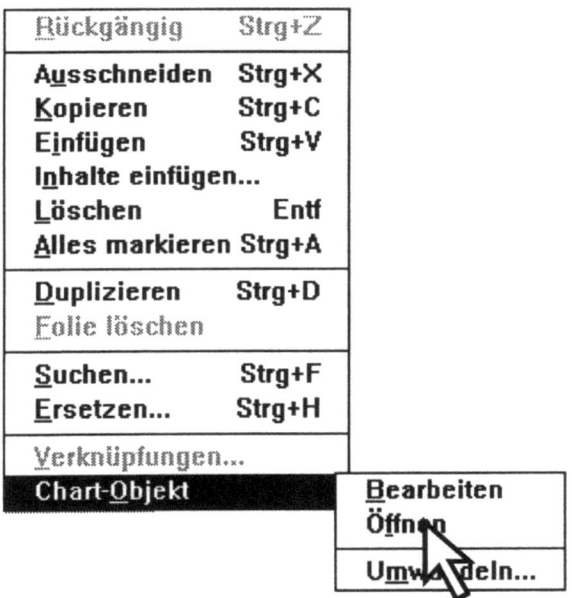

Klick auf die Option *Öffnen* öffnet Graph in einem eigenen Fenster. Schalten Sie in Vollbildgröße. Nun haben Sie jedenfalls einen besseren Überblick, außerdem ist der Zoom aktiv und nutzbar.

Hinweis

Die Arbeit in einem eigenen Graph-Fenster ist für den Anfang wahrscheinlich angenehmer. So kann es nicht passieren, daß Sie durch Klick in die Folie wieder nach PowerPoint zurückkehren, obwohl sie Graph nicht verlassen wollten. Außerdem haben Sie die Möglichkeit, die Aktualisierung zu verhindern.

Graph in einem eigenen Fenster

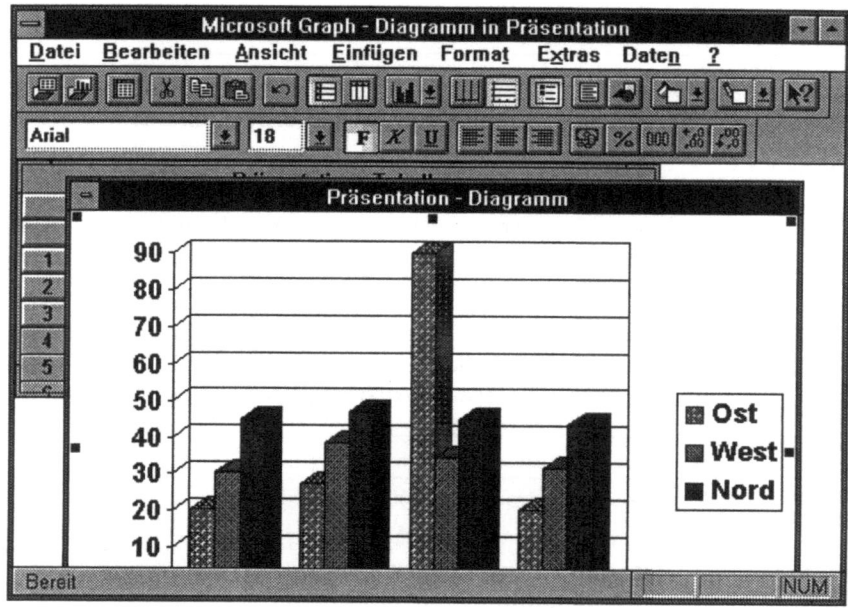

Ein Klick in das Graph-Menü *Datei* aktualisiert die Ansicht und bringt Sie zurück nach PowerPoint.

Graph-Menü Datei

12.3 Graph-Menü Einfügen

Über das Menü beeinflussen Sie im wesentlichen die Darstellung des Diagramms. Die Option *Zellen* steht nur für die Tabelle zur Verfügung.

Graph-Menü Einfügen

12.3 Graph-Menü Einfügen

Option Zellen

| Zellen... |

Die Option blendet die Dialogbox ein. Abhängig von der aktuellen Markierung (Spalten/Zeilen) werden Spalten/Zeilen eingefügt. Ist nur eine Zelle markiert, werden die folgenden nach rechts bzw. unten verschoben.

Dialogbox Zellen einfügen

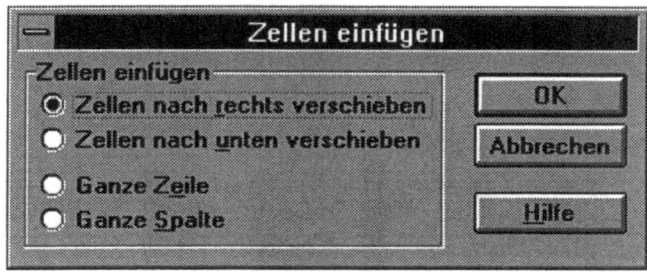

Option Titel

| Titel... |

Die Option blendet die Dialogbox ein.

Dialogbox Titel

Fügen Sie einen Titel für die X-Achse ein. Nach Bestätigung öffnet sich ein Platzhalter unter der X-Achse.

Unter der X-Achse ist ein Platzhalter für den Titel eingefügt

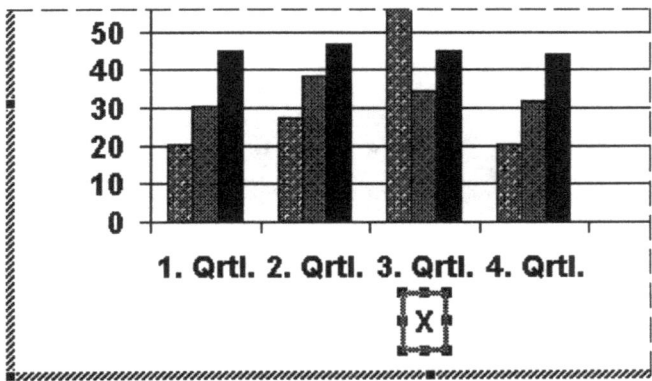

Tragen Sie die Beschriftung ein, schieben Sie den Titel an eine Ihnen genehme Stelle. Eingefügte Titel können Sie über die Dialogbox wieder löschen (oder Entf-Taste).

Titel für die X-Achse, nachträglich verschoben

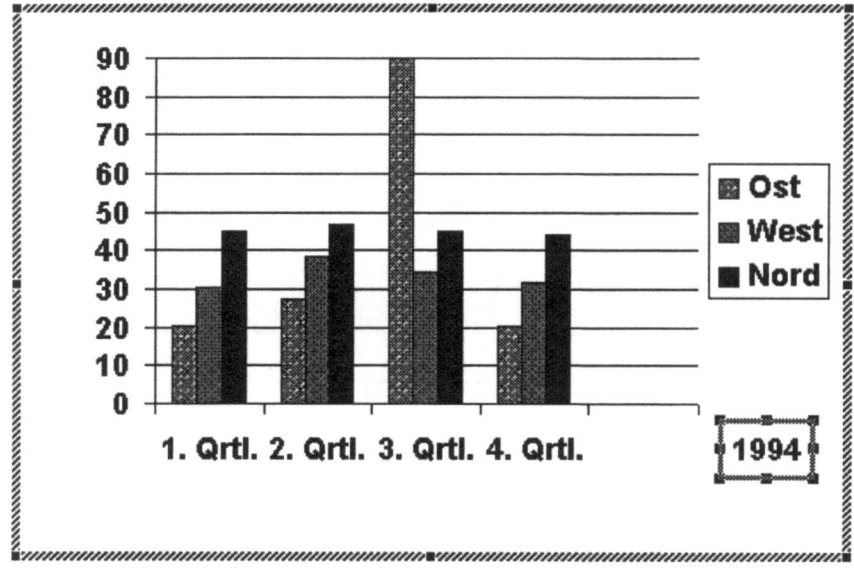

Option Datenbeschriftungen

Datenbeschriftungen...

Über die Option fügen Sie einzelnen oder allen Datenreihen Beschriftungen hinzu. Von der Dialogbox aus legen Sie fest, was angezeigt werden soll.

Dialogbox Datenbeschriftungen

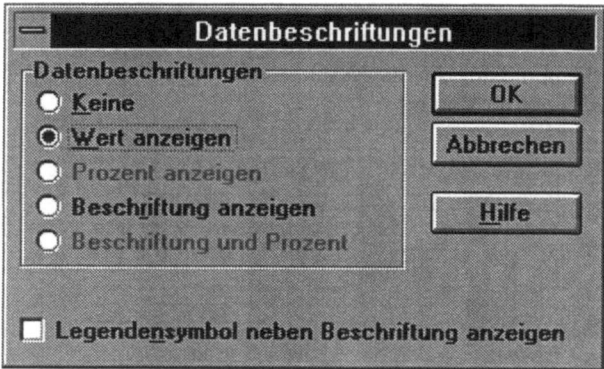

Testen Sie die einzelnen Funktionen, die sich weitgehend selbst erklären. Haben Sie eine der Funktionen eingestellt, so können Sie sie über *Keine* wieder aufheben.

12.3 Graph-Menü Einfügen

*Beispiel für
Datenbe-
schriftungen:
Wert
anzeigen*

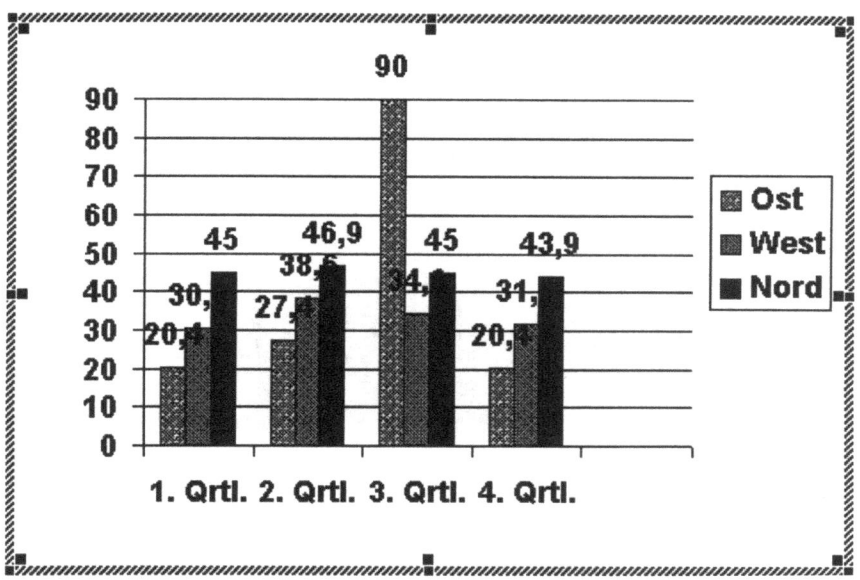

*Schalter
Legende*

Legende

Über Option und Schalter wird die Legende aus- bzw. eingeblendet.

*Option
Achsen*

Achsen...

Öffnet die Dialogbox *Achsen*. Von hier aus können Sie dem Diagramm die Achsen inkl. Beschriftung entziehen und zuweisen.

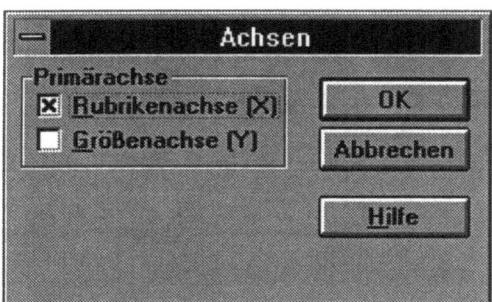

Hinweis
Entziehen Sie dem Diagramm eine der Achsen, so wird weder Achse noch Achsenbeschriftung angezeigt.

Option Gitternetzlinien

Gitternetzlinien...

Öffnet die Dialogbox. Von hier aus schalten Sie Gitternetzlinien ein und aus.

Dialogbox Gitternetzlinien

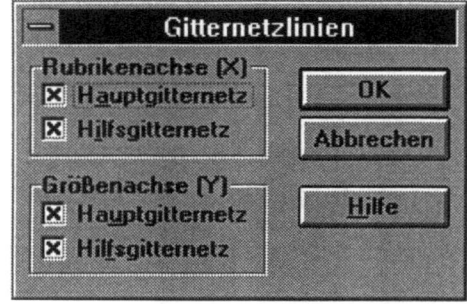

Schalter für die Hauptgitternetzlinien

Alle Gitternetzlinien sind eingeschaltet

Das Beispiel zeigt das Diagramm wie oben, alle Gittrnetzlinien sind eingeschaltet. Die Hauptgitternetzlinien können Sie auch über die Schalter ein- und ausschalten.

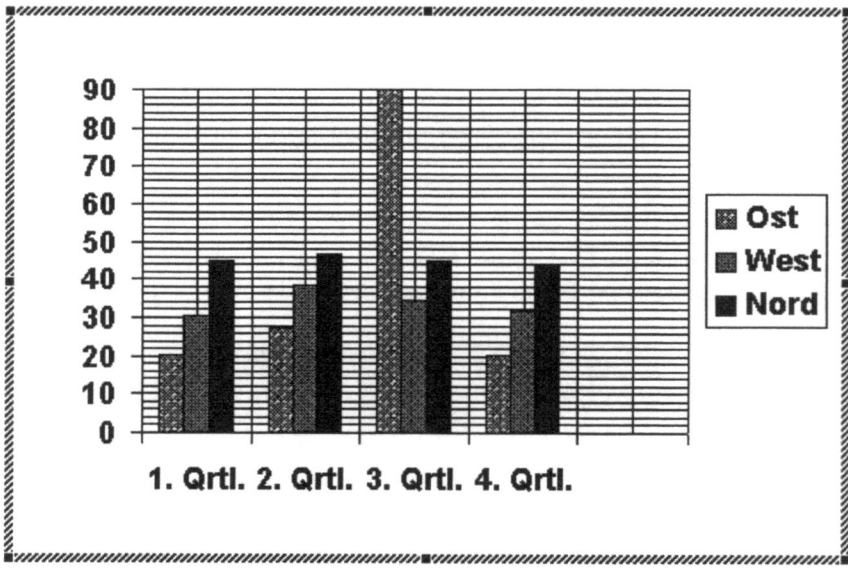

Option Trendlinie

Trendlinie...

Öffnet die Dialogbox. Von hier aus können Sie einzelnen Datenreihen Trendlinien verschiedenen Typs zuordnen (siehe auch Kapitel 5.2).

12.3 Graph-Menü Einfügen

Dialogbox Trendlinie

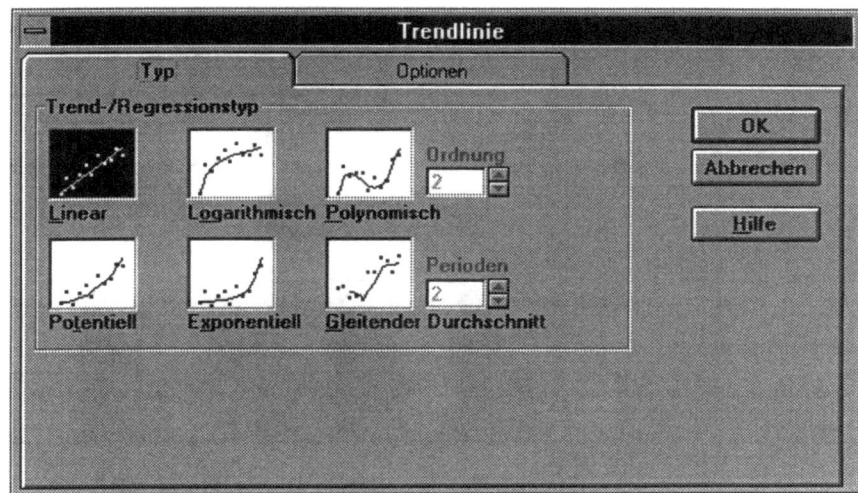

Klick auf die Karteikarte Optionen öffnet eine weitere Box, über die Sie die markierte Trendlinie modifizieren können. Hilfe? Drücken Sie die F1-Taste!

Dialogbox Trendlinie, Optionen

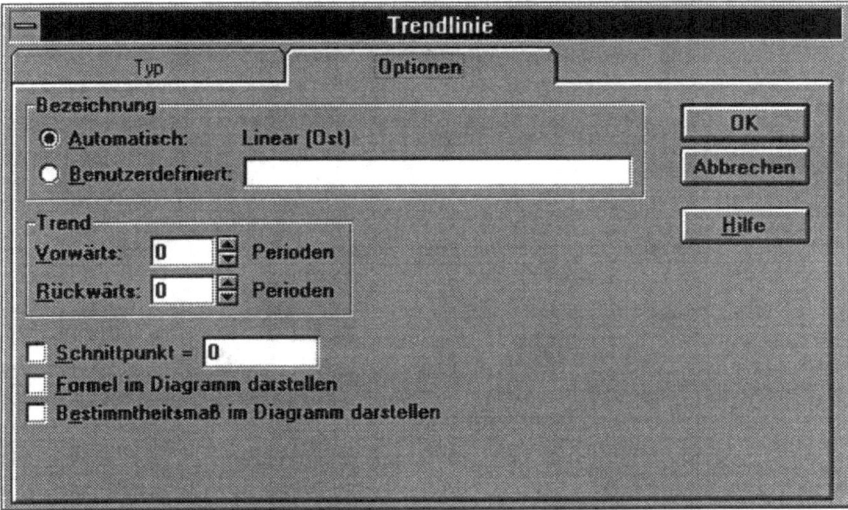

Option Fehlerindikator

Fehlerindikator...

Öffnet die Dialogbox. Von hier aus können Sie einzelnen Datenreihen die Anzeige von Fehlerindikatoren zuweisen und entziehen. Fehlerindikatoren machen die Abweichung (Toleranz) von errechneten Werten zu Meßwerten sichtbar. Sie können als konstante Werte oder in Prozent dargestellt werden.

Beispiel für die Anzeige von Fehler-indikatoren

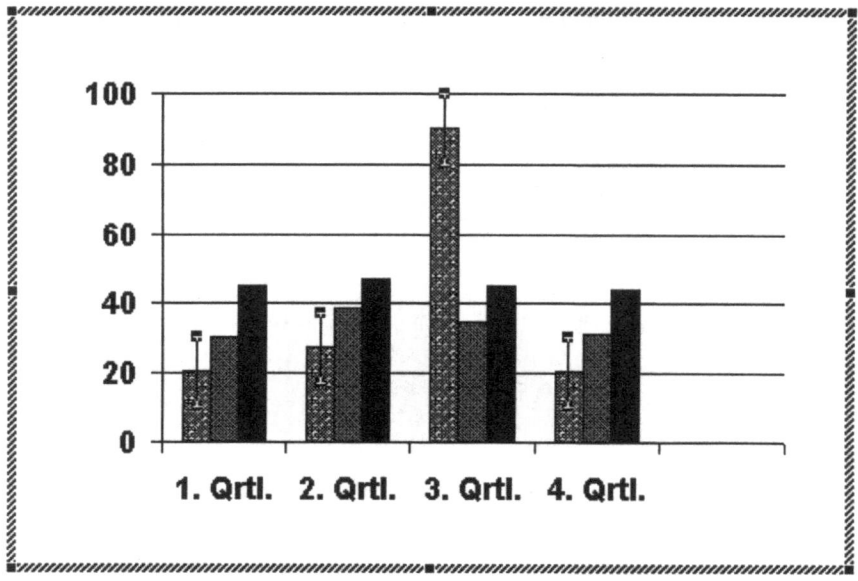

Nachdem die Anzeige eingerichtet ist, können Sie die Darstellung *(Einfügen/ Fehlerindikator/Muster)* umformatieren. Über die Option *Darstellung/Keine* wird die Anzeige aufgehoben.

Dialogbox Fehler-indikatoren formatieren, Option Muster

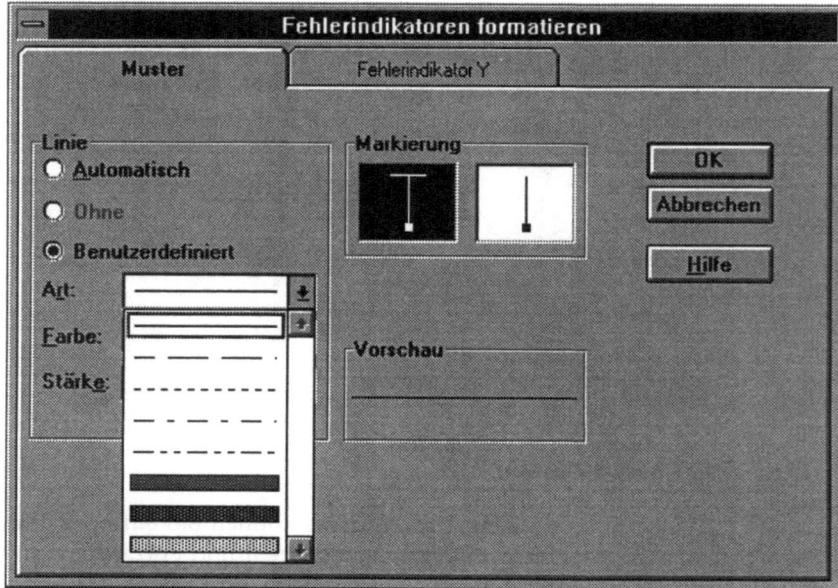

12.4 Graph-Menü Format

Über das Menü werden der Tabelle und dem Diagramm Formate zugewiesen und entzogen. Auch hier richten sich die anwendbaren Funktionen nach aktuellem Fenster, Diagrammtyp und aktueller Markierung.

Graph-Menü Format

Die erste Option steht grundsätzlich nur für das Diagramm zur Verfügung. Je nach aktueller Markierung ändert sie ihre Bezeichnung: *Markierte Diagrammfläche, Markierte Zeichnungsfläche, Markierte Achse* etc.

Es würde sicher zu weit führen, sämtliche Formatierungsmöglichkeiten aufzuführen. Im allgemeinen können Sie Linien (Rahmen), Füllbereiche (Ausfüllen/Muster) und die Beschriftung formatieren. Das Prinzip wird Ihnen klar, wenn Sie die verschiedenen Objekte eines Diagramms markieren und jeweils das Menü *Format* öffnen. Das Beispiel *Markierte Diagrammfläche* soll das Prinzip erläutern. Zunächst öffnet sich in jedem Fall die entsprechende Dialogbox.

Dialogbox Diagrammfläche formatieren

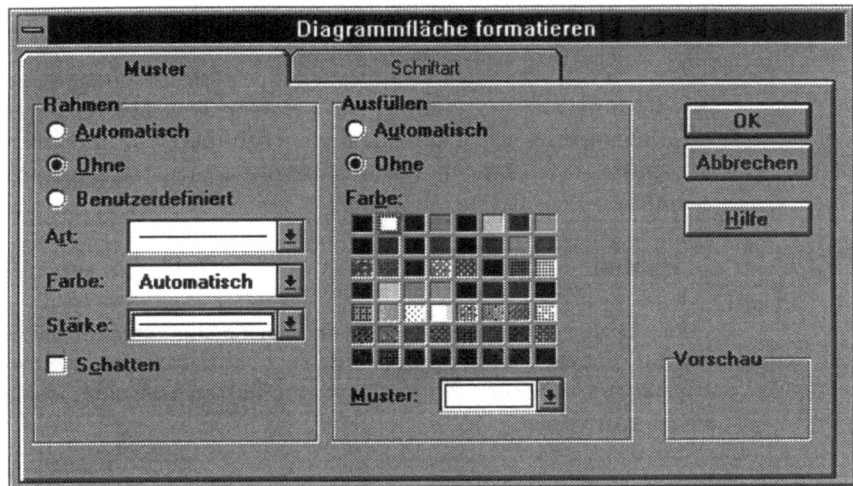

Über die aktive Karteikarte können Sie der Diagrammfläche einen Rahmen in verschiedenen Arten, Stärken, Farben und mit Schatten zuweisen. Außerdem können Sie den Füllbereich mit Farbattributen und einem Muster versehen. Klick auf die Karteikarte *Schriftart* erlaubt das Formatieren der Schrift mit den Ihnen aus PowerPoint bekannten Möglichkeiten.

Dialogbox Diagrammfläche formatieren, Schriftarten

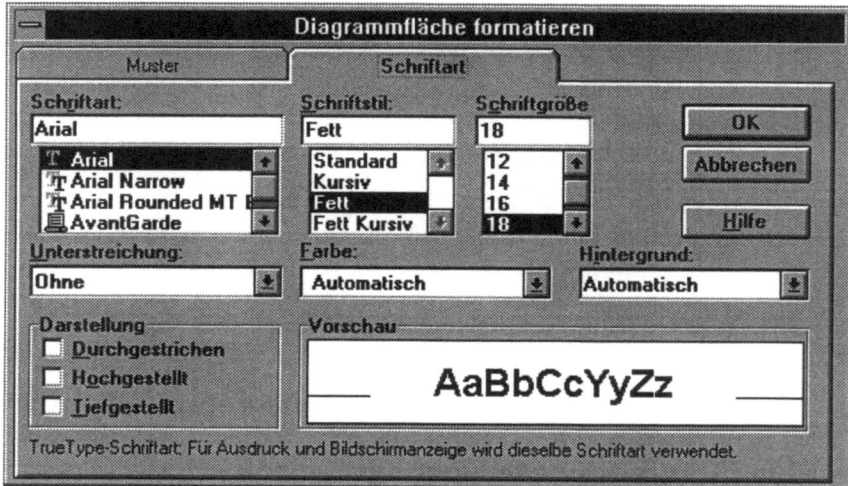

Die meisten der sich entsprechend Markierung öffnenden Dialogboxen verfügen über mehrere Karteikarten für die Art der Formate. Probieren Sie am zweidimensionalen Standarddiagramm, und erforschen Sie die Funktionen. Im Zweifelsfall benutzen Sie die Hilfe (F1). Die Formatierungsmöglichkeiten jedenfalls sind gewaltigen Umfangs.

Option Schriftart

| **S**chriftart... |

Ist die Tabelle aktiv, wird die Dialogbox *Schriftart* eingeblendet. Ist das Diagramm aktiv, wird die Karteikarte*Schriftart* der jeweiligen Dialogbox eingeblendet. Beispiel: Ist im Diagramm eine Achse markiert, und rufen Sie *Format/ Schriftart* auf, so ist die Karteikarte*Schriftart* in der Dialogbox*Achsen formatieren* aktiv.

Option Zahlen

| **Z**ahlen... |

Öffnet Dialogbox/Karteikarte*Zahlen*. Von hier aus vergeben Sie Zahlenformate, die die Eingabe erleichtern (siehe dazu auch*Menü Bearbeiten/Inhalte löschen/ Formate*). So können Sie z.B. Graph veranlassen, statt einer Dezimalzahl einen Bruch anzuzeigen.

12.4 Graph-Menü Format

Wählen Sie im Feld *Kategorie* z.B. die Kategorie *Datum*, so werden im Feld *Zahlenformate* die Standardformate aufgelistet. Über das Feld *Format* können Sie durch Eingabe des Formats eigene Formate erstellen (und wieder löschen). In der *Vorschau* sehen Sie die tatsächliche Darstellung.

Dialogbox Zahlen

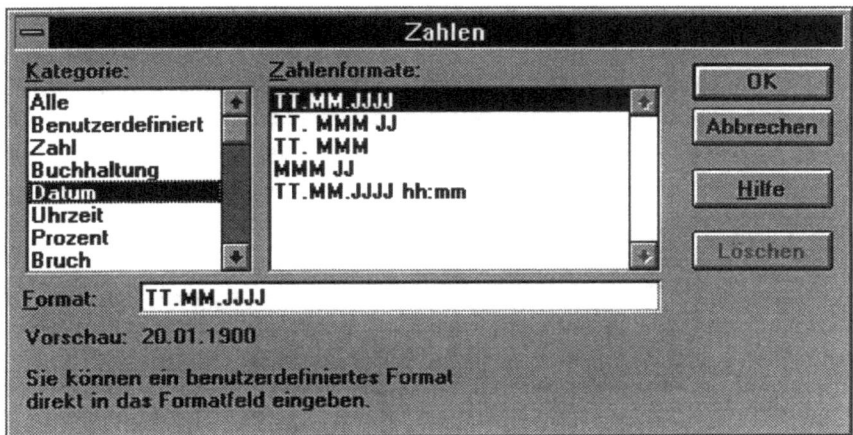

Testen Sie: Markieren Sie die erste Datenzelle in der Standardtabelle.

In der Tabelle markierte Zelle

		A	B	C	D
		1. Qrtl.	2. Qrtl.	3. Qrtl.	4. Qrtl.
1	Ost	20,4	27,4	90	20,4

Rufen Sie *Format/Zahlenformat* auf. Das Zahlenformat *Standard* ist eingestellt. Klicken Sie auf Kategorie *Bruch*, bestätigen Sie.

Dialogbox Zahlen, Option Bruch

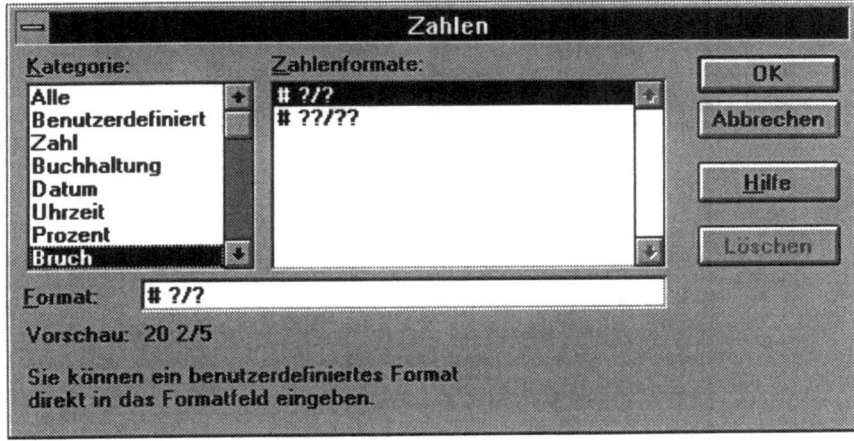

In der Tabelle wird der Wert nun anders dargestellt. Die Eingabe in die Tabelle war 20,4. Durch Zuweisung des neuen Formats lautet die Darstellung 20 2/5. Machen Sie das Zahlenformat rückgängig. Versuchen Sie etwas anderes: Richten Sie sich ein eigenes Format ein.

Angenommen, es handele sich bei den Werten um Umsätze in Mio. DM. Statt der Anzeige 20,4 wollen Sie 20 Mio. anzeigen lassen.

Markieren Sie die erste Zelle. Rufen Sie *Format/Zahlen* auf. Klicken Sie auf die Kategorie *Benutzerdefiniert*. Das Feld *Zahlenformate* zeigt keinen Eintrag, da es noch keinen gibt. Tragen Sie in das Eingabefeld Format folgenden Eintrag ein: ##"(Leerschritt)Mio"

Eingabe eines benutzerdefinierten Zahlenformats

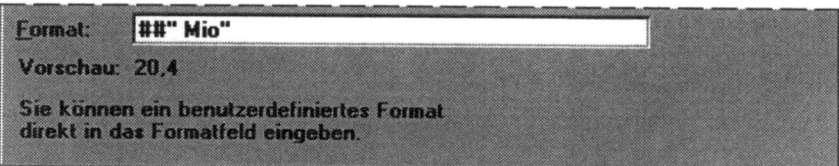

Bestätigen Sie. Das Ergebnis sieht so aus:

Tabelle und Diagramm nach Eingabe eines benutzerdefinierten Zahlenformats

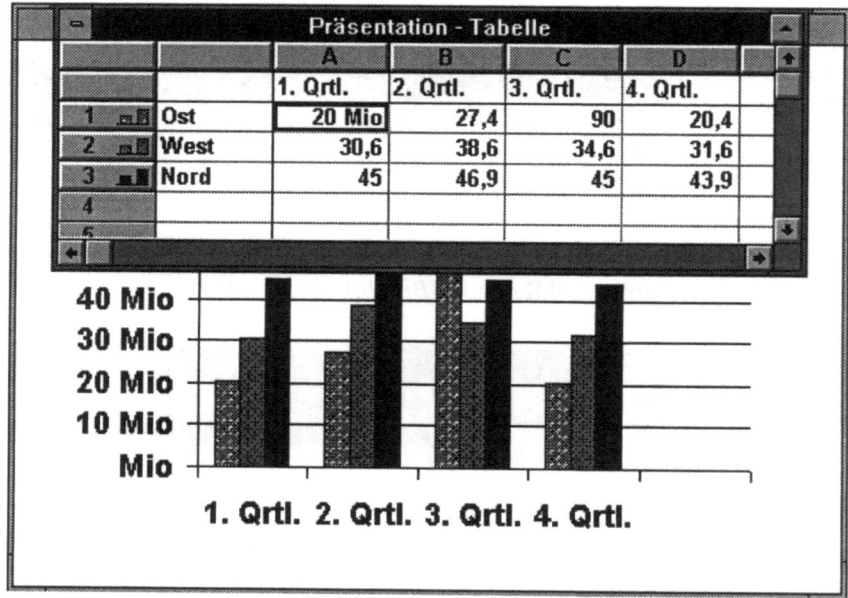

Erklärung
Die Rauten stehen für Zahlen. Zwei Ziffern werden angezeigt. Die Anführungszeichen definieren einen Text. Der Leerschritt bewirkt, daß zwischen Wert und Text eine Leerstelle steht.

12.4 Graph-Menü Format

Wenn Sie nun mit der ersten zusammen mehrere Zellen markieren, können Sie feststellen, daß scheinbar kein Zahlenformat vorliegt. Das erklärt sich daraus, daß verschiedene Formate vorliegen. Sie hatten nur die erste Zelle markiert, und nur dieser ein anderes Format zugewiesen.

Markieren Sie alle mit Werten belegten Zellen. Rufen Sie *Format/Zahlen/Benutzerdefiniert* auf. Sie finden Ihr Format, können es zuweisen oder wieder löschen. Weisen Sie übrigens das Standardformat zu, so zeigt die Tabelle die ursprünglich eingegebenen Werte.

Benutzerdefiniertes Zahlenformat

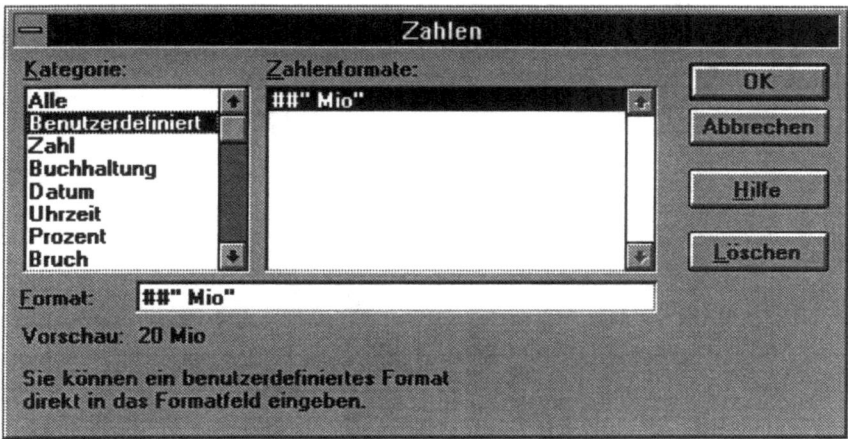

Das Diagramm behält allerdings die veränderte Darstellung bei. Wollen Sie es in den ursprünglichen Zustand zurückversetzen, markieren Sie zunächst die Y-Achse. Klicken Sie dann auf *Format/Achsen formatieren*. Hier können Sie über *Kategorie/Standard* die ursprüngliche Darstellung wiederherstellen.

Hinweis zu den Zahlenformaten

Bereits die standardmäßig vorgegebenen Formate sind von großer Vielfalt. Sehen Sie ggf. in die Hilfe.

Neben dem Menü stehen fünf Schalter zur Verfügung, über die Sie die am häufigsten verwendeten Formate aktivieren können. Testen Sie auch deren Funktionen.

Schalter für Zahlenformate

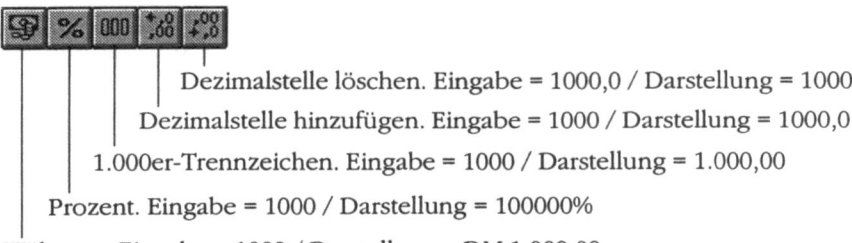

Dezimalstelle löschen. Eingabe = 1000,0 / Darstellung = 1000

Dezimalstelle hinzufügen. Eingabe = 1000 / Darstellung = 1000,0

1.000er-Trennzeichen. Eingabe = 1000 / Darstellung = 1.000,00

Prozent. Eingabe = 1000 / Darstellung = 100000%

Währung. Eingabe = 1000 / Darstellung = DM 1.000,00

*Option
Objekt-
eigenschaften*

Objekteigenschaften

Die Option steht nur für in das Diagramm eingefügte Texte und Zeichnungen zur Verfügung. Der Schalter *Zeichnen* oder die Option *Ansicht/Symbolleisten/ Zeichnen* blenden die Zeichnen-Leiste ein und aus. Sie können das Diagramm mit Zeichnungen schmücken.

*Schalter und
Symbolleiste
Zeichnen*

*Beispiel für in
das Diagramm
eingefügte
Zeichnung
und Text*

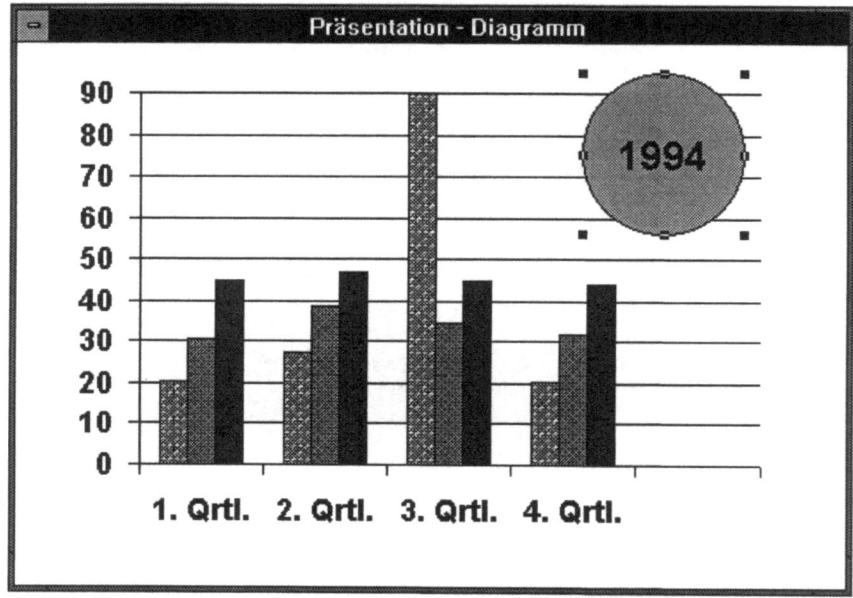

Erst jetzt ist die Option nutzbar. Sie können einzelne Objekte der Zeichnung gruppieren oder in verschiedene Ebenen stellen (siehe PowerPoint).

*Option
Spaltenbreite*

Spaltenbreite...

Die Option öffnet die Dialogbox. Sie können die Spaltenbreite ändern. Die Standardbreite beträgt 9 Zeichenstellen (siehe auch Kapitel 5.1.1).

*Dialogbox
Spaltenbreite*

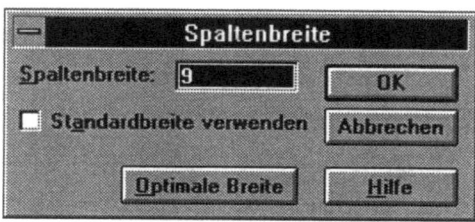

Hinweis zur Spaltenbreite
Werden in den Zellen nur Rauten angezeigt, so reicht die Spaltenbreite nicht zur vollständigen Darstellung aus. Verbreitern Sie dann die Spalten.

12.4 Graph-Menü Format

Diagrammtyp...

Schalter und Option Diagrammtyp

Über die Option können Sie das Diagramm umformatieren (anderer Typ, siehe auch Kapitel 5). Außerdem können Sie auf diesem Weg ein sog. Verbunddiagramm einrichten. Verbunddiagramme sind solche, die zwei Diagrammtypen in sich vereinigen.

Markieren Sie im Beispieldiagramm die Datenreihe "Ost". Rufen Sie *Format/ Diagrammtyp* auf. An den Voreinstellungen erkennen Sie, daß es sich um ein zweidimensionales Säulendiagramm handelt. Eine Datenreihe ist markiert.

Dialogbox Diagrammtyp

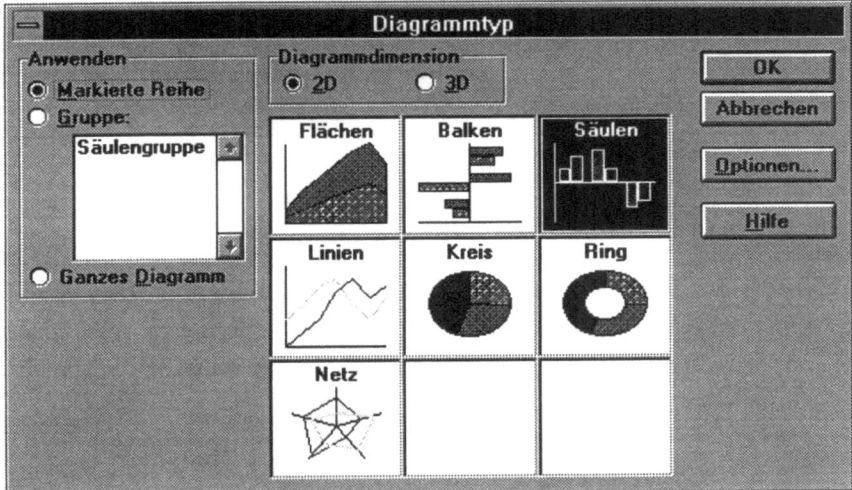

Bestätigen Sie die Option *Flächen*. Das Diagramm wird umformatiert, die Datenreihe "Ost" wird als Fläche dargestellt (Verbund Fläche/Säulen).

Beispiel für Verbunddiagramm

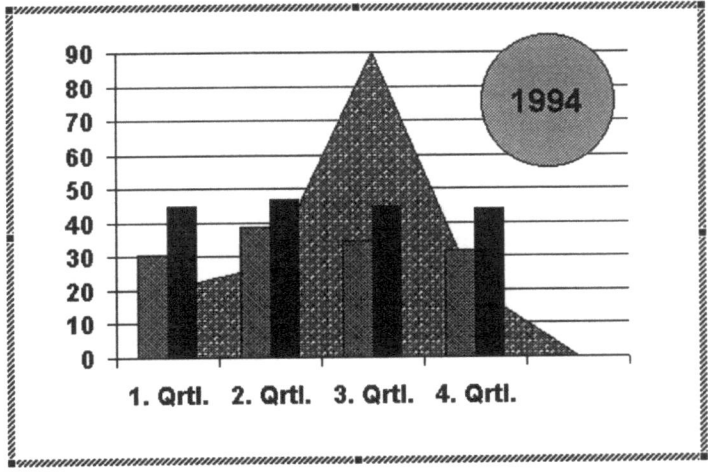

Formatieren Sie das Diagramm um in den dreidimensionalen Typ.

Beispiel für dreidimensionales Flächendiagramm

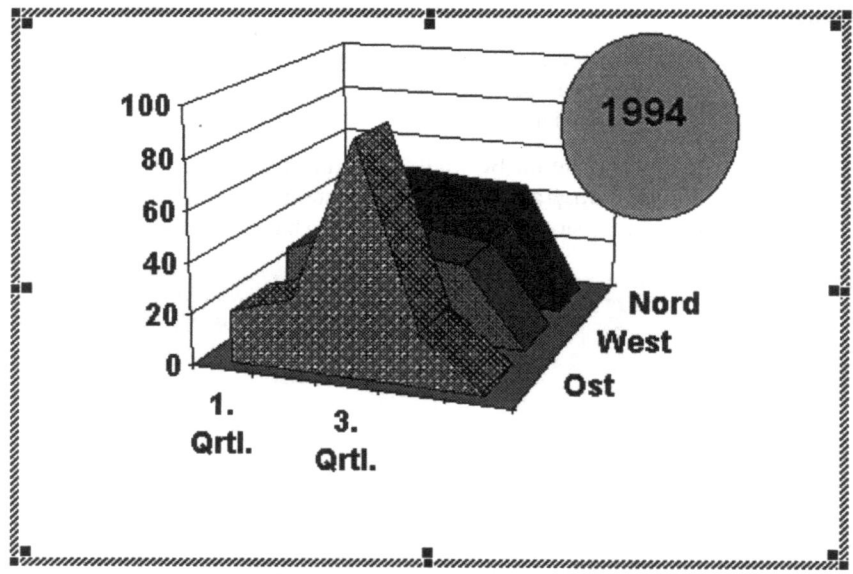

Klicken Sie in *Format/Diagrammtyp* auf den Schalter *Optionen*. Verändern Sie Zwischenraum und Tiefe. In der Vorschau sehen Sie die Auswirkung.

Dialogbox 3D-Flächengruppe formatieren, Karteikarte Optionen

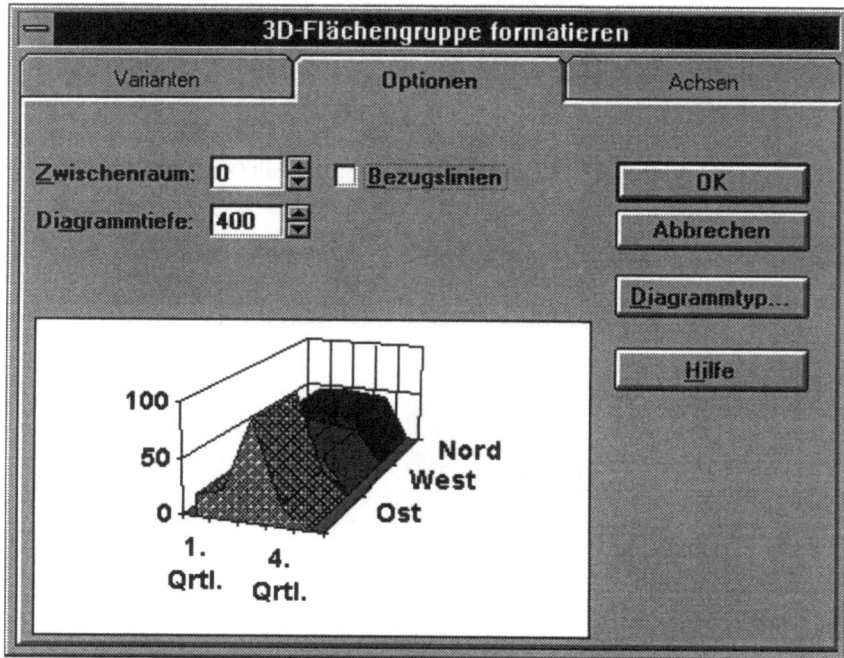

12.4 Graph-Menü Format

*Beispiel für
ausgiebig
formatiertes
Diagramm*

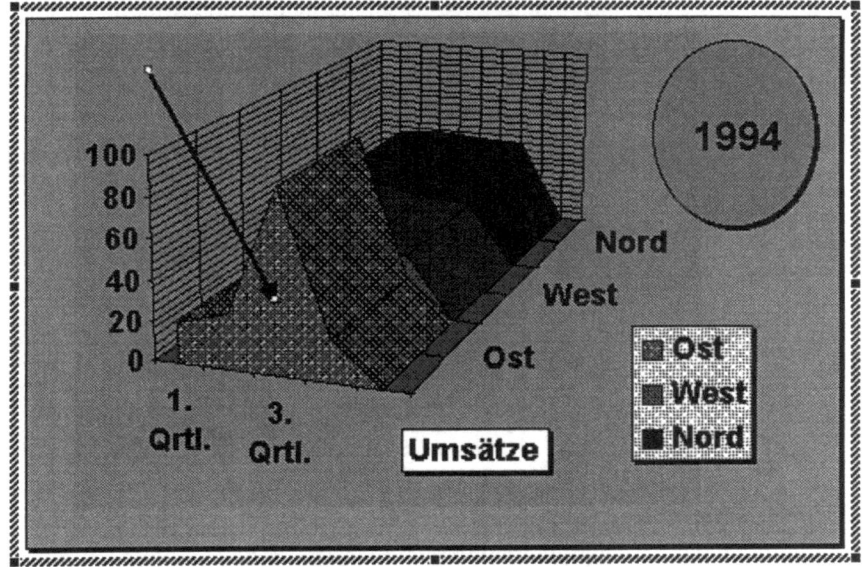

Hinweis zur Gestaltung

Es ist sicher nicht sinnvoll, Folien mit solchen Diagrammen zu bestücken. Sie sollten, wenigstens bei OHP-Folien, Freiraum für Ihren Vortrag offenhalten. "Selbsterklärende" Folien sind meist kompliziert und unterstützen Ihren Vortrag nicht! Im Gegenteil: Sie zwingen den Zuhörer zu eigenen Interpretationen. So hört er nicht mehr zu und kann Ihren Ausführungen nicht mehr folgen.

*Option
AutoFormat*

    AutoFormat...

Die Option unterstützt die Vergabe von Standardformaten. Darüber hinaus ermöglicht sie das Einrichten von benutzerdefinierten Formaten.

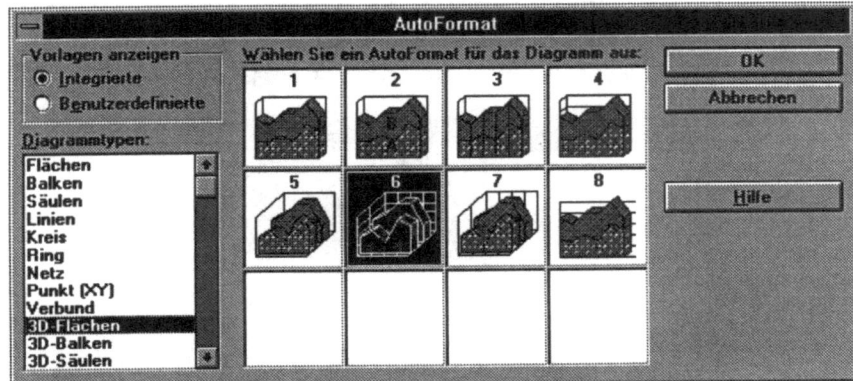

Im aktuellen Fall ist ein 3D-Flächendiagramm vorbesetzt. Klicken Sie im Feld *Vorlagen anzeigen* auf *Benutzerdefinierte*. Graph teilt Ihnen mit, daß keine benutzerdefinierten Vorlagen existieren. Klicken Sie auf den Schalter *Benutzerdefiniert*. Die entsprechende Dialogbox wird eingeblendet.

Dialogbox Benutzerdefinierte AutoFormat-Vorlagen ohne Eintrag

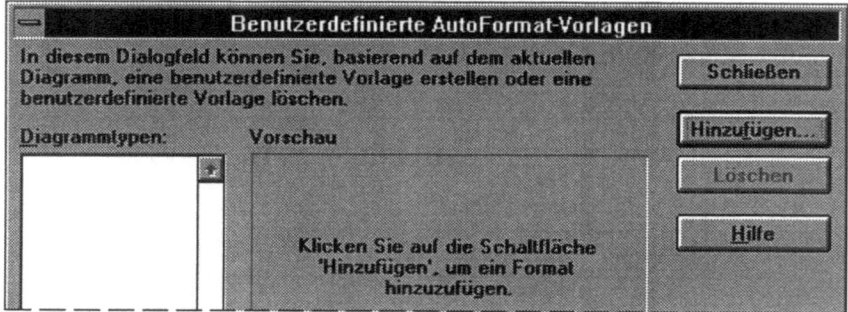

Klicken Sie auf den Schalter *Hinzufügen*. Eine weitere Dialogbox erscheint auf dem Bildschirm.

Dialogbox Benutzerdefiniertes AutoFormat hinzufügen

Tragen Sie einen Namen ein und, wenn Sie wollen, eine Beschreibung. Klicken Sie auf OK. Sie gelangen zurück in die Dialogbox *Benutzerdefinierte AutoFormat-Vorlagen*. Die Vorschau zeigt die Formate.

Dialogbox Benutzerdefinierte AutoFormat-Vorlagen mit Eintrag

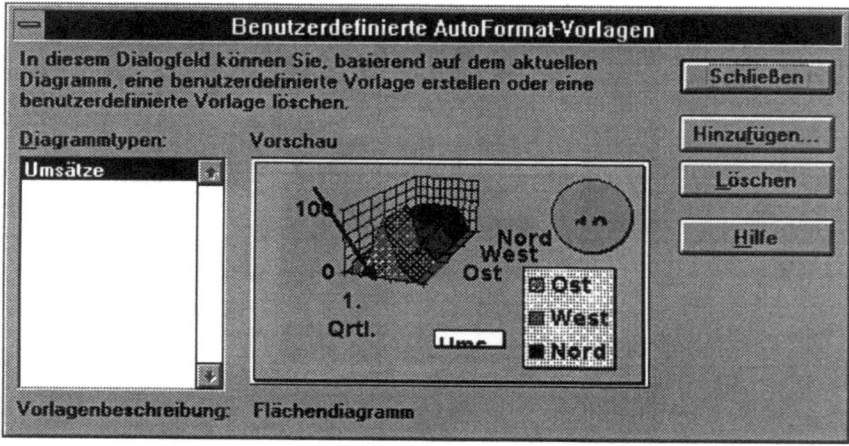

12.4 Graph-Menü Format

Schließen Sie die Dialogbox. Dieses AutoFormat haben Sie künftig zur Verfügung. Schließen Sie die Datei, öffnen Sie eine neue Datei mit Graph-Platzhalter.

Folienformat mit Graph-Platzhalter

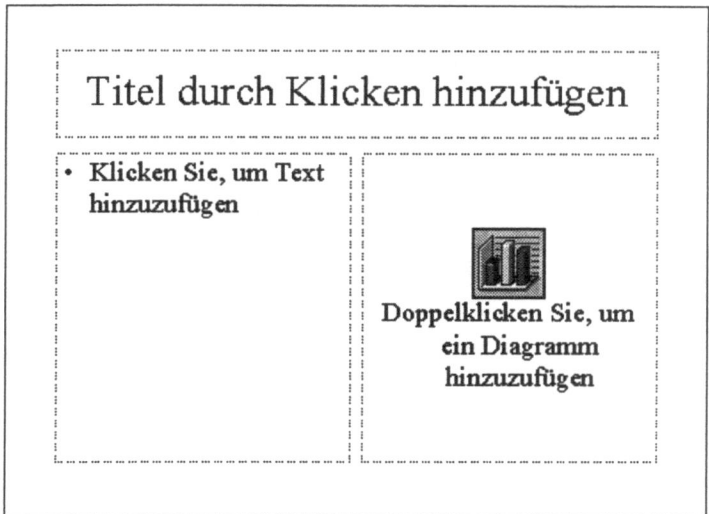

Rufen Sie Graph auf, das sich in den Standardeinstellungen öffnet. Klicken Sie auf *Format/AutoFormat/Benutzerdefiniert*. Hier finden Sie Ihr Format "Ümsätze" wieder. Weisen Sie es zu. Die Darstellung ist in der Tat nicht akzeptabel.

Beispiel für die Anwendung eines AutoFormats bei abweichender Platzhaltergröße

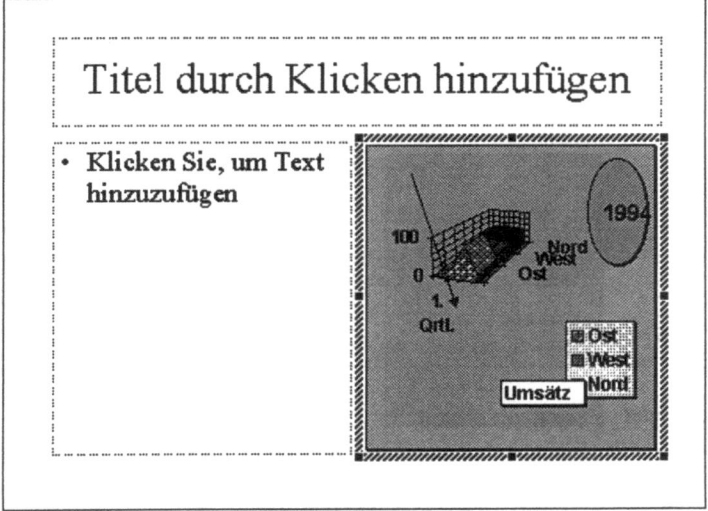

Da der Platzhalter eine abweichende Größe hat, passen die Formate nicht mehr zusammen. Also Vorsicht mit nachträglicher Umformatierung über AutoFormate! Wenn Sie dagegen Graph über den Schalter starten, funktioniert die Sache.

Beispiel für die Anwendung eines AutoFormats bei übereinstimmender Platzhaltergröße

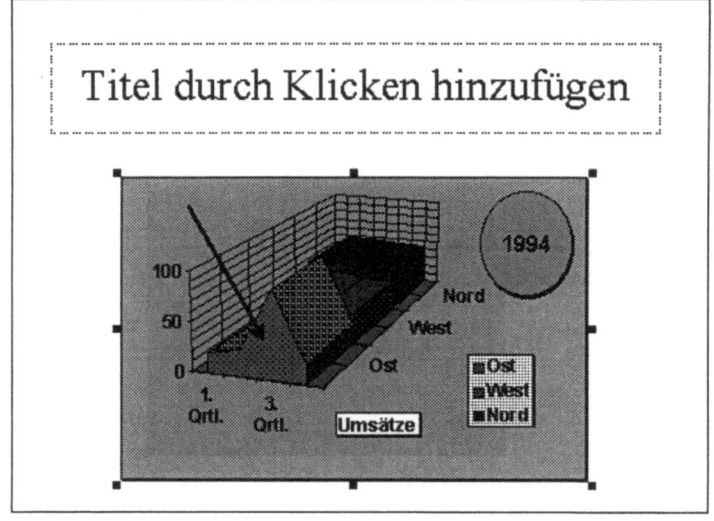

Option 3D-Ansicht

| **3D-Ansicht...** |

Von der Dialogbox aus steuern Sie im wesentlichen Einsicht und Betrachtungshöhe. Ändern Sie die Voreinstellungen, prüfen Sie über den Schalter *Zuweisen* die Effekte. Durch Klick auf den Schalter *Standard* setzen Sie veränderte Formate zurück.

Dialogbox 3D-Ansicht

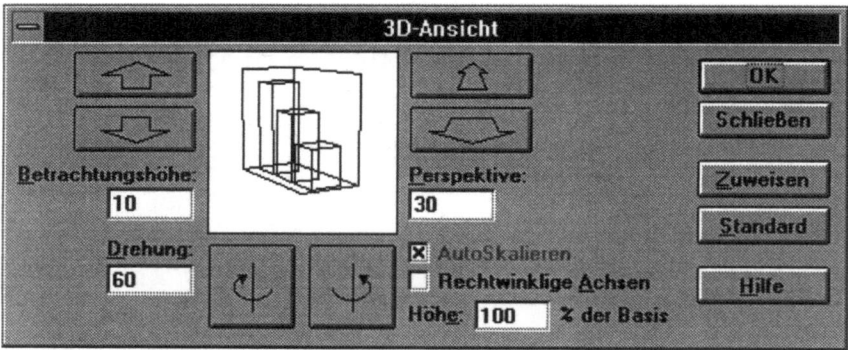

Hinweise zur Gestaltung

Zum einen: Sie kommen zu abenteuerlichen Ergebnissen! Das Diagramm in einer Folie hat die Aufgabe, bestimmte Sachverhalte schnell und präzise zu vermitteln. Es dient nicht dazu, interessante Gestaltungseffekte mitzuteilen.

Zum anderen: Beachten Sie, daß das Diagramm verändert wird, nicht aber die eingefügten Objekte. Deren Stand müßten Sie nachträglich anpassen. Ihre Größe können Sie über *Objekteigenschaften/Größe mit Diagramm verändern* anpassen.

12.4 Graph-Menü Format

Beispiel für ein unglücklich gedrehtes Diagramm

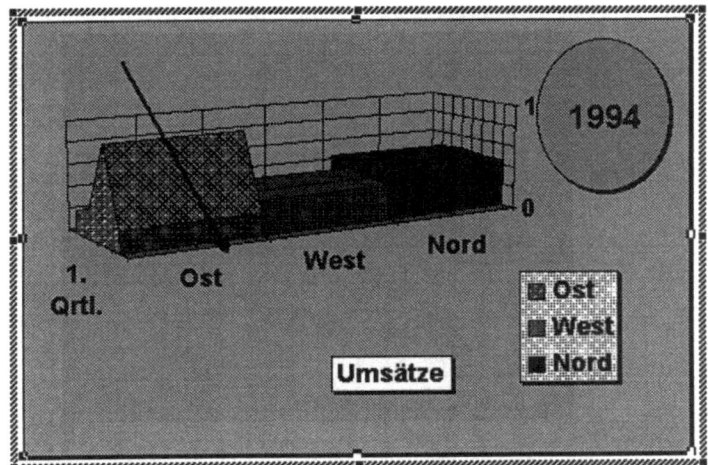

Auch hier helfen Versuch und Irrtum, um zu brauchbaren Ergebnissen zu gelangen.

Option 3D-Flächengruppe

1 3D-Flächengruppe...

Von der Dialogbox aus können Sie eine andere Darstellungsart wählen, und Sie haben weitere Formatierungsmöglichkeiten.

Dialogbox 3D-Flächengruppe

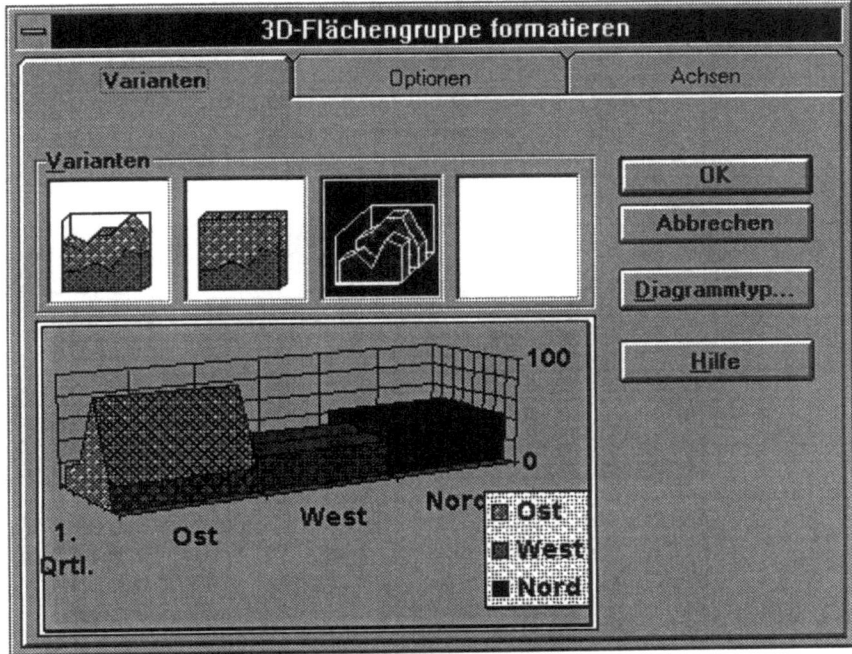

Der Möglichkeiten sind Legion! Sind Sie erschöpft? Graph ist es noch lange nicht!

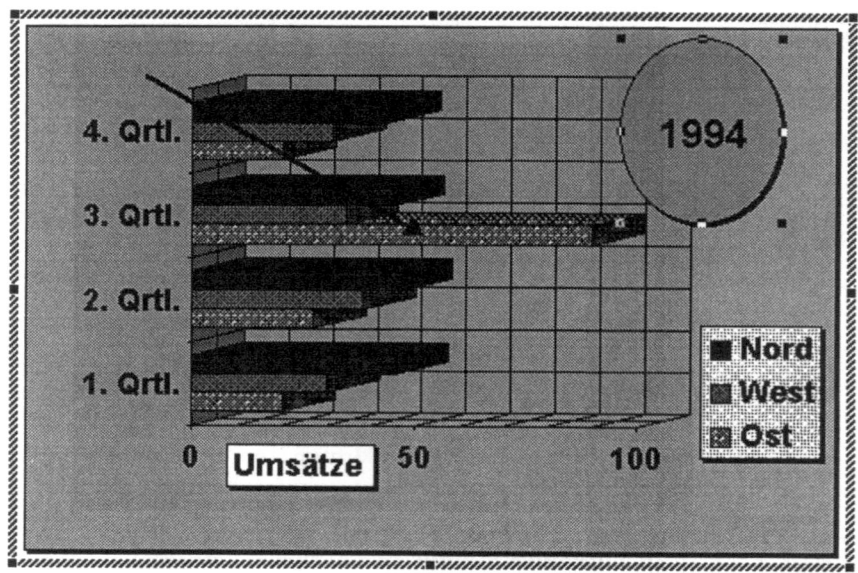

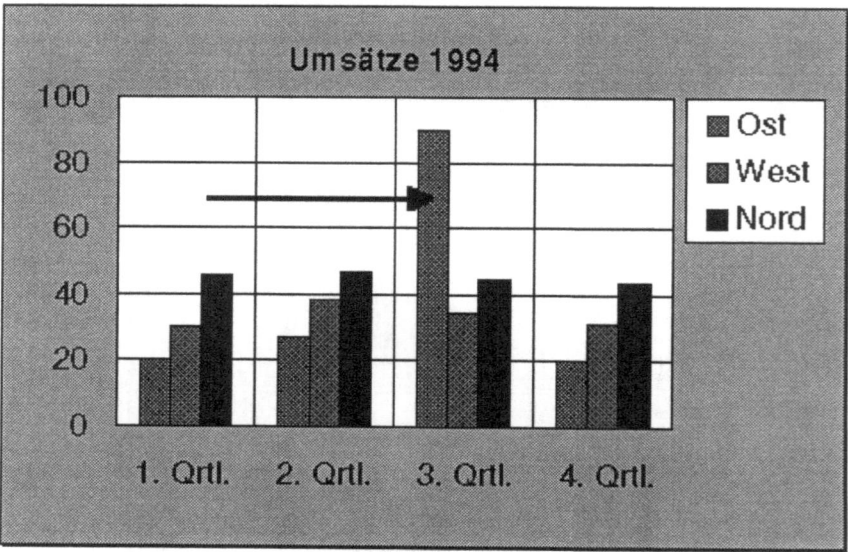

An der Gegenüberstellung der beiden Diagramme mögen Sie selbst beurteilen, welche Formate Sie nutzen wollen. Die Inhalte jedenfalls sind dieselben. Gestaltung bedeutet immer, ein Werkzeug sinnvoll zu nutzen.

12.5 Graph-Menü Extras

Das Graph-Menü *Extras* verfügt nur über eine einzige Option: *Optionen*. Diese aber erlaubt Ihnen eine grundsätzliche Anpassung von Graph an Ihre eigenen Vorstellungen.

Graph-Menü Extras

Optionen...

Die Optionen der Karteikarte *Tabelle* werden Ihnen klar sein: Nach Eintrag des Wertes in eine Zelle und Eingabe der Returntaste springt die Markierung auf die nächste Zelle. Drag & Drop (siehe Kapitel 4.5.1) erlaubt das Verschieben und Duplizieren von Zellinhalten mit der Maus.

Dialogbox Optionen/ Tabelle

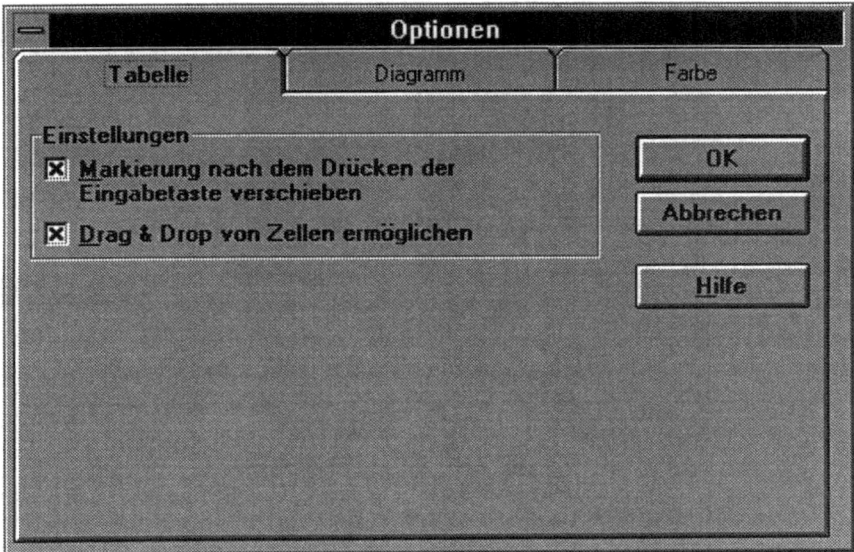

Über die Karteikarte *Farbe* können Sie das Diagramm umfärben, wie Sie es von PowerPoint her kennen (siehe Kapitel 6.2).

Die Karteikarte *Diagramm* schließlich beinhaltet eine wichtige Funktion. Graph wird in der Standardeinstellung mit einem 3D-Säulendiagramm nebst Tabelle gestartet. Diese Standardeinstellung können Sie über *Diagramm* verändern und Ihren Vorstellungen anpassen.

Die Voreinstellung trägt im Listenfeld den Namen *(Integriert)*. Als zweiten Listeneintrag finden Sie den Namen *Standardeinstellung*. Ein Klick auf den Schalter *Aktuelles Diagramm* aktiviert *Standardeinstellung*. Damit wird das Format des aktuellen Diagramms zur Standardeinstellung. Graph wird künftig mit eben diesem Format aufgerufen.

*Dialogbox
Optionen/
Diagramm*

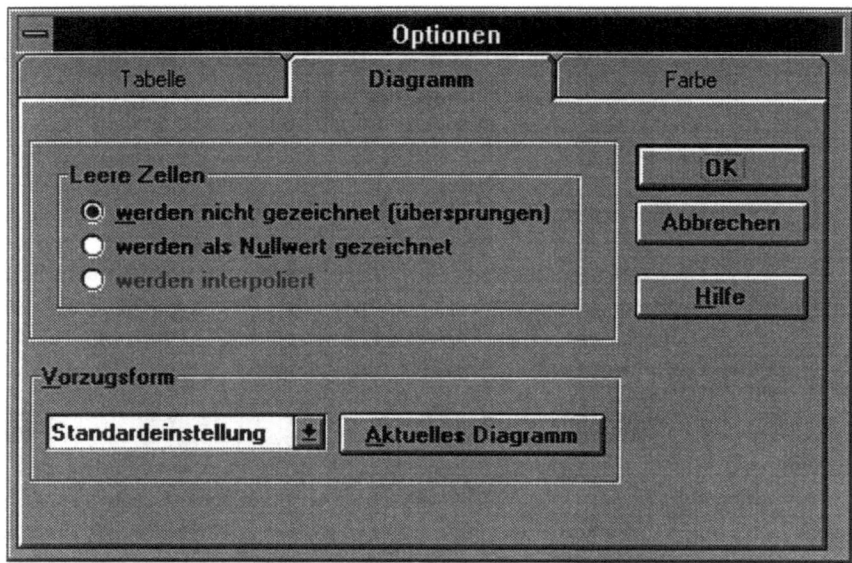

Das Format wird in die Datei STANDARD.GRA (\Windows) eingetragen. Bevor die Datei verändert wird, erfolgt eine Sicherheitsabfrage.

*Sicherheits-
abfrage bei
Überschreiben
der Datei
STAN-
DARD.GRA*

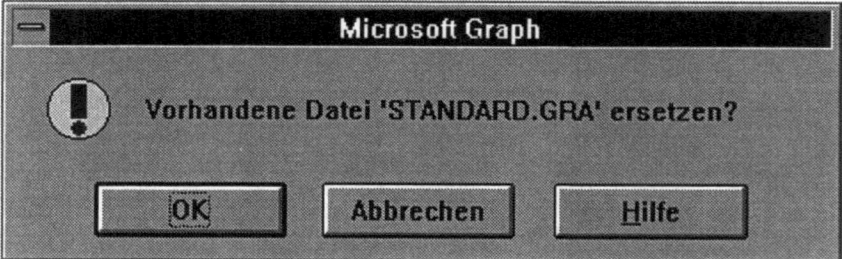

Der Vorgang entspricht der Anpassung der Datei STANDARD.PPT an Ihre eigenen Vorstellungen (siehe Kapitel 10.2). Ebenso wie in PowerPoint werden auch in Graph alle zusätzlichen Objekte (Texte, Zeichnungen, Pfeile etc.) zu Standardobjekten

Die Datei STANDARD.GRA sollten Sie erst dann umformatieren, wenn Sie mit Graph gut vertraut sind. Natürlich können Sie die Datei, wie jede andere, jederzeit verändern, das heißt also auch, in den ursprünglichen Zustand zurückversetzen.

12.6 Graph-Menü Daten

Auch über das Menü *Daten* beeinflussen Sie die Darstellung des Diagramms.

Schalter und Optionen Datenreihe

✓ Datenreihe in Zeilen
Datenreihe in Spalten
Zeile/Spalte einschließen...
Zeile/Spalte ausschließen...
X-Achse zuweisen

Die Datenreihen der Tabelle können Sie wahlweise in Zeilen oder Spalten darstellen. Zwei Beispiele machen den Unterschied deutlich. Beachten Sie Tabelle und Diagramm!

Beispiel Datenreihe in Zeilen

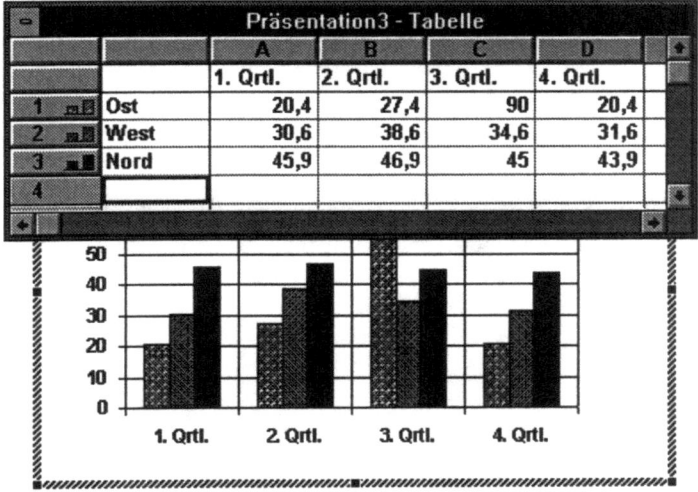

Beispiel Datenreihe in Spalten

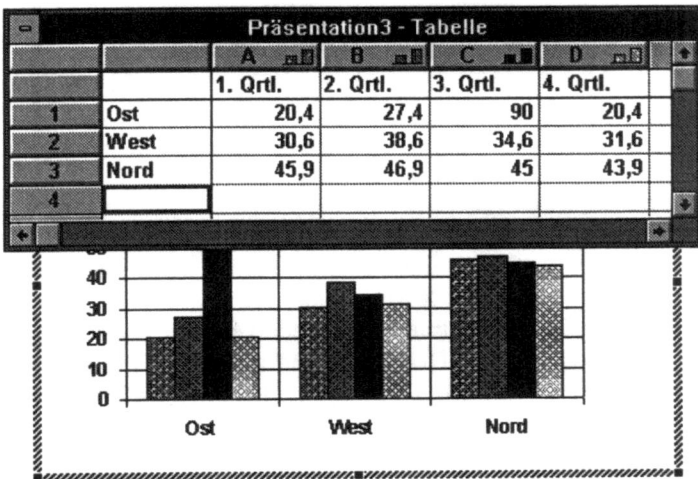

*Optionen
Zeile/Spalte*

Zeile/Spalte einschließen...
Zeile/Spalte ausschließen...

Ist eine Zeile/Spalte markiert, so wird sie bei der Darstellung im Diagramm aus- bzw. eingeschlossen. In der Tabelle wird sie abgeblendet dargestellt.

Ist nur eine Zelle markiert, wird eine Dialogbox aufgerufen. In ihr legen Sie fest, ob Zeile oder Spalte ausgeschlossen werden soll.

*Dialogbox
Spalte/Zeile
ausschließen*

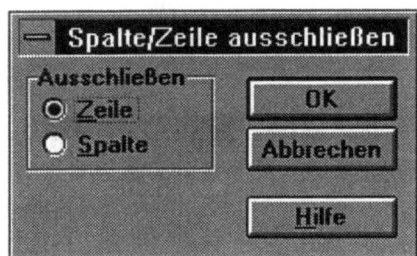

*Beispiel für
ausgeschlos-
sene Zeile*

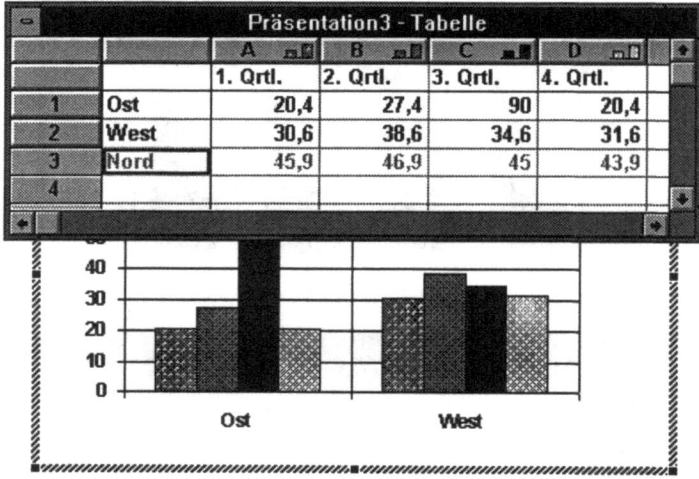

*Option
X-Achse
zuweisen*

X-Achse zuweisen

Die Option *X-Achse zuweisen* ist nur auf Punktdiagramme anwendbar. Sie dient zum Umdefinieren der X-Achse und der zugehörigen Datenreihe. Punktdiagramme stellen grundsätzlich an beiden Achsen numerische Werte (Zahlen) dar, nicht, wie andere Diagramme, an einer Achse Werte, an der anderen Beschriftungen. So können die Beziehungen zwischen mehreren Datenreihen

12.6 Graph-Menü Daten

deutlicher gemacht werden. Graph verwendet zunächst die erste Datenreihe zur Darstellung von Datenpunkten an der X-Achse. Mit der Option *X-Achse zuweisen* definieren Sie eine andere (markierte) Datenreihe für die Darstellung an der X-Achse.

Sehen Sie sich die Funktion an. Formatieren Sie das Standarddiagramm um in ein Punktdiagramm. Die erste Zeile wird zur Darstellung an der X-Achse herangezogen, sie ist in der Tabelle entsprechend vorbesetzt

Die erste Zeile des Diagramms ist der X-Achse zugeordnet

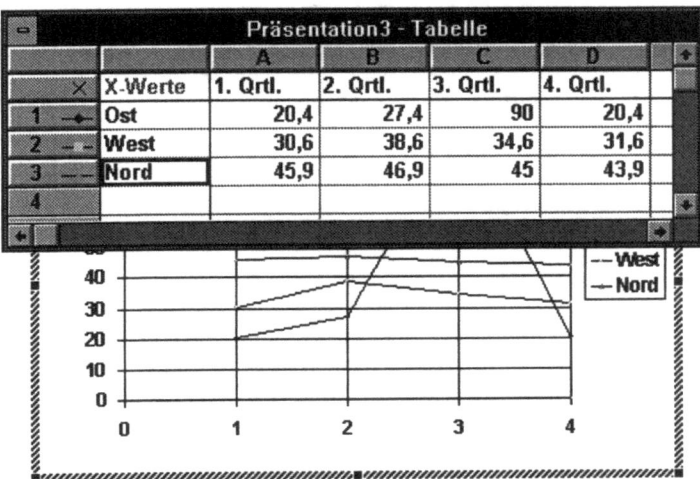

Markieren Sie eine andere Zeile, aktivieren Sie die Funktion. Die markierte Zeile wird nun zur Darstellung der X-Achse verwendet. In der Tabelle ist sie entprechend ausgewiesen.

X-Achse neu zugewiesen

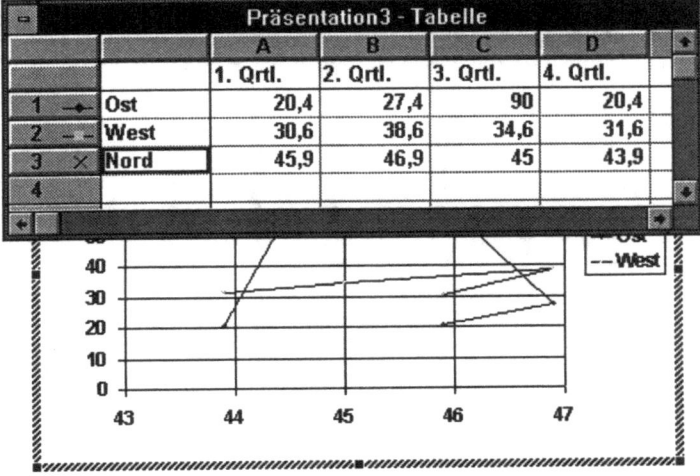

13 Ein kritischer Vergleich

Folie 1 der TREULAND-Präsentation

Deutsche TREULAND Anstalt

Unternehmensveräußerungen

Ländereien - Liegenschaften - Luxusimmobilien

Unternehmenszentrale
35000 Kassel   Wiesbadener Allee 40-100   Telefon 0561-100

Alternative zu Folie 1 der TREULAND-Präsentation

13 Ein kritischer Vergleich

Mögen Sie sich noch einmal mit der TREULAND-Anstalt beschäftigen? Wenn Sie dazu Lust haben und wenn Sie noch ein wenig zu Gestaltungsfragen hören wollen: Diese und die folgenden Seiten versuchen einen Vergleich zwischen zwei Präsentationen in gestalterischer Hinsicht.

Die folgenden Ausführungen sind auf die Gestaltung von Folien (Drucksachen) bezogen. Es geht dabei im wesentlichen um das Layout, um die Kombination von grafischen Elementen. Die gleichen Überlegungen zu Farben und Bewegung in der Bildschirmpräsentation müßten zu denselben Ergebnissen führen. Einige Folien der TREULAND-Präsentation und Alternativen dazu sollen exemplarisch die Sachverhalte aufzeigen. In die Alternativen wurden gerade solche Mängel eingebaut, die der Autor aus den Erfahrungen zweier Lehraufträge und vieler Präsentations-Seminare her kennt.

Sie erinnern sich: Die TREULAND-Anstalt ist ein seriöses Unternehmen, das sich in einem entsprechenden Gewand präsentiert. Nicht umsonst gibt es das Sprichwort "Kleider machen Leute". Dementsprechend sind die Folien zurückhaltend gestaltet. Sie sind geprägt von einem einheitlichen Layout, das Corporate Design ist in allen Folien gewahrt. Die Gestaltung ist insgesamt eher konventionell, fast ein wenig schmucklos, was die Textfolien angeht. Aber das ist so gewollt.

Lassen Sie sich durch die Abbildungen nicht täuschen: Der Schriftgrad von 18 Punkt ist groß genug für eine OHP-Folie.

Die alternative Titelfolie: Dieser Titel gleicht eher dem Vorspann für einen historischen Film mit Schlachtengetümmel. Der Schriftzug TREULAND erschlägt den Zuschauer durch seine Größe. Zwar sind die Schriftarten nicht unharmonisch ausgewählt, auch die Anordnung der Elemente verrät eher den Könner; und dennoch ist die Anmutung eher als komisch, ja phantastisch zu bezeichnen. Jedenfalls wird kein seriöser Eindruck vermittelt.

Auch das Logo "DTL" in der Sternform paßt eher in ein Comic-Heft als zu einem seriösen Unternehmen. Wie ein Gütesiegel sieht es nicht aus.

Der Stand der Elemente ist etwas unglücklich gewählt. Der gesamte Titel scheint nach unten aus der Folie zu rutschen. Wenn ein solcher Titel in der Höhe nicht zentriert angeordnet ist, so ist er von der Tendenz her mehr nach oben in die Folie zu stellen.

Eines ist immerhin konsequent gemacht: Die Krümmung des Schriftzugs folgt dem Verlauf des Hintergrunds. So hat der Zuschauer nicht auch noch das Problem, gegenläufige Bewegungen verarbeiten zu müssen.

Folie 2 der TREULAND-Präsentation

TREULAND

*Ländereien - Liegenschaften - Luxusimmobilien
Unternehmensveräußerungen*

Unternehmensphilosophie

Zuverlässigkeit
Aufrichtigkeit
Seriosität

Wissen - Können - Kompetenz

Alternative zu Folie 2 der TREULAND-Präsentation

Deutsche TREULAND Anstalt

- Unternehmensphilosophie

    – Zuverlässigkeit
    – Aufrichtigkeit
    – Seriosität

Wissen - Können - Kompetenz

Mit Folie 2 der TREULAND beginnt das Standardlayout, das sich bis zu Folie 11 fortsetzt. Die wichtigen Inhalte sind im oberen Bereich der Folie angeordnet. Die Folie scheint, wie gesagt, eher etwas schmucklos gestaltet zu sein. Sinn der Folie ist aber, Informationen zu vermitteln und das gesprochene Wort des Vortrags kurz zusammenzufassen. Sinn ist es nicht, etwa Produktwerbung wie für ein Waschmittel zu machen.

Ganz anders die Alternative. Die einzelnen Elemente sind großzügig über das Format verteilt, sozusagen hingeworfen. Sie scheinen auseinanderzudriften und in keinem inhaltlichen Zusammenhang zu stehen.

Blickfang ist das Logo "DTL", das sich quasi nach rechts aus der Folie verabschiedet. Der Firmenschriftzug ist ein ganz anderer als der auf der Titelfolie. Es wird jetzt die Schriftart verwendet, die auch das Logo trägt. Die Zusätze, nämlich "Deutsche" und "Anstalt" sind durch die Wahl des fetten Schriftschnitts fast auffälliger als der eigentliche Schriftzug. Vorsicht übrigens mit der Schriftart des Schriftzugs "TREULAND". Solche durchbrochenen Schriften sehen immer ein bißchen nach Zuckerbäckerei aus.

Der typografische Aufbau der Folie ist fast als willkürlich zu bezeichnen: Es ist auf Anhieb keine einheitliche Achse erkennbar, an der die Schrift ausgerichtet ist. Der Firmenschriftzug ist auf Mittelachse, der Text auf Linksanschlag gesetzt. Durch die Einzüge wird jedoch der Linksanschlag unkenntlich. So versinkt die gesamte typografische Gestaltung der Folie im Chaos.

Folie 3 der TREULAND-Präsentation

Alternative zu Folie 3 der TREULAND-Präsentation

13 Ein kritischer Vergleich

Folie 3 der TREULAND, im Standardlayout, macht auf Anhieb einen in sich geschlossenen Eindruck. Die Inhalte sind klar voneinander getrennt: Die das Bild erklärenden Texte sind eindeutig dem Bild zugeordnet. Der Blick des Zuschauers konzentriert sich durch die konsequente Ausrichtung an der Mittelachse auf die Mitte der Folie.

Die Alternative überrascht zunächst dadurch, daß der Firmenschriftzug am Fuß der Folie steht. Dies zu kommentieren erscheint überflüssig. Sogar der Hinweis, daß etwa das Produkt mehr betont werden sollte, ist als Erklärung nicht ausreichend, ein so schweres Vergehen zu entschuldigen.

Das Logo ist so ungeschickt in das Bild gestellt, daß es schon ein zum Bild gehöriges Element zu sein scheint. Selbst wenn die Plazierung des Logos beibehalten werden sollte, so hätte es optisch vom Bild getrennt werden müssen, z.B. durch einen weißen Rand.

Ein grundsätzlicher Hinweis zu Firmenschriftzug und Logo: Zwei Elemente, die zusammengehören, sollten räumlich nicht voneinander getrennt werden. In Anzeigen können Sie gut beobachten, daß Logo und Firmenschriftzug fast immer eine Einheit bilden.

Das Bild scheint zu groß in die Folie gestellt zu sein: Wichtig ist, daß das Unternehmen präsentiert wird, nicht ein einzelnes Produkt. Produktwerbung ist ein anderes Kapitel. Die TREULAND aber betreibt keine Produktwerbung, die einzelnen Produkte sind im Zusammenhang von untergeordneter Bedeutung.

Letzteres betrifft auch den Text zum Produkt. Er ist im Verhältnis zu groß gesetzt. Die Beschreibung des Produkts ist durch den fetten Schriftschnitt wichtiger als der Produktname. Dies wäre, wenn es denn Produktwerbung sein soll, ein schwerer Verstoß gegen die Regeln der Wahrnehmung. Darüber hinaus ist der fette Text schwer lesbar, da die Zeile zu lang ist. Kurze Texte kann der Zuschauer "erfassen", lange Texte muß er "lesen"; und Lesen ist Arbeit.

Folie 7 der TREULAND-Präsentation

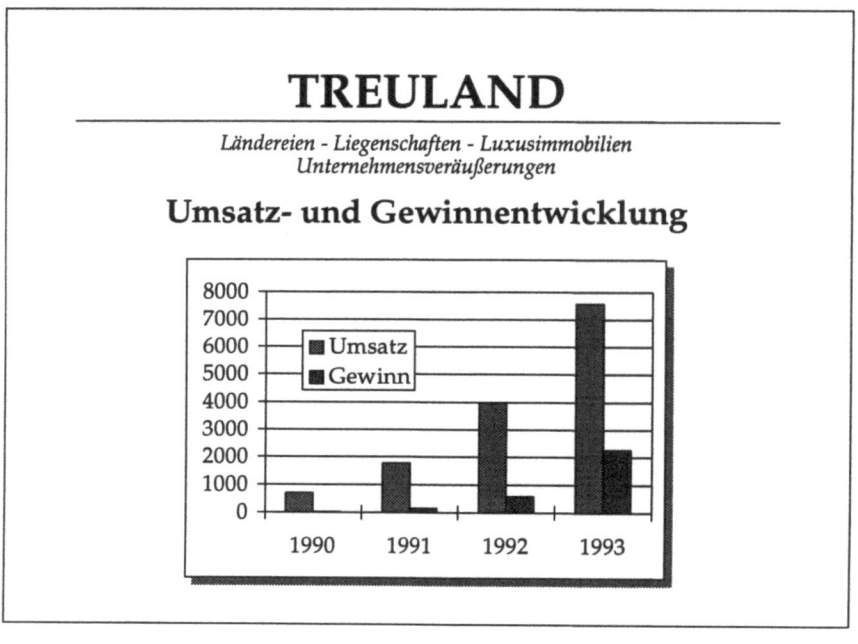

Alternative zu Folie 7 der TREULAND-Präsentation

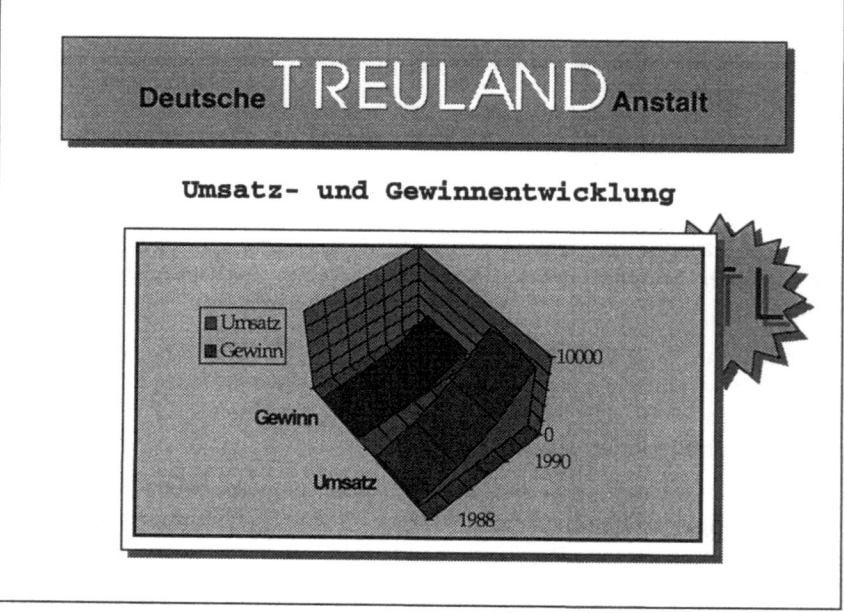

13 Ein kritischer Vergleich

Bei Folie 7 der TREULAND geht es im wesentlichen um die Gestaltung des Diagramms. Das Diagramm ist einfach, klar, deutlich; also schnell erfaßbar. Es erklärt sich fast von selbst. Der Vortrag liefert in diesem Fall Hintergrundwissen und tatsächliche Daten.

Um mehr Raum für das Diagramm selbst zu erhalten, ist die Legende in den Diagrammbereich gestellt. Die Beschriftung des Diagramms entspricht den Vorgaben des Corporate Design des Unternehmens. So bildet auch diese Folie ein in sich geschlossenes Ganzes.

Und die Alternative? Inzwischen liegt die Vermutung nahe, daß Folien aus verschiedenen Präsentationen wahllos zusammengestellt wurden. Der Firmenschriftzug trägt zwar noch dieselben Schriftmerkmale, er ist aber so gravierend umgestaltet, daß sogar Zweifel an der Identität der Firma aufkommen.

Deutlich zu beobachten ist jetzt, daß der Schriftzug im Gewicht hinter die Zusätze "Deutsche" und "Anstalt" zurücktritt. Wichtiges ist damit bedeutungslos geworden, weniger Wichtiges tritt in den Vordergrund. Man möchte sagen: So nicht!

Der Untertitel der Folie ist in Courier gesetzt. Courier ist eine typische Schreibmaschinenschrift. Sie hat in Folien nichts zu suchen, es sei denn, es soll gerade Schreibmaschinenschrift gezeigt werden.

Das hinter das Diagramm gestellte Logo ist fast überflüssig geworden. Im Zusammenhang der Folien weiß der Zuschauer, daß es das Logo sein muß. Vor dem Diagramm würde es besser stehen.

Und das Diagramm? Durch Veränderung der Drehung und des Einsichtswinkels können nur noch wenige Werte angezeigt werden; ein schwerwiegender Mangel, insbesondere dann, wenn die Zuhörer Handzettel bekommen sollten. Das Diagramm ist so unglücklich gedreht, daß die umgebende Diagrammfläche unverhältnismäßig groß wird. Das Diagramm selbst belegt gerade etwa ein Drittel der Diagrammfläche. Verschenkter Platz? Und warum hat es einen doppelten Rahmen? Ein Rahmen ist eine Auszeichnung. Ein Doppelrahmen ist eine doppelte Auszeichnung; solche sind in den meisten Fällen überflüssig.

Folie 11 der TREULAND-Präsentation

Alternative zu Folie 11 der TREULAND-Präsentation

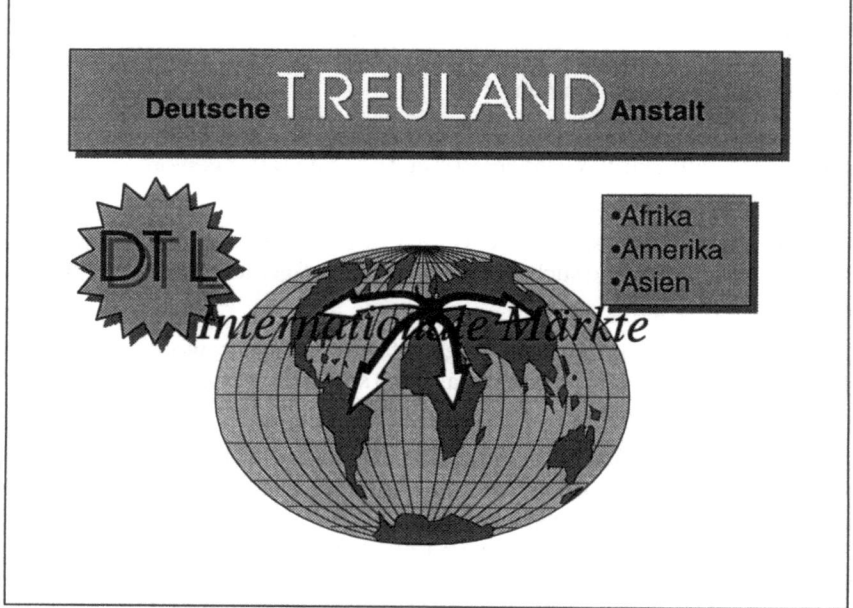

Folie 11 der TREULAND präsentiert harmonisch und in sich geschlossen das Unternehmen im gewohnten Stil. Ein einfaches, leicht eingängiges Bild vermittelt in Sekundenschnelle den Inhalt. Der Vortragende hat Freiraum für das gesprochene Wort.

Die Alternative beeindruckt durch ein Sammelsurium von Formen, die ziellos in das Format gestreut sind. Ein großer Wurf wurde es nicht. Die Legende "Afrika/Amerika/Asien" ist vollständig überflüssig, da das Bild eben diese Richtungen anzeigt.

Einen groben Verstoß gegen die Regeln stellt die Schriftzeile "Internationale Märkte" dar. Sie ist gefühllos und ungekonnt über die Grafik gestellt. Dadurch ist der Text kaum noch lesbar. Text, der durch eine Grafik läuft, muß lesbar bleiben! Es gibt zu diesem Zweck verschiedene Mittel: Die Schrift könnte größer sein, sie könnte fett sein, sie könnte mit einem weißen Balken hinterlegt sein, oder sie könnte (wie in diesem Fall) anders plaziert sein. Würde die Schrift nämlich im unteren Bereich der Weltkugel stehen, so wäre der Hintergrund insgesamt heller und vor allem ruhiger. Der Text wäre damit besser lesbar.

Noch etwas: Text, der durch eine Grafik läuft, sollte die Form der Grafik deutlich überragen. Im aktuellen Fall müßte also der Schriftgrad größer oder die Weltkugel kleiner sein.

Dafür, daß das Logo plötzlich links in der Folie steht, gibt es wohl keine Erklärung. Gerade das Logo sollte aber nicht zu einem grafischen Spielzeug degradiert werden, das willkürlich einmal hierhin, einmal dorthin zu stellen ist.

Folie 12 der TREULAND-Präsentation

Deutsche **TREULAND** *Anstalt*

Ländereien - Liegenschaften - Luxusimmobilien
Unternehmensveräußerungen

Ausgewählte Immobilien für Superreiche in aller Welt
- Afrika
- Amerika
- Asien

Alternative zu Folie 12 der TREULAND-Präsentation

13 Ein kritischer Vergleich

Folie 12 der TREULAND bildet den Abschluß des Vortrags. Im Layout der Titelfolie gehalten, schließt sie den Kreis der Folien. Das Layout vermittelt eine ruhige, beinahe statische Anmutung: Gediegenheit im Immobiliengeschäft! Der Zuschauer/Zuhörer wird mit dem Eindruck großer Seriosität, aber auch überraschender Innovationsfreudigkeit aus dem Vortrag entlassen.

Die Alternative dagegen sprengt, im wahrsten Sinn des Wortes, den Rahmen. Die halbkreisförmige Schriftzeile stößt fast an den Rand der Folie, das Folienformat erscheint fast zu klein. Es bereitet Mühe, den Text in sich aufzunehmen. Texte, die in solchen Formen dargestellt sind, sind grundsätzlich schwer lesbar.

Der aus der Titelfolie bekannte Firmenschriftzug wird hier, etwas verkleinert, in den Halbkreis gestellt. Beim Verkleinern ist allerdings das Logo in eine ovale Form geraten. Stellen Sie sich den Mercedes-Stern in einem Oval vor. Das wäre keinesfalls akzeptabel. Ein Firmenzeichen darf in der Form nicht verändert werden, es sei denn, man will zu einem neuen Firmenzeichen kommen.

Schließlich: Könnte es eine Erklärung dafür geben, warum der Verlauf des Hintergrunds hier entgegengesetzt definiert wurde?

Zusammenfassend läßt sich sagen, daß die Alternativen keinen Foliensatz bilden. Es könnten einzelne Folien aus verschiedenen Präsentationen sein. Insofern sind sie nicht dazu angetan, ein Unternehmen zu "repräsentieren". Auch ein Erklärungsversuch, daß etwa versucht worden sei, verschiedene Bereiche eines Unternehmens optisch voneinander zu unterscheiden, würde als Begründung nicht ausreichen. Dies sollte man durch andere Mittel erreichen können.

Und noch eins: Die Gestaltung macht der Mensch, nicht das Werkzeug!

Anhang 1 / Vorlagen-Dateien in PowerPoint

PowerPoint beinhaltet eine Reihe von Dateien, die als Vorlagen für eigene Präsentationen genutzt werden können. Alternativ können Sie bestimmte Objekte aus ihnen kopieren und für Ihre Folien nutzen. Diese Dateien sind in verschiedenen Verzeichnissen abgelegt und haben alle, bis auf die ClipArts, die Erweiterung .PPT. Es handelt sich also um Dateien, die in PowerPoint geöffnet und wie üblich bearbeitet werden können.

Öffnen Sie also die Vorlagen-Dateien ggf. über *Datei/Öffnen*. Die ClipArts fügen Sie auf dem bekannten Weg in die Folien ein.

Folgende Muster- und Vorlagen-Dateien stehen zur Verfügung:

1. Die im Verzeichnis *Powerpnt* gespeicherte Datei STANDARD.PPT. In ihr sind die Standardvorgaben gespeichert, die beim Einrichten einer neuen Datei gültig sind. Durch Aufruf und Änderung dieser Datei können die Standardvorgaben neu eingestellt werden (siehe Kapitel 10.2).

Dialogbox Datei/Öffnen. Von hier aus können Sie alle Power-Point-Vorlagen öffnen

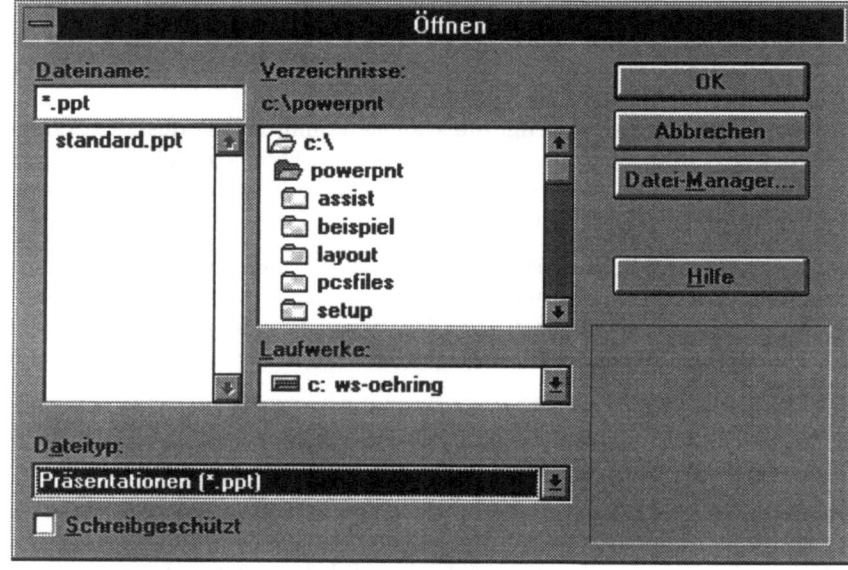

2. Die im Verzeichnis *Powerpnt\Assist* abgelegten Dateien des AutoInhalt-Assistenten mit den verschiedenen Beispielen. Rufen Sie die Dateien von hier aus auf, verändern und speichern sie, so ist der AutoInhalt-Assistent verändert.

3. Die im Verzeichnis *Powerpnt\Beispiel* abgelegten Dateien. Sie liefern Ihnen Objekte verschiedener Art, die Sie in Ihren Folien verwenden können.

DRUCKEN.PPT	Diverse Farbpaletten und Füllmuster
FLUSSDIA.PPT	Diverse Flußdiagramme (PowerPoint-Objekte)
KALENDER.PPT	Kalenderblätter für 1994 bis Mitte 1996
TABELLE.PPT	Muster für verschiedene Tabellen
ZEITLIN.PPT	Verschiedene Muster für Projektplanung

4. Diverse Dateien in den Verzeichnissen *Powerpnt**Layout*

Bildsch	Bildschirmpräsentationen
Farbovhd	Farbige OHP-Folien
Swovhd	Schwarzweiße OHP-Folien

Diese Dateien nutzt der Formauswahl-Assistent. Außerdem werden sie über den Schalter *Präsentationslayout* und über das Menü *Format/Präsentationslayout* aktiviert.

5. ClipArts im Verzeichnis *Powerpnt**Pcsfiles* mit der Erweiterung .PCS. Diese Dateien können nur als ClipArts geladen werden.

Anhang 2 / Professionelle Belichtung

Der Autor weiß aus Erfahrung, daß die Belichtung von Dateien, zumal im DOS-Format, mit Problemen beladen ist, die nicht selten zu unerwarteten Ergebnissen führen.

Inzwischen gibt es viele Belichtungsstudios, die die Weiterverarbeitung durchführen können. In jedem Fall aber sollten Sie, bevor Sie teure Dias oder Farbfolien herstellen lassen, mit dem Studio ihrer Wahl Rücksprache nehmen. Sie sollten klären, welches Dateiformat bearbeitet (belichtet) werden kann, und Sie sollten sich Ratschläge – besonders zum Einsatz von Schriftarten und Farben – einholen.

Auf jeden Fall sollten Sie, wenn Sie Kleinbilddias herstellen lassen wollen, in *Datei/Seite einrichten* im Feld *Seitengröße* das Format *35mm-Dias* wählen und Hoch- oder Querformat definieren. Ein Formatwechsel kann eine Überarbeitung der Folien zur Folge haben – PowerPoint teilt dies durch eine Meldung mit.

Für Ihre Präsentation bedeutet dies, daß Sie im Vorfeld überlegen sollten, ob sie in Form von Folien, Dias oder als Bildschirmpräsentation ausgegeben werden soll. Die Option *A4-Papier* ist für die Belichtung von Folien vorgesehen.

Im allgemeinen benötigen Sie für die professionelle Belichtung bestimmte Treiber, die Sie, wenn nicht installiert, von dem Belichtungsstudio Ihrer Wahl erhalten können. Diese Treiberdateien müssen Sie dann in der Windows-Systemsteuerung (Drucker) installieren. Erst dann sind sie für PowerPoint verfügbar.

Die Vorbereitung für die Belichtung verläuft folgendermaßen: Rufen Sie *Datei/ Drucken* auf. Klick auf den Schalter *Drucker* öffnet die Dialogbox *Druckereinrichtung*. Bestätigen Sie hier den entsprechenden Treiber, der (nach Installation) im Listenfeld aufgeführt sein muß.

Dialogbox Druckereinrichtung. Wählen Sie für die Belichtung den speziellen Treiber

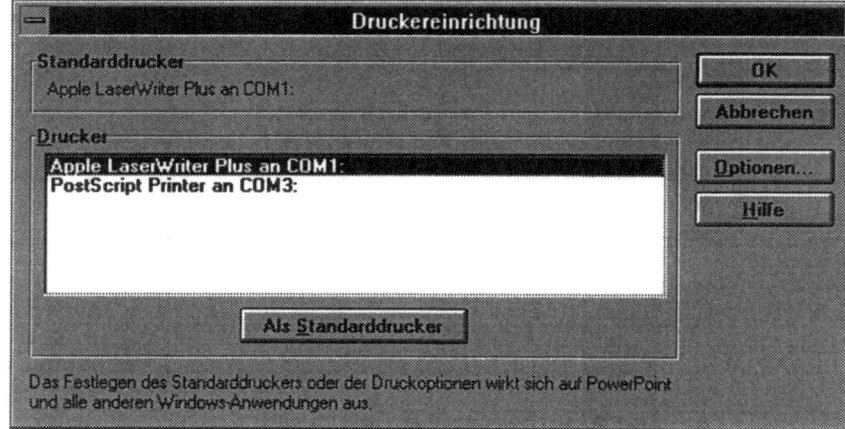

In der Dialogbox *Drucken* aktivieren Sie die Option *Ausdruck in Datei umleiten*. PowerPoint erzeugt eine spezielle Datei mit der vom Treiber angehängten Erweiterung.

Dialogbox Drucken. Über die Option Ausdruck in Datei umleiten wird die Präsentation in eine spezielle Datei gespeichert

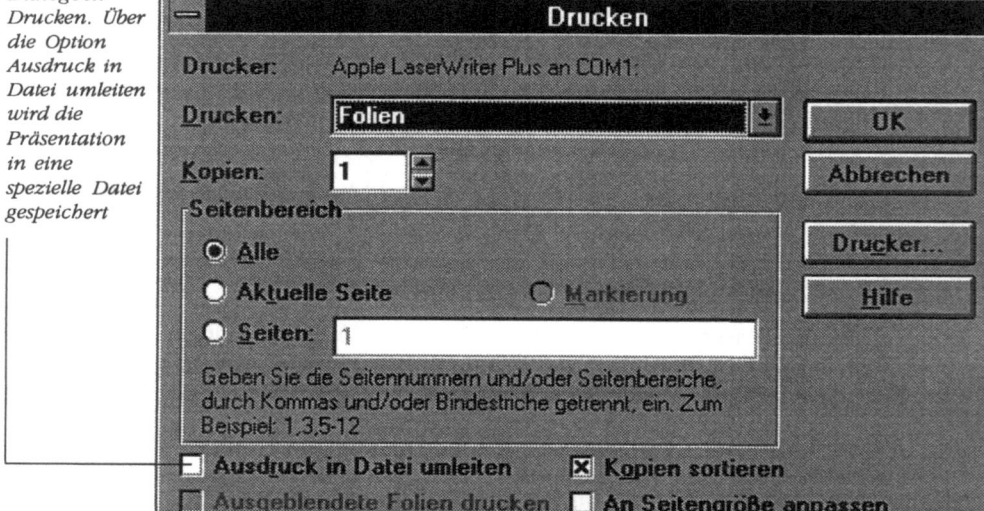

Die Probleme bezüglich der Belichtung sind bei Microsoft offensichtlich bekannt. Die PowerPoint-Hilfe sagt dazu:

PowerPoint-Hilfe zur Belichtung von Dateien

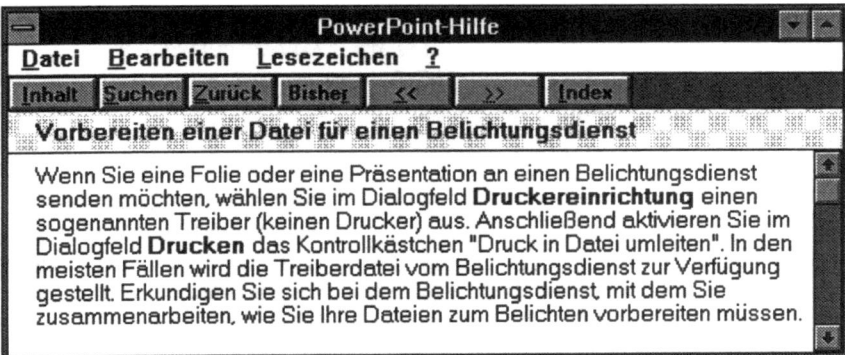

Schließlich noch ein Hinweis, der zwar nichts mit Belichtung zu tun hat, aber doch mit der Weiterverarbeitung von PowerPoint-Folien in anderen Programmen. Die Weiterverarbeitung ist in den Microsoft-Programmen kein Problem. Wollen Sie aber z.B. in Nicht-Microsoft-Anwendungen Folien als Grafiken abbilden, so gibt es auch dafür eine Möglichkeit. Speichern Sie die jeweilige Ansicht unter dem Format *Windows-Metadatei* (Erweiterung .WMF). Solche Dateien können meist auch in anderen Anwendungen geladen werden, aber, wie gesagt, nur als Grafik.

Index

3D-Ansicht 318
3D-Diagramme .... 131 ff.
3D-Flächengruppe 314, 319
3D-Oberflächendiagramm 137
? (Hilfe) .... 103 ff., 128, 292 ff.

A
Absatz
- nach oben 123, 130
- nach unten 123, 130
Absatzformate .... 110 f.
Achsen
- aus-/einblenden 303
- formatieren 166
Aktive Zeile (Tabelle) 154
Aktualisieren (Verknüpfung) .... 245 f.
Aktuelles Diagramm .... 321 f.
Alle anordnen (Fenster) 209, 292
Alle ersetzen (Textpassagen) 225
Allen (Folien) zuweisen (Farben) 177
Alles einblenden 123, 130
Alles markieren 64, 109, 262
Am Raster ausrichten 83, 107, 207
Andere Farbe 190, 194
Andere Skalafarben 179
Änderungen speichern 40, 253
Anführungszeichen 286
Animation .... 58, 196, 198 ff., 283 f.
Anmutung von Farben .... 15 ff.
Ansichten .... 33 ff., 90, 129, 265
Ansicht Bildschirmpräsentation 35, 88
Antiquaschrift .... 9 f.
Assistenten .... 29 ff.
Aufbau von PowerPoint .... 48 ff.
Aufzählungszeichen 109, 129, 275, 276
Ausdruck in Datei umleiten 257, 340
Ausrichtung (Objekte) 290
Ausrichtung (Text) 221
Ausschneiden 261
AutoForm ändern 291
AutoFormat .. 55, 144, 153, 157, 158, 315 f.
AutoFormen 213, 288

AutoInhalt-Assitent .... 30 ff.
AutoLayout wählen 48

B
Balkendiagramm 132
Beenden und zurück 95, 235, 300
Belichtung von Dias/Folien .... 339 ff.
Benutzerdefinierte AutoFormate .... 316 f.
Benutzerdefinierte Symbolleiste ... 229 ff., 285
Benutzerdefinierte Zahlenformate ..... 309 ff.
Benutzerwörterbuch 225
Bewegte Folien .... 196 ff.
Beziehungslinie 96
Bildlaufleiste 36
Bildschirmaufbau 49
Bildschirmpräsentation
- auf fremdem System 202
- Dauer 200
- starten 35, 37
- steuern 37, 88, 200, 266
- vorführen .... 226 ff.
Bisher (Hilfe) 105
Bleistiftsymbol (Bildschrimpräsentation) 37

C
ClipArt einfügen 52, 84, 128, 271
CorelCHART 237
CorelDRAW! 237
CorelPHOTO-PAINT 237
Corporate Communication 7
Corporate Culture 7
Corporate Design 7
Corporate Identity .... 6 ff.
Corporate Image 8

D
Darstellungsgröße (Zoom) 61
Datei
- beenden 47, 260
- beenden und zurückkehren 95, 300
- drucken .... 68, 119, 257 f.
- Info 68, 254, 287

Datei
- Manager .... 255 f.
- neu 30, 40, 251
- öffnen 112, 128, 252
- öffnen als Kopie 113
- öffnen aus früherer Programmversion . 113
- schließen 40, 253
- schließen und zurückkehren 247
- speichern .... 67 f., 128, 253
- speichern unter 232
- wiederfinden .... 68, 254 f.
Dateityp 253
Datenbeschriftungen einfügen ... 156, 302 f.
Daten importieren .... 297 f.
Datenpunkt 149, 157, 159
- manipulieren 148
Datenreihe 149, 159
- ausblenden 142
- in Spalten 155, 160, 323
- in Zeilen 155, 160, 323
- löschen 143
- markieren 142
Datum einfügen 118, 268
Dauer einer Bildschirmpräsentation . 201, 287
Diagramm
- aktive Zeile 154
- anwenden 137
- beschriften .... 161 f.
- einfügen .... 139, 153, 272 f.
- formatieren .... 154 ff., 160
- gestalten 55, 137
- importieren 298
- markieren .... 145 f.
- Platzhalter 164
Diagrammtyp 313
Diagrammtyp-Palette 55, 153
Drag & Drop .... 63, 98 f.
Drehen/Kippen (Objekte) 290
Drucken .... 68, 119, 128, 257 f., 340
Druckereinrichtung 258, 340
Duplizieren (Objekte) 99, 263

E
Ebene auswählen 96
Ebenen .... 77 f.

Ebenen in Organisationsdiagramm .... 93 ff.
Einblendzeiten testen 287
Eine Ebene nach hinten 211, 289
Eine Ebene nach vorne 211, 289
Einfügen
- Achsen 303
- aus der Zwischenablage 262
- ClipArt 52, 84, 128, 271
- Datenbeschriftungen .... 156, 302 f.
- Datum 118, 268
- Diagramm .... 55, 139, 153, 272 f.
- Excel-Tabellen 54
- Fehlerindikator .... 305 f.
- Folien aus Datei 269
- Folien aus Gliederung 270
- Gitternetzlinien 304
- Grafik .... 53, 82, 271 f.
- Inhalte 243, 262
- kopierte Objekte 84, 109, 128
- Legende 303
- neue Folie 44, 268
- Objekt .... 56, 237 ff., 273
- Organisationsdiagramm 95, 128
- Seitenzahl 118, 269
- Titel 301
- Trendlinie 167, 305
- Uhrzeit 269
- WordArt .... 218 ff.
- Word-Tabelle 54, 272
- Zellen 301
Eingebettete Objekte .... 237 ff.
- aktualisieren 97
- aufrufen 95
- Diagramm .... 131 ff.
- einfügen .... 237 ff., 273
- Graph .... 131 ff.
- öffnen 95
- Organisationsdiagramm 95
- Paintbrush .... 234 ff.
- Paket .... 240 f.
- Word .... 242 ff.
- WordArt .... 218 ff.
Einzugsebenen .... 72, 111 ff.
Einzugsebenen bearbeiten .... 115 ff.
Einzugsmarken 111, 114

Ellipse zeichnen .... 101 f., 129
Entf-Taste 45
Entscheidungsmatrix 3
Ersetzen (Textpassagen) 225, 263
Erscheinungsbild eines Unternehmens 6
Erstellen neue Präsentation 30, 112, 252
Excel-Tabelle einfügen 54

F
Farbe .... 175 ff.
- ändern .... 177, 189 f., 193
- einstellen 193
- Hintergrund 176
Farben
- ändern .... 189 f.
- Anzeige am Bildschirm 180
- verwenden .... 13 ff.
Farbenkreis 14
Farben und Linien 77, 195, 277
Farbe-Palette 158
Farbskala
- auswählen .... 178 f.
- erweitert 192
- zuweisen 180
Farbverlauf 191
Fehlerindikator .... 305 f.
Felder in Organisationsdiagramm .... 93 ff.
Fenster
- Alle anordnen 209, 292
- An Seite anpassen 292
- Überlappend 292
Festgelegte Zeiten verwenden 200
Fett 128
Firmenausstattung 8
Flächendiagramm 131
Folien
- als Bilder einfügen .... 238 f.
- ausblenden 284
- aus Datei einfügen 269
- aus Gliederung einfügen 270
- einfügen 44
- löschen 88, 90, 100, 263
- sortieren 88
Folienansicht 34, 86, 90
Folienfarbskala .... 175 ff., 281

Folienhintergrund 191, 203, 280
Folienlayout 45, 101, 163, 280
Foliensortieransicht 34, 87, 200
Folienvorlage .... 72 ff., 86, 266
- übernehmen 177
Format übertragen 63, 128, 264
Formatierung einblenden 123, 130, 197
Formatleiste 49, 50, 63
Formauswahl-Assistent .... 40 ff., 279
Frakturschrift 10
Freies Drehen 213, 290
Freihandfigur .... 206 ff.
- mit Beschriftung 217
Führungslinien 64, 74, 101, 267
Füllbereich
- ein/aus .... 76 f., 81, 129
- mit Muster .... 217 f.
Füllbereichsfarbe 195

G
Geschwindigkeit (Übergang) 198
Gestaltung von Folien .... 326 ff.
Gestrichelte Linie 102
Gitternetzlinien 161, 304
Gliederung in Word-Dok. übernehmen ... 287
Gliederungsansicht ... 33, 78, 87, 89, 123, 182
Gliederungsansicht (Unterstreichungen) . 124
Gliederungsvorlage 87
Grafik
- beschneiden 107, 285
- drehen 213, 290
- einfügen .... 53, 82, 271 f.
- in PowerPoint-Objekt umwandeln 209
- neu einfärben .... 189 f., 285
- verkleinern .... 82 f.
- zuschneiden 107, 285
Grafikfolie (Symbol) 89
Grafikobjekt
- bearbeiten 209
- mit Beschriftung 217
Graph .... 131 ff.
Graph AutoConversion 249
Graph-Fenster .... 299 f.
Größe ändern .... 83, 290 f.
Groß-/Kleinschreibung 276

Groteskschrift 9
Gruppenfenster .... 248 ff.
Gruppenformat 93
Gruppieren 289
Gruppierung aufheben 204, 209, 289
Gruppierung wiederherstellen 289

H
Handgeschriebene Schrift 10
Handzettelvorlage 87
Harvard Graphics 252
Hauptgitternetzlinien 159, 161
Hauptintervall 166
Hervorheben 216
Hilfe .... 103 ff., 128, 292 ff.
Hintergrundfarbe
- ändern 176
- verwenden 178
Hintergrundverlauf 191, 203, 280
Hochgestellter Text 216
Höherstufen 111, 114, 123, 127, 130
Horizontal kippen 212

I
In den Hintergrund 78, 289
In den Vordergrund 210, 289
Index (Hilfe) 105, 294
Inhalt (Hilfe) .... 105, 292 f.
Inhalte
- einfügen 243, 262
- löschen 296
Inhaltsstrukturen .... 30 ff.
Installation von PowerPoint .... 24 f.

K
Kein Animationseffekt 198
Klang 238
Knoten (Freihandfigur) .... 206 ff., 212
- einfügen 208
- löschen 208
- ziehen 206
Komplementärfarben 14
Kontextmenü .... 100, 145 f., 236
Konturierte Schrift 222
Kopien sortieren 258

Kopieren 84, 109, 128, 261
Kreisdiagramm .... 134, 153 ff.
Kreisgruppe formatieren 155
Kreissegment 155
- markieren 157
- verschieben 159
Kreis zeichnen 102
Kursiv 62, 128
Kurzübersicht .... 26 ff., 294

L
Laptop (Installation) 24
Layout auswählen 48
Leere Präsentation öffnen 48
Leerzeichenausgleich 287
Legende 143, 159
- aus-/einschalten 154, 303
- plazieren 143
Lineal .... 110 ff., 267
Linie
- ein/ausschalten 76, 129
- zeichnen 65, 102, 129
Linienart 102
Liniendiagramm .... 133 f.
Linksbündig 129
Löschen (Folie) 262
Löschen (Objekte) 262
Lotus Freelance 252

M
Malen (mit Paintbrush) .... 234 ff.
Markieren ... 63, 64 ff., 69, 109, 116, 262, 287
Markieren (Diagramm) .... 145 f., 157
Markieren (Tabelle) 149
Markierung erweitern 123, 130
Markierung Freihandfigur .... 206 ff.
Markierung reduzieren 123, 130
- im Objektmodus .... 64 ff., 69
- im Textmodus 69, 89
Maße (in der Folie) .... 64, 113 ff.
Master-Seite 75
Medien-Clip 238
Medien-Wiedergabe 241
Menüleiste 49
Microsoft Graph einfügen .... 139 ff., 272 f.

Microsoft Draw 236
Microsoft Query 250
Mittelpunkt der Folie 113
Monotype Sorts 182
MS ClipArt Gallery 84, 238
MS Draw 238
MS Equation 238
MS Excel (siehe MS Word) .... 238, 242 ff.
MS Graph .... 131 ff., 238
MS Line Draw 182
MS Mail 259
MS Organisationsdiagramm .... 91 ff., 238
MS PowerPoint 4.0 238
MS Word .... 238, 242 ff.
MS WordArt .... 218 ff., 238
MT Extra 182
Musterfüllbereich .... 217 f.

N

Nach einem Absatz (Zeilenabstand) 67
Nächste Folie (ansehen) 36
Nächste Folie (Übergang) 198
Netzdiagramm 135
Netzwerk 259
Neu einfärben .... 189 f., 285
Neue Datei öffnen 30, 40, 59
Neue Folie einrichten 44, 268, 287
Neue Präsentation öffnen 40, 251
Neue Zeiten testen 200
Nicht druckbare Vorlagen 86
Notizblock (Windows) 227
Notizenansicht 35, 86
Notizenvorlage 86

O

Objekte
- ausrichten 64, 290
- ausschneiden 261
- drehen 213, 290
- duplizieren 99, 263
- Ebene ändern 211, 289
- einbetten .... 237 ff.
- einfügen 56, 84, 128, 218, 234, 262, 273
- Farbe ändern .... 189 f.
- Größe ändern .... 83, 290 f.

Objekte
- gruppieren 289
- Gruppierung aufheben 204
- in den Hintergrund stellen 78, 289
- in den Vordergrund stellen 210, 289
- kopieren 84, 109, 128, 261
- löschen 262
- Manager 240
- markieren .... 64 ff., 69
- plazieren 64, 83, 107
- Schatten 214, 278
- umfärben .... 77, 189 f., 285
- umwandeln 209
- verknüpfte .... 237 ff.
- verstecken 76
- zuschneiden 107, 285
Objektebenen .... 77 f., 210, 289
Objekteigenschaften 312
Objektformat
- kopieren 85, 264, 278
- zuweisen 85, 264, 278
Objektgrößen ändern 83
Objektschatten 80
Optimale Breite 151
Organisationsdiagramm
- bearbeiten .... 93 ff.
- einfügen .... 91 ff., 128

P

Paintbrush .... 234 ff.
Paket einfügen .... 240 f.
Personalstruktur entwerfen .... 92 ff.
Persönliche Standards .... 232 ff.
Pfeilspitzen 102
Platzhalter
- beschriften 38, 45, 93
- für Diagramme 163
- für Text 50, 101
- für Titeltext 49, 73
- für Untertitel 50
- in Organisationsdiagramm 93
Polaritätenprofil 3
PowerPoint
- Assistenten .... 29 ff.
- beenden 47, 260

Index

PowerPoint
- Bildschirm 49
- Druckerzeugnisse 86
- Gruppenfenster .... 47, 241, 248 ff.
- Hilfe .... 103 ff., 292 ff.
- installieren .... 24 f.
- Projektor .... 25, 226 ff.
- Ratgeber 32, 46
- starten 26, 47
- und Word .... 242 ff.
- verlassen 47, 260
Präsentation planen .... 3 ff.
Präsentationslayout .... 45, 278 f.
Präsentationslayout zuweisen .... 39, 183 f.
Professionelle Belichtung .... 339 ff.
Programm-Manager 92
Programmsymbole .... 248 ff.
- Graph AutoConversion 249
- Medien-Wiedergabe 250
- Microsoft Query 250
- PowerPoint 248
- PowerPoint-Hilfe 248
- PowerPoint-Projektor 248
Proportion ändern (AutoForm) 213
Punktdiagramm .... 136, 324 f.

Q
Quellanwendung 54, 237, 242
Quellprogramm 54, 237, 242
QuickInfo 33, 48

R
Ratgeber 32, 46, 294
Rechteck zeichnen 76, 129
Rechte Maustaste .... 100, 145 f.
Rechtschreibung 224, 282
Regeln zum Aufbau von Präsentationen . 17 f.
Ringdiagramm 135
Rückgängig 63, 128, 261
Rücktaste 38, 45

S
Säulendiagramm .... 132 f.
Schaltflächen .... 230 ff.
Schatten 80, 129, 214, 221, 278

Schattierungsarten 191
Schreiben .... 203 ff., 214 ff.
Schreibgeschützt 252, 260
Schreibmaschinenschrift .... 10 f.
Schrift
- Effekte .... 219 ff.
- formatieren .... 97, 214 ff., 274
- hervorheben 216
- hochstellen 216
- tiefstellen 216
Schriftart 62, 274, 308
Schriftart ersetzen .... 223, 282 f.
Schriftarten .... 9 ff.
Schriftgrade .... 11 f.
Schriftgröße 62, 72
Schriftschatten 214
Schriftschnitte 11
Seite einrichten 45, 60, 257
Seitengröße 257
Seitenzahl einfügen 118, 269
Senden (MS Mail) 259
Senkrechte Linie (zeichnen) ...... 37, 102 f.
Signalcharakter von Farben .... 15 ff.
Skalafarben ändern 175
Skalierung 166
Skribbles .... 19 ff.
Software-Service .... 294 f.
Sonderzeichen .... 12, 182 f., 222
Spalte (Tabelle) 149
Spaltenbreite 151, 312
Spaltenmarkierung 149
Speichern (Datei) .... 67 f.
Standardelemente 74
STANDARD.GRA .... 321 f.
Standardleiste 49
STANDARD.PPT .... 232 ff., 338
Statusleiste 75, 287
Strukturierung der Inhalte 30
Suchen (Datei) .... 254 ff.
Suchen (Hilfe) 104, 293
Suchen (Textpassagen) 225, 263
Symbolcharakter von Farben .... 15 ff.
Symbolleiste 49, 90, 266
- einrichten .... 229 ff., 285 f.
Systeminformation 295

Systemmenüfeld 32
Systemvoraussetzungen 24

T
Tabelle .... 149 ff.
- aus-/einschalten 140
- schreiben .... 120 ff.
- schreiben (in Graph) .... 141 ff.
Tabstops .... 120 ff.
Task-Liste 139
Teilstrich 159
Text
- drehen 213, 290
- Effekte .... 214 ff., 219 ff.
- eingeben ..... 33, 38, 43, 61 ff., 79, 115, 129
- formatieren .... 214 ff., 274, 308
- hervorheben 216
- hochstellen 216
- in Diagramme eingeben .... 161 f.
- markieren 69, 89
- Schatten 214, 221
- tiefstellen 216
Text (Animation)
- einblenden .... 198 f.
- von links 198
- von rechts 198
Textfarbe 180
Textfolie (Symbol) 89
Textformat
- kopieren 63, 195
- zuweisen 63, 195
Textobjekte 99
Textpassagen
- ersetzen 225, 263
- suchen 225, 263
Textplatzhalter 59, 101, 107
Textrahmen 69, 214
Textverankerung 78, 99, 107, 277
Tieferstufen 111, 114, 123, 127, 130
Tiefgestellter Text 216
Tips und Tricks 29, 294
Titel
- einblenden 123, 130
- einfügen 301
Titelfolie 48

Titelleiste 49
Tonsequenzen einbetten 238
Treiberdateien (Belichtung) 339
Trendlinie .... 167 f., 305
True Type Schriftarten einbetten 254
Typografie .... 9 ff.
Typisch (Installation) 24

U
Übergang .... 57, 196 ff., 283
Übernehmen (Word-Dokument) 287
Uhrzeit einfügen 269

V
Verbunddiagramm 136, 313
Verknüpfung (Word/Excel) .... 243 ff.
- aktualisieren .... 245 ff.
- bearbeiten 264
Verteiler erstellen (MS Mail) 259
Vertikal öffnen 197
Verwenden von Bildern 13
Videosequenzen einbetten 238
Visualisierungsmöglichkeiten 5
Vollbildgröße 33
Vollständig/Benutzerdefiniert (Installation) 24
Vor einem Absatz (Zeilenabstand) 67
Vorführen (Bildschirmpräsentation) ... 226 ff.
Vorige Folie (ansehen in Bildschirmpräs.) .. 37
Vorlagen 86, 265
Vorlagen-Dateien .... 338 f.

W
Waagerechte Linie (zeichnen) ...... 37, 102 f.
Weitere Farben 192, 194
Weitersuchen (Textpassagen) 225
Werkzeuge zum Schreiben .... 49 f.
Werkzeuge zum Zeichnen 51
Wiedergabeeinstellungen 284
Windows-Metadatei 253, 341
Wingdings 182
Wirkung von Farben .... 13 ff.
WordArt .... 218 ff.
Word-Tabelle einfügen 54, 272

X
X-Achse 159
X-Achse zuweisen .... 324 f.

Y
Y-Achse 159

Z
Zahlenformate .... 309 ff.
ZapfDingbats 109, 182
Zeichenmittel einblenden 96
Zeichnen .... 203 ff., 288 ff.
- Ebenen einrichten .... 210 f.
- Ellipse 101, 129
- Freihandfigur .... 206 ff.
- in der Bildschirmpräsentation 37
- Kreis 102
- Linien .... 65, 102 f., 129
- Linien mit Pfeilspitzen 102
- Rechteck 76, 129
Zeichnen+ 212, 288
Zeile (Tabelle) 149
Zeilenabstand .... 66 f., 81, 276
Zeilenlineal .... 110 ff., 267
Zeilenmarkierung 149
Zeilenschalter 142
Zeilenschaltung 121
Zeilenumbruch 69
Zeile/Spalte ausschließen 324
Zeile/Spalte einschließen 324
Zelleintrag 141
Zellen (Tabelle) 149
- einfügen 301
- löschen 164, 297
Zentriert 66, 129
Zielgruppe .... 3 f.
Zoom 61, 90, 267
Zubehör (Windows) 227, 234
Zurück (Hilfe) 105
Zuschneiden (Grafik) 107, 285
Zwischenablage .... 243, 247, 261 f.

Professionelle Grafiklösungen mit dem Designer 4.0

von Dieter Staas und Jean Hee Song

1994. XIV, 349 Seiten mit Diskette. Gebunden
ISBN 3-528-05405-0

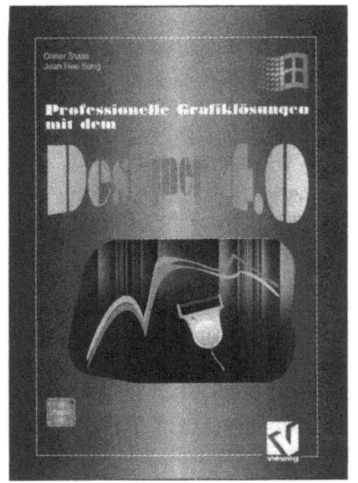

Aus dem Inhalt: Vom Scribble zum Projekt – Arbeiten mit Bezièr-Kurven – Ein Signet entsteht – Ein Poster mit Bitmapgrafik und Farbeffekten – Organisationscharts und Präsentationsunterlagen erstellen – Die Gestaltung von Formularen – Schriftgestaltung, Mengentext und Schmuckschriften – 3D-Grafiken erstellen – Drucken und Belichten – Datenaustausch mit anderen Programmen.

Dieses Buch demonstriert anhand konkreter und praxisorientierter Grafik-Projekte wesentliche Einsatzmöglichkeiten sowie die Funktionalität der Software. Der Leser kann alle Schritte vom Entwurf bis zum fertigen Projekt nachvollziehen. Dazu werden Projekte präsentiert, wie sie jedem Werbegrafiker und Designer in seinem täglichen Arbeitsumfeld begegnen. Hierbei stehen typographische Grundlagen, essentielle Regeln zur Farbgestaltung und zahlreiche Anregungen für effektive Layout-Techniken im Vordergrund. Abschnitte zur Verwendung von Schriften, Farben und zum Datenaustausch mit anderen Programmen ergänzen die praktischen Kapitel. Ferner werden vielfältige nützliche Hinweise zur Druckausgabe der Grafikprojekte auf Druckern sowie auf professionellen Belichtungsgeräten gegeben.

Verlag Vieweg · Postfach 58 29 · 65048 Wiesbaden

CorelDraw Profi-Praxis

Mehr als 100 professionelle Grafiklösungen
für Privat- und Geschäftsleben

von Michael Kiermeier

1994. X, 394 Seiten mit Diskette + Foto CD. Gebunden.
ISBN 3-528-05382-8

Aus dem Inhalt: Keine unnötige Wiederholung von Grundwissen, sondern der sofortige Einstieg auf hohem Niveau – Umfangreiche Beispiele aus der täglichen (Profi-)Praxis für schnelle, sichtbare Erfolge sowie jede Menge Tips und Tricks – Leichte Portierbarkeit der Beispiele für den eigenen Bedarf und somit sofortige Einsatzbereitschaft des Programms – Alle Beispiele sofort verfügbar auf Diskette(n) – „Menü-Atlas" zum schnellen Auffinden gezielter Programmfunktionen.

Dieses Buch versteht sich nicht als Handbuch unter Beschränkung auf die ausführliche Beschreibung der einzelnen Menüpunkte, sondern geht nur kurz auf wichtige Grundlagen ein und kommt sehr schnell zum praxisgerechten Einsatz auf hohem Niveau. Grundkenntnisse wie das Laden und Speichern von Dateien, das Erstellen einfacher geometrischer Objekte wie Rechtecke, Kreise, Ellipsen usw. sollten keine Probleme darstellen. Unentbehrliche Hilfe wird dem Leser hingegen bei der Ausarbeitung konkreter, komplexer Aufgabenstellungen geboten. Umfangreiche Beispiele aus der täglichen Profi-Praxis, die direkt bzw. mit schnell zu realisierenden Abänderungen übernommen werden können, verhelfen zum schnellen effektiven Einsatz des Programms und vermitteln jede Menge Tips und Tricks über das durchgängige Konzept dieses Buches sozusagen via „training on the job". Geschrieben wurde dieses Buch von einem Autor, der auf einige Jahre umfangreicher Tätigkeiten im Grafik- und Designbereich zurückblicken kann und sich nicht nur an theoretischem Wissen sondern vor allem an wertvoller Praxiserfahrung orientiert.

Verlag Vieweg · Postfach 58 29 · 65048 Wiesbaden

MIX
Papier aus verantwortungsvollen Quellen
Paper from responsible sources
FSC® C105338

If you have any concerns about our products,
you can contact us on
ProductSafety@springernature.com

In case Publisher is established outside the EU,
the EU authorized representative is:
**Springer Nature Customer Service Center GmbH
Europaplatz 3, 69115 Heidelberg, Germany**

Printed by Libri Plureos GmbH
in Hamburg, Germany